Photoshop CS4 中文版
基础实例教程

主　编　洪　亮
副主编　王　琪
参　编　楚高利 张映霞

国防工業出版社
·北京·

内 容 简 介

本书全面系统地讲解了 Photoshop CS4 的基础理论与应用技巧。为了让读者系统而快速地掌握 Photoshop CS4 软件，作者秉承实用、常用、重要的原则，从 Photoshop CS4 的全部功能中精选并讲解了绝大部分内容，其中包括基础知识、创建及编辑选区、绘图与修饰图像、图层、蒙版和通道、路径、色彩和色调、文字、滤镜、综合任务。

在内容撰写及实例讲解中，笔者尽量避免了冗余铺垫，以在有限的篇幅内包含尽可能多的内容。对于重要命令或操作复杂的命令，则结合演示性案例进行介绍，让读者看得懂、学得会。

本书可作为图像处理技术人员的入门教材。

图书在版编目（CIP）数据

Photoshop CS4 中文版基础实例教程/洪亮主编.—北京：国防工业出版社，2009.8

ISBN 978-7-118-06465-0

Ⅰ.P... Ⅱ.洪... Ⅲ.图形软件，Photoshop CS4—教材 Ⅳ.TP391.41

中国版本图书馆 CIP 数据核字（2009）第 116775 号

※

国防工业出版社出版发行

（北京市海淀区紫竹院南路 23 号　邮政编码 100048）

鑫马印刷厂印刷

新华书店经售

*

开本 787×1092　1/16　印张 19¾　字数 492 千字

2009 年 8 月第 1 版第 1 次印刷　印数 1—4000 册　**定价** 38.80 元

国防书店：(010)68428422　　发行邮购：(010)68414474

发行传真：(010)68411535　　发行业务：(010)68472764

前　言

计算机平面设计以其多方面的优势，越来越为大家所接受，在商业广告设计、网页设计、印刷等许多行业都有广泛的应用。这类平面设计软件有许多，但 Adobe 公司的 Photoshop 无疑是平面设计软件中的“巨无霸”，是平面设计人员的首选。Photoshop 作为一种经典的平面设计软件，至今已有多个升级版本，但大多数的版本只是增加一些新的功能，而常用的基本功能并没有太大变化，所以只要掌握了一种版本中基本工具的使用，就能够很快熟悉新版本。

本书是作者从多年的教学实践中汲取宝贵经验，针对准备学习 Photoshop 的初学者、平面广告设计者以及爱好者而编写的，易于自学、易于动手操作、易于掌握的教材。本书全面、系统地讲解图像处理过程中最常用、最有用的各种工具、命令的用法，并将每个知识点与实例的应用紧密结合，让读者在学习基础应用的同时，掌握设计创意的技巧，引导读者巩固所学内容，力求将复杂曲折的学习之路变得更平坦一些。

但必须提醒读者，书只是学习工具，在阅读过程中重点在于理解，而不仅是满足于可以将书中的例子完全掌握。Photoshop 就好似我们手中的画笔，本书主要是帮助大家学习使用这支“笔”的方法和技巧，而要成为真正的画家，要走的路还很长。

书中提供了大量丰富生动的实例及相关素材，由浅入深地介绍了 Photoshop 的基本使用，方便读者学习和参考。相信读者按照本书所提供的实例练习，均能做出相同的效果，当然实例也能给读者留出思考和发挥的空间。

本书主要用于高等院校的专业教材。本书还适合 Photoshop 零基础用户自学，快速达到从入门到入行，有一定经验的设计人员也可从中获取很多实战经验。

本书共分 10 章，从各个方面介绍了 Photoshop 的使用。本书第 4、5、6、10 章由河南工程学院的洪亮编写，第 2、8 章由河南工程学院的楚高利编写，第 3、7 章由河南工程学院的王琪（女）编写，第 1、9 章由河南工业大学的张映霞编写。

由于编者水平有限，加之时间仓促，疏漏之处在所难免，恳请广大读者和同仁批评指正，电子邮箱 hongluck0@163.com。

本书引用的有关图片素材仅供教学使用，版权归原作者所有，在此对其表示衷心感谢。

编者

2009 年 5 月

目　录

第1章 入门基础

Photoshop 是美国 Adobe 公司开发的一个集图形处理、编辑修改、广告创作、图像合成、输入输出于一体的图形制作软件，它的出现给广大图像处理工作者带来了极大的方便。

Photoshop 最初的程序是由 Mchigan 大学的研究生 Thomas 创建的，后经 Knoll 兄弟以及 Adobe 公司程序员的努力，Photoshop 产生巨大的转变，一举成为优秀的平面设计编辑软件。它的诞生可以说掀起了图像出版业的革命，目前最新版本为 Photoshop CS4（CS 就是 Creative Suite 的意思），它的每一个版本都增添新的功能，这使它获得越来越多的支持者，也使它在这诸多的图形图像处理软件中立于不败之地。

本章将介绍 Photoshop 的基础知识，让读者对 Photoshop 有个初步印象，为以后的学习奠定基础。

1.1 软 件 配 置

1.1.1 查看配置

Photoshop CS4 软件在 Windows®下的最低配置要求如下：

◆ 中央处理器（CPU）：Intel® Pentium4 1.8GHz 或更高（或相当级别的处理器）。

◆ 内存：512MB（建议 1GB 或更高）。

◆ 硬盘：1GB 可用硬盘空间（安装期间需要额外的可用空间）。

◆ 显示器分辨率：1024×768 显示器分辨率，16 位显卡。

◆ 光驱：DVD-ROM 驱动器。

◆ 任务系统：Microsoft® Windows XP Service Pack 2 或者 Windows Vista™ Home、Premium、Business、Ultimate 或 Enterprise。

◆ 多媒体功能需要 QuickTime 7.1 软件。

◆ 产品激活需要互联网联接。

◆ Adobe Stock Photos 和其他服务需要互联网联接。

任务说明：本任务是查看当前使用的计算机配置信息。

任务要点：掌握“我的电脑”图标右键应用。

任务步骤：

1. 查看任务系统、CPU、内存大小

进入桌面，鼠标右键单击“我的电脑”，选择“属性”项，弹出的“系统属性”对话框中的“常规”栏中就会有任务系统、CPU、内存大小的显示了（见图 1-1）。

2. 查看硬盘大小

可以通过一个很“原始”的方法来得出硬盘的大小。打开“我的电脑”，然后分别查看各个硬盘驱动器的属性，把它们各自的容量大小相加，就可得出整个硬盘的容量大小了。

3. 一般硬件信息的查看

对于网卡、调制解调器、鼠标、键盘等硬件信息可以通过任务系统提供的“设备管理器”来查看。进入桌面，鼠标右键单击“我的电脑” 图标，在出现的菜单中选择“属性”(也可单击“开始/设置/控制面版/系统打开”)，打开“系统属性”窗口。单击“硬件”标签，在设备管理器栏中，单击“设备管理器”按钮（见图 1-2），在弹出的窗口中罗列出了计算机上安装的各种硬件。从上往下依次排列着 DVD/CD-ROM 驱动器、IDE ATA/ATAPI 控制器、处理器、磁盘驱动器、监视器、键盘、声音、视频和游戏控制器等信息，最下方则为显示卡（见图 1-3）。

图 1-1 “系统属性”对话框

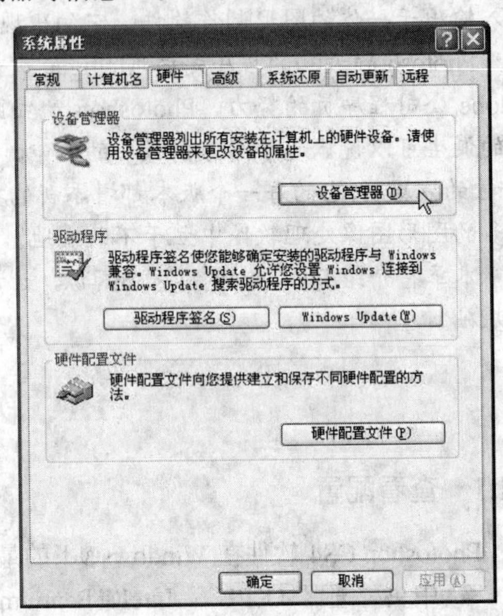

图 1-2 硬件选项

想要了解哪一种硬件的信息，只要单击其前方的“+” 或双击硬件图标，以将其下方的内容展开即可。例如想查看一下网卡的具体信息，双击网卡图标，显示出所安装的网卡类型，单击网卡类型以选择它，再单击右键，选择“属性”，在随后弹出的对话框中便可看到设备的类型、制造商、位置、设备状态等信息（见图 1-4），甚至在“高级”选项里还可以看到该硬件占用的系统资源和中断请求。同理，鼠标、键盘、调制解调器等硬件信息也可如此查看。

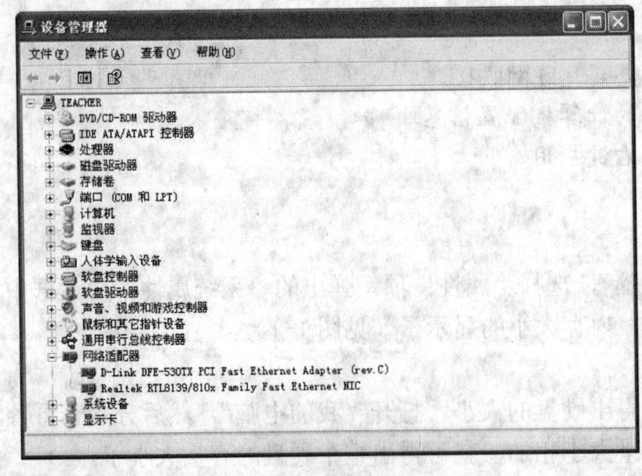

图 1-3 “设备管理器” 对话框

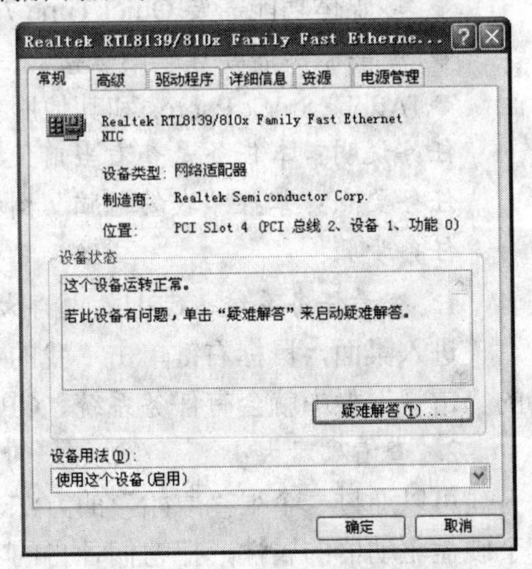

图 1-4 网卡信息

4.查显存的大小

在桌面上用鼠标右键单击，然后在弹出的菜单中选择“属性”，在弹出的对话框中再依次选择“设置”选项，再单击“高级”按钮（图 1-5），再单击“适配器”按钮，这里就可以查看到显存大小，如图 1-6 所示。

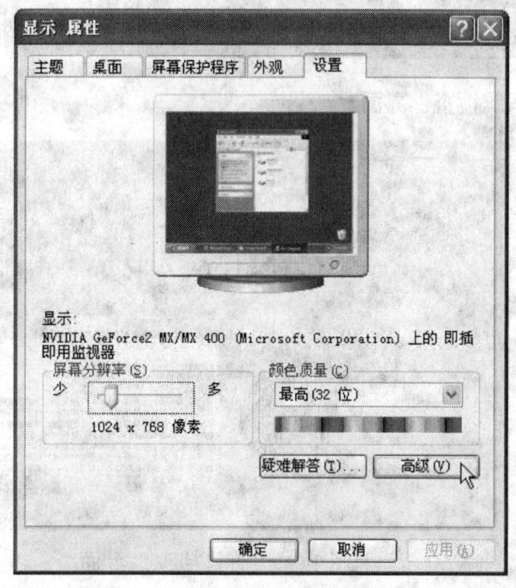

图 1-5　属性对话框

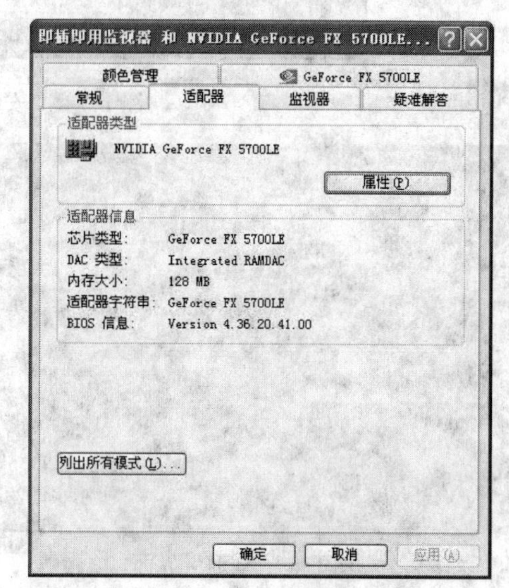

图 1-6　显存的大小

5. 光驱的速度

依次单击“开始/程序/系统工具/系统信息”，单击左侧窗口双击“组建”项，在展开的目录中，再点选“多媒体”项，然后将一张质量好的光盘放入到光驱，接着在右侧窗口中选中 DVD-ROM 项，经过一段时间的测试以后，有关 DVD-ROM 性能的一些指标就会显示在右侧窗口中。

1.1.2　软件安装

任务说明：本任务是安装、激活、注册软件 Photoshop。

任务要点：掌握软件安装基本技巧。

任务步骤：

安装前请关闭系统中当前正在运行的所有应用程序，包括其他 Adobe 应用程序、Microsoft Office 应用程序和浏览器窗口。

（1）Photoshop CS4 安装光盘装入 DVD-ROM 驱动器后，自动启动安装程序的画面（如果没有自动启动安装程序，则从其光盘中找到 Photoshop CS4 所在的目录，双击安装文件夹中的 Setup.exe 可执行文件）；如果是从 Web 上下载的软件，请打开文件夹并双击 Setup.exe（Windows），立即弹出“安装系统检查”界面（图 1-7）。

（2）系统检查完后会弹出“欢迎”界面（见图 1-8），在“我有 Adobe Photoshop CS4 的序列号”下面输入产品的序列号，接着单击“下一步”按钮，可弹出“许可协议”界面（见图 1-9）。

（3）用户必须接受此协议才能继续进行安装。单击“接受”按钮后，弹出“选项” 界面（见图 1-10），保持默认设置即“轻松安装（推荐）”选项（也可根据需求选择“自定义安装”方式安装 Photoshop 相关组件）。

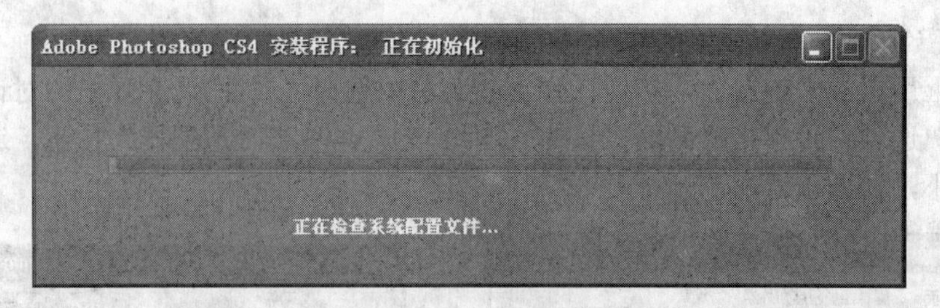

图 1-7　“安装系统检查”界面

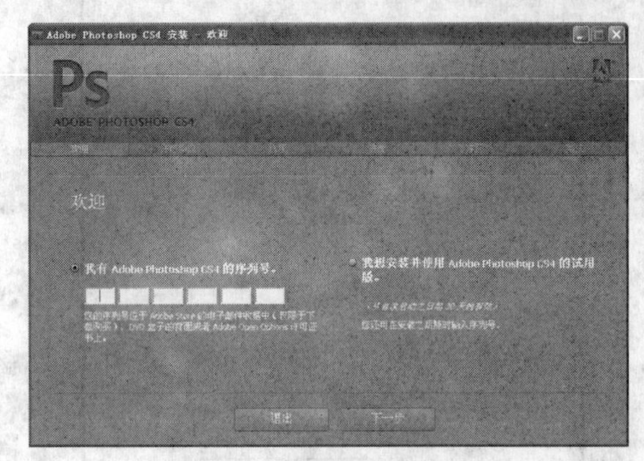

图 1-8 “欢迎”界面

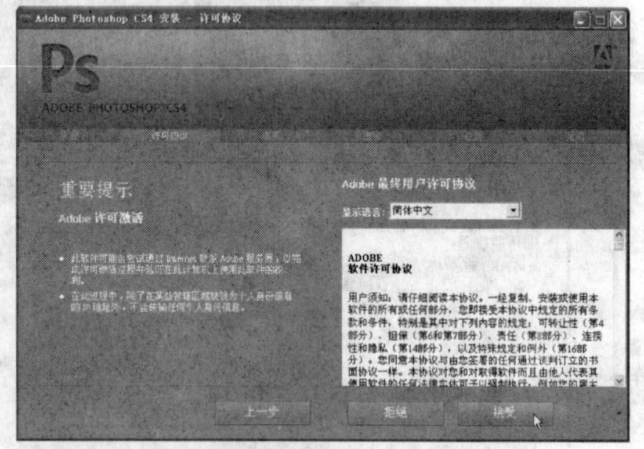

图 1-9 “许可协议”界面

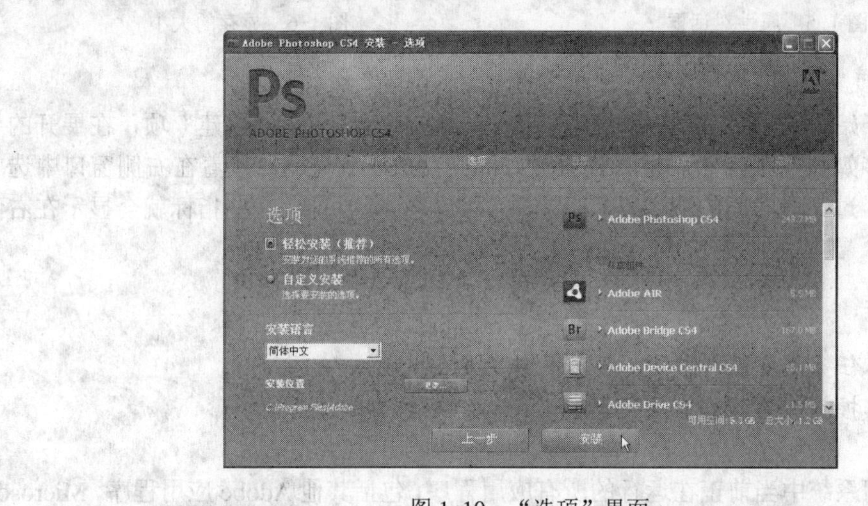

图 1-10　“选项”界面

（4）“安装语言”处保持“简体中文”选项，“安装位置”下如果用默认的安装路径，直接单击“安装”按钮以继续安装；如果想改变它的安装路径，单击“更改”按钮在弹出的对话框中选择或输入欲安装的路径，单击“确定”后，接着单击“安装路径界面”中“安装”按钮以继续安装。

（5）程序此时进入软件复制文件过程（见图 1-11），它需要等待一段时间。

（6）复制结束后弹出“注册”界面（见图 1-12），可以根据具体情况单击“以后注册”或“立即注册”按钮（如果不想注册，则按下“以后注册”即可；如果要注册产品，则填写相关注册信息后按下“立即注册”，则可以得到有关安装与产品缺陷的附赠支持以及产品更新的通知，还可以访问 Adobe Studio®中的大量提示、诀窍和教程，以及访问 Adobe Studio Exchange）。

接着弹出“完成”界面（见图 1-13 所示），单击“退出”按钮退出安装程序以结束安装。

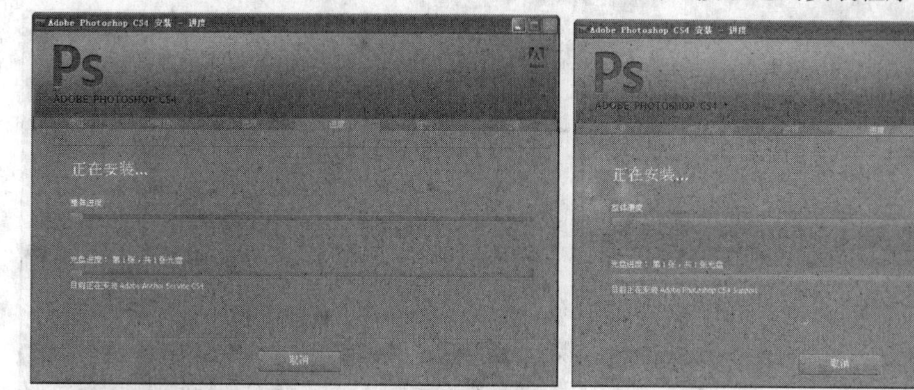

图 1-11 安装 Photoshop 过程

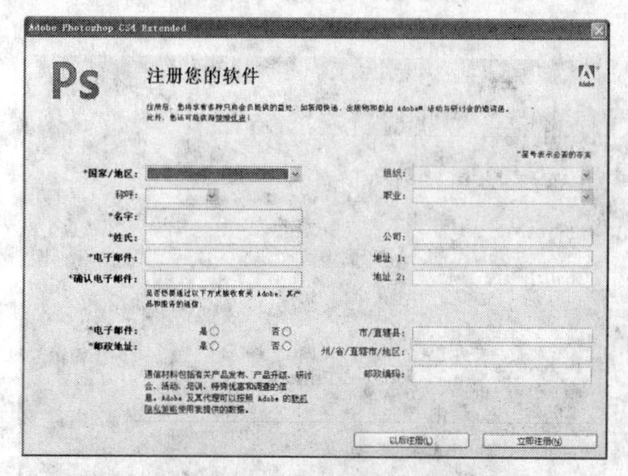

图 1-12 “注册”界面

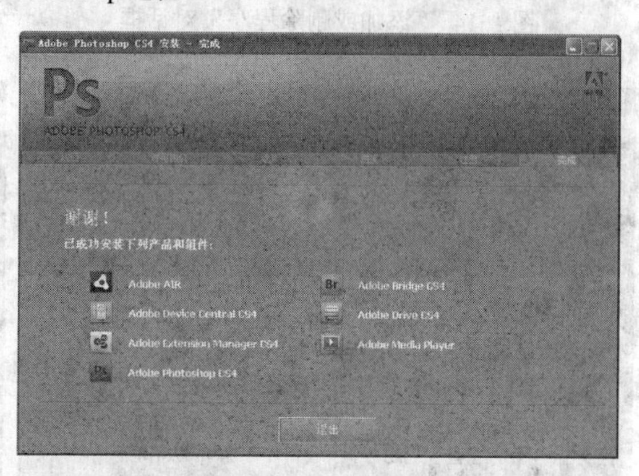

图 1-13 “完成”界面

当安装需要激活的 Photoshop CS4 软件时，在应用程序检测到 Internet 连接时自动尝试激活。许可证信息将发送到 Adobe 并进行验证，用户无需采取任何任务。Photoshop CS4 激活是一个简单、匿名的过程，必须在安装产品后 30 天内完成激活。激活可以继续使用产品，并且帮助防止将产品随意复制到超出许可证协议允许限额的更多计算机上去。

1.1.3 软件卸载

任务说明：本任务是卸载软件 Photoshop。

任务要点：掌握软件卸载基本技巧。

任务步骤：

卸载前请关闭系统中当前正在运行的所有应用程序，包括其他 Adobe 应用程序、Microsoft Office 应用程序和浏览器窗口。

（1）单击计算机桌面左下角“开始”按钮，在弹出的菜单中选择“设置 / 控制面板”命令。

（2）随即弹出“控制面板”对话框，从中双击“添加或删除程序”图标，即打开“添加或删除程序”对话框。

（3）从其对话框右侧列表中选择 Adobe Photoshop CS4 命令，单击其右下角的“更改/删除”按钮（见图 1-14），随即弹出“确认卸载”对话框，单击“确定”按钮，即弹出“欢迎”界面，保持默认设置不变，单击“卸载”按钮（见图 1-15）。立即弹出“进度”界面显示卸载进程（见

图 1-16）。卸载完程序后弹出“完成”界面（见图 1-17），单击“退出”按钮即完成卸载。

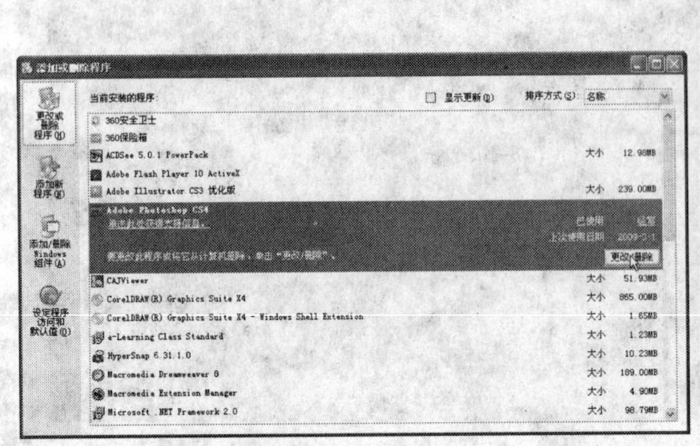

图 1-14 “添加或删除程序”对话框

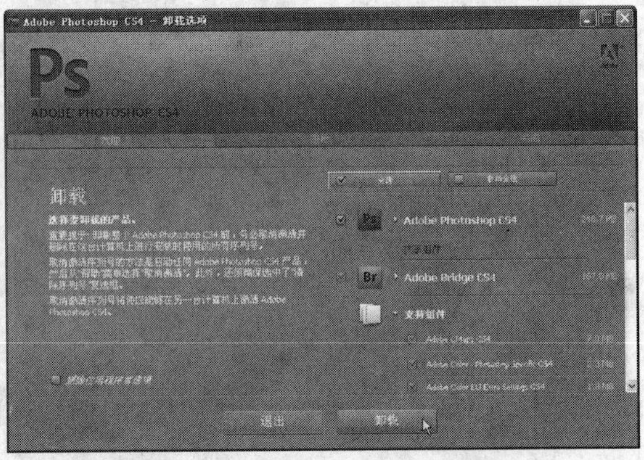

图 1-15 “欢迎”界面

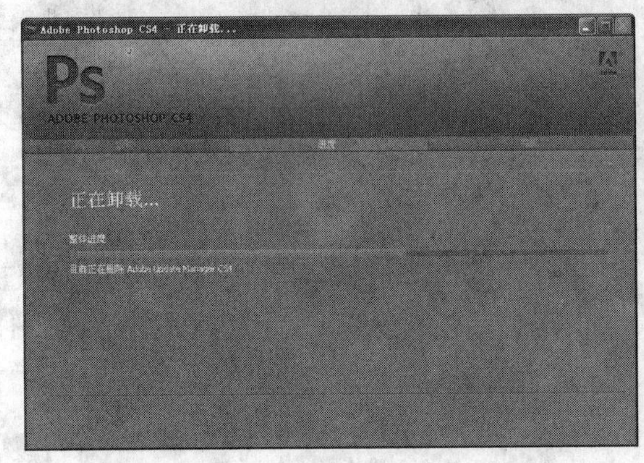

图 1-16 “进度”界面

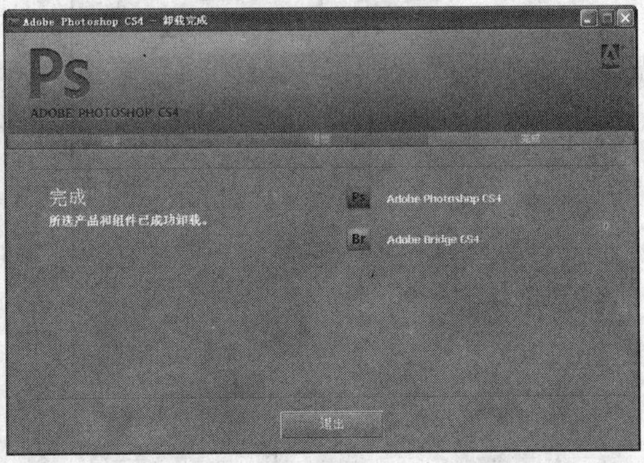

图 1-17 “完成”界面

1.2 基 本 操 作

1.2.1 软件界面基本操作

任务说明：本任务是练习 Photoshop 工作区各组成部分操作。

任务要点：掌握展开或收缩面板、移动面板、关闭面板、存储工作区。

任务步骤：

（1）单击计算机桌面左下角“开始”按钮，在弹出的菜单中选择“开始/程序/Adobe Photoshop CS4”命令，以启动 Photoshop 软件。打开的软件工作区如图 1-18 所示。

（2）单击 Photoshop 主界面工具箱顶部左上角的双箭头按钮，将工具箱更改为双排显示效果。单击右侧展开的控制面板上方的双箭头按钮，以将展开的面板全部收缩成堆叠成图标面板。

（3）选择菜单栏的“窗口/导航器”命令，打开“导航器”面板，并在“导航器”面板的“导航器”标题栏上按住鼠标左键（见图 1-19），将其拖动至“路径”面板图标下方出现蓝色突出显示区域时（见图 1-20）释放鼠标，即可将“导航器”面板组放置“图层”面板组下方，如图 1-21 所示。

（4）单击“颜色”面板图标，以将“颜色”面板展开。单击其右上角的面板菜单图标 ▾≡，在弹出的菜单中选择“关闭选项卡组”命令，以将该面板组关闭，如图 1-22 所示。

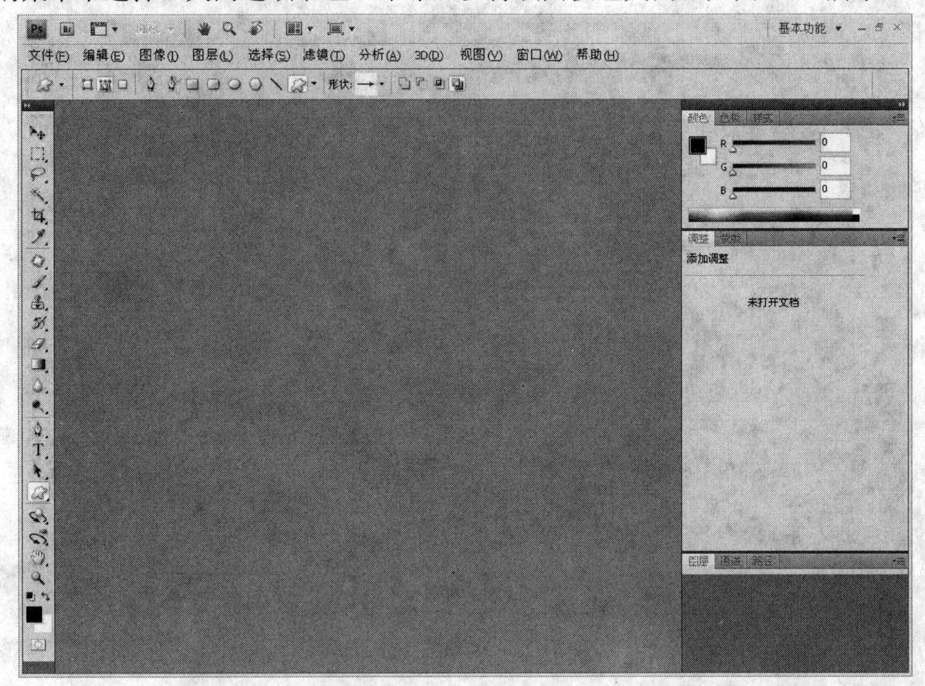

图 1-18 Photoshop 工作区

图 1-19 选择导航器面板组标题栏

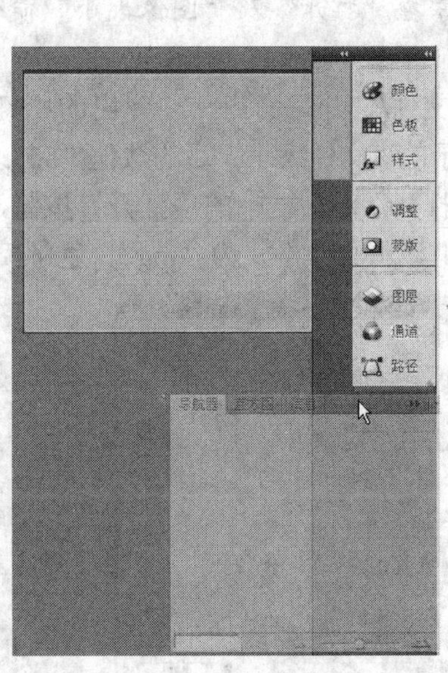

图 1-20 移动状态

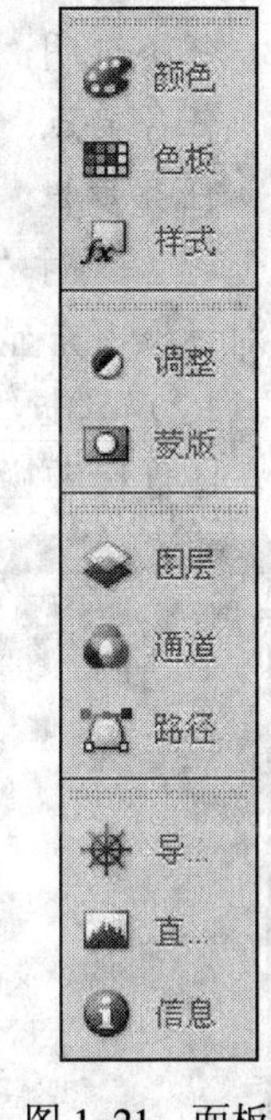

图 1-21 面板组

（5）选择菜单栏中的“窗口/工作区/存储工作区”命令，打开“存储工作区”对话框。在该对话框的“名称”文本框中输入“工作区 1”。输入完成后，单击“确定”按钮，以将此时的工作区效果存储起来。如果恢复显示软件默认的工作区设置，则单击菜单栏中的“窗口/工作区/基本功能（默认）”命令。如果切换显示“工作区 1”设置，则单击菜单栏中的“窗口/工作区/工作区 1”命令。

图 1-22　调整的工作区

1.2.2　查看图像基本信息

任务说明：本任务是查看图像文件基本信息。

任务要点：掌握“打开”及“图像大小”命令应用。

任务步骤：

（1）执行“文件/打开”命令，在弹出的“打开”对话框中单击指定的图片文件，则可看到对话框下方显示的“文件大小”后的数值“557.1K”（见图 1-23），这就是文件的容量或大小。

（2）单击“打开”对话框中的“打开”按钮，这里观察到图像文件是以文件选项卡方式打开。图像标题栏上显示文件格式为“jpg”、色彩模式为“RGB”的信息，效果如图 1-24 所示。

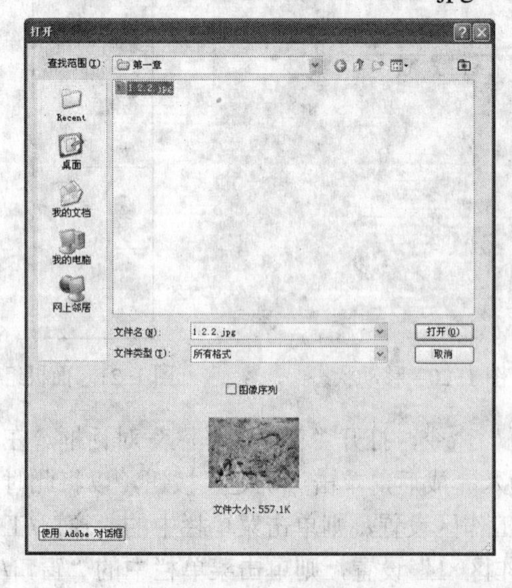

图 1-23　“打开”对话框

图 1-24　文件选项卡显示图像

如果不习惯这种新的文档显示方式，可以用Photoshop CS4以前版本的传统方式观察图像，即鼠标放置在图像文档标题栏上，单击鼠标右键，在弹出的菜单中选择“移动到新窗口”（见图 1-25），则可恢复成传统文档显示方式，效果如图 1-26 所示。

图 1-25　右键选择菜单命令

图 1-26　图像窗口

（3）执行“图像/图像大小”命令，在弹出的“图像大小”对话框中可看到“文档大小”的宽度为“36.12 厘米”、高度为“27.09 厘米”、“分辨率”为“72 像素/英寸”，如图 1-27 所示。

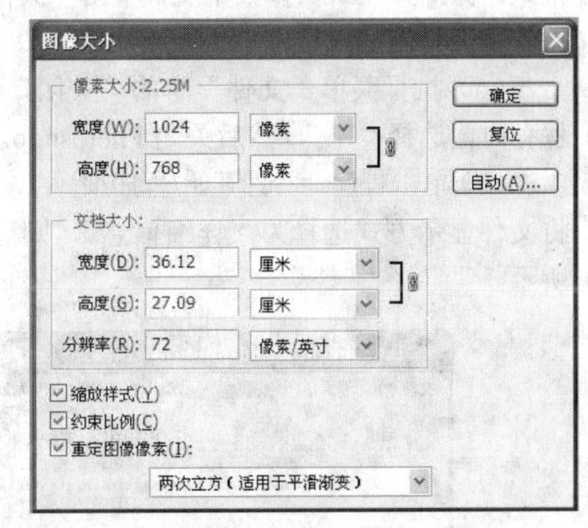

图 1-27　“图像大小”对话框

注意：

如果希望每次打开文档均以传统方式显示文档，可以启动 Photoshop CS4 软件后，不打开任何文档，选择菜单“编辑/首选项/界面”命令，在弹出的对话框下方的“以选项卡方式打开文档”选项前单击“√”按钮，以去掉该选项，单击“确定”按钮，则以后在 Photoshop CS4 中打开任何文档均是以传统方式显示文档。

本书后面所有实例中打开文档就是按照这种设置来显示的。

1.2.3　图像格式转换

任务说明：本任务是转换图像格式。

任务要点：掌握“存储为”命令应用。

任务步骤：

（1）单击菜单中的“文件”中的“打开”命令，在弹出的对话框中选择指定的图片文件双击打开。

（2）使用菜单“文件”中的“存储为”命令，单击对话框中的“格式”后下拉框，然后选择“JPEG”格式，文件名保持不变，存储路径仍然保存在相同路径下，单击“保存”按钮（见图 1-28），在随即弹出的对话框中直接按下“确定”，即将这幅图另存为一张 JPG 格式的图形。

（3）再次使用菜单“文件”中的“存储为”命令，把对话框中的文件“格式”选为“GIF”格式，保持其他默认参数不变，单击“保存”按钮，在随即弹出的对话框中直接按下“确定”，接着在又弹出的对话框中再按下“确定”，即将这幅图另存为一张 GIF 格式的图形。

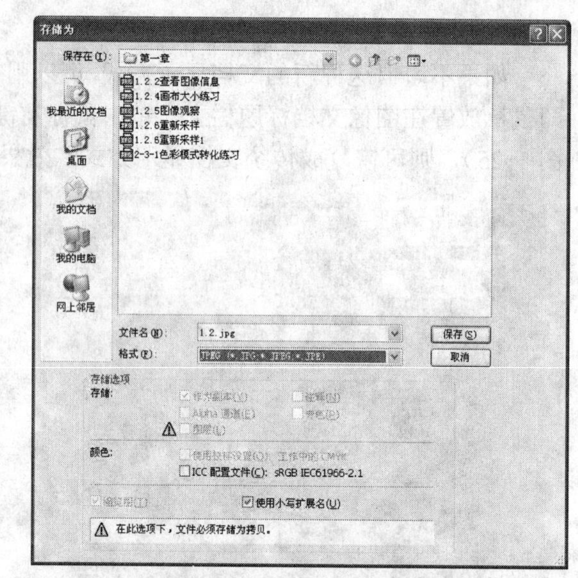

图 1-28 “存储为”对话框

（4）再次使用菜单“文件”中的“存储为”命令，把对话框中的文件“格式”选为“BMP”格式，保持其他默认参数不变，单击“保存”按钮，在随即弹出的对话框中直接按下“确定”，即将这幅图另存为一张 BMP 格式的图形。

（5）再次使用菜单“文件”中的“存储为”命令，把对话框中的文件“格式”选为“TIFF”格式，保持其他默认参数不变，单击“保存”按钮，在随即弹出的对话框中直接按下“确定”，接着在又弹出的对话框中再按下“确定”，即将这幅图另存为一张 TIF 格式的图形。

（6）执行菜单“文件”中的“关闭”命令，以关闭打开的图像，在弹出对话框询问是否保存时，选择“不”，然后关闭 Photoshop。

（7）单击程序命令“开始/程序/附件/Windows 资源管理器”中，找到存储图像文件的路径，将文件显示方式选择为“详细信息”，则可以看到五个文件不同的大小信息对比，如图 1-29 所示。

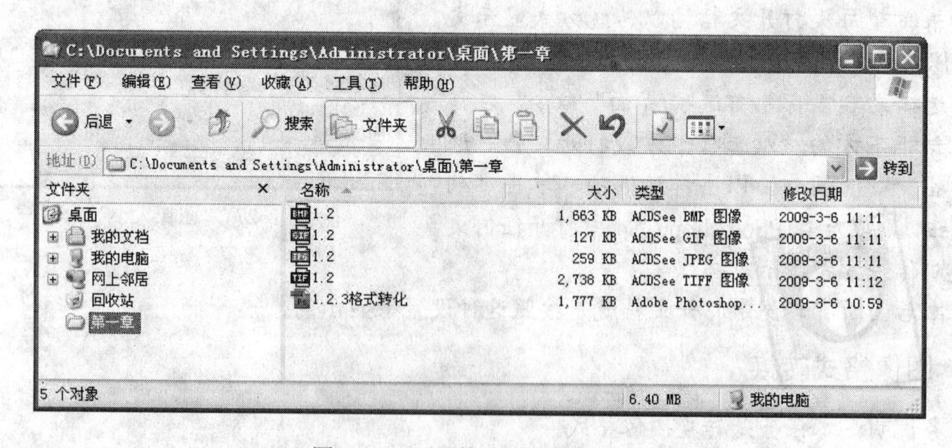

图 1-29 不同格式图像信息对比

1.2.4 改变图像画布大小

任务说明：本任务是改变图像画布大小。

任务要点：掌握“画布大小”命令应用。

任务步骤:

(1) 单击菜单中的“文件”中的“打开”命令，在弹出的对话框中选择指定的图片文件双击打开，如图 1-30 所示。

(2) 选择“图像/画布大小”菜单命令，打开“画布大小”对话框。将“相对”前单击一下以将该选项选择，接着设置“宽度”和“高度”后的数值均输入为“5 厘米”。再单击“定位”下的正中按钮，单击“画布扩展颜色”选项中的“黑色”(也可选择其他颜色)，如图 1-31 所示。最后单击“确定”按钮即可得到增大的画布效果，如图 1-32 所示。

注意:

改变画布大小不会对图像的质量产生任何影响,放大或缩小画布大小只会改变处理图像的区域。

图 1-30 原始素材

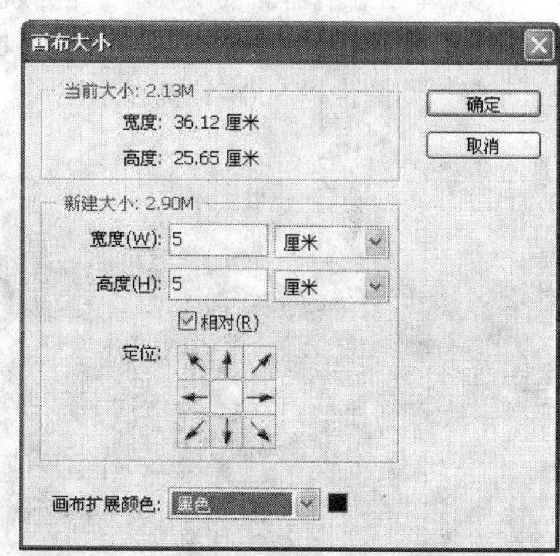

图 1-31 “画布大小”对话框

图 1-32 画布增大效果

1.2.5 观察图像

任务说明：本任务是观察图像。

任务要点：掌握缩放工具、“视图”菜单和导航器面板等命令应用。

任务步骤：

（1）单击菜单中的“文件”中的“打开”命令，在弹出的对话框中选择指定的图片文件双击打开，如图 1-33 所示。

（2）选择工具箱中缩放工具，在图像窗口中任意位置单击一下，则图像窗口以 66.7%比例显示图像，再次单击则以 100%比例显示图像，第三次单击则以 200%比例显示图像；按住 Alt 键单击一下则以 100%比例显示图像，再次按住 Alt 键单击则以 66.7%比例显示图像，第三次按住 Alt 键单击则以 50%比例显示图像。

（3）单击导航器面板以显示。在导航器面板左下角数值框选择原来数值后输入“150”（见图 1-34）按 Enter 键，则图像以 150%比例显示图像；数值框选择原来数值后输入“500”按 Enter 键，则图像以 500%比例显示图像。

图 1-33 原始素材

图 1-34 导航器调板

（4）执行菜单“视图/按屏幕大小缩放”命令（快捷键【Ctrl+O】），则图像快速满画布显示图像。

（5）选择菜单“视图/屏幕模式/全屏模式”命令（或单击应用程序栏上的“屏幕模式”按钮，并从弹出式菜单中选择“全屏模式”命令），在弹出的对话框中单击“全屏”按钮，则显示只有黑色背景的全屏窗口（无标题栏、菜单栏或滚动条）。按 Esc 键，则退出全屏显示模式，恢复成标准屏幕模式。

1.2.6 图像重新采样

任务说明：本任务是改变图像文件尺寸和分辨率。

任务要点：掌握“图像大小”命令应用。

任务步骤：

（1）单击菜单中的“文件”中的“打开”命令，在弹出的对话框中选择指定的图片文件双击打开，如图 1-35 示。这是一张 630 万像素的原片，没有经过任何处理。

（2）选择“图像/图像大小”菜单命令，打开“图像大小”对话框。可以看到当前文件是由“3072×2048”像素所组成的，图像的分辨率为“230 像素/英寸”，输出尺寸为“33.93 厘米×22.62 厘米”，如图 1-36 所示。

（3）根据不同用途采用下面任何一种方法采样。

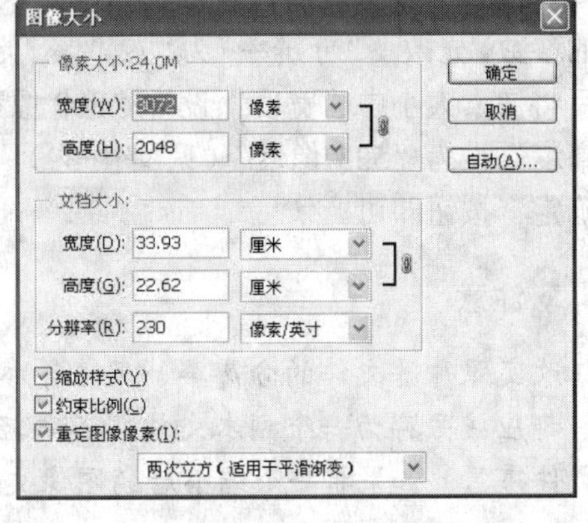

图 1-35　原始素材　　图 1-36 “图像大小”对话框

采样一：如果该图片是用印刷机输出，则要根据纸张的情况设置分辨率，这里以要求最高的铜版纸印刷为例，一般要求图像分辨率为 300 像素/英寸以上。将“图像大小”对话框左下角的“重定图像像素”选项前面的勾去掉不选，在“图像大小”对话框中将“分辨率”设置为“300 像素/英寸”，可以看到这张照片能够印刷成 26.01 厘米×17.34 厘米的画面（见图 1-37），几乎相当于一本 16 开（285mm×210mm）的图书封面大小。

采样二：如果该图片是用展板制作，一般要求图像分辨率为“72 像素/英寸”以上。将“图像大小”对话框左下角的“重定图像像素”选项前面的勾去掉不选，在“图像大小”对话框中将“分辨率”设置为“90 像素/英寸”，可以看到这张照片能够输出“86.7 厘米×57.8 厘米”的画面（见图 1-38），几乎相当于一个标准展板（60 厘米×90 厘米）的大小。

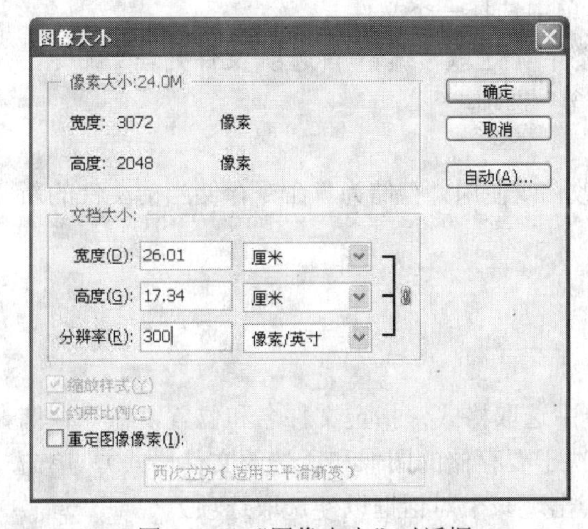

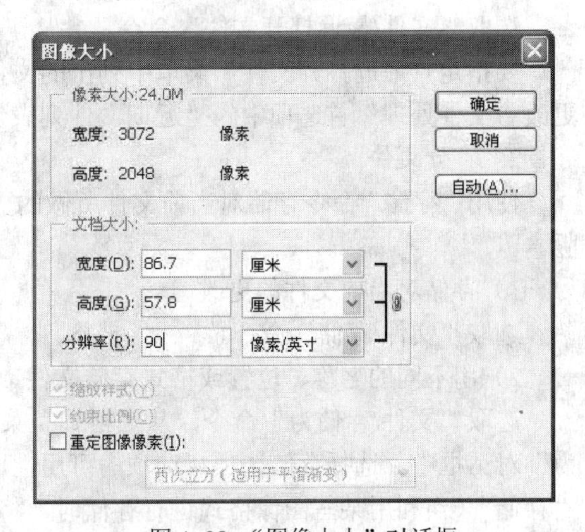

图 1-37　“图像大小”对话框　　图 1-38 “图像大小”对话框

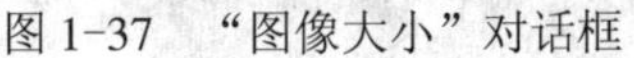

采样三：如果这张图片只是在计算机屏幕上观看，比如用在网页上，或者用于 Powerpoint 电子多媒体汇报演示，那么分辨率就要设置为 72 像素/英寸（而屏幕上图像不是按照厘米来计

算尺寸的，因此还要将“像素大小”中的宽度或者高度设置为实际需要的像素数量值。以Powerpoint使用的图片来说，宽度800像素基本够使用了）。在“图像大小”对话框中选中“重定图像像素”复选框后，将激活“像素大小”栏的参数，先改变“分辨率”为“72像素/英寸”，然后将像素大小中“宽度”设为“800像素”，“高度”设为“533像素”（见图1-39）。单击“确定”按钮即可。

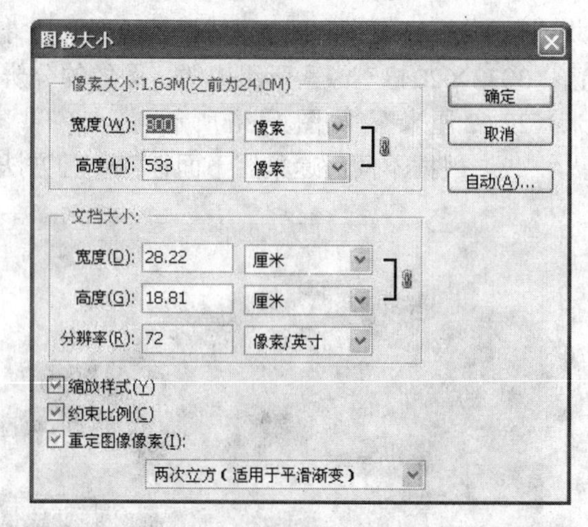

图1-39 “图像大小”对话框

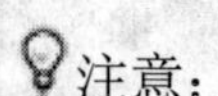

改变照片源文件的分辨率、尺寸等参数之后，都应该另存为一个副本文件，不要轻易将源文件覆盖。如果将一个缩小后的图像文件覆盖原文件，则原文件无法再恢复了。

1.2.7 基本操作知识点

1. 打开文件

可以使用“打开”命令和“最近打开文件”命令来打开文件。

1）使用打开命令打开文件

选取“文件/打开”命令，选择要打开的文件的名称（如果文件未出现，可从“文件类型”弹出式菜单中选择用于显示所有文件的选项），单击“打开”按钮即可（在某些情况下会出现一个对话框，可以使用该对话框设置格式的特定选项；如果出现颜色配置文件警告消息，指定是使用嵌入的配置文件作为工作空间，将文档颜色转换为工作空间，还是撤消嵌入的配置文件）。

2）打开最近使用的文件

选取“文件/最近打开文件”命令，并从子菜单中选择一个文件。

要指定“最近打开文件”菜单中列出的文件数目，选取“编辑/首选项/文件处理”命令，更改“文件处理”首选项中的“近期文件列表包含”选项。

2. 存储文件

使用“存储”命令存储对当前文件所做的更改，或使用“存储为”命令存储当前文件的新版本。

1）存储对当前文件的更改

选取“文件/存储”命令。

2）用不同的名称、位置或格式存储文件

选取“文件/存储为”命令，从“格式”菜单中选取格式，指定文件名和位置，在“存储为”对话框中，选择存储选项（选项的可用性取决于要存储的图像和所选的文件格式），单击“存储”（当利用某些图像格式进行存储时，将会出现一个对话框以便选取选项）。

3. 更改打印尺寸和分辨率

创建用于打印介质的图像时，根据打印尺寸和图像分辨率指定图像大小非常有用。这两个属性的数值（称为文档大小）决定了像素总数，因而也决定了图像的文件大小。还可以使用“打印”命令来进一步处理打印图像的缩放，但使用“打印”命令所做的更改只影响打印后的图像，而不会影响图像文件的文档大小。

如果为图像启用重新取样，则可以独立地更改打印尺寸和分辨率（并更改图像中的像素总量）；如果关闭重新取样，则可以更改尺寸或分辨率，Photoshop 自动调整另一个值以保持像素总量不变。

为了获得最高的打印品质，一般来说，最好先更改尺寸和分辨率，而不重新取样。然后只是在需要时才重新取样。

选取“图像/图像大小”命令。在弹出的“图像大小”对话框中要更改打印尺寸或图像分辨率，或者同时更改两者。

- 要只更改打印尺寸或分辨率并按比例调整图像中的像素总数，选择“重定图像像素”并选取一种插值方法。
- 要更改打印尺寸和分辨率而又不更改图像中的像素总数，取消选择“重定图像像素”。
- 要保持图像当前的宽高比例，选择“约束比例”。更改高度时，该选项自动更改宽度，反之亦然。
- 在“文档大小”下输入新的高度值和宽度值。如果需要，选取新的度量单位。
- 对于“分辨率”，输入一个新值。如果需要，选取一个新的度量单位。
- 要恢复“图像大小”对话框中显示的初始值，按住 Alt 键，然后单击“复位”按钮。

4. 画布大小

画布大小是图像的完全可编辑区域，“画布大小”命令可增大或减小图像的画布大小。增大画布的大小会在现有图像周围添加空间，减小图像的画布大小会裁剪到图像中。如果增大带有透明背景的图像的画布大小，则添加的画布是透明的；如果图像没有透明背景，则添加的画布的颜色将由几个选项决定。

选取“图像/画布大小”命令，在弹出的“画布大小”对话框中设置如下内容：

- 在“宽度”和“高度”框中输入画布的尺寸。从“宽度”和“高度”框旁边的弹出菜单中选择所需的测量单位。
- 选择“相对”，然后输入要从图像的当前画布大小添加或减去的数量。输入一个正数将为画布添加一部分，而输入一个负数将从画布中减去一部分。
- 对于“定位”，单击某个方块以指示现有图像在新画布上的位置。
- 从“画布扩展颜色”菜单中选取一个选项。

“前景”：用当前的前景颜色填充新画布。

“背景”：用当前的背景颜色填充新画布。

“白色”、“黑色”或“灰色”：用这种颜色填充新画布。

“其他”：使用拾色器选择新画布颜色。

也可以单击“画布扩展颜色”菜单右侧的白色方形来打开拾色器。

如果图像不包含背景图层，则“画布扩展颜色”菜单不可用。

5. 放大或缩小图像

使用缩放工具或“视图”菜单命令可放大或缩小图像。

使用缩放工具时，每单击一次都会将图像放大或缩小到下一个预设百分比，并以单击的点为中心将显示区域居中。放大级别超过 500% 时，图像的像素网格将可见。当图像到达最大放大级别 3200% 或最小尺寸 1 像素时，放大镜看起来是空的。

缩放图像：执行下列任一操作。

➢ 选择缩放工具，然后单击选项栏中的“放大”按钮或“缩小”按钮。接下来，单击要放大或缩小的区域。
➢ 选择缩放工具。指针会变为一个中心带有加号的放大镜。单击要放大的区域的中心。按住 Alt 键并单击要缩小的区域的中心。
➢ 选择缩放工具，在要放大的区域周围拖拽虚线矩形（选框）。要在图片上来回移动选框，按住空格键并一直拖移，直到选框到达所需的位置。
➢ 选择“视图/放大”或“视图/缩小”命令。达到最大的图像放大级别或最小的图像缩小级别时，“放大”或“缩小”命令将不再可用。
➢ 在文档窗口左下角或“导航器”面板中设置缩放级别。

1）设置缩放工具首选项

选择“编辑/首选项/常规”命令，然后执行下列操作之一：

➢ 要通过按住缩放工具来启用连续的放大或缩小，选择“带动画效果的缩放”。从一种放大级别缩放到另一种级别也会在单击缩放工具时变得平滑。
➢ 要使用鼠标上的滚轮来启用放大或缩小，选择“用滚轮缩放”选项。
➢ 要在单击位置启用居中缩放视图，选择“将单击点缩放至中心”选项。

2）放大或缩小多个图像

打开一个或多个图像，或在多个窗口中打开一个图像。选择“窗口/排列/平铺”命令以使各个图像紧贴边缘显示。选择缩放工具，然后执行下列操作之一：

➢ 选择选项栏中的“缩放所有窗口”，然后单击其中的一幅图像。其他图像将同时放大或缩小。
➢ 选择“窗口/排列/匹配缩放”命令。按住 Shift 键并单击其中的一幅图像。其他图像将按相同的倍率放大或缩小。

3）通过拖动放大

选择缩放工具，在要放大的图像部分的上方拖动，如图 1-40 所示。

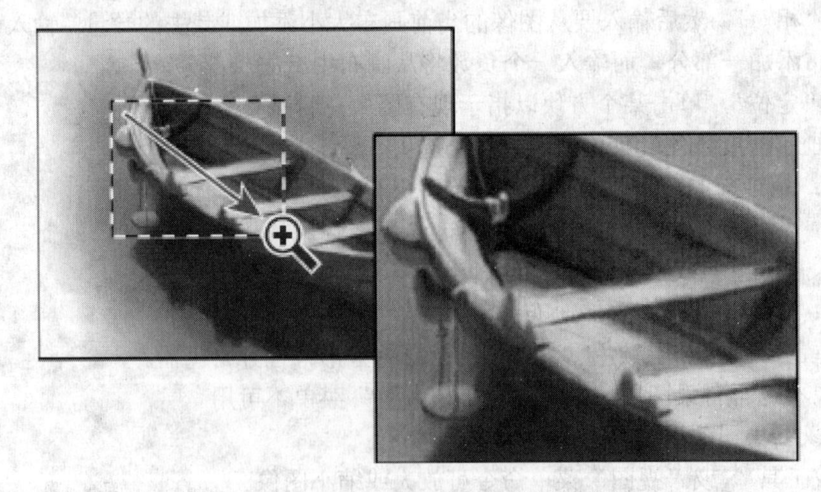

图 1-40　移缩放工具以放大图像的视图

缩放选框内的区域会按可能达到的最大放大级别显示。要在 Photoshop 中的图像上来回移动选框，请开始拖移选框，并在拖移的同时按住空格键。

4）在缩放时自动调整窗口大小

在缩放工具处于现用状态时，选择选项栏内的“调整窗口大小以满屏显示”。当放大或缩小图像视图时，窗口的大小即会调整。

如果没有选择“调整窗口大小以满屏显示”（默认设置），则无论怎样放大图像，窗口大小都会保持不变。如果使用的显示器比较小，或者在平铺视图中工作，这种方式会有所帮助。

要在使用键盘快捷键缩小或放大图像视图时自动调整窗口的大小，选择“编辑/首选项/常规”命令，然后选择“缩放时调整窗口大小”首选项并单击“确定”。

5）按 100% 的比例显示图像

执行下列操作之一：

- 双击工具箱中的缩放工具。
- 选择“视图/实际像素”命令。
- 在状态栏中输入 100%，然后按 Enter 键。

图像的 100%视图所显示的图像与它在浏览器中显示的一样（基于显示器分辨率和图像分辨率）。

6）使图像适合屏幕大小

执行下列操作之一：

- 双击工具箱中的抓手工具。
- 选择“视图/按屏幕大小缩放”命令。
- 选择缩放工具或抓手工具，然后单击选项栏中的“适合屏幕”按钮。

这些选项可调整缩放级别和窗口大小，使图像正好填满可以使用的屏幕空间。

6. 更改屏幕模式

可以使用屏幕模式选项在整个屏幕上查看图像。可以显示或隐藏菜单栏、标题栏和滚动条。执行下列操作之一：

- 要显示标准屏幕模式（菜单栏位于顶部，滚动条位于侧面），选取“视图/屏幕模式/标准屏幕模式”命令。或单击应用程序栏上的“屏幕模式”按钮，并从弹出式菜单中选择“标准屏幕模式”。
- 要显示带有菜单栏和 50% 灰色背景、但没有标题栏和滚动条的全屏窗口，选择“视图/屏幕模式/带有菜单栏的全屏模式”。或单击应用程序栏上的“屏幕模式”按钮，并从弹出式菜单中选择“带有菜单栏的全屏模式”。
- 要显示只有黑色背景的全屏窗口（无标题栏、菜单栏或滚动条），选择“视图/屏幕模式/全屏模式”命令。或单击应用程序栏上的“屏幕模式”按钮，并从弹出式菜单中选择“全屏模式”。

第 2 章　创建及编辑选区

在 Photoshop 中选区的建立和编辑是进行图像处理的一项基本工作，选区的创建效果将直接影响到图像处理质量，在 Photoshop 中选取范围的方法很多，可以使用工具箱中的选框工具、套索工具、魔棒工具等，也可以使用菜单命令，还可以通过通道、路径等方法来制作选取范围。本章只介绍选取范围的主要方法以及选区的修改和编辑技巧等，关于用通道、路径等方法来制作选取范围的内容，将在其他章节介绍。

2.1　矩形选框工具组

2.1.1　多矩形叠加图像

任务说明：任务是将一幅图片做成多矩形叠加造型效果。

任务要点：矩形选框工具使用及其选区模式、样式属性设置。

任务步骤：

（1）在 Photoshop 中执行 “文件/打开” 命令（快捷键【Ctrl+O】），在弹出的打开对话框中双击指定的图像以打开显示，如图 2-1 所示。

（2）选择工具箱中矩形选框工具，将其工具属性栏中“样式”选为“固定大小”，然后在“宽度”和“高度”后分别输入“500px”、“250px”，最后在如图 2-2 所示位置单击鼠标即可得到一个矩形选框。

图 2-1　原图

图 2-2　矩形选区

（3）在工具属性栏中选择“添加到选区”按钮，然后在如图 2-3 所示位置单击，松开鼠标即可得到增加后的选区。再在如图 2-4 所示位置单击，松开鼠标即可得到增加后的选区。

（4）执行“选择/反向”命令（快捷键【Ctrl＋Shift＋I】），以反选选区，然后按 Delete 键删除选区图像，执行“选择/取消选择”命令（【快捷键 Ctrl＋D】），得到最终效果，如图 2-5 所示。

图 2-3　增加选区 1

图 2-4　增加选区 2

图 2-5　最终效果

2.1.2　模糊矩形图像边缘

任务说明：本任务是将一幅图片制作矩形晕边效果。

任务要点：矩形工具使用及其羽化属性设置。

任务步骤：

（1）在 Photoshop 中执行 “文件/打开”命令，在弹出的打开对话框中双击指定的图像以打开显示，如图 2-6 所示。

（2）选择工具箱中矩形选框工具，在如图 2-7 所示位置画矩形选区将人物大致围住（如果对矩形选区不满意可以重新对选区的大小及位置进行调整）。

（3）执行“选择/调整边缘”命令或单击工具选项栏中“调整边缘”按钮，在弹出的对话框中设置“羽化”为“10 像素”，同时可观察图像窗口羽化效果（也可以试试 5，也可以试试 15，看看多少比较合适由自己定义）。

（4）执行“选择/反向”命令（快捷键【Ctrl＋Shift＋I】），以反选选区，然后按 Delete 键删除选区图像，执行“选择/取消选择”命令（快捷键【Ctrl＋D】），得到最终效果，如图 2-8 所示。

小结：

羽化是一个简单而又非常出效果的工具，在各种图像处理中会经常用到。羽化是指图像具

图 2-6　原图

图 2-7　矩形选区

有柔软渐变的边缘效果，使用 Photoshop 制作羽化效果非常容易，羽化选区的原理可以理解为靠近选区中心所选到的像素多而远离选区中心所选到的像素少，由多到少逐渐过渡，就产生了朦胧效果。朦胧效果主要是使用选区的羽化特性形成的。羽化值越大，朦胧效果越明显。

图 2-8　最终效果

2.1.3　月牙状图像

任务说明：本任务是将一幅图片做成月牙状造型效果。

任务要点：椭圆选框工具使用及其选区模式属性设置。

任务步骤：

（1）在 Photoshop 中执行 “文件/打开”命令，在弹出的打开对话框中双击指定的图像以打开显示，如图 2-9 所示。

（2）选择工具箱中椭圆工具，将其工具属性栏中“样式”选为“固定大小”，然后在“宽度”和“高度”后分别输入“500px”、“500px”，在如图 2-10 所示位置单击鼠标即可得到一个正圆选框。

图 2-9　原图

图 2-10　正圆选区

（3）在工具属性栏中选择“从选区减去”按钮，然后在如图 2-11 所示位置单击以画一个圆，松开鼠标即可得到剪除后的选区，即月牙选区（见图 2-12）。

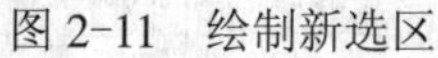

图 2-11　绘制新选区

图 2-12　月牙选区

（4）执行“选择/反向”命令（快捷键【Ctrl＋Shift＋I】）以反选选区，再按 Delete 键删除选区图像，执行“选择/取消选择”命令（快捷键【Ctrl＋D】），得到最终效果，如图 2-13 所示。

图 2-13　月牙图像的最终效果

2.1.4　羽化椭圆图像边缘

任务说明：本任务是将一幅图片制作椭圆晕边效果。

任务要点：椭圆工具使用及其羽化属性设置。

任务步骤：

（1）在 Photoshop 中执行 “文件/打开”命令，在弹出的打开对话框中双击指定的图像以打开显示，如图 2-14 所示。

（2）选择工具箱中椭圆选框工具，在如图 2-15 所示位置画椭圆选区将蘑菇大致围住（如果对椭圆选区不满意可以重新对选区的大小及位置进行调整）。

（3）执行“选择/调整边缘”命令或单击工具选项栏中“调整边缘”按钮，在弹出的对话框中设置“羽化”为“20 像素”，同时可观察图像窗口羽化效果（也可以试试 30，也可以试试

图 2-14　原图　　　　图 2-15　椭圆选区

15 或其他数值）。

（4）执行“选择/反向”命令（快捷键【Ctrl＋Shift＋I】）以反选选区，再按 Delete 键删除选区图像，执行“选择/取消选择”命令（快捷键【Ctrl＋D】）得到最终效果（见图 2-16）。

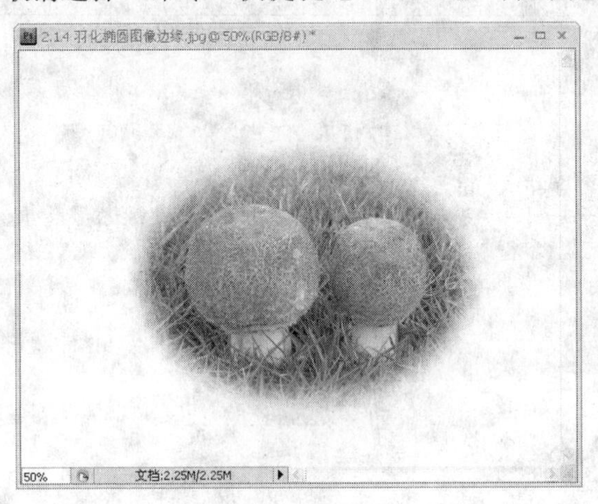

图 2-16　最终效果

2.1.5　矩形选框工具组知识点

矩形选框工具组包括四个工具：

矩形选框，建立一个矩形选区（配合使用 Shift 键可建立方形选区）。

椭圆选框，建立一个椭圆形选区（配合使用 Shift 键可建立圆形选区）。

单行或单列选框，将边框定义为宽度为 1 个像素的行或列。

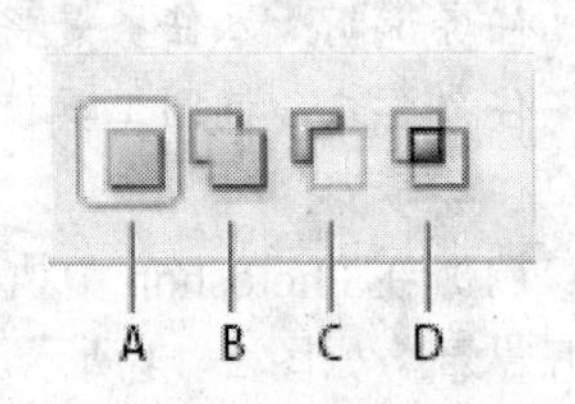

图 2-17　选项栏选区模式

矩形选框工具组使用步骤如下：

（1）在其选项栏中指定一个选区选项，如图 2-17 所示。

上图中各字母表示：A.新选区；B.添加到选区；C.从选区减去；D.与选区交叉。

（2）在选项栏中指定羽化设置。此值定义羽化边缘的宽度，范围可以是0～250像素。

（3）对于矩形选框工具或椭圆选框工具，在选择栏中选择一种样式：

➢ 正常，通过拖动确定选框比例。
➢ 固定比例，设置高宽比。输入长宽比的值（十进制值有效）。例如，若要绘制一个宽是高两倍的选框，请输入宽度 2 和高度 1。
➢ 固定大小，为选框的高度和宽度指定固定的值。输入整数像素值。除像素（px）之外，还可以在高度值和宽度值中使用特定单位，如英寸（in）或厘米 （cm）。

（4）执行下列操作之一来建立选区：

➢ 使用矩形选框工具或椭圆选框工具，在要选择的区域上拖移，如图2-18（a）所示。
➢ 按住 Shift 键时拖动可将选框限制为方形或圆形（要使选区形状受到约束，请先释放鼠标按钮再释放 Shift 键）。
➢ 要从选框的中心拖动它，在开始拖动之后按住 Alt 键，如图2-18（b）所示。

（a）

（b）

图2-18　创建选区

对于单行或单列选框工具，在要选择的区域旁边单击，然后将选框拖动到确切的位置。如果看不见选框，则增加图像视图的放大倍数。

2.2　套索工具组

2.2.1　照片虚化处理

任务说明：本任务是制作轮廓图羽化效果。

任务要点：套索工具使用及其羽化属性设置。

任务步骤：

（1）执行“文件/打开”命令，在弹出的“打开”对话框中双击指定的图片以将其打开，如图2-19所示。这是一张少女全身图，姿态优美。如果把它用圆框框起来制作朦胧就不恰当，这时就要用轮廓图朦胧效果比较好。因此有时也需要制作勾勒轮廓的照片虚化处理效果。

（2）在工具箱中选择“套索”工具，先确定一个起点，按下鼠标左键不要松开，沿着人物的外缘拖动，与人物保持一定的距离。不断地画出大轮廓来。一直到画完一圈，全部包围之后再松手就可以了。这样选区就做好了，如图2-20所示（套索工具可以画出绵延不断的曲线，把人物包围起来）。

图 2-19　原图

图 2-20　椭圆选区

（3）现在可以先对选区的大小及位置进行调整，重要的是不要离照片边缘太近。不然，虚化的部分显示为直线状，很不好看。要不断地试，单击选项栏的“添加到选区”或“从选区减去”按钮，然后在原选区基础上减去选区或增加选区，直至选区满意为止。

（4）执行“选择/调整边缘”命令或单击工具选项栏中“调整边缘”按钮，在弹出的对话框中设置“羽化”为 15 像素，同时可观察图像窗口羽化效果。(也可以试试 30，也可以试试 20，或其他数值。在 Photoshop 中很多数值都不是硬性规定的，一定要不断地变换数据来试看效果，才有感性认识。不能书上说多少就多少，这也是一样很重要的学习方法。）羽化后会看到原先的曲线变得圆滑了。

图 2-21　最终效果

（5）执行“选择/反向”命令（快捷键【Ctrl＋Shift＋I】)以反选选区然后按 Delete 键删除选区图像，执行“选择/取消选择”命令（快捷键【Ctrl＋D】)，得到最终效果，如图 2-21 所示。

小结：

套索工具可定义任意形状的区域。使用方法是按住鼠标在图像中进行拖拉，松开鼠标后即形成选取范围。要建立任意形状的朦胧效果，先建立一个形状不规则的选区，然后进行反选、羽化、删除即可。朦胧效果制作的关键在于选区的选取及羽化值的设置。

2.2.2　抠除复杂背景

任务说明：本任务是抠除而得到复杂形状的选区图像。

任务要点：磁性索套工具使用。

任务步骤：

（1）首先在 Photoshop 中打开一副与背景反差较大的图像。执行“文件/打开”命令，在弹出的“打开”对话框中双击指定的图片以将其打开，如图 2-22 所示。

（2）在工具箱中选择“磁性套索”工具，保持 Photoshop 菜单栏下的工具选项栏默认设置。

在图像上欲选取区域的边缘位置处单击鼠标左键，设置第一个锁定点，如图 2-23 所示。沿着想跟踪的图像边缘继续移动鼠标，徒手绘制出一小段线段（也可以按下鼠标左键并拖动鼠标来绘制）。

图 2-22　原图

图 2-23　确定起点

当在图像边缘移动鼠标时，绘制出的活动线段会自动地靠近图像的边缘。磁性套索工具在选取区域边缘时周期性地增加锁定点（即小方块），锁定前面绘制出的线段。

如果在某段边缘上“磁性套索”工具不能很好地抓取，可以单击鼠标左键，以用手工方法增加一个锁定点；如果要删除锁定点，可按 Delete 键或者是 BackSpace 键（每按一次，删除一个最近的锁定点）。

（3）当选取完成时，应将终点与起点相连接，形成封闭的选取范围。即将终点覆盖在起点上，当“磁性套索”工具光标旁边出现一个小圆圈时（见图 2-24），表示两点已经“对接成功”，立即单击鼠标左键，这样就完成了图的边缘的选取，如图 2-25 所示。

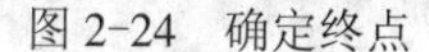
图 2-24　确定终点

图 2-25　得到选区

有时为了更好地选取边缘，可以对图像进行适当的放大。另外这是一种需要非常细心的工作，选取时一定要非常细心。

（4）按下“Ctrl+Shift+I”组合键，对图像进行反选，然后再按下 Delete 键，删除背景，按下“Ctrl+D”组合键，取消选区，看看处理后的图像（见图 2-26）。如果对抠取的图像边缘不太满意的话，可放大局部，用“橡皮擦”工具进行进一步的处理。

小结：

对于轮廓边缘为直线形的图片常使用多边形多套工具，而对于轮廓边缘为不规则形的图片常使用磁性索套工具，磁性套索工具也适合抠取边缘比较清晰或背景反差较大的图像。总之使用磁性索套工具对有复杂背景（非单色背景）且有明显边缘的不规则的图像进行选取非常有效。

图 2-26　效果图

2.2.3　套索工具组知识点

1. 套索工具

套索工具对于绘制选区边框的手绘线段十分有用。

选择套索工具，并选择相应的选项：

- 在选项栏中指定一个选区选项。
- 在选项栏中设置羽化和消除锯齿。
- 要在未选定任何其他像素时绘制带直边的选区边界，按住 Alt 键，并单击线段应开始和结束的位置。可以在绘制手绘线段和直边线段之间切换。
- 要抹除刚绘制的线段，按住 Delete 键直到抹除了所需线段的紧固点。
- 要闭合选区边界，在未按住 Alt 键时释放鼠标。
- 单击“调整边缘”以进一步调整选区边界或对照不同的背景查看选区或将选区作为蒙版查看。

拖动以绘制手绘的选区边界。

2. 多边形套索工具

多边形套索工具对于绘制选区边框的直边线段十分有用。

选择多边形套索工具，并选择相应的选项：

- 在选项栏中指定一个选区选项。
- 在选项栏中设置羽化和消除锯齿。
- 单击“调整边缘”以进一步调整选区边界或对照不同的背景查看选区或将选区作为蒙版查看。

多边形套索工具使用步骤：

在图像中单击以设置起点，执行下列一个或多个操作。

- 若要绘制直线段，将指针放到第一条直线段结束的位置，然后单击。继续单击，设置后续线段的端点。
- 要绘制一条角度为 45° 的倍数的直线，在移动时按住 Shift 键以单击下一个线段。
- 若要绘制手绘线段，按住 Alt 键并拖动。完成后，松开 Alt 键以及鼠标按钮。
- 要抹除最近绘制的直线段，按 Delete 键。

关闭选框：

- 将多边形套索工具的指针放在起点上（指针旁边会出现一个闭合的圆）并单击。
- 如果指针不在起点上，双击多边形套索工具指针，或者按住 Ctrl 键并单击。

3. 磁性套索工具

使用磁性套索工具时，边界会对齐图像中定义区域的边缘。磁性套索工具不可用 32 位/通道的图像。磁性套索工具特别适用于快速选择与背景对比强烈且边缘复杂的对象。

选择磁性套索工具，并选择相应的选项：

- ➢ 在选项栏中指定一个选区选项。
- ➢ 在选项栏中设置羽化和消除锯齿。
- ➢ 宽度。要指定检测宽度，为“宽度”输入像素值。磁性套索工具只检测从指针开始指定距离以内的边缘。可以在已选定工具但未使用时更改指针。按右方括号键（]）可将磁性套索边缘宽度增大 1 个像素；按左方括号键（[）可将宽度减小 1 个像素。
- ➢ 对比度。要指定套索对图像边缘的灵敏度，在对比度中输入一个介于 1%～100%之间的值。较高的数值将只检测与其周边对比鲜明的边缘，较低的数值将检测低对比度边缘。
- ➢ 频率。若要指定套索以什么频度设置紧固点，为“频率”输入 0～100 之间的数值。较高的数值会更快地固定选区边框。在边缘精确定义的图像上，可以试用更大的宽度和更高的边对比度，然后大致地跟踪边缘；在边缘较柔和的图像上，尝试使用较小的宽度和较低的边对比度，然后更精确地跟踪边框。
- ➢ 光笔压力。如果正在使用光笔绘图板，选择或取消选择“光笔压力”选项。选中了该选项时，增大光笔压力将导致边缘宽度减小。
- ➢ 单击“调整边缘”以进一步调整选区边界，或对照不同的背景查看选区，或将选区作为蒙版查看。

磁性套索工具使用步骤：

（1）在图像中单击，设置第一个紧固点。紧固点将选框固定住。

（2）要绘制手绘线段，松开鼠标左键或按住鼠标左键不放，然后沿着想要跟踪的边缘移动指针。

刚绘制的选框线段保持为现用状态。当移动指针时，现用线段与图像中对比度最强烈的边缘（基于选项栏中的检测宽度设置）对齐。磁性套索工具定期将紧固点添加到选区边框上，以固定前面的线段。

（3）如果边框没有与所需的边缘对齐，则单击一次以手动添加一个紧固点。继续跟踪边缘，并根据需要添加紧固点，如图 2-27 所示。

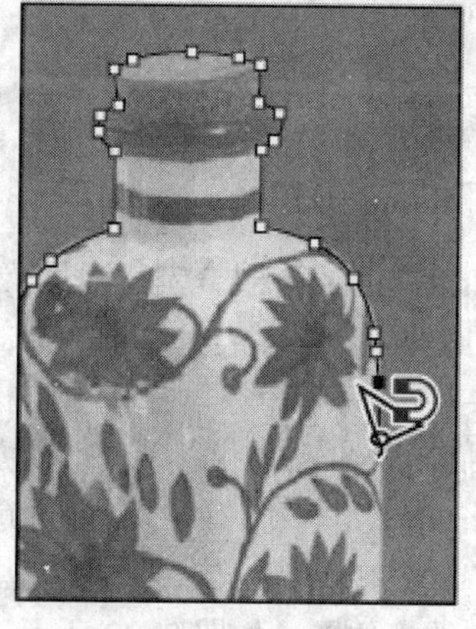

图 2-27　紧固点将选区边框固定在边缘上

（4）要临时切换到其他套索工具，执行下列任一操作：

➢ 要启动套索工具，按住 Alt 键并按住鼠标按钮进行拖动。

➢ 要启动多边形套索工具，按住 Alt 键并单击。

（5）要抹除刚绘制的线段和紧固点，按 Delete 键直到抹除了所需线段的紧固点。

（6）关闭选框：

➢ 要用手绘的“磁性”线段闭合边框，双击或按 Enter 或 Return 键。

➢ 若要用直线段闭合边界，按住 Alt 键并双击。

➢ 若要关闭边界，拖动回起点并单击。

2.3 魔棒工具组

2.3.1 去除单色背景

任务说明：本任务是对简单背景（单色背景）的图去除背景。

任务要点：魔棒工具使用和复制、粘贴命令等。

任务步骤：

（1）在 Photoshop 中执行 “文件/打开”命令，在弹出的打开对话框中双击指定的图像以打开显示，如图 2-28 所示。

（2）在工具箱中选择“魔棒”工具，保持其工具选项栏默认设置。在图像中任意位置处单击背景空白处，则选择了白色的背景范围，如图 2-29 所示。

图 2-28 原图

图 2-29 初步选区

（3）按下“Ctrl+Shift+I”组合键，对图像进行反选。再执行“编辑/复制”命令，这时复制的就是选区内的蝴蝶内容。

（4）执行“文件/打开”命令，在弹出的打开对话框中双击指定的背景图像以打开显示，如图 2-30 所示。执行“编辑/粘贴”命令，效果如图 2-31 所示。

（5）按下“Ctrl+T”组合键，以对图像进行缩放。在其选项栏中单击“保持长宽比”按钮，设置 W 为“30%”，按 Enter 键确认缩小结束。最后选择工具箱中移动工具，在图像窗口中将粘贴对象向下移动适当位置，如图 2-32 所示。

图 2-30　新图像

图 2-31　粘贴效果

小结：

魔棒工具是选择相邻的、具有一致颜色区域的选取工具，因此魔术棒工具比较适合抠取背景为单色的图像。

图 2-32　效果图

2.3.2　移人换景

任务说明：本任务是去除较复杂背景。

任务要点：魔棒工具使用及其属性设置。

任务步骤：

（1）打开要处理的相片。在 Photoshop 中执行“文件/打开”命令，在弹出的打开对话框中双击指定的图像以打开显示，如图 2-33 所示。为照片中的人物换背景，这是图像处理最常遇到的情况。对于背景比较简单的照片，可以用最简单的魔棒选区法，关键是注意魔棒容差的设置以及羽化的运用。

（2）选取工具箱中“魔棒工具”，在工具属性栏中设置“魔棒工具”属性：选定“添加选区”，容差设为 32，如图 2-34 所示。

（3）在图像中单击人物任意背景处，则首先选择了大部分背景。接着单击没有选择到的人物脚底下小部分背景范围，直至人物背景基本被选择。但是人物两腿间内区域的背景仍然没有被选中，在图像中再单击人物两腿间内区域的背景，这时就已经选择了全部的背景，如图 2-35 所示。在选择的过程中，可以将视图进行放大，提高选择的准确性。

图 2-33　原图

图 2-34　魔术棒工具选项栏

图 2-35　初步选区

（4）单击右键，从右键菜单中选择“选择反向”（见图 2-36），以将图中的人物选择出来。

（5）为保证选区的精确，单击工具栏的“调整边缘”钮或菜单栏中“选择/调整边缘”进行选区边沿的调整。在打开的“调整边缘”对话框中，保持默认参数设置不变，如图 2-37 所示（如果选区边缘预览效果不满意，还可调整合适参数，使选区符合要求），单击“确定”按钮。

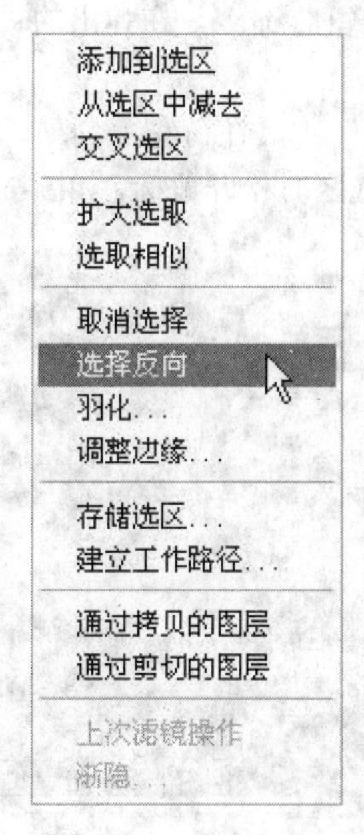

图 2-36 右键菜单

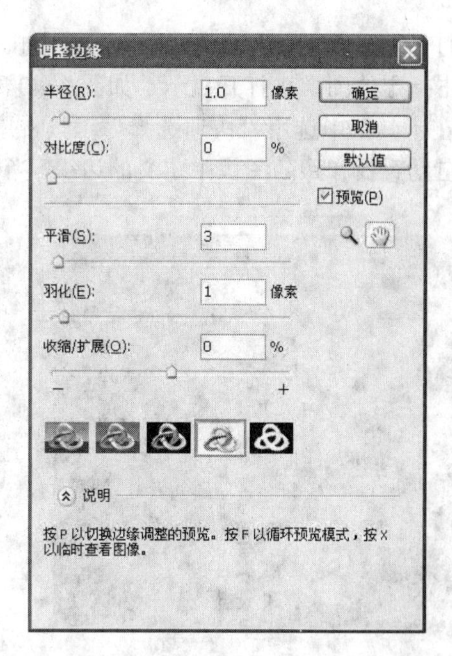

图 2-37 “调整边缘”对话框

（6）执行“编辑/拷贝”命令，这时复制的就是选区内的内容。

（7）执行“文件/打开”命令，在弹出的打开对话框中双击指定的背景图以打开显示，如图 2-38 所示。执行“编辑/粘贴”命令，最终效果如图 2-39 所示。

图 2-38 背景图像

图 2-39 效果图

小结：

如果魔棒工具使用得好，会大大节省工作量。魔棒工具实际是根据图片中像素之间的差别来选取的，它会将差别不大的像素选入一个选区，所以图片中背景与物体像素的差别越明显，选取得越准确。

2.3.3 移物换景

任务说明：本任务是使用快速选择工具去除背景。

任务要点：快速选择工具使用。

任务步骤：

（1）打开要处理的相片。在 Photoshop 中执行 “文件/打开”命令，在弹出的“打开”对话框中双击指定的图像以打开显示，如图 2-40 所示。

（2）在工具箱中选用“快速选择”工具，用“快速选择”工具在荷花上划动，选区会向外扩展并自动查找和跟随图像中定义的边缘，当得到荷花的选区时松开鼠标，如图 2-41 所示。

图 2-40　原图

图 2-41　所需选区

（3）执行“编辑/复制”命令，这时复制的就是选区内的内容。然后单击图像窗口右上角的“关闭”按钮，以将该图像关闭。

（4）执行“文件/打开”命令，在弹出的打开对话框中双击指定的背景图像以打开显示，如图 2-42 所示。

（5）执行“编辑/粘贴”命令，按下“Ctrl+T”组合键，以对图像进行缩放。在其选项栏中单击“保持长宽比”按钮，设置 W 为“30%”，按 Enter 键确认缩小结束。最后选择工具箱中移动工具，在图像窗口中将粘贴对象向左下角下移动适当位置，如图 2-43 所示。

图 2-42　背景图像

图 2-43　效果图

2.3.4　魔棒工具组知识点

1. 魔棒工具

魔棒工具可以选择颜色一致的区域（例如，一朵红花），而不必跟踪其轮廓。可以基于与单击的像素的相似度，为魔棒工具的选区指定色彩范围或容差。不能在位图模式的图像或 32 位/通道的图像上使用魔棒工具。

选择魔棒工具，并选择相应的选项：

➢ 在选项栏中指定一个选区选项。魔棒工具的指针会随选中的选项而变化。

➢ 容差。确定选定像素的相似点差异。以像素为单位输入一个值，范围介于 0～255。如果值较低，则会选择与所单击像素非常相似的少数几种颜色。如果值较高，则会选择范围更广的颜色。

➢ 消除锯齿。创建较平滑边缘选区。

➢ 连续。只选择使用相同颜色的邻近区域，否则将会选择整个图像中使用相同颜色的所有像素。

➢ 对所有图层取样。使用所有可见图层中的数据选择颜色，否则魔棒工具将只从现用图层中选择颜色。

➢ 单击“调整边缘”以进一步调整选区边界或对照不同的背景查看选区或将选区作为蒙版查看。

选择魔棒工具，在图像中单击要选择的颜色。如果“连续”已选中，则容差范围内的所有相邻像素都被选中。否则，将选中容差范围内的所有像素。

2. 快速选择工具

可以使用快速选择工具利用可调整的圆形画笔笔尖快速“绘制”选区。拖动时，选区会向外扩展并自动查找和跟随图像中定义的边缘。

选择快速选择工具，并选择相应的选项：

➢ 在选项栏中，单击以下选择项之一：“新建”、“添加到”或“相减”。“新建”是在未选择任何选区的情况下的默认选项。创建初始选区后，此选项将自动更改为“添加到”。

➢ 要更改快速选择工具的画笔笔尖大小，单击选项栏中的“画笔”菜单并键入像素大小或移动“直径”滑块。使用“大小”弹出菜单选项，使画笔笔尖大小随钢笔压力或光笔轮而变化。在建立选区时，按右方括号键（]）可增大快速选择工具画笔笔尖的大小；按左方括号键（[）可减小快速选择工具画笔笔尖的大小。

➢ 对所有图层取样。基于所有图层（而不是仅基于当前选定图层）创建一个选区。

➢ 自动增强。减少选区边界的粗糙度和块效应。“自动增强”自动将选区向图像边缘进一步流动并应用一些边缘调整，也可以通过在“调整边缘”对话框中使用“平滑”、“对比度”和“半径”选项手动应用这些边缘调整。

➢ “调整边缘”以进一步调整选区边界，或对照不同的背景查看选区，或将选区作为蒙版查看。

快速选择工具使用步骤：

在要选择的图像部分中绘画，选区将随着绘画而增大，如图 2-44 所示。

如果更新速度较慢，应继续拖动以留出时间来完成选区上的工作。在形状边缘的附近绘画时，选区会扩展以跟随形状边缘的等高线。

如果停止拖动，然后在附近区域内单击或拖动，选区将增大以包含新区域。

➢ 要从选区中减去，单击选项栏中的“相减”选项，然后拖过现有选区。

➢ 要临时在添加模式和相减模式之间进行切换，按住 Alt 键。

➢ 要更改工具光标，选择“编辑/首选项/光标/绘画光标”命令。“正常画笔笔尖”显示标准的快速选择光标，其中带有用于显示选区模式的加号或减号。

图 2-44　使用快速选择工具进行绘画以扩展选区

2.4 “贴入”命令

2.4.1 更换窗户外景

任务说明：本任务是使选区内图像内容更换。

任务要点：魔棒工具和“贴入”命令使用方法。

任务步骤：

（1）执行“文件/打开”菜单命令，在弹出的“打开”对话框中双击指定的图像以打开显示，如图 2-45 所示。

（2）执行“选择/全选”命令（快捷键【Ctrl＋A】）以确定选择范围，执行“编辑/拷贝”命令（快捷键【Ctrl＋C】）将要粘贴的图像放入剪贴板。

（3）执行“文件/打开”菜单命令（快捷键【Ctrl＋O】）在弹出的“打开”对话框中双击指定的图像以打开显示，如图 2-46 所示。选择工具箱中魔棒工具，在图像窗口中窗户正中白色区域处单击一下，即可得到选区，如图 2-47 所示。

图 2-45　背景图像

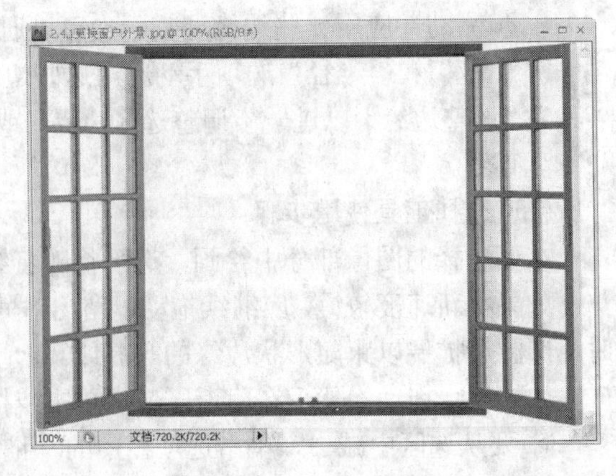

图 2-46　窗户图像

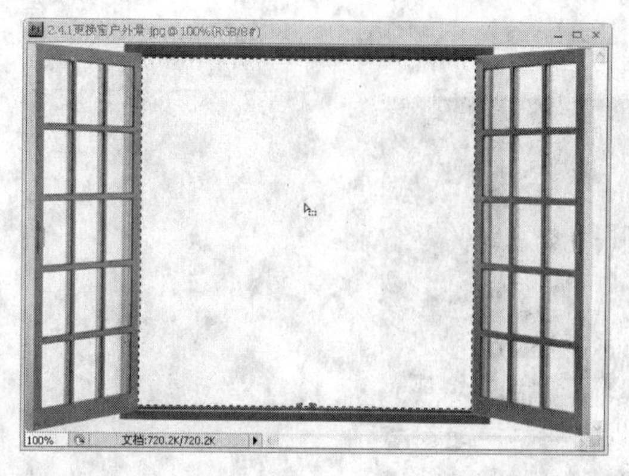

图 2-47　选择范围

（4）执行“编辑/贴入”命令，效果如图 2-47 左图。源选区的内容在目标选区被蒙版覆盖。如果要调整显露内容，则选择工具箱中移动工具 在图像窗口中向左上角拖移源内容，直到想要的部分被蒙版覆盖，效果如图 2-48 右图。

图 2-48　“贴入”过程（左图为效果 1，右图为效果 2）

2.4.2　更换选区内景

任务说明：本任务是更换使用选区内图像内容。

任务要点：“贴入”命令使用。

任务步骤：

（1）执行“文件/打开”菜单命令，在弹出的“打开”对话框中双击指定的图像以打开显示，如图 2-49 所示。执行“选择/全选”命令（快捷键【Ctrl＋A】）以确定选择范围，执行“编辑/拷贝”命令（快捷键【Ctrl＋C】）将要粘贴的图像放入剪贴板。

（2）执行“文件/打开”菜单命令，在弹出的“打开”对话框中双击指定的图像以打开显示，如图 2-50 所示。

（3）选择工具箱中椭圆工具，将其工具属性栏中“羽化”设置为“5px”，“样式”选为“固定大小”，然后在“宽度”和“高度”后分别输入“200px”、“200px”，在如图 2-51 所示左下角位置单击鼠标即可得到一个正圆选框。执行“编辑/贴入”命令，效果如图 2-52 右图所示。

（4）接着在如图 2-53 所示位置单击鼠标即可得到一个正圆选框，执行“编辑/贴入”命令，效果如图 2-54 所示。

图 2-49　风景图片

图 2-50　背景图片

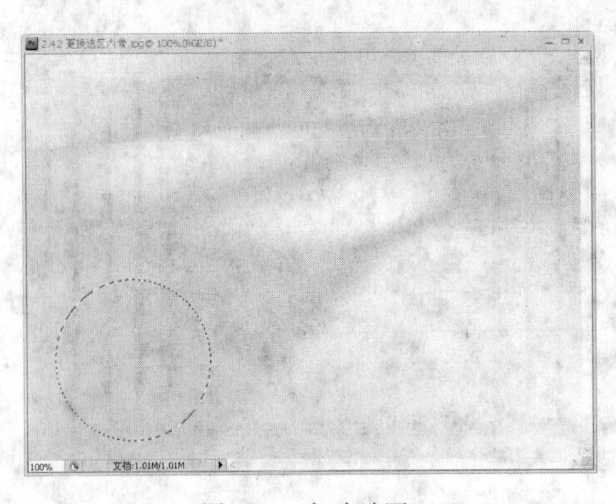

图 2-51　初步选区

图 2-52　初步效果

图 2-53　进一步选区

图 2-54　进一步效果

（5）接着在如图 2-55 所示位置单击鼠标即可得到一个正圆选框，执行“编辑/贴入”命令，效果如图 2-56 所示。如果要调整显露内容，则选择工具箱中移动工具 在图像窗口中拖移源内容，直到想要的部分被蒙版覆盖。

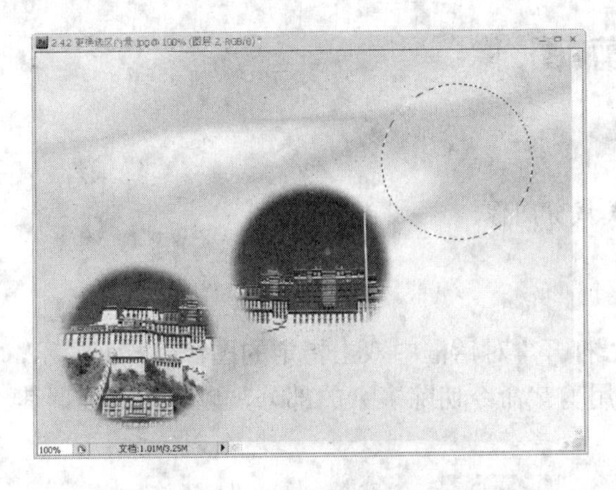

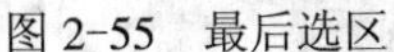

图 2-55　最后选区

图 2-56　最终效果

小结：

“贴入”命令是将剪切或复制的选区粘贴到同一图像或不同图像中的另一个选区内。使用“贴入”命令则只把剪贴板中的数据复制到选区内，而选区以外的内容不受影响。其原理就是源选区粘贴到新图层，而目标选区边框将转换为图层蒙版。

切记，在不同分辨率的图像中粘贴选区或图层时，粘贴的数据保持它的像素尺寸，这可能会使粘贴的部分与新图像不成比例。一般在复制和粘贴之前，使用“图像大小”命令使源图像和目标图像的分辨率相同，然后将两个图像的缩放率都设置为相同的放大率。

2.4.3　贴入命令知识点

贴入命令使用步骤：

（1）剪切或复制想要粘贴的图像。

（2）选择要粘贴选区的图像部分。源选区和目标选区可以在同一个图像中，也可以在不同的 Photoshop 图像中。

（3）选取“编辑/贴入”命令。源选区的内容在目标选区内显示。

“贴入”操作会向图像添加图层和图层蒙版。在“图层”面板中，新图层包含一个对应于粘贴选区的图层缩览图，该缩览图位于图层蒙版缩览图的旁边。图层蒙版基于贴入的选区：选区不使用蒙版（白色）；图层的其余部分使用蒙版（黑色）。图层和图层蒙版之间没有链接，也就是说可以单独移动其中的每一个。

（4）选择移动工具 ，或按住 Ctrl 键以启动移动工具。然后拖动源内容，直到想要的部分被蒙版覆盖。

（5）要指定底层图像的显示通透程度，在“图层”面板中单击图层蒙版缩览图，选择一种绘画工具，然后编辑蒙版：

若要隐藏图层下面的多一些图像，用黑色绘制蒙版；

若要显示图层下面的多一些图像，用白色绘制蒙版；

若要部分显示图层下面的图像，用灰色绘制蒙版。

（6）如果对结果满意，可以选取“图层/向下合并”将新图层和有下层图层的图层蒙版合并，使之成为永久性的更改。

2.5 裁剪图像

2.5.1 裁剪多余部分

任务说明：本任务是使用裁剪工具不同方式裁剪图像。

任务要点：裁剪工具使用。

任务步骤：

（1）执行“文件/打开”菜单命令在弹出的“打开”对话框中双击指定的图像以打开显示，如图 2-57 所示。本图感到画面有些零乱，可以用剪裁命令切除多余的部分，以突出或强调其中的主要部分，获得更好的视觉效果。

图 2-57 素材

（2）在工具箱中选择裁剪工具。按住鼠标左键拖动鼠标，框选要保留的图像部分。松开鼠标按钮时，裁切选框显示为有角手柄和边手柄的定界框，如图 2-58 所示。调整裁切选框：如果要将裁切选框移动到其他位置，将指针放在定界框内并拖动；如果要缩放选框，拖动手柄；如果要约束宽高比，在拖动角手柄时按住 Shift 键；如果要旋转选框，将指针放在定界框外（指针变为弯曲的箭头）并拖动。

（3）按 Enter（回车）键或在选框内双击，即可得到剪裁照片，如图 2-59 所示。

图 2-58 裁切范围

图 2-59 最终效果

💡小结：

当仅需要获取图像的一部分时，就可以使用裁剪工具执行任务。使用此工具在图像中拖曳得到矩形区域，矩形区域的内部代表裁剪后图像保留的部分，矩形区域外的部分是被裁剪的区域。

2.5.2 透视裁剪图像

任务说明：本任务是使用裁剪工具校正透视图像。

任务要点："裁剪工具"的透视属性使用。

任务步骤：

（1）执行"文件/打开"菜单命令，在弹出的"打开"对话框中双击指定的图像以打开显示，如图 2-60 所示。该图由于是采用广角镜头拍摄的，其中的建筑物产生严重变形，给人以大楼要倾倒的感觉，这就必须做矫正。

图 2-60　原图

（2）在工具箱中选择裁剪工具，在图像中拉出裁切框，使裁切框的四角与图像四周重合，在其工具选项栏中勾选"透视"复选框，如图 2-61 所示。

图 2-61　裁剪工具选项栏

（3）由于选中"透视"复选框，此时裁切框的四个角点就可以任意移动了。用鼠标将裁切框的右上角点向左移动到与大楼最右侧线直线大致平行的位置。再将裁切框的左上角点移动到与大楼最左侧线直线大致平行的位置，如图 2-62 所示。

（4）按"Enter"键确认裁切结束，可以看到大楼的变形得到了明显的矫正，大楼站直了，如图 2-63 所示。

图 2-62　裁切框调整

图 2-63　效果图

注意：

如果同时需要矫正大楼的倾斜与矫正地面等的倾斜，则要分成两次来完成。不能在一次裁切中同时设置水平和垂直透视矫正，因为最终的裁切效果会使图像的宽高比例产生严重失调。

2.5.3 自动裁剪图像

任务说明：本任务是分离多个图像在一起的内容。

任务要点："裁剪并修齐照片"命令使用。

图 2-64 扫描图像

任务步骤：

（1）执行"文件/打开"菜单命令，在弹出的"打开"对话框中双击指定的图像以打开显示，如图 2-64 所示。该图是一张扫描得到的图像。

（2）选取"文件/自动 /裁剪并修齐照片"命令，软件将自动对图像进行处理，然后在其各自的窗口中打开每个分离后的图像，如图 2-65 所示。

图 2-65 分离后的各个图像

2.5.4 校正歪斜图像

任务说明：本任务是校正歪斜图像。

任务要点：标尺工具和"旋转画布"命令、裁剪工具的使用。

任务步骤：

（1）执行"文件/打开"菜单命令，在弹出的"打开"对话框中双击指定的图像以打开显示，如图 2-66 所示。本图是歪斜的，使用特殊方法可以帮助快速又轻松校正歪斜的照片。

（2）选择工具箱的标尺工具，在照片中沿着倾斜的方位拉出一条度量线。量角的两边线越长，度量角度越准确，关键在于目光判断图像那些部分是水平的。本图当中建筑物的横梁应该是水平的，所以就用标尺工具在如图 2-67 所示位置按住鼠标左键不放从左拖动右方位置松开鼠标左键测量。

图 2-66　原图

图 2-67　创建度量线

（3）执行菜单“图像/旋转画布/任意角度”命令，在弹出的“旋转画布”对话框中可看到已经依据度量工具测量好的数据自动填写了需要旋转的角度数值（它会自动“记忆”测量角度，如图 2-68 所示），单击“确定”按钮，则得到如图 2-69 所示旋转后的图像。

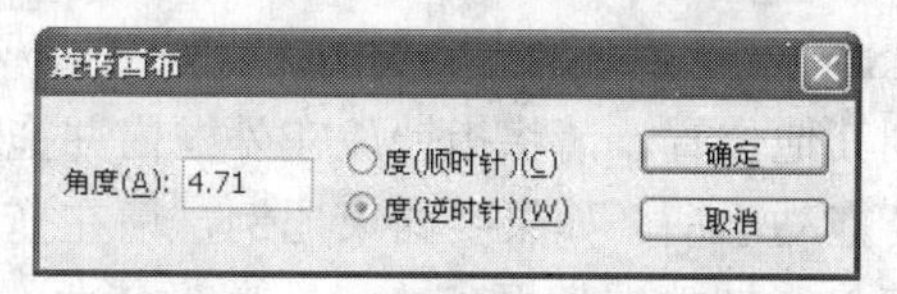

图 2-68　“旋转画布”对话框

（4）在工具箱中选择裁剪工具，然后在图像窗口中拖动鼠标以框选要保留的图像部分。松开鼠标时，裁切选框显示为有角手柄和边手柄的定界框，如图 2-70 所示。

图 2-69　旋转效果

图 2-70　裁切范围

此时可以调整裁切选框：如果要将裁切选框移动到其他位置，将指针放在定界框内并拖动；如果要缩放选框，拖动手柄；如果要约束宽高比，请在拖动角手柄时按住 Shift 键；如果要旋转选框，请将指针放在定界框外（指针变为弯曲的箭头）并拖动。

（5）按 Enter（回车）键，或在选框内双击，即可得到把多余的白色部分裁切，剪裁照片如图 2-71 所示。

图 2-71　最终效果

2.5.5　裁剪图像知识点

裁剪是移去部分图像以形成突出或加强构图效果的过程。

1. 裁剪工具

选择裁剪工具 ，在选项栏中设置重新取样选项：

➢ 要裁剪图像而不重新取样（默认），确保选项栏中的“分辨率”文本框是空白的。可以单击“清除”按钮以快速清除所有文本框。

➢ 要在裁剪过程中对图像进行重新取样，在选项栏中输入高度、宽度和分辨率的值。除非提供了宽度和/或高度以及分辨率，否则裁剪工具将不会对图像重新取样。如果输入了高度和宽度尺寸并且想要交换高度密度值，单击“高度和宽度互换”图标 。

➢ 如果要基于另一图像的尺寸和分辨率对一幅图像进行重新取样，打开依据的那幅图像，选择裁剪工具，然后单击选项栏中的“前面的图像”。然后要裁剪的图像成为现用图像。

在图像中要保留的部分上拖动，以便创建一个选框。如有必要，调整裁剪选框：

➢ 如果要将选框移动到其他位置，请将指针放在外框内并拖动。

➢ 如果要缩放选框，请拖动手柄。如果要约束比例，请在拖动角手柄时按住 Shift 键。

➢ 如果要旋转选框，请将指针放在外框外（指针变为弯曲的箭头）并拖动。如果要移动选框旋转时所围绕的中心点，请拖动位于外框中心的圆。不能在位图模式中旋转选框。

设置用于隐藏或屏蔽裁剪部分的选项：

➢ 指定是否想使用裁剪屏蔽来遮盖将被删除或隐藏的图像区域。选中“屏蔽”时，可以为裁剪屏蔽指定颜色和不透明度。取消选择“屏蔽”后，裁剪选框外部的区域即显示出来。

➢ 指定是要隐藏还是要删除被裁剪的区域。选择“隐藏”将裁剪区域保留在图像文件中。可以通过用移动工具 移动图像来使隐藏区域可见。选择“删除”将扔掉裁剪区域。

要完成裁剪，按 Enter 键；单击选项栏中的“提交”按钮 ；或者在裁剪选框内双击。

要取消裁剪操作，按 Esc 键或单击选项栏中的“取消”按钮 。

2. 裁剪时变换透视

裁剪工具包含一个选项，可让您变换图像的透视效果。这在处理包含“石印扭曲”的图像时非常有用。当从一定角度而不是以平直视角拍摄对象时，会发生“石印扭曲”。例如，如果从地面拍摄高楼的照片，则楼房顶部的边缘看起来比底部的边缘要更近一些。

变换透视的步骤大致如下（见图 2-72：A. 绘制初始裁剪选框；B. 调整裁剪选框以匹配对象的边缘；C. 扩展裁剪边界；D. 最终的图像）：

（1）选择裁剪工具并设置裁剪模式，围绕一个在原始场景中为矩形的对象拖动裁剪选框（尽管它在图像中并不显示为矩形，选框不必精确，将在稍后调整它）。

(a)

(b)

(c)

(d)

图 2-72　变换透视

（2）在选项栏中选择“透视”，并根据需要设置其他选项。移动裁剪选框的角手柄以匹配对象的边缘，这将定义图像中的透视，因此精确匹配对象的边缘很重要。

（3）拖动边手柄以在保留透视的情况下扩展裁剪边界。请勿移动裁剪选框的中心点。要执行透视校正，中心点需要位于其原始位置。

（4）按 Enter 键；单击选项栏中的“提交”按钮 ✔；或者在裁剪选框内双击。要取消裁剪操作，请按 Esc 键或单击选项栏中的“取消”按钮 ⊘。

3. 裁剪并修齐照片

可以在扫描仪中放入若干照片并一次性扫描它们，这将创建一个图像文件。“裁剪并修齐照片”命令是一项自动化功能，可以通过多图像扫描创建单独的图像文件。

为了获得最佳结果，应该在要扫描的图像之间保持 1/8 英寸的间距，而且背景（通常是扫描仪的台面）应该是没有什么杂色的均匀颜色。“裁剪并修齐照片”命令最适于外形轮廓十分清晰的图像。如果“裁剪并修齐照片”命令无法正确处理图像文件，则使用裁剪工具。

“裁剪并修齐照片”命令使用步骤：

打开包含要分离的图像的扫描文件，选择包含这些图像的图层，或在要处理的图像周围绘制一个选区（如果不想处理扫描文件中的所有图像，此操作将很有用）。选取“文件”>“自动”>“裁剪并修齐照片”，将对扫描后的图像进行处理，然后在其各自的窗口中打开每个图像。如果“裁剪并修齐照片”命令对某一张图像进行的拆分不正确，围绕该图像和部分背景建立一个选区边界，然后在选取该命令时按住 Alt 键（Alt 键表明只有一幅图像应从背景中分离出来）。

2.6 旋转图像

2.6.1 旋转画布

任务说明：本任务是使用“图像旋转”命令将倒置的图像端正过来。

任务要点：“图像旋转”子命令的基本使用方法。

任务步骤：

（1）执行“文件/打开”菜单命令，在弹出的“打开”对话框中双击指定的图像以打开显示，如图 2-73 所示。

图 2-73　原图

（2）执行“图像/图像旋转/90 度（逆时针）”菜单命令，得到如图 2-74 所示的图像文件；或执行“图像/图像旋转/水平翻转画布”菜单命令，得到如图 2-75 所示的图像文件。这样不同的命令可以得到不同的效果。

图 2-74　旋转 180°效果

图 2-75　水平翻转画布效果

2.6.2　合成新风景

任务说明：本任务是使用“变化”命令合成特殊效果。

任务要点：“水平翻转”命令的使用。

任务步骤：

（1）执行“文件/打开”命令，在弹出的“打开”对话框中双击指定的图像以打开显示，如图 2-76 所示。

（2）接着执行“选择/全选”命令（快捷键【Ctrl＋A】）和“编辑/拷贝”命令（快捷键【Ctrl＋C】），以将选区内图像复制到剪贴板中，单击图像文件窗口右上角的“最小化”按钮或“关闭”按钮。

（3）执行主菜单“图像/画布大小”命令，在弹出的“画布大小”对话框中设置“宽度”为“36.12 厘米”，“相对”选框前打上“√”，“定位”中单击左方格，其他参数保持默认（见图 2-77），单击“确定”按钮确认图像右侧增大一倍白色背景。执行“视窗/按屏幕大小缩放”（快捷键【Ctrl＋O】）命令，以满画布显示图像，如图 2-78 所示。

图 2-76　原图

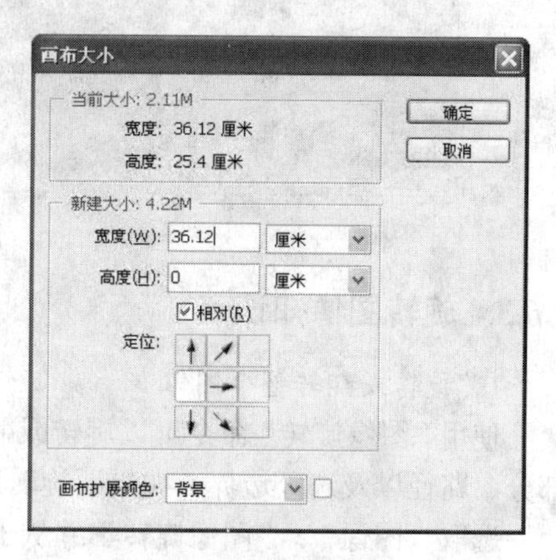

图 2-77　“画布大小”对话框

图 2-78　增大背景效果

（4）执行“编辑/粘贴”命令（快捷键【Ctrl＋V】），在图像窗口中央出现了复制的图像，执行“编辑/变换/水平翻转”命令，以将第二次复制的图像做水平镜像效果，如图 2-79 所示。

图 2-79　水平翻转效果

（5）用移动工具（或键盘上方向键）将复制的图像右移动到最右端，如图 2-80 所示。

图 2-80　参考图

2.6.3　旋转图像知识点

1. 旋转或翻转整个图像

使用“图像旋转”命令可以旋转或翻转整个图像。这些命令不适用于单个图层或图层的一部分、路径以及选区边界。如果要旋转选区或图层，使用“变换”或“自由变换”命令。

选取“图像”>“图像旋转”并从子菜单中选取下列命令之一：

- 180° 将图像旋转半圈。
- 90°（顺时针）将图像顺时针旋转四分之一圈。
- 90°（逆时针）将图像逆时针旋转四分之一圈。
- 任意角度 按指定的角度旋转图像。如果选取此选项，则在角度文本框中输入一个介于 −359.99° 和 359.99° 之间的角度。（在 Photoshop 中，可以选择“顺时针”或“逆时针”以顺时针或逆时针方向旋转。）然后单击“确定”。

“图像旋转”是破坏性编辑，会对文件信息进行实际修改。如果希望非破坏性地旋转图像以便查看，使用“旋转”工具。

2. 应用变换

对图像进行变换比例、旋转、斜切、伸展或变形处理。可以向选区、整个图层、多个图层或图层蒙版应用变换。若在处理像素时进行变换，将影响图像品质。

要进行变换，首先选择要变换的项目，然后选取变换命令。必要时，可在处理变换之前调整参考点。在应用渐增变换之前，可以连续执行若干个操作。例如，可以选取“缩放”并拖动手柄进行缩放，然后选取“扭曲”并拖动手柄进行扭曲。然后按 Enter 键以应用两种变换。

变换子菜单命令：

- 缩放。相对于项目的参考点（围绕其执行变换的固定点）增大或缩小项目。读者可以水平、垂直或同时沿这两个方向缩放。
- 旋转。围绕参考点转动项目。默认情况下，此点位于对象的中心；但是，读者可以将它移动到另一个位置。
- 斜切。垂直或水平倾斜项目。
- 扭曲。将项目向各个方向伸展。
- 透视。对项目应用单点透视。

- 变形。变换项目的形状。
- 旋转 180°、顺时针旋转 90°、逆时针旋转 90°。通过指定度数，沿顺时针或逆时针方向旋转项目。
- 翻转。垂直或水平翻转项目。

2.7 “描边”、“填充”命令

2.7.1 特殊云彩

任务说明：本任务是制作轮廓选区描线效果。

任务要点：“描边”命令使用。

任务步骤：

（1）执行“文件/打开”命令，在弹出的打开对话框中双击指定的图像以打开显示，如图 2-81 所示。

（2）执行“选择/载入选区”命令，在弹出的“载入选区”对话框中保持默认参数不变（见图 2-82），单击“确定”按钮，即可在图像中得到特殊选区，如图 2-83 所示。

图 2-81 原图

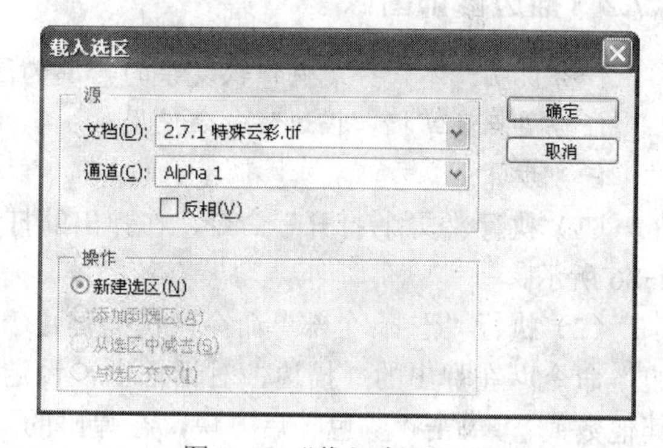

图 2-82 “载入选区”对话框

（3）执行“编辑/描边”命令，在弹出的“描边”对话框中，设定“宽度”为“1px”，单击“颜色”后方块，在弹出的“拾色器”对话框中设置 RGB 值均为“255”即为白色，“位置”为“居中”，其他参数保持不变，如图 2-84 所示。单击“确定”按钮退出对话框。

图 2-83 得到选区

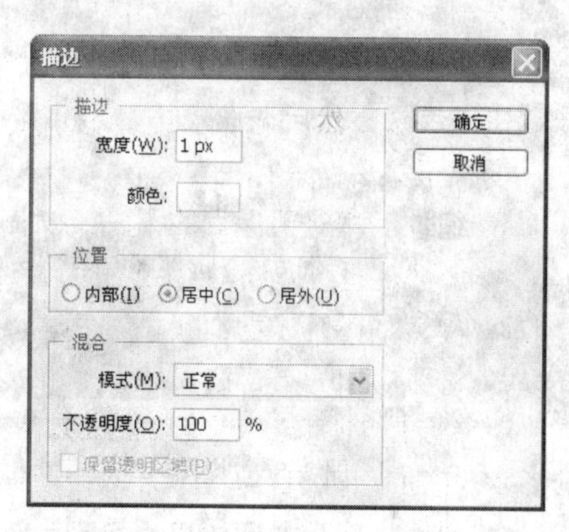

图 2-84 “描边”对话框

（4）选择“选择/取消选择”命令（快捷键【Ctrl+D】）以取消选区，最终效果如图 2-85 所示。

图 2-85 最终效果

2.7.2 描边修饰图像

任务说明：本任务是制作较复杂的轮廓选区描线效果。

任务要点：掌握“描边”命令使用。

任务步骤：

（1）执行“文件/打开”命令，在弹出的打开对话框中双击指定的图像以打开显示，如图 2-86 所示。

（2）执行“选择/全部”命令（快捷键【Ctrl+A】），以将图像全部选择。执行“编辑/描边”命令，在弹出的“描边”对话框中，设定“宽度”为“80px”（也可以自己判断合适的其他数值），单击“颜色”后方块，在弹出的“拾色器”对话框中设置 RGB 值均为“0”即为黑色，“位置”为“内部”，其他参数保持不变，如图 2-87 所示。单击“确定”按钮退出对话框。

图 2-86 原图

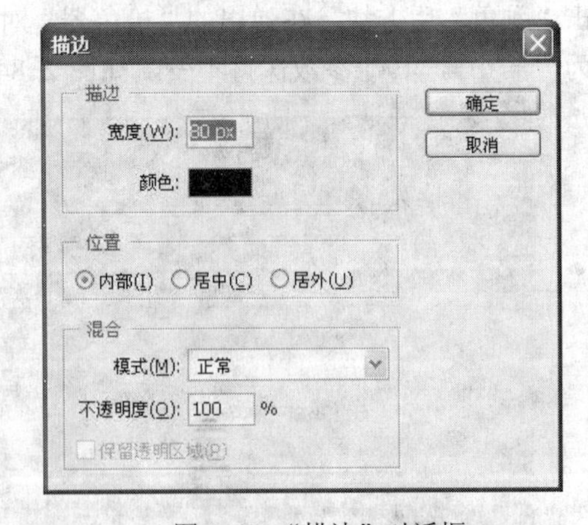

图 2-87 “描边”对话框

（3）选择工具箱中魔棒工具，在图像窗口中描边为黑色的区域双击，以选择描边为黑色的区域。按下“Ctrl+Shift+I”组合键，对图像进行反选，如图 2-88 所示，即可在图像中得到特殊选区。

（4）效果 1：执行“编辑/描边”命令，在弹出的“描边”对话框中，设定“宽度”为“8px”，单击“颜色”后方块，在弹出的“拾色器”对话框中设置 RGB 值均为“255”即为白色（也可设置其他颜色），“位置”为“内部”，其他参数保持不变。单击“确定”按钮退出对话框。选择“选择/取消选择”命令（快捷键【Ctrl＋D】）以取消选区，最终效果如图 2-89 所示。

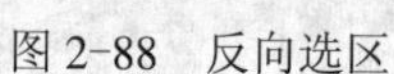
图 2-88　反向选区

图 2-89　效果一

效果 2：执行“选择/修改/羽化”命令，在弹出的“羽化”对话框中设定“羽化半径”为“5px”，单击“确定”按钮退出对话框。再执行“编辑/描边”命令，在弹出的“描边”对话框中，设定“宽度”为“20px”，单击“颜色”后方块设置为白色，“位置”为“居中”，其他参数保持不变，单击“确定”按钮退出对话框。执行快捷键【Ctrl＋D】以取消选区，最终效果如图 2-90 所示。

效果 3：执行“选择/修改/羽化”命令，在弹出的“羽化”对话框中设定“羽化半径”为“10px”，单击“确定”按钮退出对话框。再执行“编辑/描边”命令，在弹出的“描边”对话框中，设定“宽度”为“20px”，单击“颜色”后方块设置为白色，“位置”为“居中”，“混合”的“模式”为“溶解”，其他参数保持不变，单击“确定”按钮退出对话框。执行快捷键【Ctrl＋D】以取消选区，最终效果如图 2-91 所示。

图 2-90　效果二

图 2-91　效果三

2.7.3 风景画欣赏

任务说明：本任务是制作复杂的轮廓选区描线效果。

任务要点：描边、填充命令使用。

任务步骤：

（1）执行“文件/打开”命令，在弹出的打开对话框中双击指定的图像以打开显示，如图 2-92 所示。

（2）选择工具箱中矩形选框工具，在图像窗口中画一个比图像略微小些的矩形方框，如图 2-93 所示。

图 2-92　原图

图 2-93　创建矩形选区

（3）选择菜单“编辑/描边”命令，在弹出的“描边”对话框中设置“宽度”为“14 像素”，单击“颜色”后方框，在弹出的“拾色器”对话框中设置 RGB 值均为 255，单击“确定”按钮以确定描边颜色为白色，“位置”为“内部”，其他参数保持默认不变（见图 2-94），单击“确定”按钮，以得到白色描边效果。

（4）效果 1：选择菜单“选择/反向”命令，以反选选区。选择菜单“编辑/填充”命令，在弹出的“填充”对话框中设置“内容”下“使用”选择“黑色”，其他参数保持默认不变（见图 2-95），单击“确定”按钮，以得到填充黑色效果。选择菜单“选择/取消选择”命令，以便于观察效果，最终效果如图 2-96 所示。

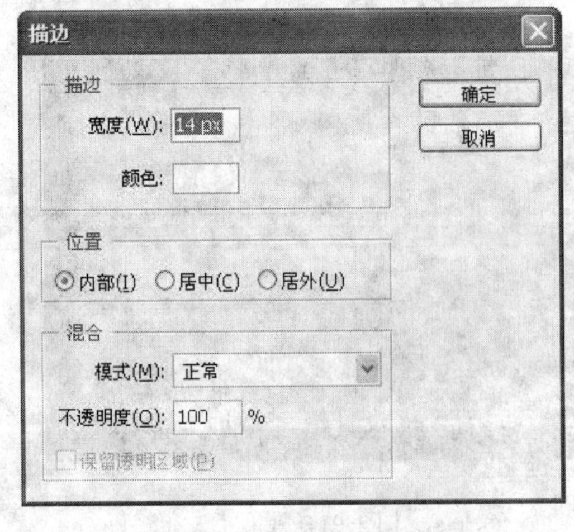

图 2-94 “描边”对话框

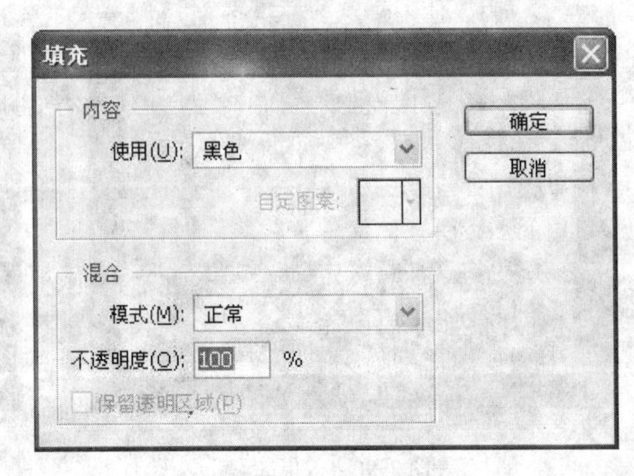

图 2-95 “填充”对话框

效果 2：选择菜单“选择/反向”命令，以反选选区。选择菜单“编辑/填充”命令，在弹出的“填充”对话框中设置“内容”下“使用”选择“黑色”，“不透明度”为“30”，其他参数保持默认不变，单击“确定”按钮。选择菜单“选择/取消选择”命令，最终效果如图 2-97 所示。

图 2-96　效果 1

图 2-97　效果 2

2.7.4　描边、填充命令知识点

1. 用颜色给选区或图层描边

可以使用“描边”命令在选区、路径或图层周围绘制彩色边框。如果按此方法创建边框，则该边框将变成当前图层的栅格化部分。

选择一种前景色，选择要描边的区域或图层。选取“编辑/描边”。在“描边”对话框中：

- 指定硬边边框的宽度。
- 对于“位置”，指定是在选区或图层边界的内部、外部还是中心放置边框。如果图层内容填充整个图像，则在图层外部应用的描边将不可见。
- 指定不透明度和混合模式。
- 如果正在图层中工作，而且只需要对包含像素的区域进行描边，选择“保留透明区域”选项。

2. 用颜色填充选区或图层

选择一种前景色或背景色，选择要填充的区域（要填充整个图层，在“图层”面板中选择该图层）。选取“编辑/填充”命令以填充选区或图层。在“填充”对话框中：

- 为“使用”选取以下选项之一，或选择一个自定图案：

前景色、背景色、黑色、50% 灰色或白色，使用指定颜色填充选区。

颜色，使用从拾色器中选择的颜色填充。

图案，使用图案填充选区。单击图案样本旁边的倒箭头，并从弹出式面板中选择一种图案。可以使用弹出式面板菜单载入其他图案。选择图案库的名称，或选取“载入图案”并定位到要使用的图案所在的文件夹。

历史记录，将选定区域恢复为在“历史记录”面板中设置为源的图像的状态或快照。

- 指定绘画的混合模式和不透明度。
- 如果正在图层中工作，并且只想填充包含像素的区域，选取“保留透明区域”。
- 要将前景色填充只应用于包含像素的区域，按“Alt+Shift+Backspace”组合键，这将保留图层的透明区域。要将背景色填充只应用于包含像素的区域，按 “Ctrl+Shift+Backspace”组合键。

2.8 综合练习

2.8.1 水果拼盘

任务说明：本任务是将多种图像混合在一起的效果。

任务要点：魔棒工具、快速选择工具、移动工具、粘贴、自由变换等相关命令的使用。

任务步骤:

（1）在 Photoshop 中执行 “文件/打开” 命令，在弹出的“打开”对话框中双击指定的图像以打开显示，如图 2-98 所示。

（2）在工具箱中选择“魔棒”工具，保持其工具选项栏参数默认设置。在图像白色背景处单击，则选择了白色的背景，如图 2-99 所示。

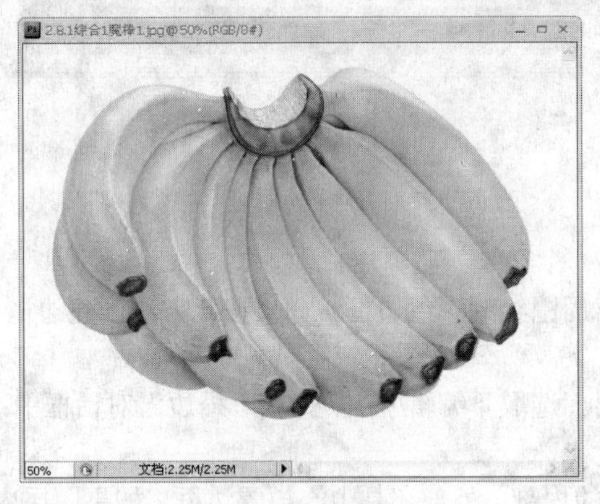

图 2-98 原图

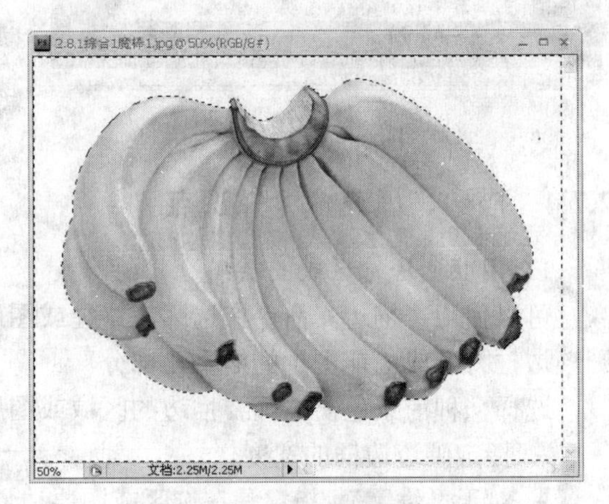

图 2-99 创建选区

（3）单击右键，从右键菜单中选择“选择反向”，以将图中的香蕉选择出来。执行“编辑/拷贝”命令，这时复制的就是选区内的内容。然后单击图像窗口右上角的“关闭”按钮，以将该图像关闭。

（4）执行“文件/打开”命令，在弹出的打开对话框中双击指定的背景图像以打开显示，如图 2-100 所示。执行“编辑/粘贴”命令，然后选择工具箱中移动工具，在图像窗口中将香蕉图像移动到如图 2-101 所示的右侧托盘位置。

图 2-100 原图

图 2-101 装香蕉效果

（5）执行“文件/打开”命令，在弹出的“打开”对话框中双击指定的图像以打开显示，如图 2-102 所示。

（6）在工具箱中选择“魔棒”工具，在图像白色背景处单击，则选择了白色的背景。

（7）单击右键，从右键菜单中选择“选择反向”，以将图中的草莓选择出来。执行“编辑/复制”命令，这时复制的就是选区内的内容。然后单击图像窗口右上角的“关闭”按钮，以将该图像关闭。

（8）执行“编辑/粘贴”命令，然后选择工具箱中移动工具，在图像窗口中将草莓图像移动到如图 2-103 所示的左侧托盘位置。

图 2-102　原图

图 2-103　装草莓效果

（9）执行“文件/打开”命令，在弹出的“打开”对话框中双击指定的图像以打开显示，如图 2-104 所示。

（10）在工具箱中选择“魔棒”工具，在图像白色背景处单击，则选择了白色的背景。

（11）单击右键，从右键菜单中选择“选择反向”，以将图中的多种糕点选择出来。执行“编辑/拷贝”命令，这时复制的就是选区内的内容。然后单击图像窗口右上角的“关闭”按钮，以将该图像关闭。

（12）执行“编辑/粘贴”命令，然后选择工具箱中移动工具，在图像窗口中将糕点图像移动到如图 2-105 所示的下侧托盘位置。此时观察到糕点图像太小，执行菜单“编辑/自由变换”命令（快捷键【Ctrl＋T】），在选项栏中单击链条按钮，同时将 W 值改为“150％”（见图 2-106）。按 Enter 键确认变换结束，效果如图 2-107 所示。

图 2-104　原图

图 2-105　初步效果图

X: 1351.0 px　Y: 1396.0 px　W: 150.0%　H: 150.0%　0.0 度　H: 0.0 度　V: 0.0 度

图 2-106　选项栏

（13）执行“文件/打开”命令（快捷键【Ctrl+O】），在弹出的“打开”对话框中双击指定的图像以打开显示，如图 2-108 所示。

图 2-107　变形后效果　　　　图 2-108　原图

（14）在工具箱中选用“快速选择”工具，用“快速选择”工具在梨子上滑动，选区会向外扩展并自动查找和跟随图像中定义的边缘，当得到梨子的选区时松开鼠标。

（15）执行“编辑/复制”命令，这时复制的就是选区内的内容。然后单击图像窗口右上角的“关闭”按钮，以将该图像关闭。

（16）单击右键，从右键菜单中选择“选择反向”，以将图中的梨子选择出来。执行“编辑/拷贝”命令，这时复制的就是选区内的内容。然后单击图像窗口右上角的“关闭”按钮，以将该图像关闭。

（17）执行“编辑/粘贴”命令，然后选择工具箱中移动工具，在图像窗口中将梨子图像移动到如图 2-109 所示的上侧托盘位置。

图 2-109　效果图

2.8.2 合成立方体

任务说明：本任务是制作立方体图像效果。

任务要点：“透视”、“缩放”、“扭曲”等相关命令的使用。

任务步骤：

（1）执行“文件/新建”命令（快捷键【Ctrl＋N】），在弹出的“新建”对话框中设置宽为800像素，高为600像素，其他参数保持默认设置，如图2-110所示。单击“确定”按钮，以建立一个白色背景的图像文件。

（2）执行“编辑/填充”命令（快捷键【Shift＋F5】），在弹出的“填充”对话框中，在“使用”下拉列表中选择“图案”选项，“自定图案”选项激活，单击其下拉列表选择第一个名为“汽泡”的图案（也可选择其他图案），保持其他参数默认值（见图2-111）。单击“确定”按钮，以确认图像文件中全部填充该图案，效果如图2-112所示。

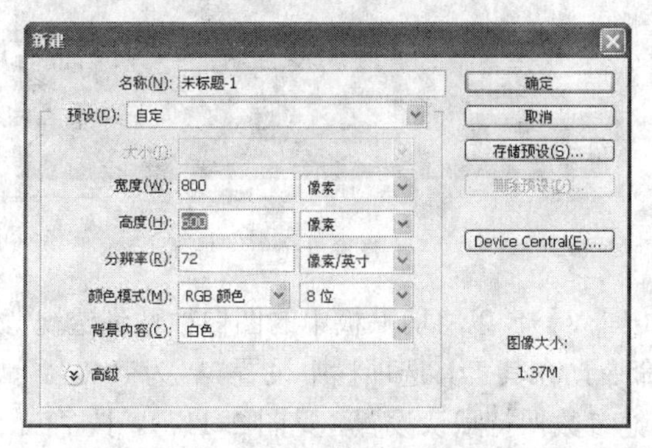

图2-110 “新建”对话框

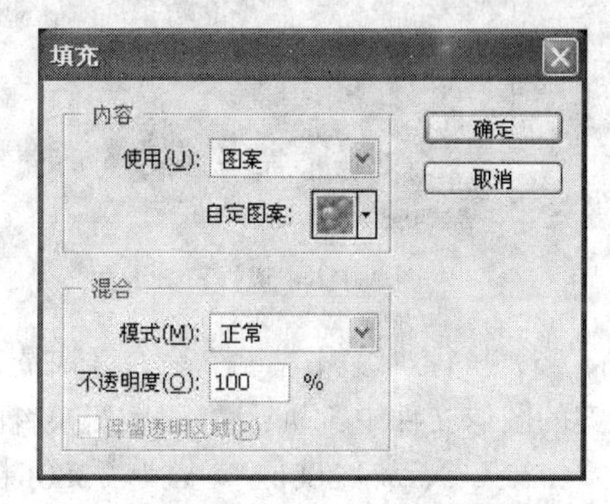

图2-111 “填充对话框

（3）执行“选择/全选”命令（快捷键【Ctrl＋A】），再执行“编辑/变换/透视”命令，将鼠标移到图像窗口右下角出现如图2-113所示的位置处，即当鼠标指针变为斜线填充的箭头状，按下鼠标左键不放向右拖动，直到观察到其工具选项栏中W变为“200％”，H变为“33.7度”时（见图2-114），松开鼠标，按Enter键，以确定透视变形结束，从而得到透视背景效果（见图2-115）。同时执行“选择/取消选择”命令。

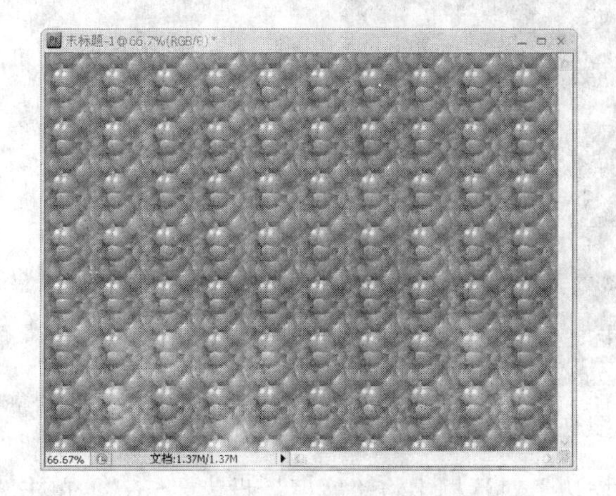

图2-112 填充图案效果

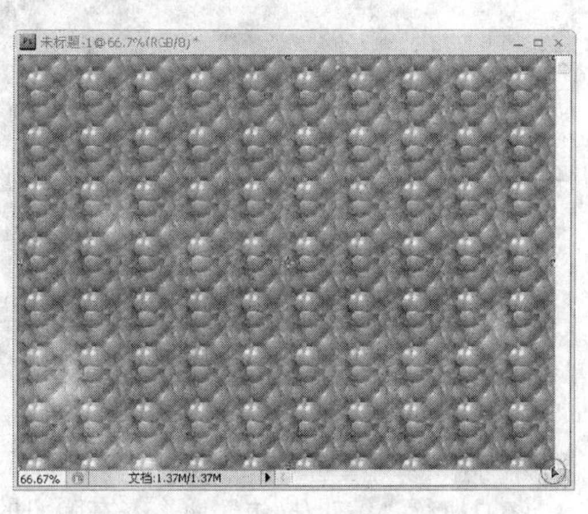

图2-113 确定移动位置

X: 400.0 px Y: 300.0 px W: 200.0% H: 100.0% 0 度 H: 33.7 度 V: 0.0 度

图 2-114　工具选项栏

（4）执行“文件/打开”命令打开如图 2-116 所示的文件，执行“选择/全选”命令（快捷键【Ctrl＋A】），接着执行“编辑/拷贝”命令（快捷键【Ctrl＋C】），然后单击该图像文件右上角“最小化”按钮以隐藏显示。

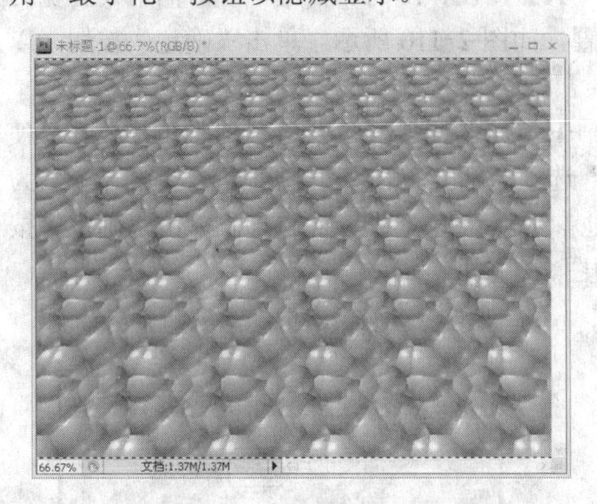

图 2-115　透视背景效果

图 2-116　图像 1

（5）执行“编辑/粘贴”命令（快捷键【Ctrl＋V】），以将剪贴板中的图像粘贴到透视背景图案的图像文件中。执行“编辑/变换/缩放”命令，在其工具选项栏中设置 W 为“40%”、H 为“40%”、X 为“300px”、Y 为“380px”，其他参数保持默认设置（见图 2-117）。按“Enter”键，以确定缩放移动结束，效果如图 2-118 所示。

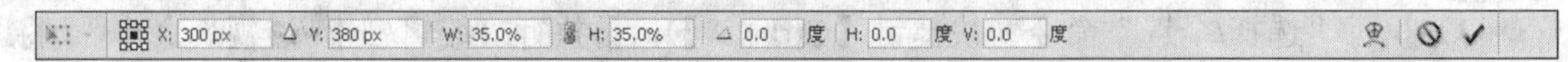

图 2-117　工具选项栏

图 2-118　缩放效果

（6）执行“编辑/描边”命令，在弹出的“描边”对话框中将“宽度”设为“5px”，单击“颜色”后的方块，在弹出的“拾色器”对话框中将 RGB 值分别设为 0、255、0，即为绿色，单击“确定”按钮以结束颜色选择，其他参数保持默认设置（见图 2-119（a）），单击“确定”按钮，以确认描边效果结束，效果如图 2-119（b）所示。

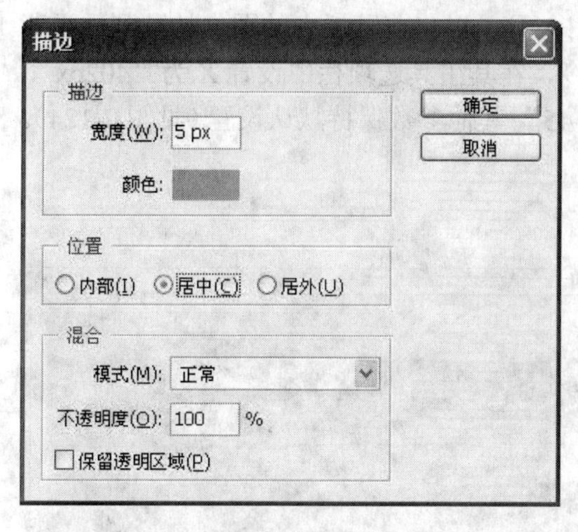

（a）“描边”对话框

（b）描边结果

图 2-119　描边效果

（7）执行“文件/打开”命令，打开如图 2-120 所示的文件，执行“选择/全选”命令（快捷键【Ctrl＋A】），接着执行“编辑/拷贝”命令（快捷键【Ctrl＋C】），然后单击该图像文件右上角“最小化”按钮以隐藏显示。

图 2-120　图像 2

（8）执行“编辑/粘贴”命令（快捷键【Ctrl＋V】），以将剪贴板中的图像粘贴到透视背景图案的图像文件中。执行“编辑/变换/扭曲”命令，在其工具选项栏中设置 X 为“580px”、Y 为“279px”、W 为“20.0％”、H 为“40.0％”、V 为“－45”度（见图 2-121），其他参数保持默认设置。按“Enter”键，以确定缩放移动结束。

图 2-121　工具选项栏

执行“编辑/描边”命令，在弹出的“描边”对话框中保持默认设置，单击“确定”按钮，以确认描边效果结束，效果如图 2-122 所示。

（9）执行“文件/打开”命令（快捷键【Ctrl＋O】），打开如图 2-123 所示的文件，执行“选择/全选”命令（快捷键【Ctrl＋A】），接着执行“编辑/拷贝”命令（快捷键【Ctrl＋C】），然后单击该图像文件右上角“最小化”按钮以隐藏显示。

（10）执行“编辑/粘贴”命令（快捷键【Ctrl＋V】），以将剪贴板中的图像粘贴到透视背景图案的图像文件中。执行“编辑/变换/扭曲”命令，在其工具选项栏中设置 X 为“402px”、Y 为“142px”、W 为“35％”、H 为“30％”、H 为“－45”，其他参数保持默认设置（见图 2-124）。按 Enter 键，以确定缩放移动结束。

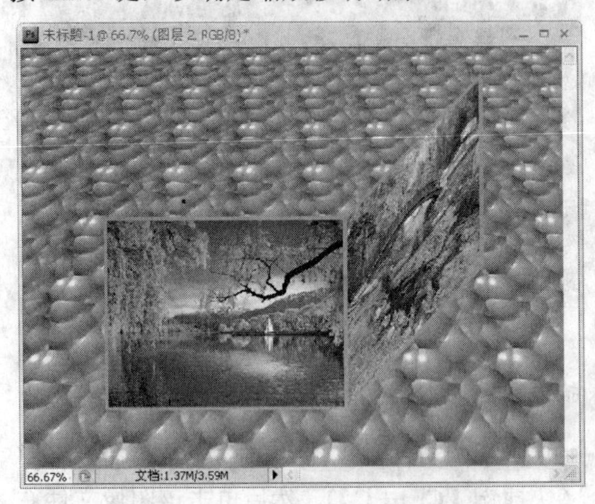

图 2-122　移动、扭曲、描边效果图

图 2-123　图像 3

图 2-124　工具选项栏

（11）执行“编辑/描边”命令，在弹出的“描边”对话框中保持默认设置，单击“确定”按钮，以确认描边效果结束，最终效果如图 2-125 所示。

图 2-125　最终效果

第3章　绘图与修饰图像

本章涉及了一些简单的绘图工具，通过本章的学习，应掌握新建和自定义画笔、选择画笔、安装和删除画笔的方法，熟悉设置画笔属性的技巧，学会利用画笔工具、渐变工具等绘制图形。同时掌握在Photoshop中利用仿制图章工具、污点修复工具、模糊、锐化、涂抹、减淡、加深以及海绵等工具对图像进行修饰，以便产生出人们需要的特殊效果。

3.1　画 笔 工 具

3.1.1　朦胧气泡效果

任务说明：本任务是在图像上添加气泡效果。

任务要点：掌握画笔工具应用。

任务步骤：

（1）执行“文件/打开”命令，在弹出的“打开”对话框中双击指定的图片，以将其打开，如图3-1所示。

图3-1　原图

（2）在工具箱中选择画笔工具，在其工具选项栏中单击右侧“画笔”调板按钮或执行“窗口/画笔”打开“画笔”调板。单击调板左侧“画笔笔尖形状”命令，设置调板右侧参数“直径”为“50px”，“角度”为“0度”，“圆度”为“100%”，“硬度”为“0%”，“间距”为“150%”（见图3-2）。

（3）单击调板左侧“形状动态”命令，以使其命令前出现绿色“√”。设置调板右侧参数“大小抖动”为“100%”，“最小直径”为“40%”，其他参数保持不变，如图3-3所示。

（4）单击调板左侧“散布”命令，以使其命令前出现绿色“√”。设置调板右侧参数“散布”为“600%”，其他参数保持不变，如图 3-4 所示。单击调板左侧“颜色动态”命令，以使其命令前出现绿色“√”，设置调板右侧参数“前景/背景抖动”为“100%”，“色相抖动”为“100%”，其他参数保持不变，如图 3-5 所示。再按快捷键【F5】以关闭“画笔”调板。

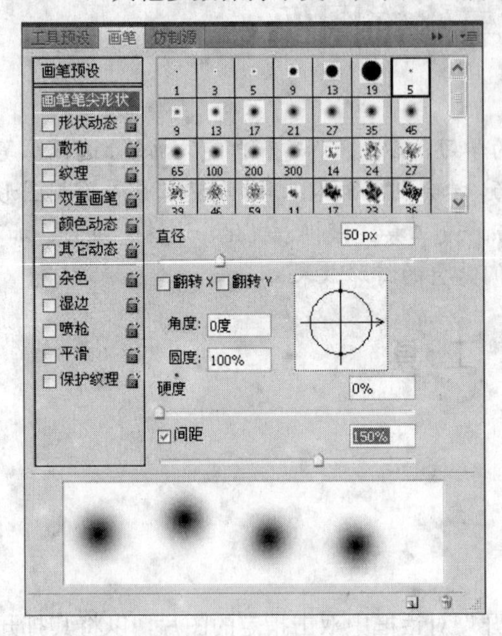

图 3-2　画笔笔尖形状属性

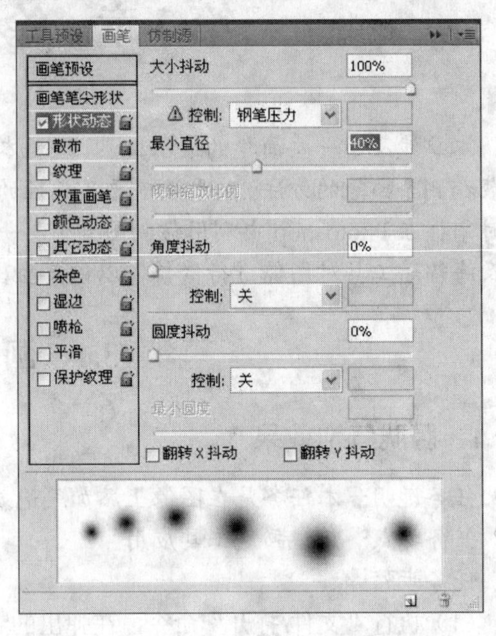

图 3-3　形状动态属性

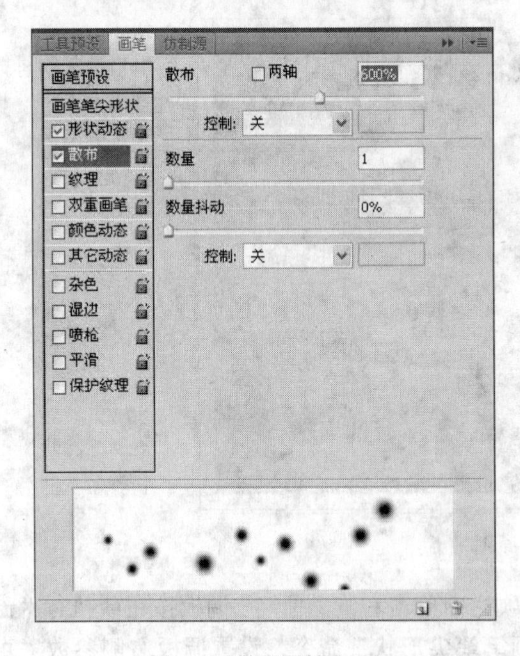

图 3-4　散布属性

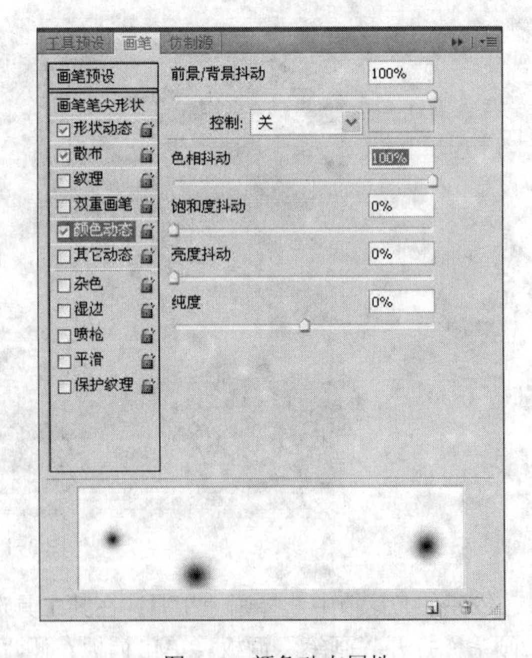

图 3-5　颜色动态属性

（5）单击左侧工具箱中“设置前景色”按钮，在弹出的“拾色器”对话框中设置右侧的 RGB 值分别为“255、0、0”（即红色，见图 3-6），单击“确定”按钮以将前景色换为红色。

（6）单击左侧工具箱中“设置背景色”按钮，在弹出的“拾色器”对话框中设置右侧的 RGB 值分别为“255、255、255”（即白色），单击“确定”按钮以将背景色换为白色。

（7）在图像窗口中任意位置，按住鼠标左键不放随意拖动，直至拖动结束松开鼠标左键，即可得到如图 3-7 所示的朦胧气泡效果。

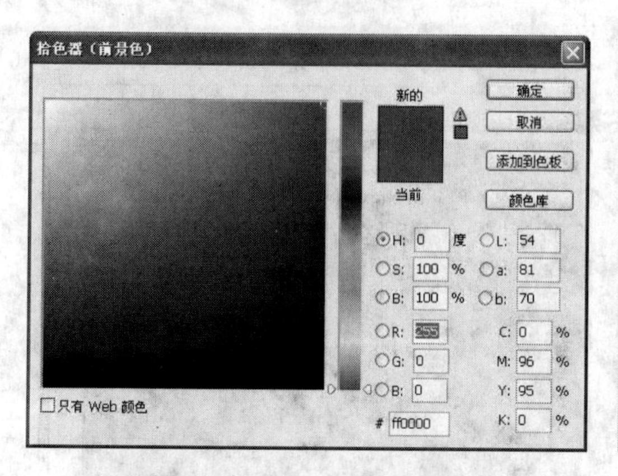

图 3-6　“拾色器”对话框　　图 3-7　朦胧气泡效果

3.1.2　制作闪耀星光画笔

任务说明：本任务是创建一种星光效果。

任务要点：掌握画笔自定义设置。

任务步骤：

（1）单击工具箱中下方“默认前景色和背景色”按钮，再单击“切换前景色和背景色”按钮，以将工具箱的背景色设置为黑色，前景色设置为白色。

（2）执行“文件/新建”命令，在弹出的“新建”文件对话框中设置“宽度”为“8 厘米”，“高”为“7 厘米”，“背景内容”为“背景色”，其他保持默认设置参数不变（见图 3-8），单击“确定”按钮，以得到一个黑背景的图像文件。

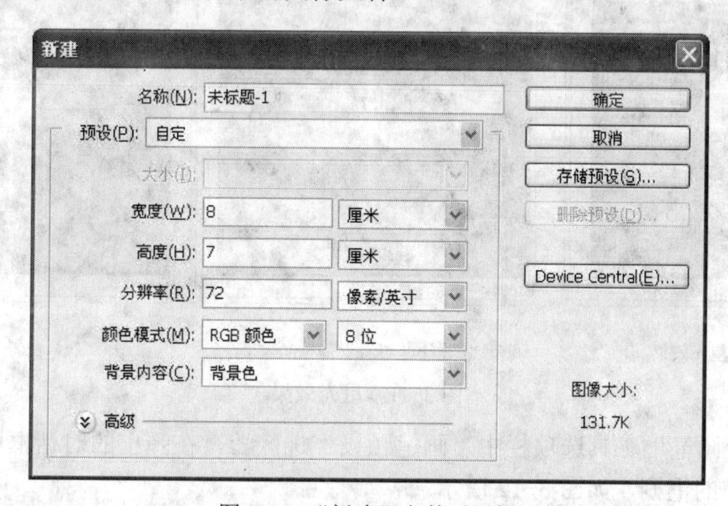

图 3-8　“新建”文件对话框

（3）在工具箱中选择画笔工具，在其工具选项栏中单击右侧“画笔”调板按钮或执行“窗口/画笔”打开“画笔”调板。单击调板左侧“画笔笔尖形状”命令，设置调板右侧参数“直径”为“260px”，“角度”为“0 度”，“圆度”为“4%”，“硬度”为“0%”，“间距”为“25%”，其他保持默认参数不变（见图 3-9）。

（4）使用刚得到的新笔刷，在图像中间位置单击得到图 3-10 所示的水平星光效果。

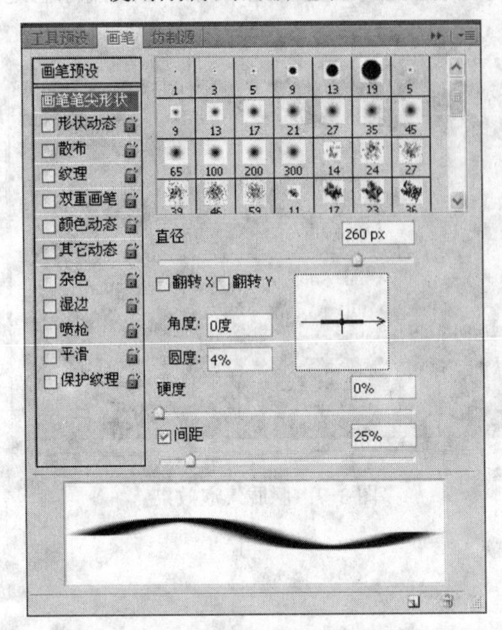

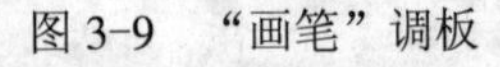
图 3-9 “画笔”调板

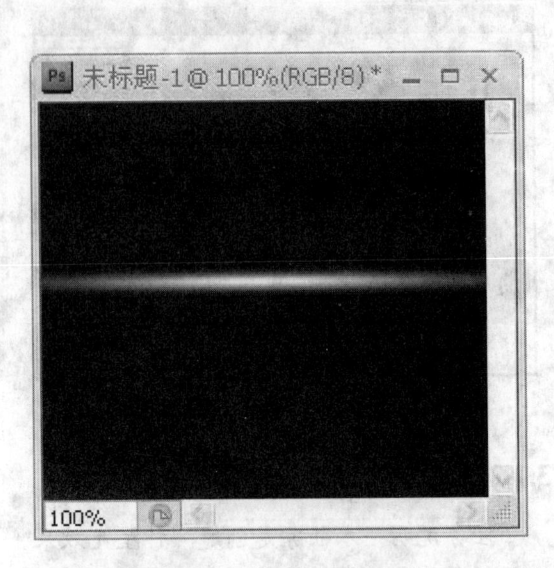

图 3-10 水平星光效果

（5）再打开“画笔”调板，将参数“角度”变为 90°，并在水平星光的中间位置单击，得到图 3-11（a）所示十字星光效果。再打开“画笔”调板，将参数“角度”变为 45°，并在十字星光的中间位置单击，得到图 3-11（b）所示效果。再打开“画笔”调板，将参数“角度”变为 135°，并再十字星光的中间位置单击，得到图 3-11（c）所示星光效果。

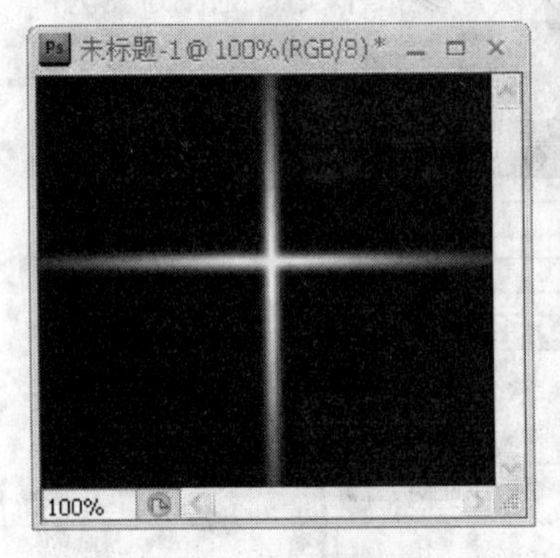

（a）十字星光效果

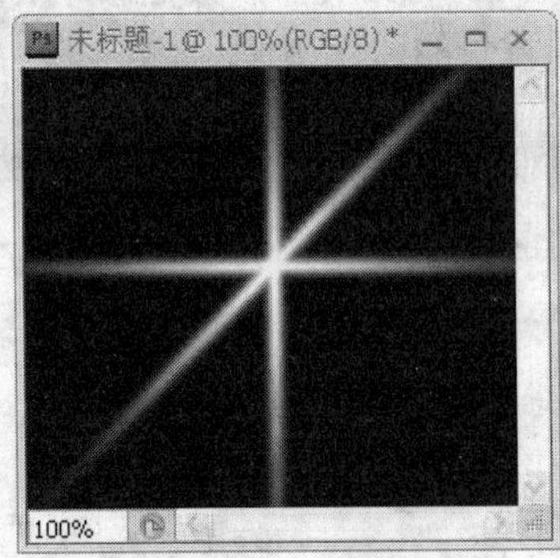

（b）右斜十字星光效果

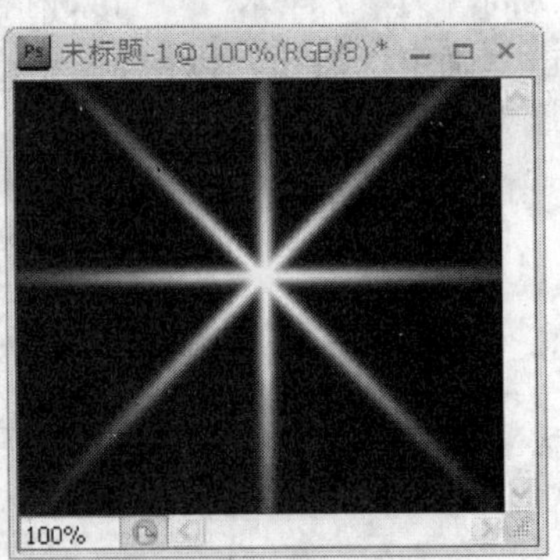

（c）左斜十字星光效果

图 3-11 星光效果

（6）单击“画笔”工具选项栏中“画笔预设”选区器，在弹出的对话框中单击名为“喷枪柔边圆形 65”的笔刷，如图 3-12 所示。

（7）如果直接用“喷枪柔边圆形 65”的笔刷在星光的中间位置单击，即可得到如图 3-13 所示效果；如果先将前景色换为黑色，再用“喷枪柔边圆形 65”的笔刷在星光的中间位置单击，即可得到如图 3-14 所示效果；还可以制作“喷枪柔边圆形 200”的笔刷头效果（见图 3-15）。还可以制作出更多效果，可以自己尝试制作。

（8）执行主菜单“图像/调整/反相”（快捷键【Ctrl+I】）命令，以将颜色反相。接着执行主菜单“编辑/定义画笔预设”命令，在弹出的对话框中为画笔名称设置为“闪耀星光”，以将其定义为画笔笔刷使用。

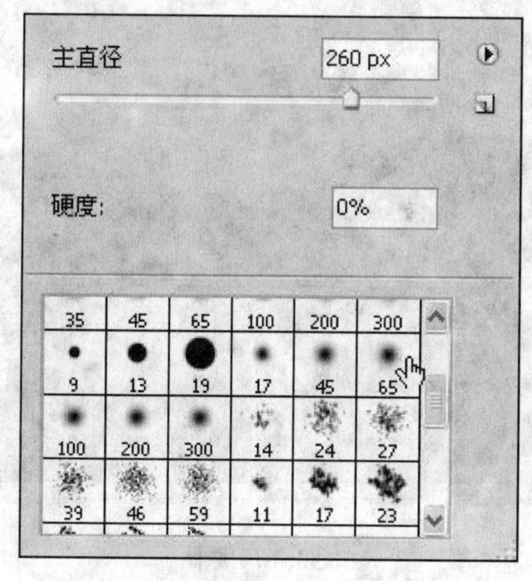

图 3-12 “喷枪柔边圆形 65”的笔刷

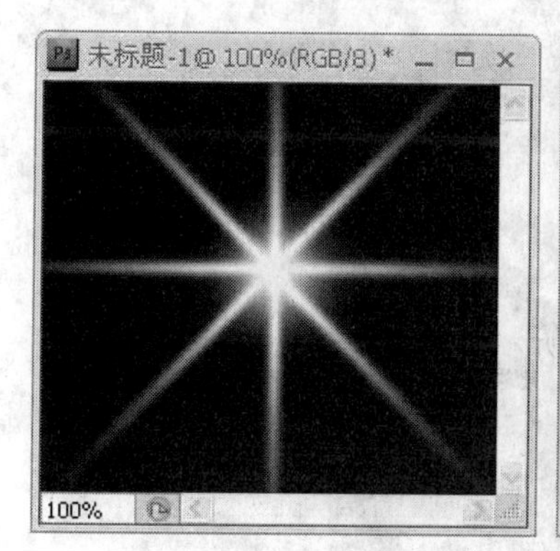

图 3-13 星光效果

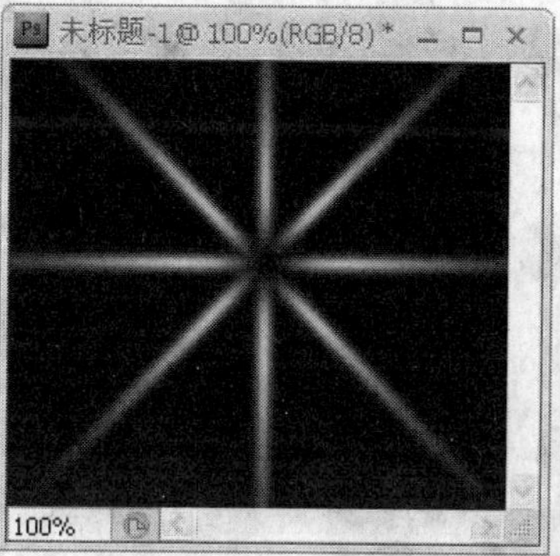

图 3-14 星光效果 2

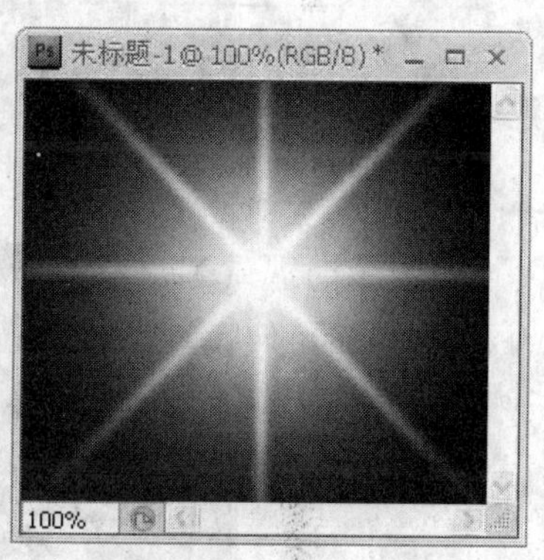

图 3-15 星光效果 3

（9）在工具选项栏中单击右侧“切换画笔调板”按钮或执行“窗口/画笔”打开“画笔”调板。在画笔预设右侧模版最下方单击前面定义的“闪耀星光”笔刷以调用，再单击调板左侧“画笔笔尖形状”命令，设置调板右侧参数“直径”为“40”，“角度”为“0 度”，“圆度”为“100%”，“硬度”为“0%”，“间距”为“150%”。

（10）单击调板左侧“形状动态”命令，以使其命令前出现绿色“√”，设置调板右侧参数“大小抖动”为“80%”，“角度抖动”为“100%”，其他参数保持不变。单击调板左侧“散布”命令，以使其命令前出现绿色“√”，设置调板右侧参数“散布”为“600%”，其他参数保持不变。再执行“窗口/画笔”命令（快捷键 F5）以关闭“画笔”调板。

（11）执行“文件/打开”命令，在弹出的“打开”对话框中双击指定的图片，以将其打开，如图 3-16 所示。

（12）单击左侧工具箱中“设置前景色”按钮，在弹出的“拾色器”对话框中设置右侧的 RGB 值分别为“255、255、255”（即白色），单击“确定”按钮以将前景色换为白色。

（13）在图像窗口中水面位置按住鼠标左键不放随意拖动，直至拖动结果满意时松开鼠标左键，即可得到如图 3-17 所示的效果。

图 3-16　原图

图 3-17　星光效果

3.1.3　画笔知识点

1. 画笔预设

预设画笔是一种存储的画笔笔尖，带有诸如大小、形状和硬度等定义的特性。可以使用常用的特性来存储预设画笔。也可以为画笔工具存储工具预设，可以从选项栏中的“工具预设”菜单中选择这些工具预设。

当更改预设画笔的大小、形状或硬度时，更改是临时性的。下一次选取该预设时，画笔将使用其原始设置。要使所做的更改成为永久性的更改，需要创建一个新的预设。

1）选择预设画笔

选择一种绘画工具或编辑工具，然后单击选项栏中的“画笔”弹出式菜单。选择一种画笔

（也可以从“画笔”面板中选择画笔；要查看载入的预设，选择位于面板左侧的“画笔预设”）。更改预设画笔的选项：

➢ 直径。暂时更改画笔大小。拖动滑块，或输入一个值。如果画笔具有双笔尖，则主画笔笔尖和双画笔笔尖都将进行缩放。

➢ 使用取样大小。如果画笔笔尖形状基于样本，则使用画笔笔尖的原始直径（不适用于圆形画笔）。

➢ 硬度。临时更改画笔工具的消除锯齿量。如果为 100%，画笔工具将使用最硬的画笔笔尖绘画，但仍然消除了锯齿。

2）更改预设画笔的显示方式

从画笔预设选取器菜单或“画笔”面板菜单选择显示选项：

➢“纯文本”以列表形式查看画笔。

➢ “小缩览图”或“大缩览图”以缩览图形式查看画笔。

➢“小列表”或“大列表”以列表形式查看画笔（带缩览图）。

➢ “描边缩览图”查看样本画笔描边（带每个画笔的缩览图）。

要在“画笔”面板中动态地预览画笔描边，确保选中了“画笔预设”，然后将指针放在画笔上，直到出现该工具的笔尖。将指针移到不同的画笔上。面板底部的预览区域将显示样本画笔描边。

3）创建新预设画笔

可以将自定画笔存储为出现在“画笔”面板、“画笔预设”选取器和“预设管理器”中的预设画笔。

新的预设画笔存储在一个首选项文件中。如果此文件被删除或损坏，或者将画笔复位到默认库，则新的预设将丢失。要永久存储新的预设画笔，将它们存储在库中。

自定画笔，在“画笔”面板或“画笔预设”选取器中，执行以下操作之一：

➢ 从面板菜单中选取“新建画笔预设”，输入预设画笔的名称，然后单击“确定”。

➢ 单击“创建新画笔”按钮。

2. 创建和修改画笔

可以通过各种方式创建用于向图像应用颜料的画笔。可以选择现有预设画笔、画笔笔尖形状或从图像的一部分创建唯一的画笔笔尖。从“画笔”面板选取各个选项以指定应用颜料的方式。

1）“画笔”面板概述

可以如同在“画笔预设”选取器中一样在“画笔”面板中选择预设画笔，还可以修改现有画笔并设计新的自定画笔。“画笔”面板包含一些可用于确定如何向图像应用颜料的画笔笔尖选项。此面板底部的画笔描边预览可以显示当使用当前画笔选项时绘画描边的外观，如图 3-18 所示。

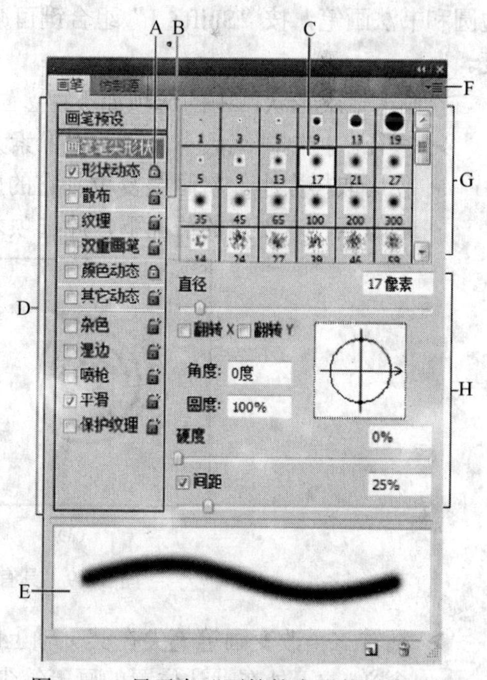

图 3-18　显示有“画笔笔尖形状”选项的“画笔”面板

图 3-18 中各字母表示的含义：A. 已锁定；

B. 未锁定；C. 选中的画笔笔尖；D. 画笔设置；E. 画笔描边预览；F. 弹出式菜单；G. 画笔笔尖形状（在选中了“画笔笔尖形状”选项时可用）；H. 画笔选项。

显示“画笔”面板和画笔选项：

选择“窗口/画笔”命令。或者，选择绘画工具、橡皮擦工具、色调工具或聚焦工具，并单击选项栏右侧的面板按钮。在面板的左侧选择一个选项组。该组的可用选项会出现在面板的右侧。单击选项组左侧的复选框可在不查看选项的情况下启用或停用这些选项。

2）从图像创建画笔笔尖

使用任何选区工具，在图像中选择要用做自定画笔的部分。选取“编辑/定义画笔预设”命令，给画笔命名并单击“确定”按钮。

如果希望创建带有锐边的画笔，则应将“羽化”设置为“0 像素”。画笔形状的大小最大可达“2500×2500 像素”。如果选择彩色图像，则画笔笔尖图像会转换成灰度。对此图像应用的任何图层蒙版不会影响画笔笔尖的定义。

如果要定义具有柔边的画笔，使用灰度值选择像素（彩色画笔的形状显示为灰度值。）

3）创建画笔并设置绘画选项

选择绘画工具、橡皮擦工具、色调工具或聚焦工具，然后选择“窗口/画笔”命令。在“画笔”面板中，选取一个现有画笔预设，以便从“画笔”面板的“画笔笔尖形状”面板中修改或选择一个画笔形状。也可以依据图像创建一个新的画笔笔尖。在“画笔”面板的左侧选择“画笔笔尖形状”，然后设置选项，要设置画笔的其他选项（画笔形状动态、画笔散布、纹理画笔选项、双重画笔、颜色动态画笔选项、其他动态画笔选项、其他画笔选项）。要锁定画笔笔尖形状属性，请单击解锁图标；要解除对笔尖的锁定，单击锁图标；要存储画笔以供稍后使用，请从“画笔”面板菜单中选择“新建画笔预设”。

当使用预设画笔时，按“[”键可减小画笔宽度；按“]”键可增加宽度。对于硬边圆、柔边圆和书法画笔，按“Shift+ [”组合键可减小画笔硬度；按“Shift+]”组合键可增加画笔硬度。

“画笔笔尖形状”中的选项如下：

- 直径。控制画笔大小。输入以像素为单位的值，或拖动滑块，如图 3-19 所示。
- 使用取样大小。将画笔复位到它的原始直径。只有在画笔笔尖形状是通过采集图像中的像素样本创建的情况下，此选项才可用。

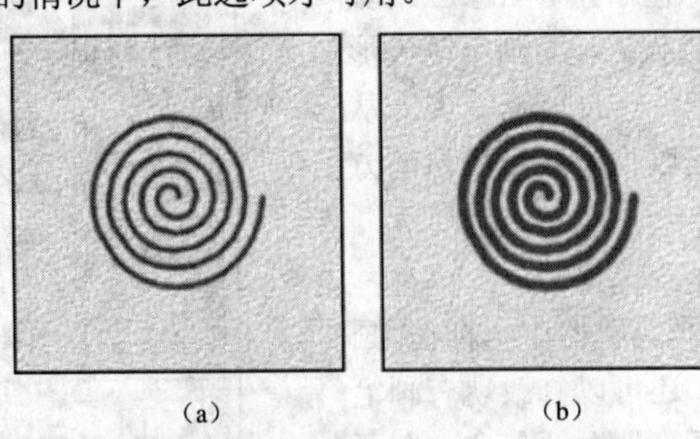

图 3-19　具有不同直径值的画笔描边

- 翻转 X。改变画笔笔尖在其 x 轴上的方向，如图 3-20 所示。图 3-20 中各字母表示的含义：A. 处在默认位置的画笔笔尖；B. 选中了“翻转 X”时；C. 选中了“翻转 X”和“翻转 Y”时。

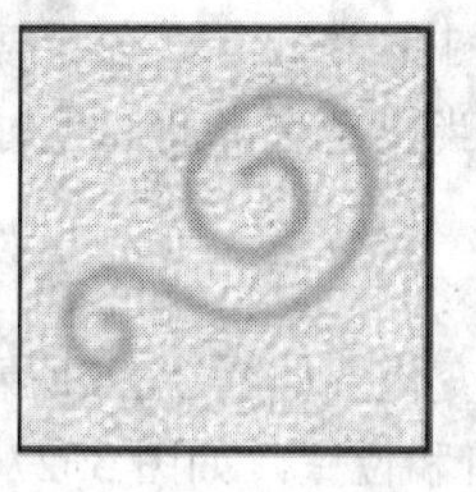

（a）　（b）　（c）

图 3-20　将画笔笔尖在其 x 轴上翻转

➢ 翻转 Y。改变画笔笔尖在其 y 轴上的方向，如图 3-21 所示。图 3-21 中各字母表示的含义：A. 处在默认位置的画笔笔尖；B. 选中了“翻转 Y”时；C. 选中了“翻转 Y”和“翻转 X”时。

（a）　（b）　（c）

图 3-21　将画笔笔尖在其 y 轴上翻转

➢ 角度。指定椭圆画笔或样本画笔的长轴从水平方向旋转的角度，如图 3-22 所示。键入度数，或在预览框中拖动水平轴。
➢ 圆度。指定画笔短轴和长轴之间的比率，如图 3-23 所示。输入百分比值，或在预览框中拖动点。100%表示圆形画笔，0%表示线性画笔，介于两者之间的值表示椭圆画笔。
➢ 硬度。控制画笔硬度中心的大小，如图 3-24 所示。键入数字，或者使用滑块输入画笔直径的百分比值。不能更改样本画笔的硬度。

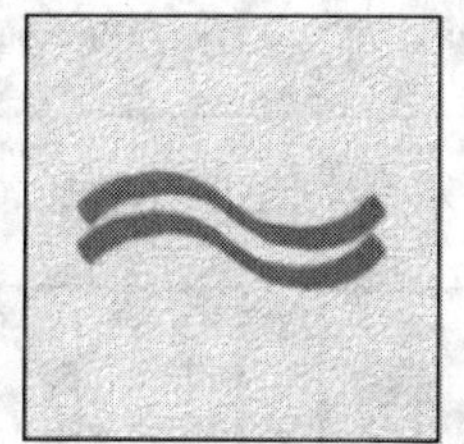

图 3-22　带角度的画笔创建雕刻状描边

图 3-23　调整圆度以压缩画笔笔尖形状

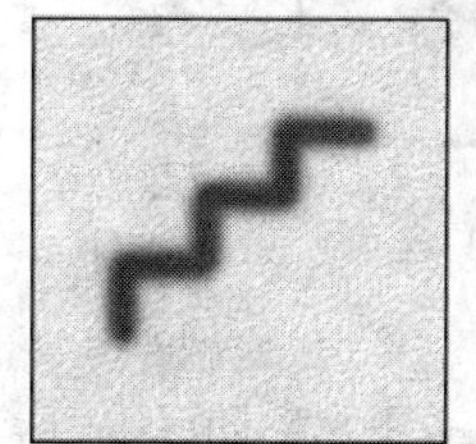

图 3-24　具有不同硬度值的画笔描边

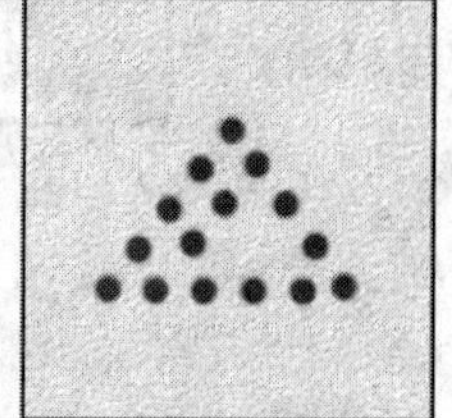

图 3-25　增大间距可使画笔急速改变

➢ 间距。控制描边中两个画笔笔迹之间的距离，如图 3-25 所示。如果要更改间距，请键入数字，或使用滑块输入画笔直径的百分比值。当取消选择此选项时，光标的速度将确定间距。

要设置画笔的其他选项：

➢ 画笔形状动态。形状动态决定描边中画笔笔迹的变化，如图 3-26 所示。

➢ 画笔散布。“画笔散布”可确定描边中笔迹的数目和位置，如图 3-27 所示。

图 3-26　无形状动态和有形状动态的画笔笔尖

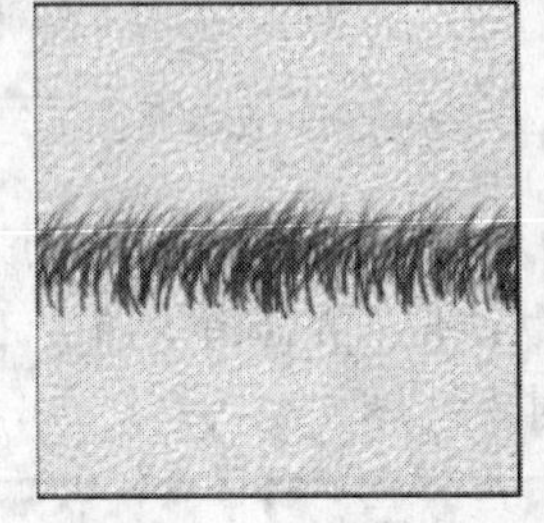
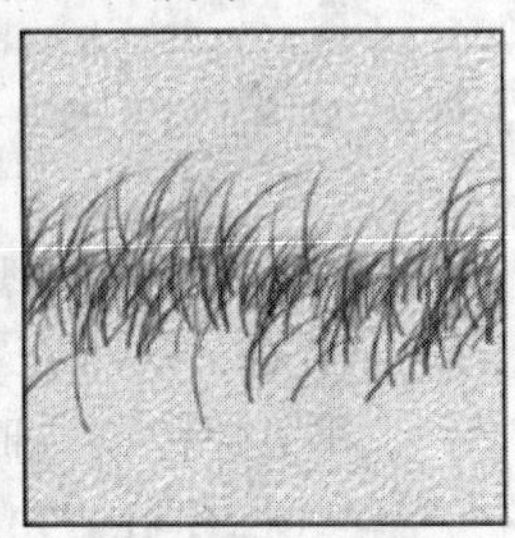

图 3-27　无散布的画笔描边（左图）和有散布的画笔描边（右图）

➢ 纹理画笔选项。纹理画笔利用图案使描边看起来像是在带纹理的画布上绘制的一样，如图 3-28 所示。

➢ 双重画笔。双重画笔组合两个笔尖来创建画笔笔迹，如图 3-29 所示。图 3-29 中各字母表示的含义为：A.主画笔笔尖描边（尖角 55）；B. 辅助画笔笔尖描边（草）； C. 双重画笔描边（使用两者）。

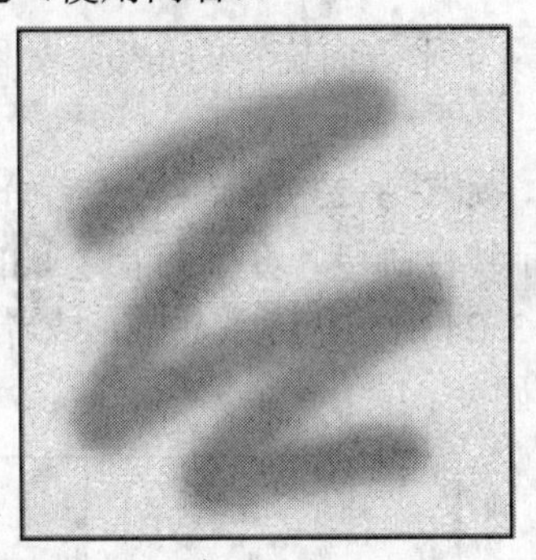
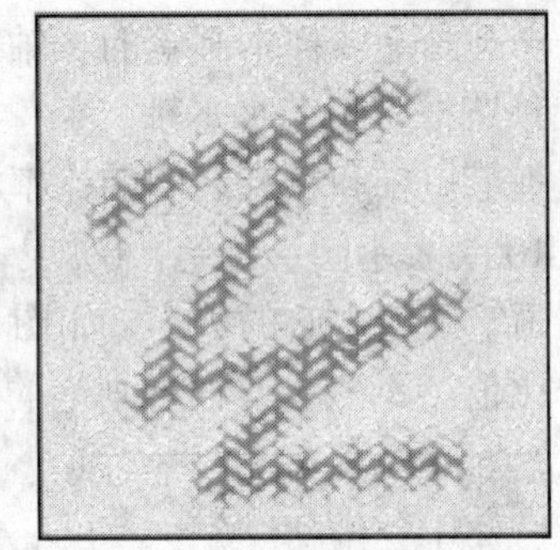

图 3-28　无纹理的画笔描边（左图）和有纹理的画笔描边（右图）

（a）

（b）

（c）

图 3-29　双重画笔

➢ 颜色动态画笔选项。颜色动态决定描边路线中油彩颜色的变化方式，如图 3-30 所示。

➢ 其他动态画笔选项。其他动态选项确定油彩在描边路线中的改变方式，如图 3-30 所示。

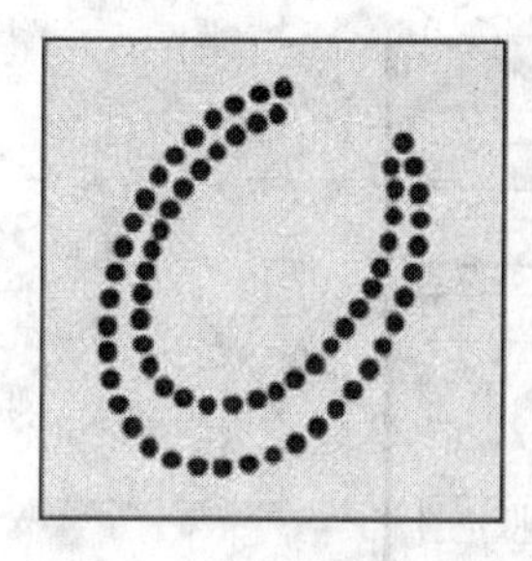
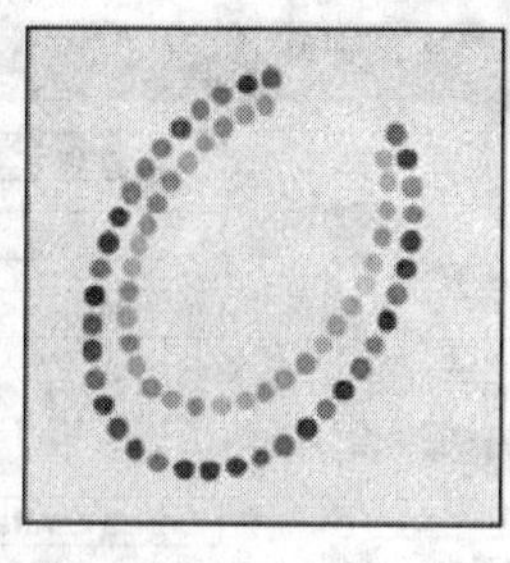

图 3-30　无颜色动态的画笔描边（左图）和有颜色动态的画笔描边（右图）

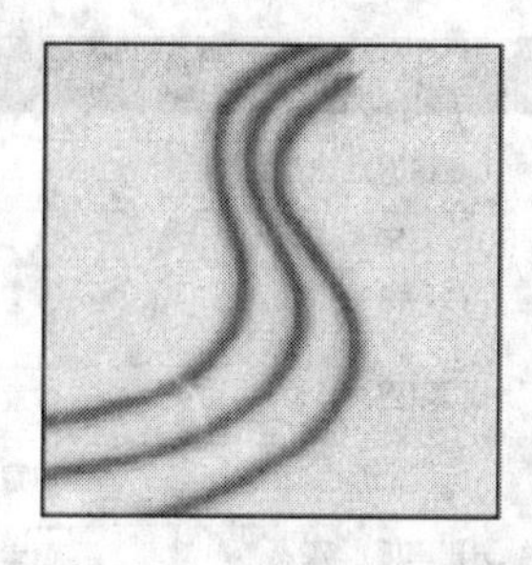
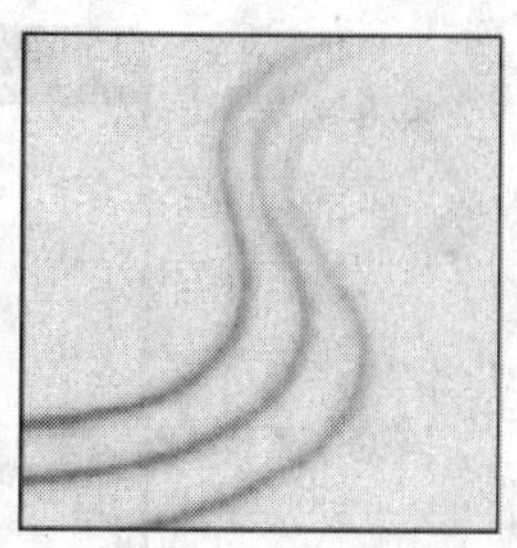

图 3-31　无动态绘画的画笔描边（左图）和有动态绘画的画笔描边（右图）

其他画笔选项：

- 杂色。为个别画笔笔尖增加额外的随机性。当应用于柔画笔笔尖（包含灰度值的画笔笔尖）时，此选项最有效。
- 湿边。沿画笔描边的边缘增大油彩量，从而创建水彩效果。
- 喷枪。将渐变色调应用于图像，同时模拟传统的喷枪技术。“画笔”面板中的“喷枪”选项与选项栏中的“喷枪”选项相对应。
- 平滑。在画笔描边中生成更平滑的曲线。当使用光笔进行快速绘画时，此选项最有效；但是它在描边渲染中可能会导致轻微的滞后。
- 保护纹理。将相同图案和缩放比例应用于具有纹理的所有画笔预设。选择此选项后，在使用多个纹理画笔笔尖绘画时，可以模拟出一致的画布纹理。

4）清除画笔选项

可以一次清除为画笔预设更改的所有选项（画笔形状设置除外）。从“画笔”面板菜单中选取“清除画笔控制”。

3.2　定 义 图 案

3.2.1　棋盘方格

任务说明：本任务是自定义图案。

任务要点：掌握定义图案基本方法。

任务步骤：

（1）执行“文件/新建”命令（快捷键【Ctrl＋N】），在弹出的“新建”对话框中设置宽度为 320 像素，高度为 240 像素（见图 3-32），其他保持默认参数设置。单击“确定”按钮，以建立一个新的图像文件。

（2）选择工具箱中矩形选框工具，单击其工具选项栏参数“样式”下拉框选择“固定大小”，在“宽度”和“高度”输入框中都输入 20px，如图 3-33 所示。

（3）在新建图像文件窗口合适位置处单击鼠标，出现一个矩形虚框，如图 3-34 所示。

（4）单击工具箱中“前景色”图标，在弹出的“拾色器”对话框中设置 RGB 值分别为 255、0、0（见图 3-35），单击“好”按钮确定设置。

（5）执行“文件/填充”命令（快捷键【Shift+F5】），在弹出的“填充”对话框中“使用”类型选择“前景色”（见图 3-36），其他参数保持默认设置，单击“确定”按钮，效果如图 3-37 所示。

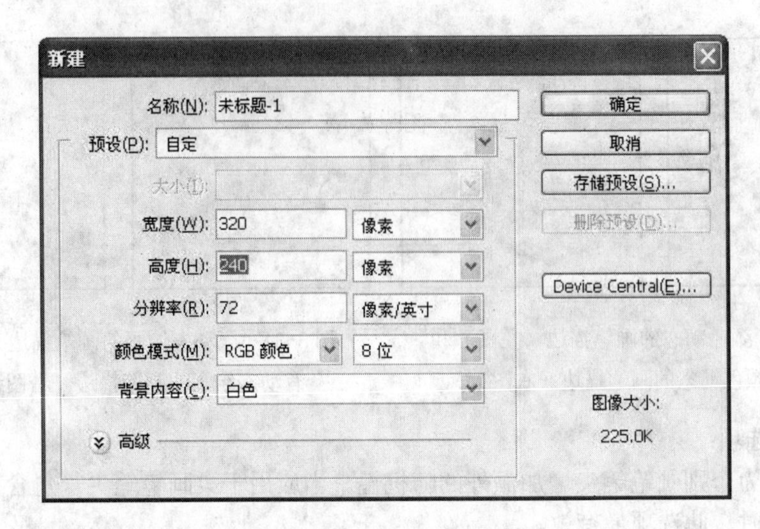

图 3-32 “新建”对话框

图 3-33 矩形选框工具选项栏

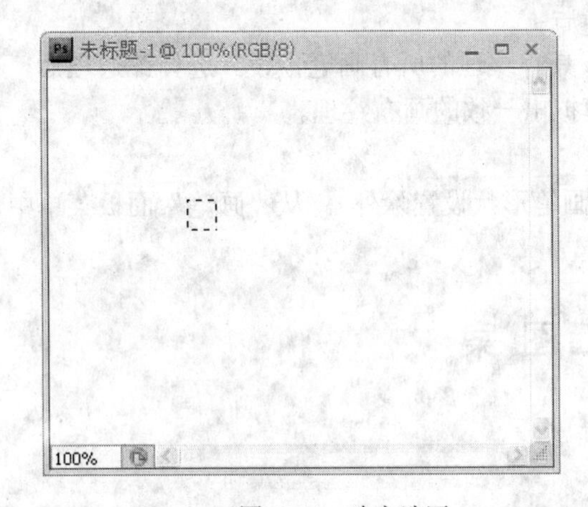

图 3-34 建立选区

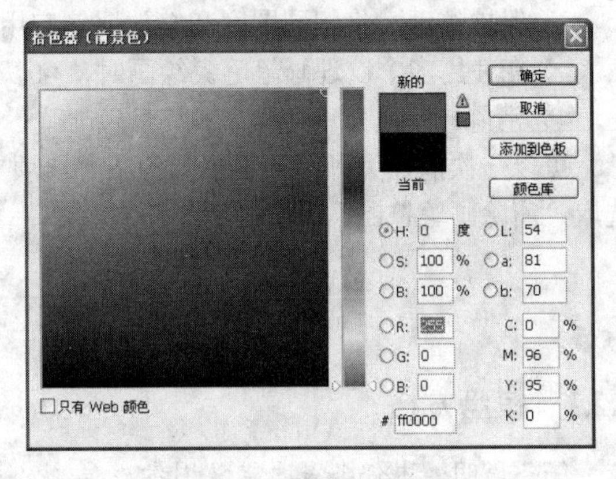

图 3-35 “拾色器”对话框

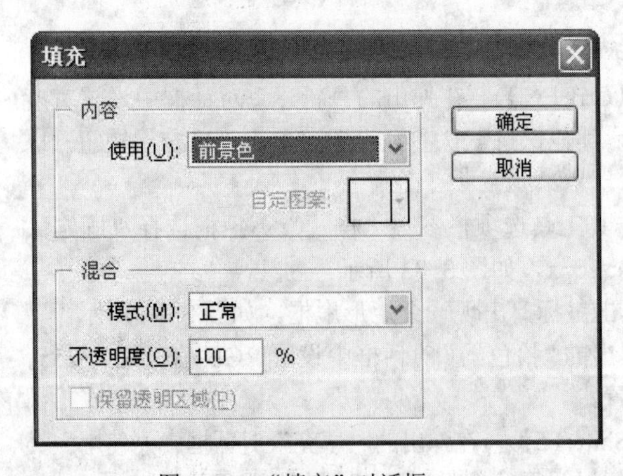

图 3-36 “填充”对话框

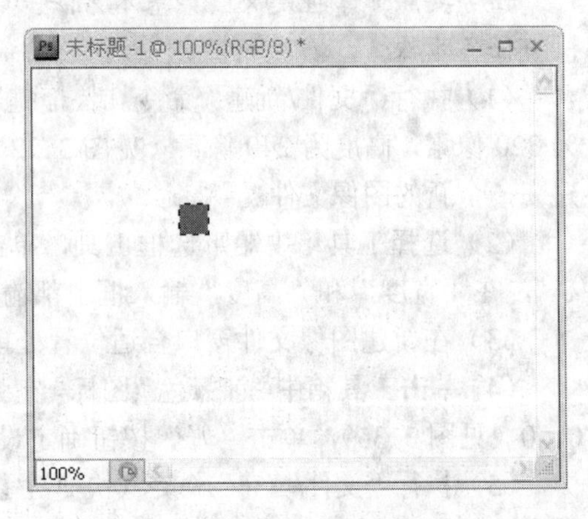

图 3-37 填充效果

（6）按住 Shift 键不放，同时按键盘上方向键（→）两次，再按键盘上方向键（↓）两次，以将矩形虚框到红色矩形右下角处，如图 3-38 所示。

（7）单击工具箱中“前景色”图标，在弹出的“拾色器”对话框中设置 RGB 值分别为 0、255、0，单击“确定”按钮以确定设置。

（8）执行“文件/填充”命令（快捷键【Shift+F5】），保持默认设置，单击“确定”按钮以确定设置，效果如图 3-39 所示。

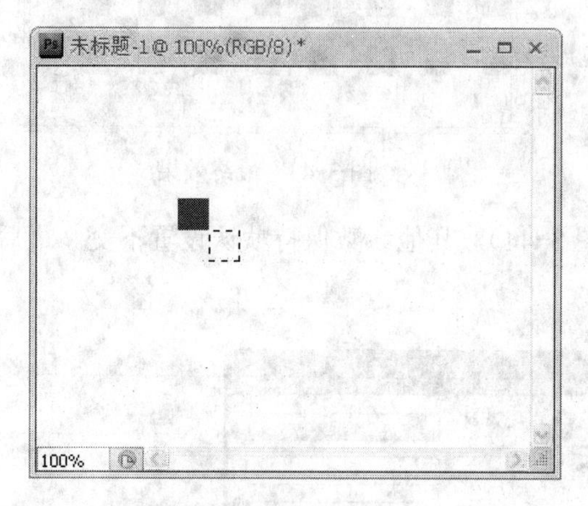

图 3-38　移动选区

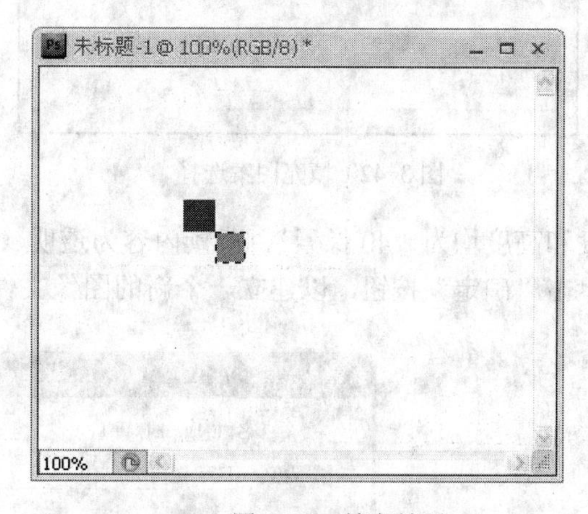

图 3-39　填充效果

（9）选择工具箱中矩形选框工具，在其工具选项栏参数“样式”下拉框选择“固定大小”，在“宽度”和“高度”输入框中都输入 40。

（10）在图像文件窗口中，将鼠标移到红色矩形左上角单击，以确定将红色矩形和绿色矩形全部选取，如图 3-40 所示。

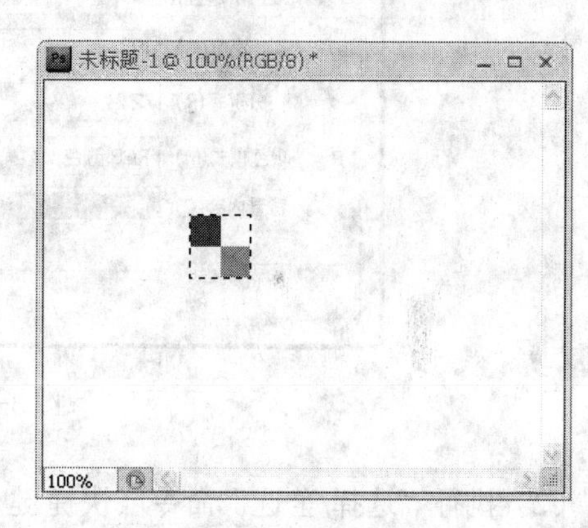

图 3-40　建立选区

（11）执行“编辑/定义图案”命令，在弹出的“图案名称”对话框中单击“确定”按钮（见图 3-41），以将该新的图案放入图案库中。

图 3-41　“图案名称”对话框

（12）执行“选择/全选”命令（快捷键【Ctrl+A】）以将整个图像文件全部选取，然后执行“文件/填充”命令（快捷键【Shift+F5】），在弹出的对话框中“使用”类型选择“图案”，然后单击“自定图案”旁下拉框中，从中选择前面已定义好的图案（见图 3-42），单击“好”按钮确定设置，最终效果如图 3-43 所示。

3.2.2　艺术方格

任务说明：本任务是自定义图案应用。

任务要点：掌握定义图案基本方法。

任务步骤：

（1）执行“文件/新建”命令（快捷键【Ctrl＋N】），在弹出的“新建”对话框中设置宽

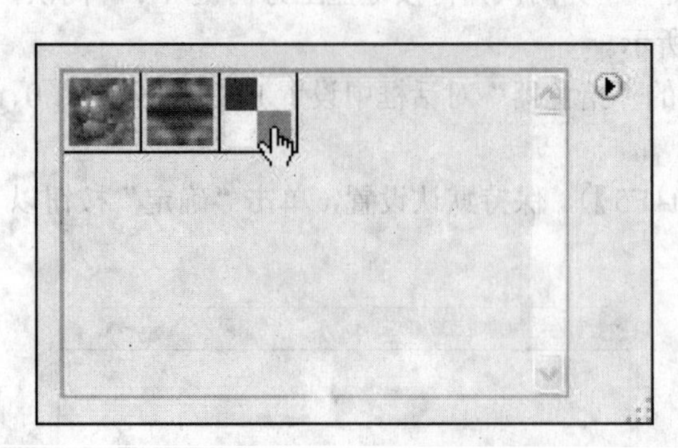

图 3-42　填充图案选择

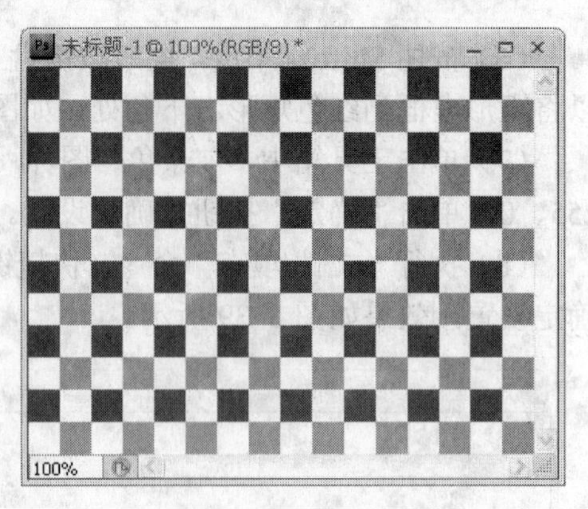

图 3-43　最终效果

度和高度均为“40 像素”，背景内容为透明（见图 3-44），其他参数保持默认设置不变。最后单击“确定”按钮，以建立一个新的图像文件。

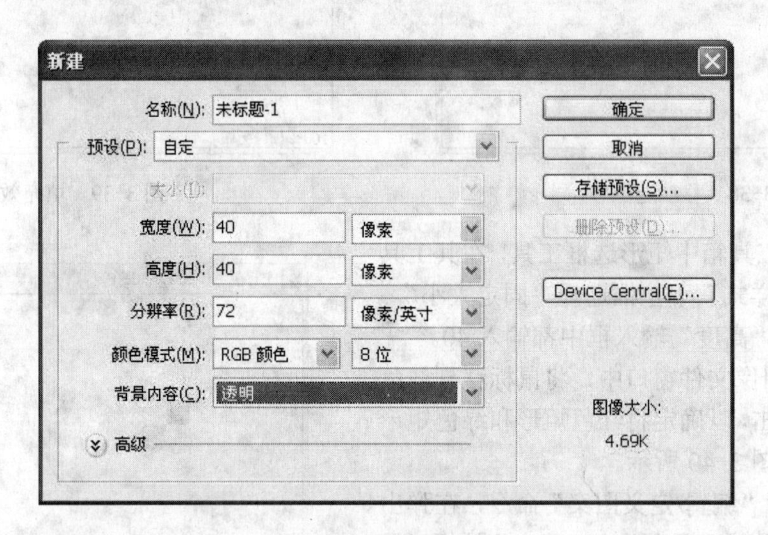

图 3-44　新建文件

（2）执行“选择/全选”命令（快捷键【Ctrl+A】）以将整个图像文件全部选取，然后执行菜单“编辑/描边”命令，在弹出的对话框中设置“宽度”为“2px”（像素），“颜色”为“白色”（RGB 值均为 255），其他参数保持默认值不变，如图 3-45 所示。单击“确定”按钮以得到描边效果。

（3）执行“编辑/定义图案”命令，在弹出的“图案名称”对话框中单击“确定”按钮，以将该新的图案放入图案库中。

（4）执行“文件/打开”命令，在弹出的“打开”对话框中双击指定的图片，以将其打开，如图 3-46 所示。

（5）执行“文件/填充”命令（快捷键【Shift+F5】），在弹出的“填充”对话框中“使用”类型选择“图案”，然后单击“自定图案”旁下拉框中，从中选择前面已定义好的图案（见图 3-47），选择“填充”对话框中“不透明度”为“50%”（见图 3-48，此参数目的是为了得到较淡的方格效果，以避免方格效果太突出而使图像整体显得生硬），其他参数值保持默认不变。单击“确定”按钮确定设置，最终效果如图 3-49 所示。

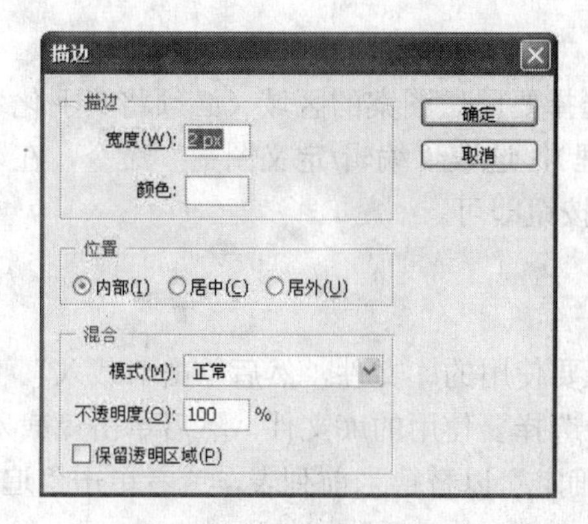

图 3-45 “描边”对话框

图 3-46 背景图

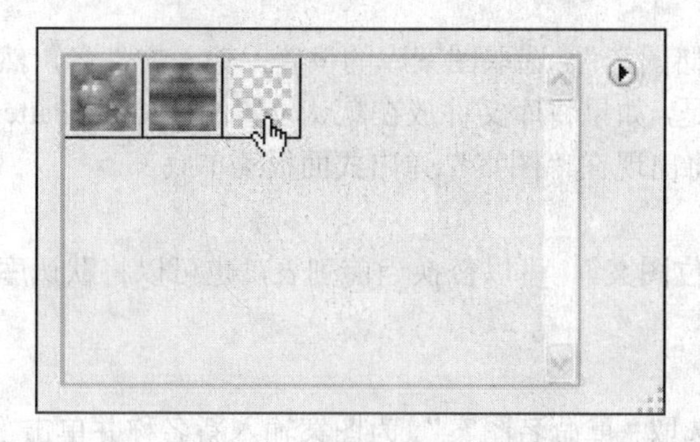

图 3-47 填充图案选择

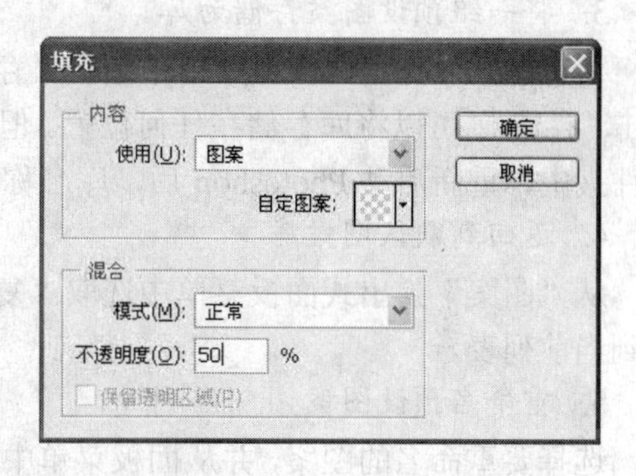

图 3-48 “填充”对话框

图 3-49 最终效果

3.2.3 图案知识点

图案是一种图像，当使用这种图像来填充图层或选区时，将会重复（或拼贴）它。Photoshop 附带有多种预设图案。

可以创建新图案并将它们存储在库中，以便供不同的工具和命令使用。预设图案显示在油漆桶、图案图章、修复画笔和修补工具选项栏的弹出式面板中，以及“图层样式”对话框中。通过从弹出式面板菜单中选取一个显示选项，可以更改图案在弹出式面板中的显示方式。也可以使用预设管理器管理图案预设。

1. 将图像定义为预设图案

在任何打开的图像上使用矩形选框工具以选择要用做图案的区域（必须将“羽化”设置为“0 像素”，注意，大图像可能会变得不易处理），选取“编辑/定义图案”命令，在“图案名称”对话框中输入图案的名称，单击“确定”按钮即可。

2. 载入图案库

从“图案”弹出式面板菜单中选取以下选项之一：

- “载入图案”可将库添加到当前列表。选择要使用的库文件，然后单击“载入”。
- “替换图案”会用另一个库替换当前列表。选择要使用的库文件，然后单击“载入”。
- 库文件（显示在面板菜单的底部）。单击“确定”以替换当前列表，或者单击“追加”以追加到当前列表。

3. 将一组预设图案存储为库

从“图案”弹出式面板菜单中选取“存储图案”。选取图案库的位置，输入文件名，然后单击“存储”。可以将库存储在任何位置。但是，如果将库文件放在默认位置的 Presets/Patterns 文件夹中，重新启动 Photoshop 后，库名称将出现在“图案”弹出式面板菜单底部。

4. 返回到默认图案库

从“图案”弹出式面板菜单中选取“复位图案”。可以替换当前列表，也可以将默认库追加到当前列表。

5. 重命名预设图案

选择要重命名的图案，并从面板菜单中选取“重命名图案”。为图案输入新名称并单击“确定”按钮。

6. 删除预设图案

执行下列操作之一：

- 选择要删除的图案，并从面板菜单中选取“删除图案”。
- 按住 Alt 键，将指针放置在图案上（指针将变成剪刀状）并单击。

3.3 渐 变 工 具

3.3.1 按钮

任务说明：本任务是制作按钮。

任务要点：掌握渐变工具使用。

任务步骤：

（1）实例是利用色调相同、亮度不同的两种颜色对比渐变实现按钮效果。执行“文件/新建”命令，在弹出的“新建”对话框中设置“宽度”和“高度”均为“600 像素”（见图 3-50），其他参数保持默认设置不变。最后单击“确定”按钮，以建立一个新的图像文件。

（2）单击图层调板下方“新建图层”按钮以新建一个图层，选择工具箱中的“椭圆选框工具”，在中央按住 Shift 键拉出一个正圆，如图 3-51 所示。

（3）设置工具箱中前景色为黑色，背景色为白色，在工具箱中选择渐变工具，在其工具选项栏中设置：“从前景色到背景色”方式、“径向渐变”模式、“反向，仿色，透明区域”三个选项选中（见图 3-52）。从左上到右下填充它的颜色，效果如图 3-53 所示。

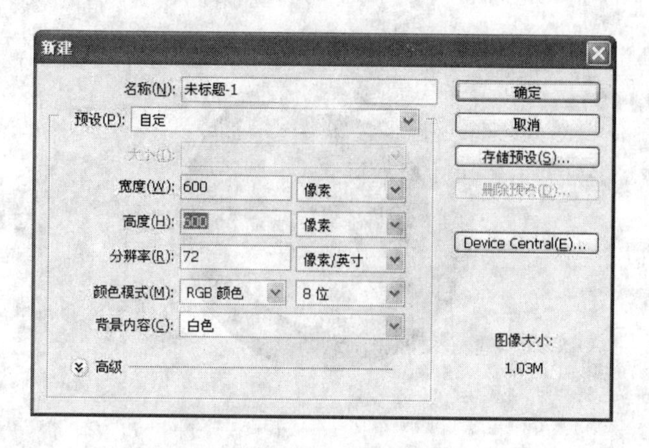

图 3-50 “新建”对话框

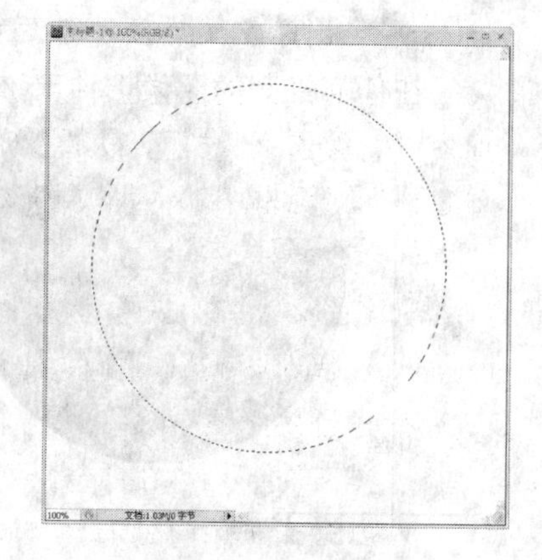

图 3-51 画正圆选区

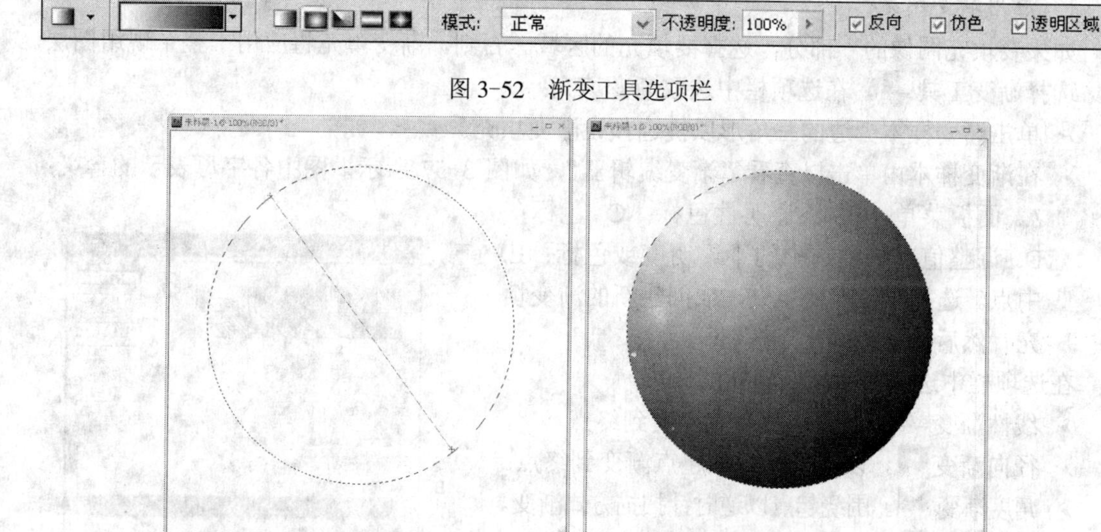

图 3-52 渐变工具选项栏

图 3-53 渐变效果（左图为渐变方向，右图为渐变结果）

（4）选择“选择/变化选区”命令，在选项栏中将 W 和 H 均设置为“700%”（见图 3-54），按 Enter 键确认变形结束，以将正圆虚框缩小，如图 3-55 所示。

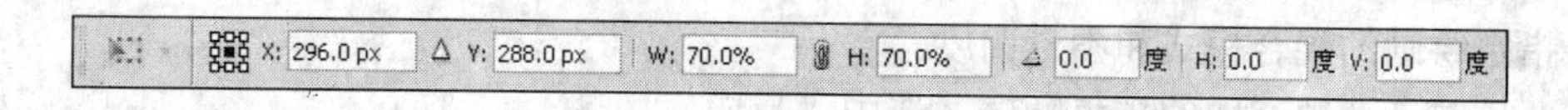

图 3-54 变化选区选项

（5）单击菜单“编辑/变换/旋转 180”用 180° 旋转它，按“Ctrl+D”键取消选区，按钮最终效果如图 3-56 所示。

3.3.2 渐变工具知识点

渐变工具可以创建多种颜色间的逐渐混合。可以从预设渐变填充中选取或创建自己的渐变。渐变工具不能用于位图或索引颜色图像。

通过在图像中拖动用渐变填充区域。起点（按下鼠标处）和终点（松开鼠标处）会影响渐变外观，具体取决于所使用的渐变工具。

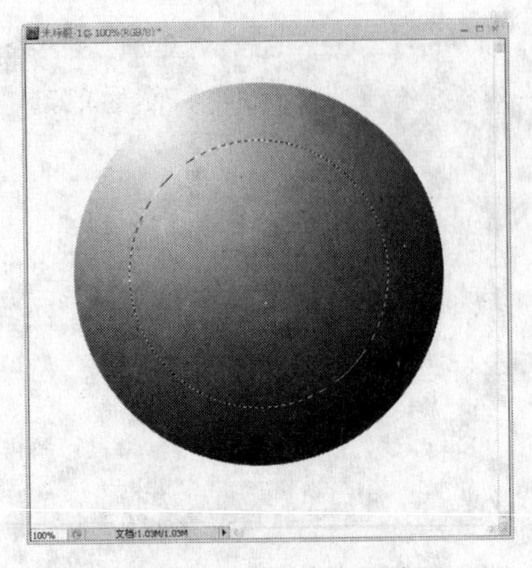

图 3-55　画小正圆选区

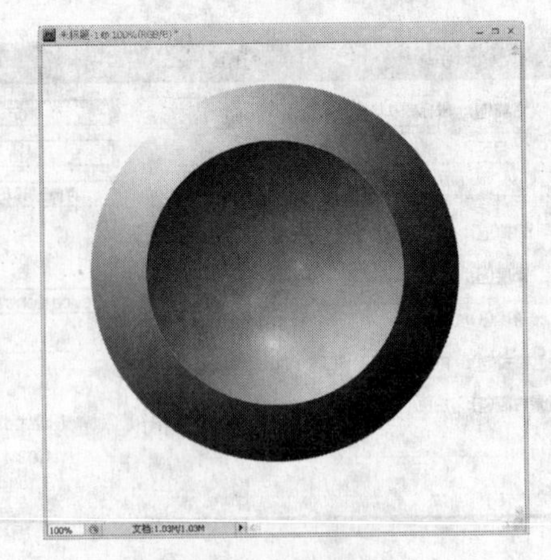

图 3-56　按钮最终效果

1. 应用渐变填充

如果要填充图像的一部分，选择要填充的区域。否则，渐变填充将应用于整个现用图层。选择渐变工具，在选项栏中选取渐变填充：

➢ 单击渐变样本旁边的三角形以挑选预设渐变填充。

➢ 在渐变样本内单击以查看“渐变编辑器”，如图 3-57 所示，图中各字母表示的含义：

A. 面板菜单；B. 不透明性色标；C. 色标；

D. 调整值或删除选中的不透明度或色标；E. 中点。选择预设渐变填充，或创建新的渐变填充。然后单击“确定”按钮。

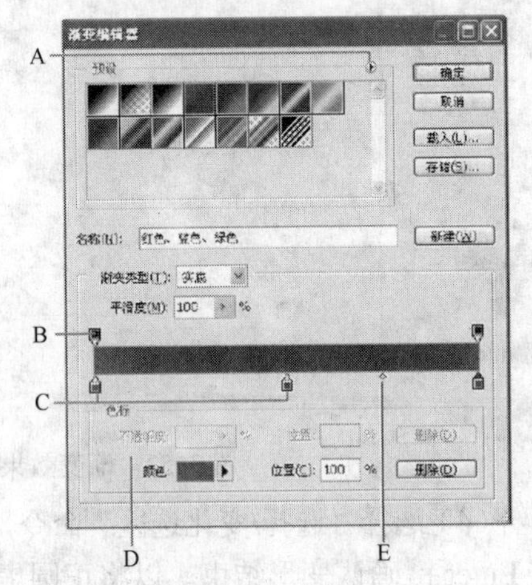

图 3-57　渐变编辑器对话框

在选项栏中选择应用渐变填充的选项：

➢ 线性渐变。以直线从起点渐变到终点。

➢ 径向渐变。以圆形图案从起点渐变到终点。

➢ 角度渐变。围绕起点以逆时针扫描方式渐变。

➢ 对称渐变。使用均衡的线性渐变在起点的任一侧渐变。

➢ 菱形渐变。以菱形方式从起点向外渐变。终点定义菱形的一个角。

在选项栏中执行下列操作：

➢ 指定绘画的混合模式和不透明度。

➢ 要反转渐变填充中的颜色顺序，选中“反向”。

➢ 若用较小的带宽创建较平滑的混合，请选中“仿色”。

➢ 若对渐变填充使用透明蒙版，请选中“透明区域”。

将指针定位在图像中要设置为渐变起点的位置，然后拖动以定义终点。要将线条角度限定为 45° 的倍数，在拖动时按住 Shift 键。

2. 创建平滑渐变

选择渐变工具。在选项栏中单击渐变示例，显示“渐变编辑器”对话框。要使新渐变基于现有渐变，在对话框的“预设”部分选择一种渐变。从“渐变类型”弹出式菜单中选取“实底”。

要定义渐变的起始颜色，单击渐变条下方左侧的色标。该色标上方的三角形将变黑，这表明正在编辑起始颜色。

要选取颜色，执行下列操作之一：

- 双击色标，或者在对话框的“色标”部分单击色板。选取一种颜色，然后单击“确定”按钮。
- 在对话框的“色标”部分中，从“颜色”弹出式菜单中选取一个选项。
- 将指针定位在渐变条上（指针变成吸管状），单击以采集色样，或单击图像中的任意位置从图像中采集色样。

要定义终点颜色，单击渐变条下方右侧的色标。然后选取一种颜色。

要调整起点或终点的位置，请执行下列操作之一：

- 将相应的色标拖动到所需位置的左侧或右侧。
- 单击相应的色标，并在对话框“色标”部分的“位置”中输入值。如果值是 0%，色标会在渐变条的最左端；如果值是 100%，色标会在渐变条的最右端。

要调整中点的位置（渐变将在此处显示起点颜色和终点颜色的均匀混合），向左或向右拖动渐变条下面的菱形◇，或单击菱形并输入“位置”值。

要将中间色添加到渐变，在渐变条下方单击，以便定义另一个色标。像对待起点或终点那样，为中间点指定颜色并调整位置和中点。

要删除正在编辑的色标，单击“删除”按钮，或向下拖动此色标直到它消失。

要控制渐变中的两个色带之间逐渐转换的方式，在“平滑度”文本框中输入一个数值，或拖动“平滑度”弹出式滑块。

如果需要，设置渐变的透明度值。

输入新渐变的名称。要将渐变存储为预设，在完成渐变的创建后单击“新建”按钮。

3. 指定渐变透明度

每个渐变填充都包含控制渐变上不同位置的填充不透明度的设置。例如，可以将起点颜色设置为 100%不透明度，并以 50%不透明度将填充逐渐混合进终点颜色。棋盘图案指示渐变预览中透明度的数量。

创建一个渐变。

要调整起点不透明度，请单击渐变条上方左侧的不透明度色标。色标下方的三角形变成黑色，表示正在编辑起点透明度。

在对话框中“色标”部分的“不透明度”文本框中输入值，或者拖动“不透明度”弹出式滑块。

要调整端点的不透明度，单击渐变条上方右侧的透明度色标。然后在“色标”部分中设置不透明度。

要调整起点或终点不透明度的位置，执行下列任一操作：

- 向左或向右拖动相应的不透明度色标。
- 选择相应的不透明度色标，并为“位置”输入值。

要调整中点不透明度的位置（起点和终点不透明度的中间点），执行下列任一操作：

- 向左或向右拖动渐变条上方的菱形。
- 选择菱形，并为“位置”输入一个值。

要删除正在编辑的不透明度色标，单击“删除”按钮。

要向蒙版添加中间不透明度，在渐变条的上方单击，定义新的不透明度色标。然后，可以像处理起点或终点不透明度那样，调整和移动该不透明度。要移去中间不透明度，将其透明度色标向上拖离渐变条。

要创建预设渐变，在“名称”文本框中输入名称，然后单击“新建”按钮。这将用指定的透明度设置创建新的渐变预设。

3.4 仿制图章工具

3.4.1 去除多余文字

任务说明：本任务是把一张破损的照片进行修复，还原照片的完整性。

任务要点：掌握仿制图章工具使用方法。

任务步骤：

（1）在 Photoshop 中双击工作区的空白处，快速弹出“打开”对话框，找到指定提供的素材图像文件，双击该图像文件打开，如图 3-58 所示。

（2）选择仿制图章工具，在其选项栏中单击“画笔预设”选取器，设置“主直径”为“80 px”，“硬度”为“0%”，如图 3-59 所示。

图 3-58 原图

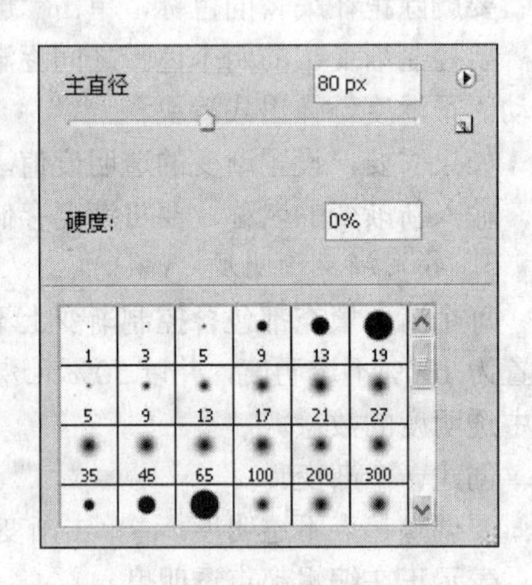

图 3-59 仿制画笔工具“画笔预设”选取器

（3）在同图像右下角文字相似的草地上方按住 Alt 键，同时单击鼠标以取得“取样点”，这时鼠标所在的位置就是复制的区域，如图 3-60 所示，松开 Alt 键和鼠标即结束取样。

（4）此时在图像右下角有文字地方按住鼠标不放，会出现一个“十”字形光标和一个圆形光标出现（“十”字形光标是复制的区域，圆形光标是被填充的区域）。边拖动鼠标，边发现鼠标滑过的区域被填充所复制区域的草地图像。一直拖动鼠标，直至图像右下角文字全部被草地完全填充看不到为止，松开鼠标结束修改，最终效果如图 3-61 所示。

3.4.2 修复破损的照片

任务说明：本任务是把一张破损的照片进行修复，还原照片的完整性。

任务要点：掌握仿制图章工具使用方法。

任务步骤：

一些珍贵的照片有时会因保存不当或人为损坏导致照片的破损，以前由于没有数码设备，修复一张照片是一件很麻烦的事情。现在通过数码设备和Photoshop图像处理软件，可以很轻松的把照片修复，最大程度地还原照片本来的面貌。

图 3-60　确定取样点

图 3-61　最终效果

（1）在 Photoshop 中双击工作区的空白处，快速弹出“打开”对话框，找到指定提供的素材图像文件，双击该图像文件打开，如图 3-62 所示。

（2）选择仿制图章工具，在其选项栏中单击“画笔预设”选取器，设置“主直径”为“21 px”，“硬度”为“0%”。按住 Alt 键，同时在图像左下角破损处相同的地面附近图像处单击鼠标以取得“取样点”，松开 Alt 键和鼠标即结束取样。

（3）此时在图像左下角破损地面处按住鼠标不放（见图 3-63），边拖动鼠标，边发现鼠标滑过的区域被填充所复制区域的草地图像。一直拖动鼠标，直至图像左下角破损底面全部被取样图像完全填充看不到为止（修改过程中填充效果不满意时需要随时更新取样点再修复），松开鼠标结束修改。同理在破损树木图像附近单击取得“取样点”（见图 3-64），然后覆盖破损处，达到修复破损图像的效果。最终效果如图 3-65 所示。

图 3-62　原图

图 3-63　修复地面破损图像

小结：

首先观察破损的照片，确认图片中有和破损处类似的图像，选择仿制图章工具在类似的地方取得“取样点”，再对破损处的图像进行覆盖，达到修复的效果。这种照片修复任务还有很多种方法，这个任务所介绍的是常用的方法，这种还可以对手写文稿或字画等进行修复。

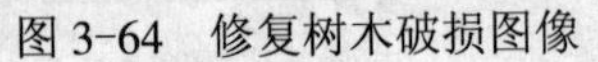

图 3-64　修复树木破损图像

图 3-65　最终效果

3.4.3　修复障碍物照片

任务说明：本任务是把一张破损的照片进行修复，还原照片的完整性。

任务要点：掌握仿制图章工具使用方法。

任务步骤：

当在旅游景点游览的过程中，常常会拍到一些与过路人或其他游客重叠的相片，或者一些比较杂乱影响整体效果的景物，这是很难避免的，但当废片又觉得挺可惜的。对相片中不需要的景物，根据具体的情况，采用仿制图章进行修复，往往可以收到很好的效果。

（1）打开文件。在 Photoshop 中双击工作区的空白处，快速弹出“打开”对话框，找到指定提供的素材图像文件，双击该图像文件打开，如图 3-66 所示。

图 3-66　问题照片

（2）设置仿制图章。对于这样的相片，使用仿制图章是非常适合的。在工具箱中选择“仿制图章工具”，在其工具选项栏中根据所要修饰的位置选定合适直径的笔刷，本例选择笔刷头为柔角 27 像素，其他参数默认，如图 3-67 所示。

画笔: 27　模式: 正常　不透明度: 100%　流量: 100%　☑对齐的　☐用于所有图层

图 3-67　仿制图章工具选项栏

（3）选择仿制取样点。要把像片中重叠的人物修掉，就是要在那个人物旁边复制相关的图像，然后覆盖掉不需要的图像，因此，首先要做的就是选择取样点。将鼠标放在背景多余人物旁的海水图像上（如图 3-68 所示小圆圈为取样点处），按住 Alt 键看到鼠标图标变成了一个十字中心圆，单击鼠标，这一部分的图像被选取了，松开鼠标和键盘的选择。

（4）修掉多余的图像。将鼠标移动到背景多余人物上，按下鼠标看到，刚才取样的地方有一个十字图标，那里的像素正在被复制到当前位置上（见图 3-69）。用鼠标继续在需要修掉的人物部位上反复单击，这里的旧图像被十字图标所在点复制的海水图像所覆盖。可以在多个地方重新取样后进行修补，现在主要是把重叠上半部分的人物图像去掉。

图 3-68　取样点图

图 3-69　初步仿制效果

（5）改换笔刷参数。在修补人物脸部轮廓线的时候，应该选择相对比较硬的笔刷。在仿制图章工具选项栏中重新选择笔刷头为喷枪硬边圆形 9 比较小的直径、比较硬边缘（见图 3-70），以适应脸部细致的脸部轮廓线的要求。在脸部附近的海水图像上重新按 Alt 键取样（见图 3-71），然后在脸部轮廓上精心涂抹，直到将脸部修饰完美，如图 3-72 所示。

画笔: 9　模式: 正常　不透明度: 100%　流量: 100%　☑对齐的　☐用于所有图层

图 3-70　仿制图章工具选项栏

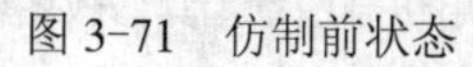

图 3-71　仿制前状态

图 3-72　仿制后效果

（6）复制必要的局部图像。为了使人物后边的海浪有连续性，要在后边的海浪中取样（多次），在人物脸部的前边作适当的复制，这样海浪看起来就舒服和自然了，效果如图 3-73 所示。

（7）继续精心修饰。在下边的背景多余人物的腿旁边重新按 Alt 键取样，将多余人物的腿小心修掉，注意海岸线的连续，需要多次重新取样。下边水面总有背景多余人物的部分倒影，后边的沙滩上还有背景多余人物长长的投影，也要经过反复取样精心修复才行。

（8）经过精心修复，原片中的不良重叠问题得到了彻底的解决。最后的效果如图 3-74 所示。

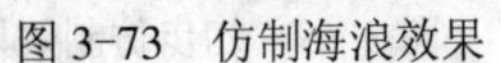

图 3-73　仿制海浪效果　　　　图 3-74　最终效果

小结：

这张相片的拍摄时机选得不好，两个人物重叠后很难看，属于典型的不良重叠，这样的照片基本上可以属于废片了，但经过 Photoshop 稍作处理后，效果就不一样了。

3.4.4 仿制图章工具知识点

仿制图章工具将图像的一部分绘制到同一图像的另一部分或绘制到具有相同颜色模式的任何打开的文档的另一部分，如图 3-75 所示。也可以将一个图层的一部分绘制到另一个图层。仿制图章工具对于复制对象或移去图像中的缺陷很有用。

要使用仿制图章工具，要从其中仿制像素的区域上设置一个取样点，并在另一个区域上绘制。要在每次停止并重新开始绘画时使用最新的取样点进行绘制，选择“对齐”选项。取消选择“对齐”选项将从初始取样点开始绘制，而与停止并重新开始绘制的次数无关。

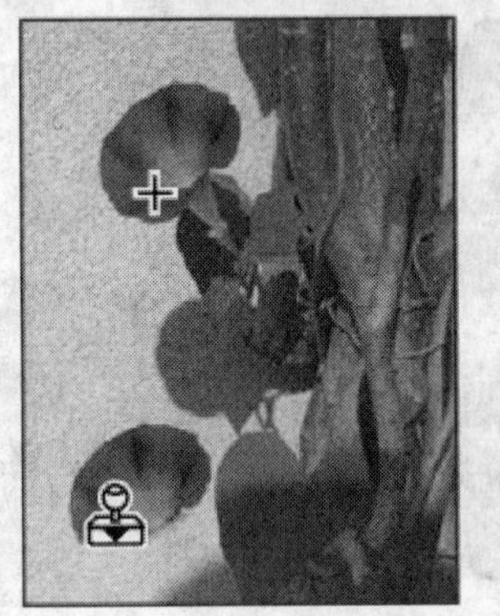

图 3-75　用仿制图章工具修改图像

可以对仿制图章工具使用任意的画笔笔尖，这将能够准确控制仿制区域的大小。也可以使用不透明度和流量设置以控制对仿制区域应用绘制的方式。

仿制图章工具使用步骤：

（1）选择仿制图章工具。

（2）在选项栏中，选择画笔笔尖并为混合模式、不透明度和流量设置画笔选项。

（3）要指定如何对齐样本像素以及如何对文档中的图层数据取样，在选项栏中设置以下任一选项：

- 对齐。连续对像素进行取样，即使释放鼠标按钮，也不会丢失当前取样点。如果取消选择“对齐”，则会在每次停止并重新开始绘制时使用初始取样点中的样本像素。
- 样本。从指定的图层中进行数据取样。要从现用图层及其下方的可见图层中取样，请选择“当前和下方图层”。要仅从现用图层中取样，请选择“当前图层”。要从所有可见图层中取样，请选择“所有图层”。要从调整图层以外的所有可见图层中取样，选择“所有图层”，然后单击“取样”弹出式菜单右侧的“忽略调整图层”图标。

（4）可通过将指针放置在任意打开的图像中，然后按住 Alt 键并单击来设置取样点。

（5）在“仿制源”面板中，单击“仿制源”按钮 并设置其他取样点。最多可以设置五个不同的取样源。“仿制源”面板将存储样本源，直到关闭文档。

（6）要选择所需样本源，请单击“仿制源”面板中的“仿制源”按钮。在“仿制源”面板中执行下列任一操作：

- 要缩放或旋转所仿制的源，输入 W（宽度）或 H（高度）的值，或输入旋转角度 ∠。
- 要显示仿制的源的叠加，选择“显示叠加”并指定叠加选项。

（7）在要校正的图像部分上拖移。

3.5 污点修复画笔工具

3.5.1 修复脸部痔疤

任务说明：本任务是修复图像局部微小内容。

任务要点：掌握污点修复画笔工具使用方法。

任务步骤：对于脸上的痣、老年斑、小伤疤等小面积的缺陷，用“污点修复画笔工具”修改比较方便。这是一个非常实用的工具，刚开始用时会有些不顺手，熟练后就会应用自如。

（1）执行“文件/打开”命令，在弹出的“打开”对话框中双击指定的图片，以将其打开，如图 3-76 所示。

（2）在工具箱中用鼠标选中污点修复画笔工具，或者直接按下快捷键【J】选中该工具。为了在自动取样时更加准确，笔刷大小应比想要去除的污点略微大一点，并且将硬度值调小点，增加柔边效果，使修复后的效果更加自然。

单击其工具选项栏的“画笔”后面的“画笔预设”选取器，在弹出的对话框中将“直径”大小设为“20px”，“硬度”值为“80%”，其他选项值不变（见图 3-77）。

在鼻梁左边瑕疵处单击，如果单击一次效果不满意的话，可以进行多次单击或拖拽，直到满意为止，如图 3-78 所示。

图 3-76　原图

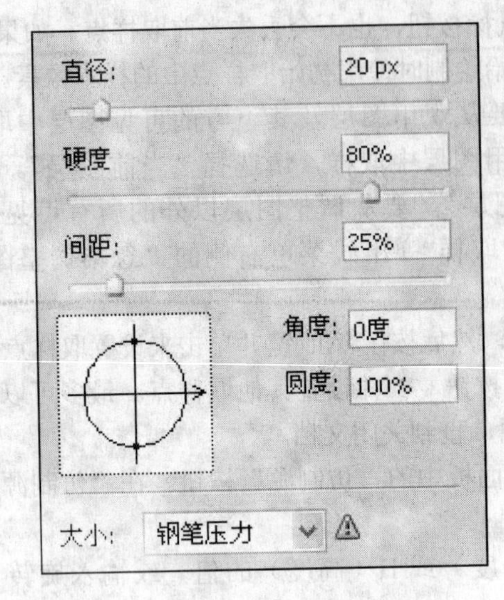

图 3-77 “画笔预设”选取器

图 3-78 效果图

小结：

使用污点修复画笔工具，只需简单地在想要修复的瑕疵污点上单击或拖拽，瑕疵污点即会消除。但是并不是每一步任务都会令人满意，有时候也会遇到麻烦，即与周围环境像素的纹理、光照和颜色等不是很匹配。很明显这样的修复效果是不想看到的，但是为什么会出现这样的情况呢？这时应怎样处理呢？

出现这种情况的主要原因是在修复图像的污点时使用了较大的笔刷，因而它在较大的范围内进行取样来修复污点处。解决的办法就是选择“编辑/还原”命令（按快捷键【Ctrl + Z】）来取消此任务，然后在污点修复画笔工具选项栏中选择一个较小的笔刷或按快捷键【[】键缩小笔刷，重新在污点处单击修复。

总之，在修复过程中，拖拽鼠标时选择区域的大小和笔刷拖拽的方向都会影响到最终的修复效果。一般规律是拖拽鼠标的幅度要小一些，并且最好从已经修复好的地方向还未修复的地方拖拽鼠标，这样修复效果会更好。

3.5.2 污点修复画笔工具知识点

污点修复画笔工具可以快速移去照片中的污点和其他不理想部分，如图 3-79 所示。污点修复画笔的工作方式与修复画笔类似：它使用图像或图案中的样本像素进行绘画，并将样本像素的纹理、光照、透明度和阴影与所修复的像素相匹配。与修复画笔不同，污点修复画笔不要求指定样本点。污点修复画笔将自动从所修饰区域的周围取样。

如果需要修饰大片区域或需要更大程度地控制来源取样，可以使用修复画笔而不是污点修复画笔。污点修复画笔工具使用步骤：

（1）选择工具箱中的污点修复画笔工具。在选项栏中选取一种画笔大小。比要修复的区域稍大一点的画笔最为适合，这样只需单击一次即可覆盖整个区域。

（2）从选项栏的“模式”菜单中选取混合模式。选择“替换”可以在使用柔边画笔时，保留画笔描边的边缘处的杂色、胶片颗粒和纹理。

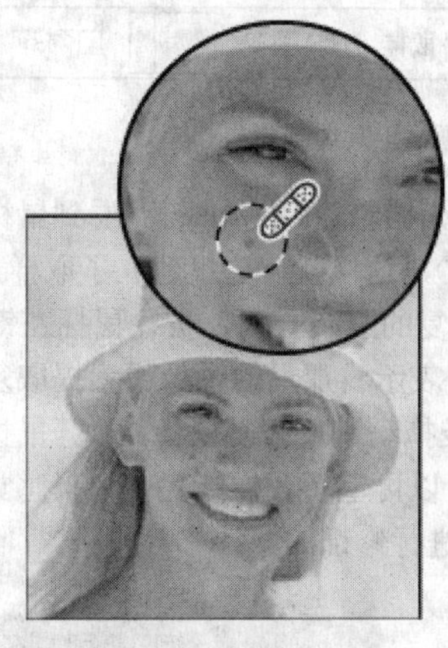

图 3-79　使用污点修复画笔移去污点

（3）在选项栏中选取一种“类型”选项：

- 近似匹配。使用选区边缘周围的像素来查找要用做选定区域修补的图像区域。如果此选项的修复效果不能令人满意，请还原修复并尝试“创建纹理”选项。
- 创建纹理。使用选区中的所有像素创建一个用于修复该区域的纹理。如果纹理不起作用，请尝试再次拖过该区域。

（4）如果在选项栏中选择“对所有图层取样”，可从所有可见图层中对数据进行取样。如果取消选择“对所有图层取样”，则只从现用图层中取样。

（5）单击要修复的区域，或按住鼠标左键并拖动以修复较大区域中的不理想部分。

3.6　修复画笔工具

3.6.1　快速消除眼袋

任务说明：本任务是修复图像局部内容。

任务要点：掌握修复画笔工具使用方法。

任务步骤：

（1）执行“文件/打开”命令，在弹出的“打开”对话框中双击指定的图片，以将其打开，如图 3-80 所示的原图。这张外国孩子的照片中，由于缺乏睡眠会导致眼袋的产生，眼袋确实太突出了，下面通过任务把眼袋去除。

图 3-80　原图

（2）在工具箱中用鼠标选中修复画笔工具，或者直接按下快捷键【J】选中该工具。为了在自动取样时更加准确，笔刷大小应选择合适大小，并且将硬度值调小点，增加柔边效果，使修复后的效果更加自然。单击工具选项栏的“画笔”后面的“画笔预设”选取器，在弹出的对话框中将直径大小设为 10px，硬度值为 80%。其他选项值不变，如图 3-81 所示。

画笔: 10 模式: 正常 源: ⊙取样 ○图案: □对齐 ☑对所有图层取样

图 3-81　修复画笔工具选项栏

（3）在画面中人物的左眼脸部进行取样：按住键盘中的 Alt 键，看到鼠标成为十字圆形标志，在脸部合适位置单击鼠标左键（见图 3-82），这样就在这里建立了取样点。

（4）松开键盘和鼠标，将鼠标移动到要修复的眼袋一端，按住鼠标左键，看到刚才建立的取样点上出现了一个十字图标（见图 3-83），表示将那里的图像像素提取复制到当前鼠标所在的位置。只要按住鼠标，沿着需要修复的眼袋拖动进行修复任务，放开鼠标后便得到左眼袋修复结果，如图 3-84 所示。如果一遍不行，可以再重新取样修复；如果感觉局部太小不利用任务，可以用放大镜工具将图像局部放大，再进行修饰。

图 3-82　建立取样点

图 3-83　修复过程图

（5）使用类似的方法将另一只眼睛处的眼袋进行修复，得到的最终效果如图 3-85 所示。

图 3-84　左眼袋修复结果

图 3-85　最终效果

3.6.2　快速复制草垛

任务说明：本任务是改善图像局部内容。

任务要点：掌握修复画笔工具使用方法。

任务步骤：

（1）执行“文件/打开”命令，在弹出的“打开”对话框中双击指定的图片，以将其打开，如图 3-86 所示。这张照片中上半部分和下半部分的草地不一样，本例是将上半部分草地上的草垛快速复制到下半部分的草地上。

（2）在工具箱中用鼠标选中修复画笔工具，或者直接按下快捷键【 J 】选中该工具。单击工具选项栏的“画笔”后面的“画笔预设”选取器，在弹出的对话框中将“直径”大小设为“19px”，“硬度”值为“80%”，其他选项值不变。

（3）在画面草地中间右侧进行取样：按住键盘中的 Alt 键，看到鼠标成为十字圆形标志，在图像右上方草垛合适位置单击鼠标左键（见图 3-87），这样就在这里建立了取样点。

图 3-86　原图

图 3-87　建立取样点

（4）松开键盘和鼠标，将鼠标移动到要增加草垛的下方草地上，按住鼠标左键，看到刚才建立的取样点上出现了一个十字图标，表示将那里的图象像素提取复制到当前鼠标所在的位置。只要按住鼠标沿着需要增加草垛的地方拖动，直至增加的三个草垛全都复制出来时（如图 3-88 所示，此时可以观察到复制的草垛与周围的环境不匹配，但后面松开鼠标后环境会自动匹配），放开鼠标后便得到修复结果，如图 3-89 所示。如果感觉局部太小不利于完成任务，可以用放大镜工具将图像局部放大。

图 3-88　修复过程

小结：

利用 Photoshop 对图像进行修复时，修复画笔工具是最方便也是最常用的工具之一，它可以轻易地将其他部分的图像信息复制到有像素损伤或像素丢失的区域。而为了创建更自然、更完美的修复效果，在使用修复画笔工具时，应严格设置修复画笔工具的选项。

图 3-89　最终效果

首先，在使用修复画笔工具修复图像时应选择合适的复制源点。当然，复制源点应该没有损伤和蒙尘，但更重要的是复制源点的像素要能够和斑点周围的像素很好地自动匹配，否则修复的痕迹太明显会影响图像的整体效果。

其次，在使用修复画笔工具时选择合适的画笔也相当重要。在一般的蒙尘校正中，选择的画笔半径应稍稍大于大多数斑点的半径，以便在修改过程中能一笔将斑点覆盖掉。而在选择画笔的硬度时，一方面要保证画笔具有良好的一笔覆盖掉损伤的功能，另一方面还要保证复制的内容能和周围的像素很好地融合，因此画笔的硬度一般应设定在 75%～95%之间。如果要覆盖的斑点周围的颜色层次较丰富，画笔的硬度应设定小一些，当斑点周围的颜色层次比较单一时，画笔的硬度应设定大一些。而在设定画笔的间距时，一般应该设定为1%。

再次，在使用修复画笔工具时，一般选用正常的模式。同时，为了更好地覆盖图像中的斑点，不透明度一般要大于 80%；并且为了便于多图层图像的修复，通常都要设定橡皮图章工具选项中的“对齐”和“用于所有图层”，通过这些选项可以很方便地实现图像的多图层修复工作。

最后，还需要强调一点，就是在校正前应先将图像放大，通常要放大到可以明显地看到图像的像素点或图像的锯齿状边缘为止。这样在修复的过程中很容易判断出复制的部分能否与周边的部分很好地融合。

3.6.3　修复画笔工具知识点

修复画笔工具可用于校正瑕疵，使它们消失在周围的图像中，如图 3-90 所示。与仿制工具一样，使用修复画笔工具可以利用图像或图案中的样本像素来绘画。但是，修复画笔工具还可将样本像素的纹理、光照、透明度和阴影与所修复的像素进行匹配。从而使修复后的像素不留痕迹地融入图像的其余部分。

修复画笔工具使用步骤：

（1）选择修复画笔工具。单击选项栏中的画笔样本，并在弹出面板中设置“画笔”选项：

- 模式。指定混合模式。选择“替换”可以在使用柔边画笔时，保留画笔描边的边缘处的杂色、胶片颗粒和纹理。

图 3-90　样本像素和修复后的图像

- 源。指定用于修复像素的源。“取样”可以使用当前图像的像素，而“图案”可以使用某个图案的像素。如果选择了“图案”，从“图案”弹出面板中选择一个图案。
- 对齐。连续对像素进行取样，即使释放鼠标按钮，也不会丢失当前取样点。如果取消选择“对齐”，则会在每次停止并重新开始绘制时使用初始取样点中的样本像素。
- 样本。从指定的图层中进行数据取样。要从现用图层及其下方的可见图层中取样，请选择“当前和下方图层”。要仅从现用图层中取样，请选择“当前图层”。要从所有可见图层中取样，选择“所有图层”。要从调整图层以外的所有可见图层中取样，选择“所有图层”，然后单击“取样”弹出式菜单右侧的“忽略调整图层”图标。

（2）可通过将指针定位在图像区域的上方，然后按住 Alt 键并单击来设置取样点。如果要从一幅图像中取样并应用到另一图像，则这两个图像的颜色模式必须相同，除非其中一幅图像处于灰度模式。

（3）在“仿制源”面板中，单击“仿制源”按钮并设置其他取样点。最多可以设置 5 个不同的取样源。“仿制源”面板将记住样本源，直到关闭所编辑的文档。

（4）在“仿制源”面板中，单击“仿制源”按钮以选择所需的样本源。在“仿制源”面板中执行下列任一操作：

- 要缩放或旋转所仿制的源，输入 W（宽度）或 H（高度）的值，或输入旋转角度。
- 要显示仿制的源的叠加，选择“显示重叠”并指定叠加选项。

（5）在图像中拖移。每次释放鼠标按钮时，取样的像素都会与现有像素混合。

如果要修复的区域边缘有强烈的对比度，则在使用修复画笔工具之前，先建立一个选区。选区应该比要修复的区域大，但是要精确地遵从对比像素的边界。当用修复画笔工具绘画时，该选区将防止颜色从外部渗入。

3.7　修补画笔工具

3.7.1　清除杂物

任务说明：本任务是快速修复图像局部内容。

任务要点：掌握修补画笔工具使用方法。

任务步骤：

（1）执行“文件/打开”命令，在弹出的“打开”对话框中双击指定的图片，以将其打开，如图 3-91 所示。这张照片中草地上有丢弃的垃圾影响整体效果，利用修补工具进行修复从而去掉垃圾。

（2）在工具箱中选中修补工具，保持其工具选项栏默认设置。按住鼠标左键不放，沿着垃圾边缘拖动，直到大致将垃圾（包括垃圾阴影草地部分被框选）用选区框住，松开鼠标，如图 3-92 所示。

图 3-91　原图

图 3-92　确定选区

（3）将鼠标放在垃圾选区内，按住鼠标左键不放拖动选区到旁边无垃圾的草坪（见图 3-93），以便于找到用于修复的采样区域。此时观察到原来的垃圾位置中有采样草坪的效果了，松开鼠标即可。

（4）执行“选择/取消选择”命令，以取消选择状态。这时可以看到，原来草坪中的垃圾被修补好了，最终效果如图 3-94 所示。

图 3-93　移动选区

图 3-94　最终效果

3.7.2　修补景色

任务说明：本任务是快速修复图像局部内容。

任务要点：掌握修补画笔工具使用方法。

任务步骤：

（1）执行“文件/打开”命令，在弹出的“打开”对话框中双击指定的图片，以将其打开，如图 3-95 所示。图片草地上有个树坑影响效果，利用修补工具进行修复。

（2）在工具箱中选中修补工具，保持其工具选项栏默认设置。按住鼠标左键不放，沿着树坑边缘拖动，直到大致将树坑用选区框住，松开鼠标，如图 3-96 所示。

图 3-95　原图

图 3-96　确定选区

（3）将鼠标放在树坑选区内，按住鼠标左键不放拖动选区到旁边（见图 3-97），以便于找一块比较好的草坪，观察到原来的树坑位置中有修补图像的效果了，松开鼠标。

（4）执行“选择/取消选择”命令，以取消选择状态。这时可以看到，原来树坑中缺损的草坪被修补好了，最终效果如图 3-98 所示。

图 3-97　移动选区

图 3-98　最终效果

3.7.3　修补工具知识点

通过使用修补工具，可以用其他区域或图案中的像素来修复选中的区域，如图 3-99 所示。像修复画笔工具一样，修补工具会将样本像素的纹理、光照和阴影与源像素进行匹配。还可以使用修补工具来仿制图像的隔离区域。修补工具可处理 8 位/通道或 16 位/通道的图像。

1. 使用样本像素修复区域

选择修补工具，执行下列操作之一：

➢ 在图像中拖动以选择想要修复的区域，并在选项栏中选择“源”。
➢ 在图像中拖动，选择要从中取样的区域，并在选项栏中选择“目标”。

图 3-99　效果图（左图为修补过程，右图为修补效果）

➢ 也可以在选择修补工具之前建立选区。

要调整选区，请执行下列操作之一：

➢ 按住 Shift 键并在图像中拖动，可添加到现有选区。

➢ 按住 Alt 键并在图像中拖动，可从现有选区中减去一部分。

➢ 按住“Alt+Shift”组合键并在图像中拖动，可选择与现有选区交迭的区域。

将指针定位在选区内，并执行下列操作之一：

➢ 如果在选项栏中选中了“源”，请将选区边框拖动到想要从中进行取样的区域。松开鼠标按钮时，原来选中的区域被使用样本像素进行修补。

➢ 如果在选项栏中选定了“目标”，请将选区边界拖动到要修补的区域。释放鼠标按钮时，将使用样本像素修补新选定的区域。

2. 使用图案修复区域

选择修补工具。在图像中拖动，选择要修复的区域。从选项栏的“图案”面板中选择一个图案，并单击“使用图案”。

3.8　“消失点”命令

3.8.1　选区修补

任务说明：本任务是快速修复透视图像局部内容。

任务要点：掌握“消失点”命令中选区复制的使用。

任务步骤：

（1）执行“文件/打开”命令，在弹出的“打开”对话框中选择指定的图像文件双击打开，如图 3-100 所示。该图中的人物想去掉，如果直接用仿制图章工具不方便，因为这是一个透视的画面，因此采用消失点滤镜处理。

图 3-100　原图

（2）执行“滤镜/消失点”命令，在弹出的“消失点”对话框中用“创建平面工具”画出如图 3-101 所示的蓝色平面，使蓝色平面的上边、下边与栏杆平行。

图 3-101　创建蓝色平面

（3）选择选框工具，在人物右侧画出如图 3-102 所示的选区范围，以确定取样图像。按住 Alt 键，用鼠标拖移选区到左侧一段距离（注意移动时保持选区内的栏杆与选区外的栏杆衔接吻合），以将选区中栏杆图像以透视效果复制到人物所在处，从而将原人物图像覆盖掉。

图 3-102　创建选区

（4）此时只能覆盖掉一大半人物图像（见图 3-103），因为选框工具所画的选区太小不足以全部覆盖掉全部人物图像。因此接着按住 Alt 键，用鼠标拖移选区再向左侧一点距离，以将剩下的部分人物图像覆盖掉，如图 3-104 所示。

（5）单击“确定”按钮，即可看到最终效果，如图 3-105 所示。

图 3-103　初次移动选区

图 3-104　第二次移动选区

图 3-105　最终效果

3.8.2　涂抹修补

任务说明：本任务介绍是快速修复透视图像局部内容。

任务要点：掌握“消失点”命令中图章工具的使用方法。

任务步骤：

（1）执行“文件/打开”命令，在弹出的“打开”对话框中选择指定的图像文件双击打开，如图 3-106 所示。该图中地板上的绳索和刷子想去掉，如果直接用仿制图章工具不方便，因为这是一个透视的画面，因此采用消失点滤镜处理。

图 3-106　原图

（2）选择 “滤镜/消失点”命令，打开“消失点”对话框。可以观察到图像中已经创建如图 3-107 所示的透视面，如果想重新创建透视面，则选择左上角的“创建平面工具” ，这个工具用来在图像中创建透视面。这个透视面可以随意调整大小和位置，所以需要调整到透视面能够包括这两个物体为止。

图 3-107　创建透视面

（3）接下来要将地板上的绳索和刷子“消灭”掉。选择左上角的“图章工具”，按 Alt 键在如图 3-108 所示的绿色“十字”位置单击以定义图片复制取样点。

图 3-108　创建取样点

（4）然后松开 Alt 键和鼠标，将鼠标移到如图 3-109 所示出现黑色“十字”刷子位置处，可看到取样点地板图像已出现，确定该复制图像与地板线完全吻合，按下鼠标左键慢慢拖移（见图 3-110），直至将刷子和绳索去除。当移动鼠标时发生变化，要复制的图案会随着绘制的透视网格发生相应的变化。

图 3-109　初始拖移点

图 3-110　消失过程

（4）单击“确定”按钮，最终效果如图 3-111 所示。

图 3-111　最终效果

3.8.3　消失点知识点

消失点可以简化在包含透视平面（如建筑物的侧面、墙壁、地面或任何矩形对象）的图像中进行的透视校正编辑的过程。在消失点中，可以在图像中指定平面，然后应用绘画、仿制、复制或粘贴以及变换等编辑操作。所有编辑操作都将采用所处理平面的透视。当修饰、添加或移去图像中的内容时，结果将更加逼真，因为可正确确定这些编辑操作的方向，并且将它们缩放到透视平面。完成在消失点中的工作后，可以继续在 Photoshop 中编辑图像。要在图像中保留透视平面信息，以 PSD、TIFF 或 JPEG 格式存储文档。

1. 消失点对话框概述

“消失点”对话框（“滤镜/消失点”）中包含用于定义透视平面的工具、用于编辑图像的工具、测量工具（仅限 Photoshop Extended）和图像预览。消失点工具（选框、图章、画笔及其他工具）的工作方式与 Photoshop 主工具箱中的对应工具十分类似。可以使用相同的键盘快捷键来设置工具选项。打开“消失点”菜单可显示其他工具设置和命令。

图 3-112 中各字母表示的含义为：A. “消失点”菜单；B. 选项；C. 工具箱；D. 消失点会话的预览；E. 缩放选项。

2. 消失点工具

消失点工具的工作方式类似于主 Photoshop 工具框中的对应工具。可以使用相同的键盘快捷键来设置工具选项。选择一个工具将会更改“消失点”对话框中的可用选项。

- 编辑平面工具 。选择、编辑、移动平面并调整平面大小。
- 创建平面工具 。定义平面的四个角节点，调整平面的大小和形状并拉出新的平面。
- 选框工具。建立方形或矩形选区，同时移动或仿制选区。在平面中双击选框工具可选择整个平面。
- 图章工具 。使用图像的一个样本绘画。与仿制图章工具不同，消失点中的图章工具不能仿制其他图像中的元素。
- 画笔工具 。用平面中选定的颜色绘画。

图 3-112 “消失点”对话框

- 变换工具。通过移动外框手柄来缩放、旋转和移动浮动选区。它的行为类似于在矩形选区上使用“自由变换”命令。
- 吸管工具。在预览图像中单击时，选择一种用于绘画的颜色。
- 测量工具。在平面中测量项目的距离和角度。
- 缩放工具。在预览窗口中放大或缩小图像的视图。
- 抓手工具。在预览窗口中移动图像。

放大或缩小预览图像，执行下列任一操作：

- 在“消失点”对话框中，选择缩放工具，然后在预览图像中单击或拖动以进行放大；按住 Alt 键并单击或拖动，可以进行缩小。
- 在对话框底部的“缩放”文本框中指定放大级别。
- 单击加号 (+) 或减号 (-) 按钮分别进行放大或缩小。
- 要临时在预览图像中缩放，请按住 x 键。这一点对于在定义平面时放置角节点和处理细节特别有用。

在预览窗口中移动图像，执行下列任一操作：

- 在“消失点”对话框中选择抓手工具，并在预览图像中拖动。
- 在选择了任何工具时按住空格键，然后在预览图像中拖动。

3. 使用消失点

（1）准备要在消失点中使用的图像，选取“消失点”命令之前，执行下列任一操作：

- 为了将“消失点”处理的结果放在独立的图层中，在选取“消失点”命令之前创建一个新图层。将消失点结果放在独立的图层中可以保留原始图像，并且可以使用图层不透明度控制、样式和混合模式。

➢ 如果打算仿制图像中超出当前图像大小边界以外的内容，请增加画布大小以容纳额外的内容。另请参阅更改画布大小。

➢ 如果打算将某个项目从 Photoshop 剪贴板粘贴到“消失点”中，请在选取“消失点”命令之前复制该项目。复制的项目可以来自于另一个 Photoshop 文档。如果要复制文字，请选择整个文本图层，然后复制到剪贴板。

➢ 要将“消失点”结果限制在图像的特定区域内，在选取“消失点”命令之前建立一个选区或向图像中添加蒙版。另请参阅使用选框工具选择和关于蒙版和 Alpha 通道。

➢ 要将透视中的某些内容从一个 Photoshop 文档复制到另一个 Photoshop 文档，请首先在一个正使用消失点的文档中复制项目。当正在使用消失点的另一个文档中粘贴该项目时，将保留该项目的透视。

（2）选择“滤镜/消失点”命令。

（3）定义平面表面的 4 个角节点。

默认情况下，将选中创建平面工具。在预览图像中单击以定义角节点，如图 3-113 所示。在创建平面时，尝试使用图像中的矩形对象作为参考线。

要拉出其他平面，使用创建平面工具并在按住 Ctrl 键的同时拖动边缘节点，如图 3-114 所示。

图 3-113　使用创建平面工具定义四个角节点

图 3-114　按住 Ctrl 键并拖动边缘节点以拉出平面

（4）编辑图像，执行下列任一操作：

➢ 建立选区。在绘制一个选区之后，可以对其进行仿制、移动、旋转、缩放、填充或变换操作。

➢ 从剪贴板粘贴项目。粘贴的项目将变成一个浮动选区，并与它将要移动到的任何平面的透视保持一致。

➢ 使用颜色或样本像素绘画。

➢ 缩放、旋转、翻转、垂直翻转或移动浮动选区。

➢ 在平面中测量项目。通过从“消失点”菜单中选取“渲染测量至 Photoshop”可以在 Photoshop 中对测量进行渲染。

（5）单击“确定”按钮。

3.9　红 眼 工 具

3.9.1　修复红眼

任务说明：本任务是修改人物红眼。

任务要点：掌握红眼工具使用方法。

任务步骤：

（1）执行“文件/打开”命令，在弹出的“打开”对话框中选择指定的图像文件双击打开，如图 3-115 所示。观察到该图中的人物是红眼，利用红眼工具修改非常方便。

（2）选择工具箱中红眼工具，保持其工具选项栏中默认参数不变。在图像中“左眼”部位正中鼠标左键单击一下，松开鼠标即可将红色去除（见图 3-116）。

（3）接着在图像中“右眼”部位正中鼠标左键单击一下，松开鼠标即可将红色去除，最终效果如图 3-117 所示。

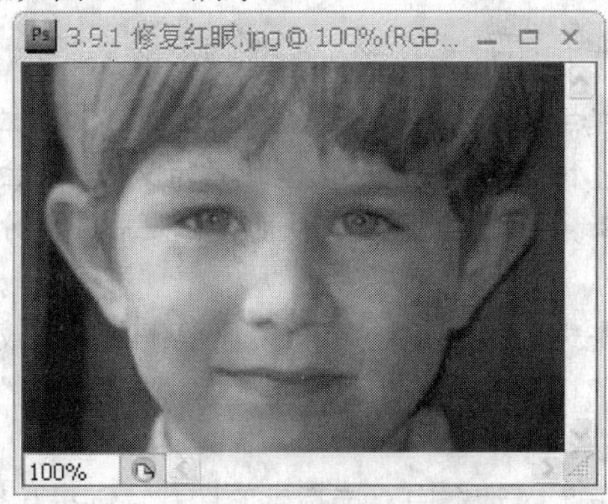

图 3-115　原图

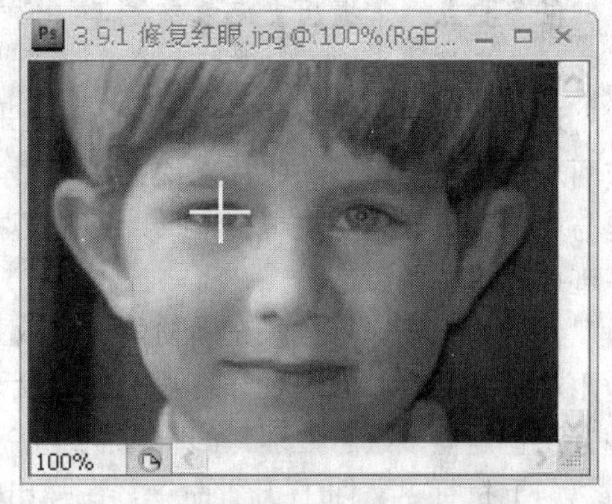

（a）取样点

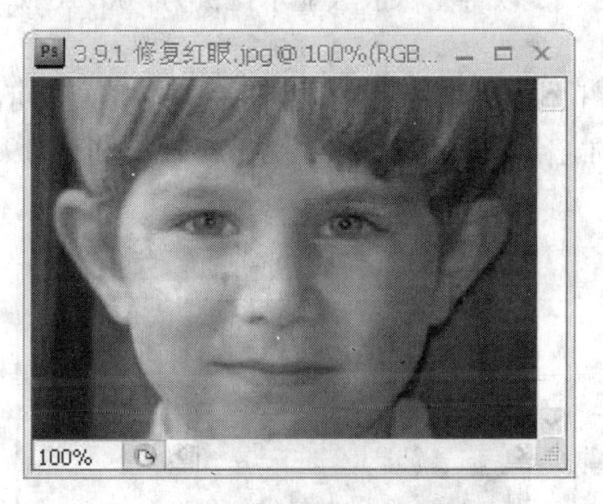

图 3-117　最终效果

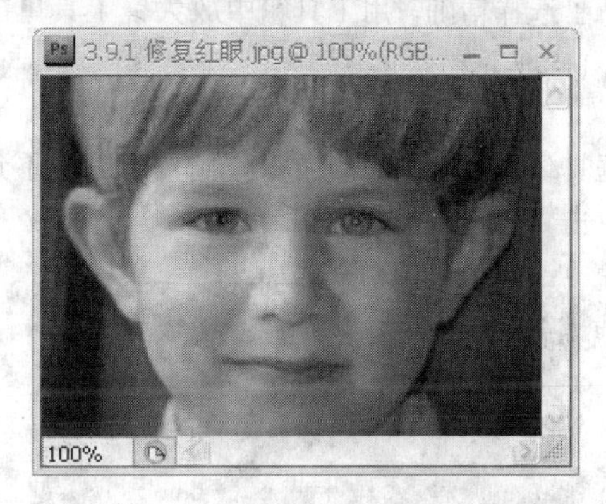

（b）修复效果

图 3-116　修复过程

3.9.2　红眼工具知识点

红眼工具可移去用闪光灯拍摄的人像或动物照片中的红眼，也可以移去用闪光灯拍摄的动物照片中的白色或绿色反光。

选择红眼工具。（红眼工具和污点修复画笔工具在同一个组。单击工具右下方的三角形以显示其他工具。）

在红眼中单击。如果对结果不满意，请还原修正，在选项栏中设置一个或多个以下选项，然后再次单击红眼：

- 瞳孔大小。增大或减小受红眼工具影响的区域。
- 变暗量。设置校正的暗度。

红眼是由于相机闪光灯在主体视网膜上反光引起的。在光线暗淡的房间里照相时，由于主体的虹膜张开得很宽，将会更加频繁地看到红眼。为了避免红眼，使用相机的红眼消除功能。或者最好使用可安装在相机上远离相机镜头位置的独立闪光装置。

3.10 历史记录画笔工具

3.10.1 修饰较大面积的雀斑

任务说明：本任务是修复脸部图像内容。

任务要点：掌握历史记录画笔工具使用。

任务步骤：

通常去除数码照片的脸部斑点，多是采用的污点修复画笔工具。这样的任务对于脸上只有一两颗小痘痘等污点的照片来说比较实用。因为它不需要事先选取选区或者定义源点，会自动地与周围环境像素的纹理、光照、透明度、阴影和颜色等进行匹配，从而使修复后的部分不留痕迹地融入图像。

但是如果要修复一张充满粉刺雀斑或大面积雀斑的脸时，用污点修复画笔工具就比较麻烦和困难了。那将如何进行修复呢？通常会采用局部模糊的方法，也就是通常说的“磨皮”。这种方法也是很多杂志处理封面人像照片常用的方法。

（1）执行“文件/打开”命令，在弹出的“打开”对话框中双击指定的图片，以将其打开。为了选择精确，用工具箱中放大镜工具单击图像窗口，以将图像放大显示比例为 100%，如图 3-118 所示。

（2）选择“滤镜/模糊/高斯模糊”命令，在弹出的“高斯模糊”对话框种，半径参数可根据具体的照片需要设置，模糊程度以看不到脸上的斑点即可，这里设置为 8 像素（图 3-119），单击“确定”按钮即可。

图 3-118 原图

图 3-119 高斯模糊对话框

（3）在“历史记录”调板中单击下方“创建新快照”按钮，以建立一个“快照 1”。接着单击“快照 1”前面的选框，单击后在“快照 1”缩略图前面会出现笔刷的图标（见图 3-120），目的是将“快照 1”作为历史画笔的来源，从而便于以后对照片的原文件进行修改。

（4）在“历史记录”调板中点击第一行“3.10.1 修饰较大面积的雀斑”缩略图照片作为当前状态（见图 3-121）。

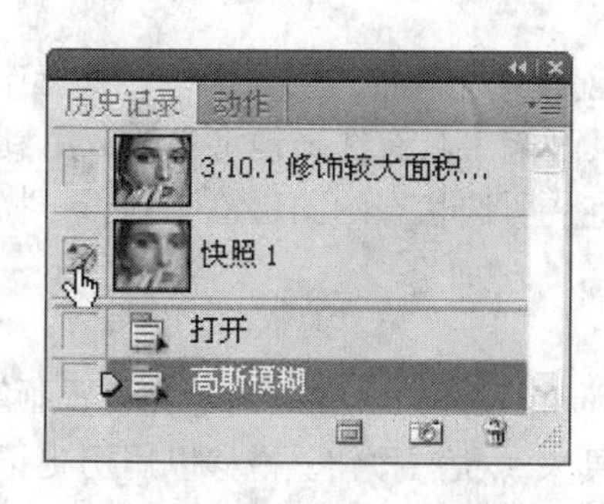

图 3-120　建立历史画笔的来源

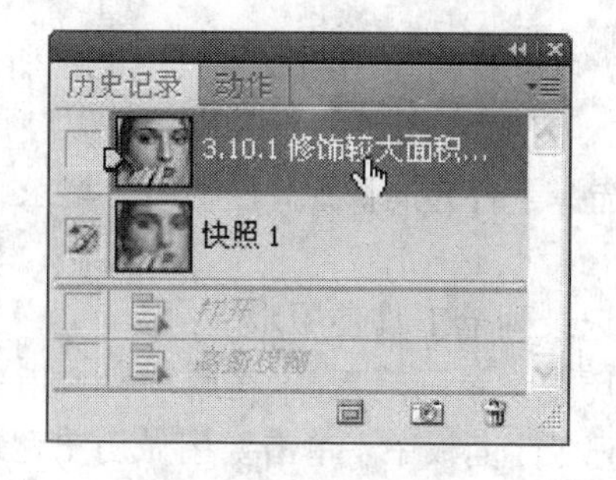

图 3-121　选择当前状态

（5）在历史记录画笔工具选项栏中单击“画笔预设”选取器，在弹出的对话框中选择合适的画笔尺寸（此处设置笔刷大小为“21px”，硬度为“0%”），然后调整画笔的不透明度，此处设置为 75%（画笔的透明度越高，修改后照片中的皮肤越接近高斯模糊后的效果；反之则越接近真实的皮肤。所以透明度由个人根据需要进行设置），如图 3-122 所示。

图 3-122　历史记录画笔工具选项栏

（6）现在可以开始对照片进行单击或拖拽修改了。在修改的时候要注意，不要对眼睛、嘴唇、眉毛等轮廓清晰的地方进行修改（见图 3-123），刷到关键部位最好用鼠标单击，不要拖曳。还可以重新设置画笔尺寸对眼睛、嘴唇、眉毛等轮廓边缘涂抹等。

完成修改后，还可以再适当调整一下图片的亮度和色相等，让照片看起来更赏心悦目。至此就完成了“磨皮”（见图 3-124）。

图 3-123　修改过程

图 3-124　最终效果

这种方法适合处理皮肤光滑一点的相片，要保留纹路的需要另外的方法和技巧，另做处理。

3.10.2　历史记录画笔工具知识点

1. 用图像的状态或快照绘画

历史记录画笔工具可以将一个图像状态或图像快照的副本绘制到当前图像窗口中。该工具会创建图像的复制或样本，然后用它来绘画。

例如，可以针对使用绘画工具或滤镜所做的更改创建一个快照（创建快照时要选中“全文档”选项）。还原对图像的更改后，可以使用历史记录画笔工具有选择地将更改应用到图像区域。除非选择了合并的快照，否则历史记录画笔工具将从所选状态的图层绘制到另一状态的同一图层。

历史记录画笔工具使用步骤：

选择历史记录画笔工具。在选项栏中指定不透明度和混合模式，选取画笔并设置画笔选项。在“历史记录”面板中，单击要用做历史记录画笔工具来源状态按钮。拖移以用历史记录画笔工具绘画。

2. *使用历史记录面板*

可以使用“历史记录”面板在当前工作会话期间跳转到所创建图像的任一最近状态。每次对图像应用更改时，图像的新状态都会添加到该面板中。例如，如果对图像局部执行选择、绘画和旋转等操作，则每一种状态都会单独在面板中列出。当选择其中某个状态时，图像将恢复为第一次应用该更改时的外观。然后可以从该状态开始工作。

也可以使用“历史记录”面板来删除图像状态，并且在 Photoshop 中可以使用该面板依据某个状态或快照创建文档。

要显示“历史记录”面板，选择“窗口/历史记录”命令，或单击“历史记录”面板选项卡，如图 3-125 所示。

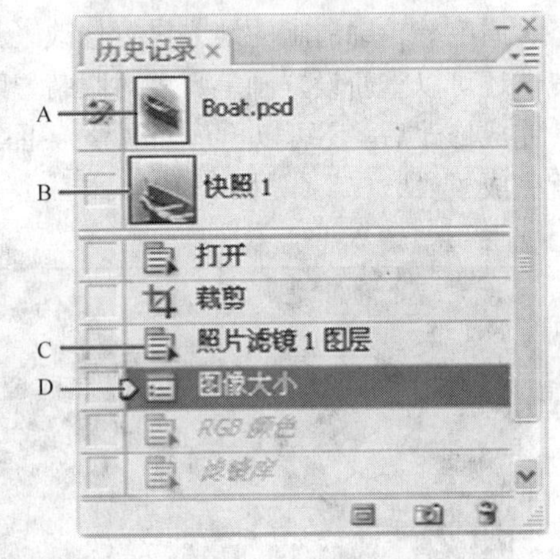

图 3-125　Photoshop 历史记录面板

图 3-125 中各字母所表示含义为：A. 设置历史记录画笔的源；B. 快照缩览图；C. 历史记录状态；D. 历史记录状态滑块。

在使用“历史记录”面板时，记住以下几点：

- 程序范围内的更改（如对面板、颜色设置、动作和首选项的更改）不是对某个特定图像的更改，因此不会反映在“历史记录”面板中。
- 默认情况下，“历史记录”面板将列出以前的 20 个状态。可以通过设置首选项来更改记录的状态数。较早的状态会被自动删除，以便为 Photoshop 释放出更多的内存。如果要在整个工作会话过程中保留某个特定的状态，可为该状态创建快照。
- 关闭并重新打开文档后，将从面板中清除上一个工作会话中的所有状态和快照。
- 默认情况下，面板顶部会显示文档初始状态的快照。
- 状态将被添加到列表的底部。也就是说，最早的状态在列表的顶部，最新的状态在列表的底部。
- 每个状态都会与更改图像所使用的工具或命令的名称一起列出。
- 默认情况下，当选择某个状态时，它下面的各个状态将呈灰色。这样，很容易就能看出从选定的状态继续工作，将放弃哪些更改。
- 默认情况下，选择一个状态然后更改图像将会消除后面的所有状态。
- 如果选择一个状态，然后更改图像，致使以后的状态被消除，可使用“还原”命令来还原上一步更改并恢复消除的状态。

➢ 默认情况下，删除一个状态将删除该状态及其后面的状态。如果选取了“允许非线性历史记录”选项，那么，删除一个状态的操作将只会删除该状态。

（1）恢复到前一个图像状态，执行下列任一操作：

➢ 单击状态的名称。

➢ 从“历史记录”面板菜单或“编辑”菜单中选择“前进一步”或者“后退一步”，以便移动到下一个或前一个状态。

（2）删除一个或多个图像状态，执行下列操作之一：

➢ 单击状态的名称，然后从“历史记录”面板菜单中选取“删除”，以删除此更改及随后的更改。

➢ 将状态拖动到“删除”图标以删除该更改及随后的更改。

➢ 从面板菜单中选取“清除历史记录”，从历史记录面板中删除状态列表但不更改图像。此选项不会减少 Photoshop 使用的内存量。

➢ 按住 Alt 键，并从面板菜单中选择“清除历史记录”，以清除状态列表但不更改图像。清除状态在出现 Photoshop 内存不足的信息时非常有用，因为该命令将从“还原”缓冲区中删除状态并释放内存，无法还原“清除历史记录”命令。

➢ 选择“编辑/清理/历史记录”命令，以清理所有打开的文档的状态列表。无法还原此操作。

（3）使用图像状态创建或替换文档，执行下列操作之一：

➢ 将状态或快照拖动到“历史记录”面板中的“从当前状态创建新文档”按钮上。最新创建的文档的历史列表只包含“复制状态”条目。

➢ 选择状态或快照，然后单击“从当前状态创建新文档”按钮。最新创建的文档的历史列表只包含“复制状态”条目。

➢ 选择状态或快照，然后从历史记录面板菜单中选取“新建文档”。最新创建的文档的历史列表只包含“复制状态”条目。

➢ 将某个状态拖移到现有文档上。

要存储一个或多个快照或图像状态以便用于以后的编辑会话，为存储的每个状态创建一个新文件，并将新文件作为单独的文件存储。在重新打开原始文件时，试着打开其他存储的文件。可以将每个文件的初始快照拖移到原图像，以便通过原图像的“历史记录”面板再次访问该快照。

3.11 矩形工具组

3.11.1 绘制简单漫画

任务说明：本任务是制作简单漫画效果。

任务要点：掌握矩形工具组使用方法。

任务步骤：

（1）将工具箱中将“前景色”设置为“黑色”，将“背景色”设置为“白色”。

（2）选择“文件/新建”命令（快捷键【Ctrl＋N】），在弹出的“新建”对话框设置参数如图 3-126 所示，以得到一个图像文件。

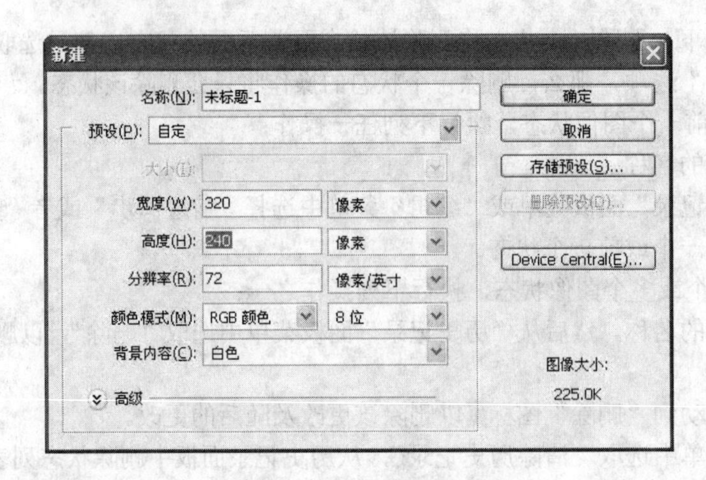

图 3-126 “新建”对话框

（3）在工具箱中选择“自定形状工具”，在工具选项栏中单击“填充像素”按钮，然后单击“形状”右侧的小三角按钮，打开“形状面板”，这里储存了很多可供选择的矢量图案。

（4）单击该形状面板右上角的小三角按钮选择“自然”命令，在弹出的询问对话框中选择“好”按钮，然后在“形状面板”中选择“树”图案（见图 3-127）。最后在图像中的合适位置，按住 Shift 键，同时按住鼠标左键拖动得到一棵树的图案，如图 3-128 所示。

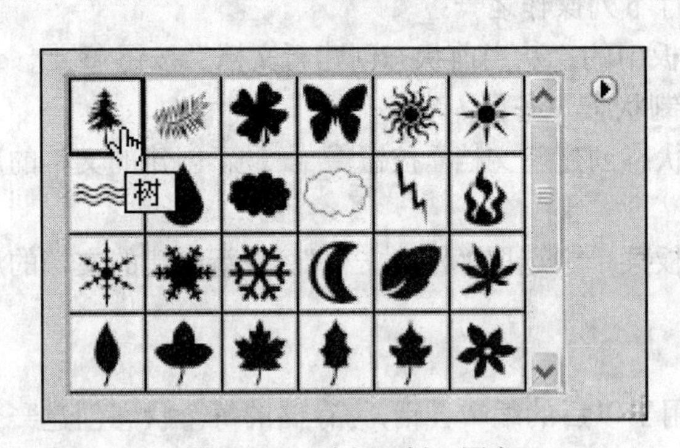

图 3-127 选择“树”图案

图 3-128 画树效果

（5）在“形状面板”中矢量图案库右侧拖动滑块向下选择“草 2”图案（见图 3-129），然后在图像窗口中的适当位置拖动鼠标，以绘制出若干个小草的图案，如图 3-130 所示。

图 3-129 选择“草 2”图案

图 3-130 画草效果

（6）单击该形状面板右上角的小三角按钮选择“动物”命令，在弹出的询问对话框中选择“好”按钮，然后在“形状面板”中选择“蜗牛”图案（见图 3-131）。最后在图像中的合适位置，按住 Shift 键，同时按住鼠标左键拖动得到蜗牛的图案，如图 3-132 所示。

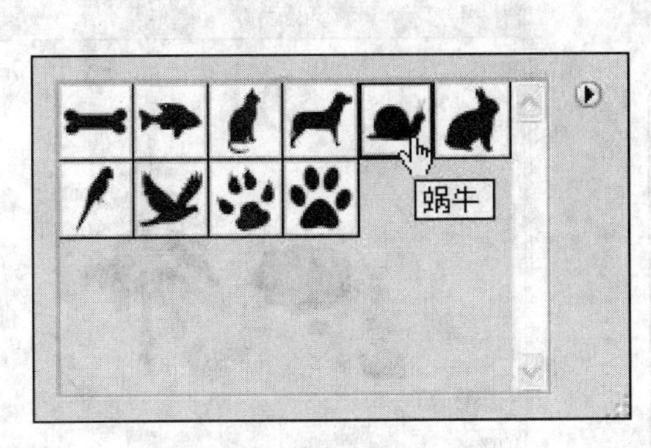

图 3-131 选择“蜗牛”图案

图 3-132 画蜗牛效果

（7）单击该形状面板右上角的小三角按钮选择“形状”命令，在弹出的询问对话框中选择“好”按钮，然后在“形状面板”中选择“新月框”图案（见图 3-133）。最后在图像中的合适位置按住鼠标左键并拖动得到月亮的图案，如图 3-134 所示。

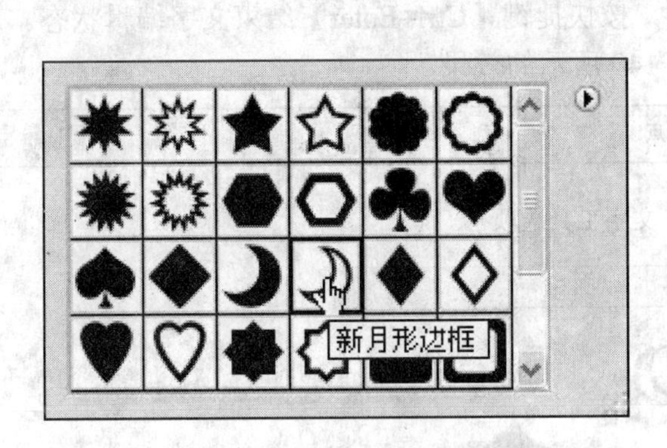

图 3-133 选择“新月框”图案

图 3-134 画月亮效果

（8）在“形状面板”中矢量图案库选择“5 角形框”图案（见图 3-135），然后在图像窗口中的适当位置拖动鼠标，绘制出若干个星星的图案，如图 3-137 所示。

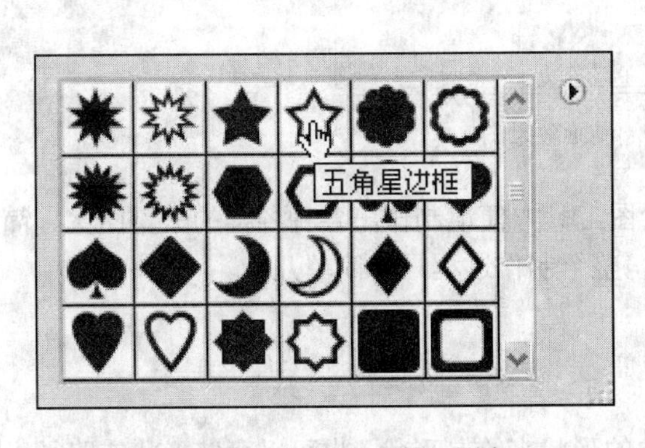

图 3-135 选择“5 角形框”图案

图 3-136 画星星效果

（9）单击该形状面板右上角的小三角按钮选择“台词框”命令，在弹出的询问对话框中选择“好”按钮，然后在“形状面板”中选择“思考 2”图案（见图 3-137）。最后在图像中的合适位置按住鼠标左键并拖动得到气泡图案，如图 3-138 所示。

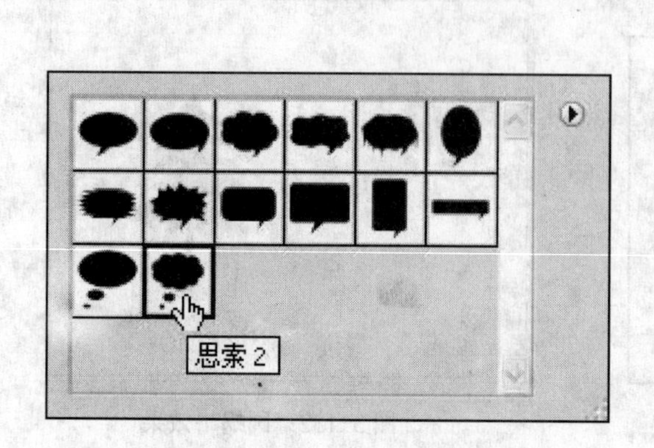

图 3-137　选择“思考 2”图案

图 3-138　画对话气泡效果

（10）最后再给漫画添加上文字。单击工具箱中的“文字工具”按钮，在文字工具选项栏中设置好文字的字体和大小等各种属性（见图 3-139），随后在图像上欲输入文字的地方单击鼠标左键，开始输入所需的文字，输入完毕，按快捷键【Ctrl+Enter】结束文字编辑状态。这样漫画的制作就完成了，最终会看到如图 3-140 所示的效果。

图 3-139　文字工具选项栏

图 3-140　漫画效果图

总之，在 Photshop 中，可以通过几何绘图工具方便地制作出各种各样的矢量图案。简单的漫画就是由这些几何绘图工具制作出来的，整个制作过程只需简单几步。

3.11.2　自定形状知识点

1. 绘制自定形状

可以通过使用“自定形状”弹出式面板中的形状来绘制形状，也可以存储形状或路径以便用做自定形状。

选择自定形状工具。从选项栏中的“自定形状”弹出式面板中选择一个形状。如果在面板中找不到所需的形状，单击面板右上角的箭头，然后选取其他类别的形状。当询问是否替换当前形状时，单击“替换”以仅显示新类别中的形状，或单击“追加”以添加到已显示的形状中。在图像中拖动可绘制形状。

2. 形状工具选项

选择形状工具将会更改选项栏中的可用选项。要访问这些形状工具选项，单击选项栏中的形状按钮旁边的反向箭头。

- 箭头的起点和终点。向直线中添加箭头。选择直线工具，然后选择“起点”，即可在直线的起点添加一个箭头；选择“终点”即可在直线的末尾添加一个箭头。选择这两个选项可在两端添加箭头。形状选项将出现在弹出式对话框中。输入箭头的“宽度”值和“长度”值，以直线宽度的百分比指定箭头的比例（“宽度”值 10%～1000%，“长度”值 10%～5000%）。输入箭头的凹度值（从-50%～+50%）。凹度值定义箭头最宽处（箭头和直线在此相接）的曲率。
- 圆。将椭圆约束为圆。
- 定义的比例。基于创建自定形状时所使用的比例对自定形状进行渲染。
- 定义的大小。基于创建自定形状时的大小对自定形状进行渲染。
- 固定大小。根据在“宽度”和“高度”文本框中输入的值，将矩形、圆角矩形、椭圆或自定形状渲染为固定形状。
- 从中心。从中心开始渲染矩形、圆角矩形、椭圆或自定形状。
- 缩进边依据。将多边形渲染为星形。在文本框中输入百分比，指定星形半径中被点占据的部分。如果设置为 50%，则所创建的点占据星形半径总长度的 1/2；如果设置大于 50%，则创建的点更尖、更稀疏；如果小于 50%，则创建更圆的点。
- 比例。根据在“宽度”和“高度”文本框中输入的值，将矩形、圆角矩形或椭圆渲染为成比例的形状。
- 半径。对于圆角矩形，指定圆角半径。对于多边形，指定多边形中心与外部点之间的距离。
- 边。指定多边形的边数。
- 平滑拐角或平滑缩进。用平滑拐角或缩进渲染多边形。
- 对齐像素。将矩形或圆角矩形的边缘对齐像素边界。
- 正方形。将矩形或圆角矩形约束为方形。
- 不受约束。允许通过拖动设置矩形、圆角矩形、椭圆或自定形状的宽度和高度。
- 粗细。以像素为单位确定直线的宽度。

第4章　图　　层

任何一个复杂的图形，都是由很多简单的对象组合在一起的，这些对象可能分布在同一图层上，还可能在不同的图层上。通过图层可以将图像中各个元素分层处理与保存，以便使图像的编辑处理具有更大的弹性和任务空间，利用图层功能不仅能方便地修改图像、简化图像编样任务，还可以创建各种图层特效，使作品更加生动。

图层被喻为是Photoshop的灵魂，几乎所有的命令都能对某个图层进行独立的编辑，因此，可以说图层是Photoshop进行图像处理的基础，只有熟练地掌握这些功能，才能掌握Photoshop其他更深入的功能，从而使制作出来的作品更具特色。

本章是了解图层的基本元素，掌握图层的基本任务，包括创建新的图层、图层的移动、图层的删除、调整图层顺序、锁定图层以及图层的链接与合并等。学会设置图层样式的方法以及编辑图层样式。

4.1　图 层 属 性

4.1.1　风景画

任务说明：本任务是修饰图像边缘。

任务要点：图层透明度使用。

任务步骤：

（1）执行“文件/打开”命令，在弹出的打开对话框中双击指定的图像，如图4-1所示。

（2）选择工具箱中矩形选框工具，在图像窗口中画一个比图像略微小些的矩形方框，如图4-2所示。

图4-1　原图

图4-2　创建选区

（3）选择菜单“编辑/描边”命令，在弹出的“描边”对话框中设置“宽度”为“8px”，单击“颜色”后方框，在弹出的“拾色器”对话框中设置RGB值均为255，单击“确定”按钮以确定描边颜色为白色，“位置”为“内部”，其他参数保持默认不变（见图 4-3），单击“确定”按钮，以得到白色描边效果，如图 4-4 所示。

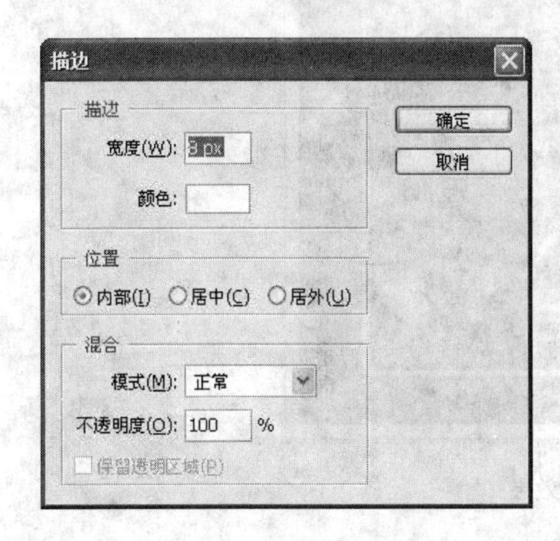

图 4-3 “描边”对话框

图 4-4 描边效果

（4）选择菜单“选择/反向”命令，以反选选区。选择菜单“图层/新建/图层”命令，以建立一个新的普通图层“图层 1”，如图 4-5 所示。

（5）选择菜单“编辑/填充”命令，在弹出的“填充”对话框中设置“内容”下“使用”选择“黑色”，其他参数保持默认不变（见图 4-6），单击“确定”按钮，以得到填充黑色效果。

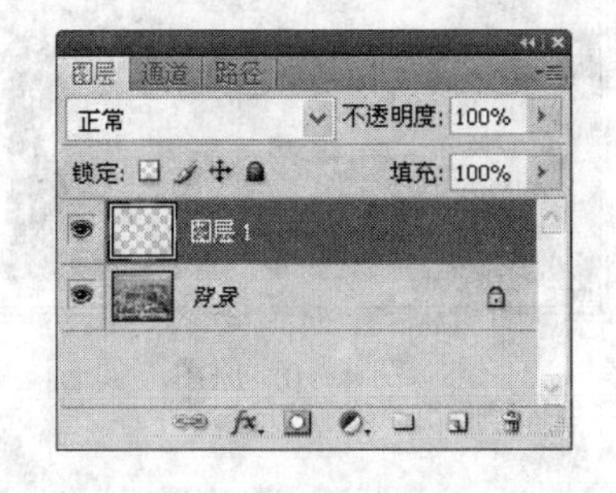

图 4-5 新建图层

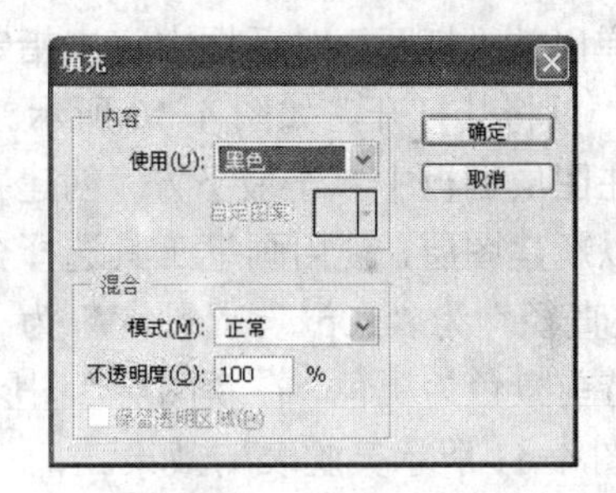

图 4-6 “填充”对话框

（6）选择菜单“选择/取消选择”命令，以便于观察效果，如图 4-7 所示。

（7）将图层调板中“不透明度”设置为“40%”（见图 4-8），最终效果如图 4-9 所示。

图 4-7 初步效果

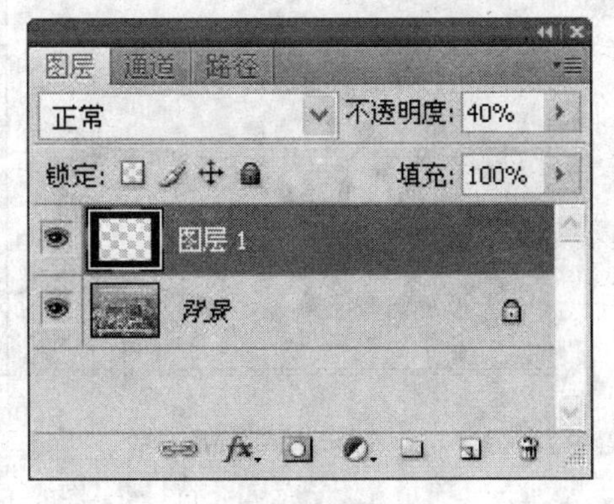

图 4-8 图层调板

图 4-9 最终效果

4.1.2 绘制卡通杯

任务说明：本任务是避免损坏图像内容。

任务要点："锁定"图层使用。

任务步骤：

（1）在 Photoshop 中执行 "文件/打开"命令，在弹出的"打开"对话框中双击指定的杯子图像，以将其打开，如图 4-10 所示。

图 4-10 原图

（2）在图层调板中单击最下方"创建新图层"按钮以新建图层，使用画笔工具选择合适笔刷（"主直径"为"10px"，"硬度"为"50%"），保持前景色为黑色，在新图层"图层 1"中绘制如图 4-11 所示笑脸表情效果。

（a）绘制表情

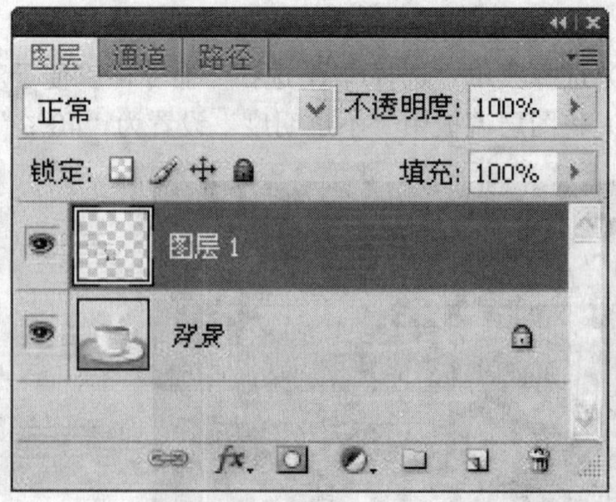

（b）新建图层

图 4-11 图层示意图

（3）将图层调板中的图标选中，表示该图层的透明部分被锁定，如图 4-12 所示。

（4）更改工具箱中前景色为红色，使用画笔工具在脸上两个原来黑色酒窝上涂抹，观察到只能在图层已有黑色酒窝像素部分进行编辑，而不会涂到其他地方，结果如图 4-13 所示。

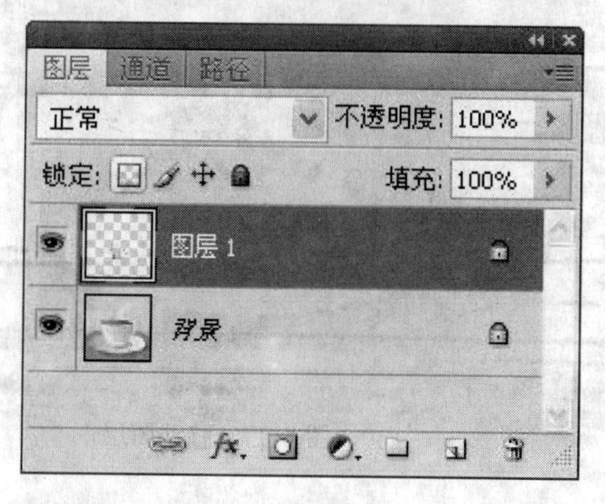

图 4-12　锁定图层

图 4-13　绘制酒窝

（5）单击图层中的图标以打开，则自动关闭图层中的图标，如图 4-14 所示。此时将鼠标放到图像中，观察此时画笔是禁用符号（⊘），即禁止使用画笔工具。选择移动工具，将“图层 1”向左进行移动，如图 4-15 所示。

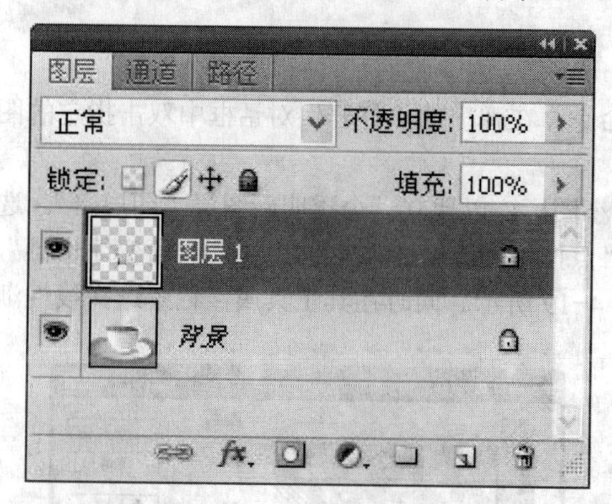

图 4-14　锁定绘图属性

图 4-15　移动图层

（6）单击图层中的图标以将其关闭，单击图标以将其打开，如图 4-16 所示。此时移动工具发现在图像中是不能使用，选择画笔工具，在图像茶杯顶部拖动，观察到可以进行编辑，如图 4-17 所示。

（7）单击图层中的图标以将其关闭，单击图标以将其打开，此时观察到图像不能被移动或进行任何编辑。通常图标是没有什么用的，如果不想图层被编辑，把图层前的小眼睛关闭就可以了。这三个图标可以单独使用，也可以结合起来使用。

小结：

将 Photoshop 图层的某些编辑功能锁住，可以避免不小心将图层中的图像损坏。Photoshop 的图层调板中的“锁定”后面提供了四种图标（），可用来控制锁定不同的内容。当用鼠标单击，图标凹进，表示选中此选项，再次单击图标弹起，表示取消选择。

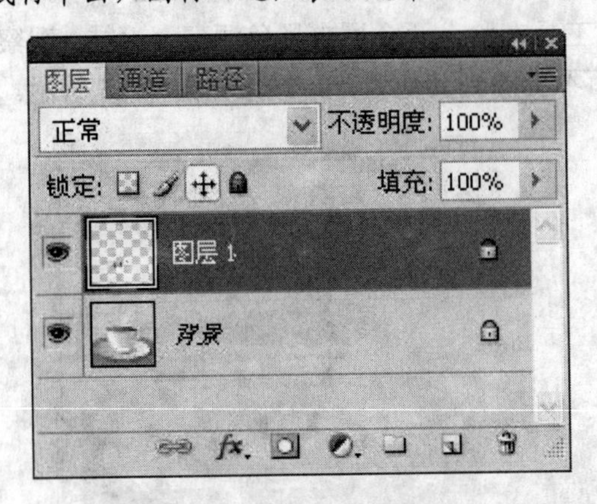

图 4-16　锁定移动属性

图 4-17　移动图层

4.2　图层混合模式

4.2.1　简单彩色润饰照片

任务说明：本任务是制作特殊图像混合效果。

任务要点：柔光图层混合模式使用。

任务步骤：

（1）在 Photoshop 中执行 “文件/打开” 命令，在弹出的“打开”对话框中双击指定的图像，以将其打开，如图 4-18 所示。

（2）单击图层调板右下角“创建新图层”小图标，以建立一个透明新图层“图层 1”。选择工具箱中渐变工具，在其工具属性栏中单击“点按可编辑渐变”按钮，以打开“渐变编辑器”，选择“色谱”效果后单击“确定”按钮，如图 4-19 所示。同时在其工具属性栏中选择线性渐

图 4-18　素材

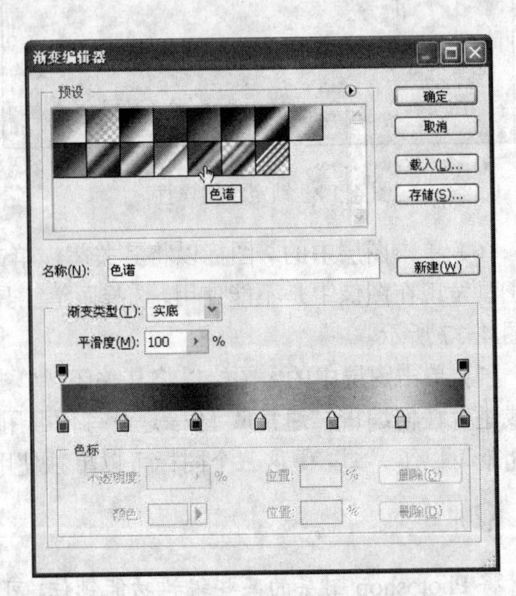

图 4-19　“渐变编辑器”对话框

变模式按钮（见图 4-20），在图像窗口中从左上角向右下角拖出一对角线，松开鼠标后，即拉出一道彩色的画面出来（这里可以任意改变渐变方向或渐变模式），如图 4-21 所示。

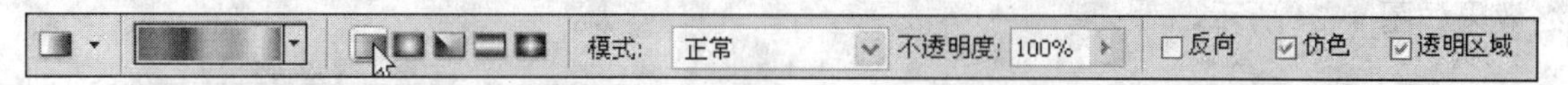

图 4-20　渐变工具选项栏

图 4-21　直线渐变（左图为渐变线，右图为渐变效果）

（3）在图层调板中更改“图层 1”混合模式为“柔光”，其效果如图 4-22 所示。

（a）更改混合模式　　　　（b）初步效果

图 4-22　混合模式改变

（4）如果发现图片色彩过渡不够柔和，可以再执行主菜单“滤镜/高斯模糊”命令，在弹出的“高斯模糊”对话框中将“半径”调为“90 像素”（见图 4-23），单击“确定”按钮，最终效果如图 4-24 所示。

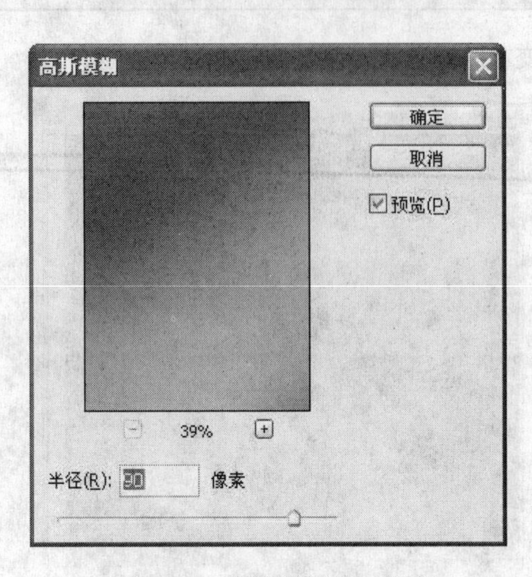

图 4-23　“高斯模糊”对话框

图 4-24　最终效果

小结：

并不是所有的图片都适合渲染成这种色调，一般砖墙、树木等物体渲染的效果比较理想，另外如果感觉润饰出的色彩过于鲜艳可以通过降低图层不透明度来调节。

4.2.2　泛黄色调的陈旧照片

任务说明：本任务是制作特殊图像混合效果。

任务要点：颜色图层混合模式使用。

任务步骤：

（1）执行“文件/打开”命令，在弹出的“打开”对话框中选择指定的素材图双击打开，如图 4-25 所示。

（2）选择主菜单“图层/新建/图层”命令，在弹出的对话框中保持默认参数不变，单击“确定“按钮，以建立一个普通的“图层 1”，如图 4-26 所示。

图 4-25　原图

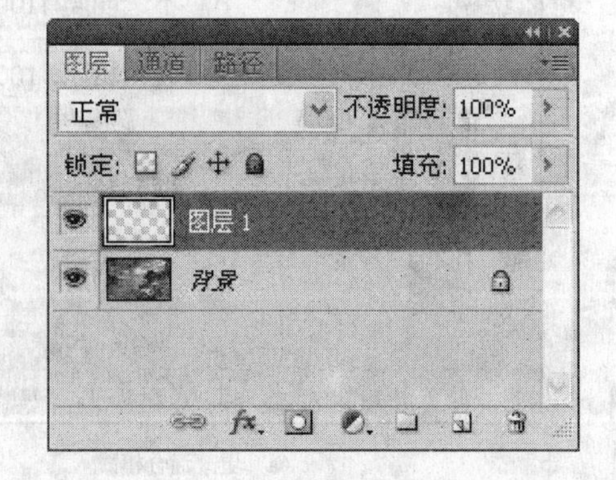

图 4-26　新建图层

（3）执行主菜单“编辑/填充”命令，在弹出的“填充”对话框中“内容”下“使用”下拉列表中选择“颜色”命令，在弹出的“拾色器”对话框中“#”后输入“faf0db”颜色（也可以选择“bfe4f5”浅蓝色等，如图 4-27 所示），单击“确定”按钮后，保持默认参数不变，再单击“确定“按钮，以将“图层 1”层变为浅黄色效果，效果如图 4-28 所示。

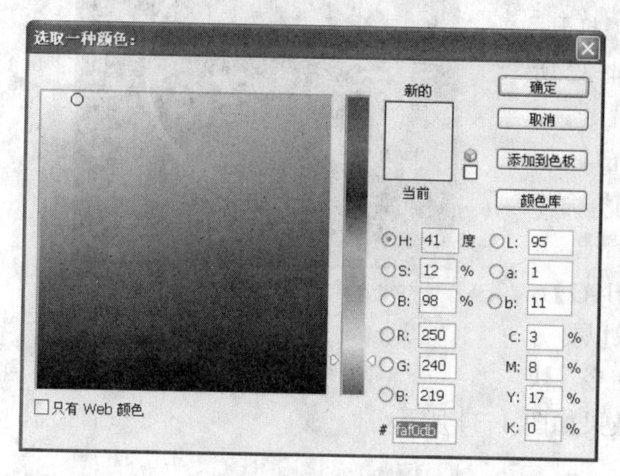

图 4-27　颜色选择

图 4-28　填充图层

（4）在图层调板中更改“图层 1”混合模式为“颜色”（见图 4-29），最终效果如图 4-30 所示。图 4-31 是填充的浅蓝色混合效果。

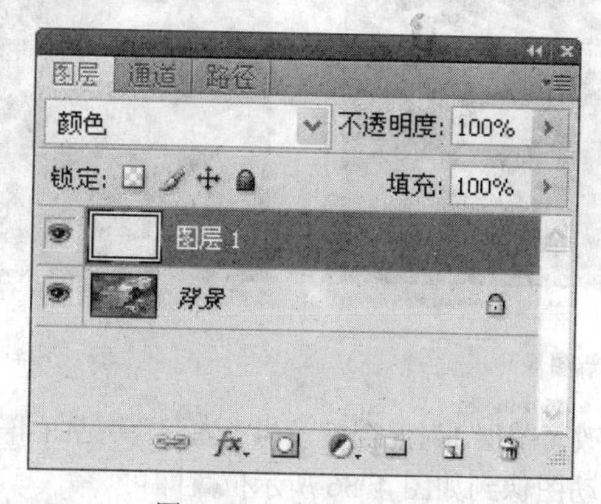

图 4-29　更改混合模式

图 4-30　最终效果

图 4-31　浅蓝色图层混合效果图

4.2.3 巧妙扣图

任务说明：本任务是制作特殊图像混合效果。

任务要点：滤色图层混合模式使用。

任务步骤：

（1）执行“文件/打开”命令，在弹出的“打开”对话框中选择指定的素材图双击打开，如图 4-32 所示。

（2）先执行“选择/全部”命令（快捷键【Ctrl+A】）以选择整个图像范围，接着执行“编辑/复制”命令（快捷键【Ctrl+C】）以复制选区内的内容。

（3）执行“文件/打开”命令（快捷键【Ctrl+O】），在弹出的打开对话框中双击指定的背景图像以打开显示，如图 4-33 所示。执行“编辑/粘贴”命令（快捷键【Ctrl+V】）以将复制内容转移过来，效果如图 4-34 所示。

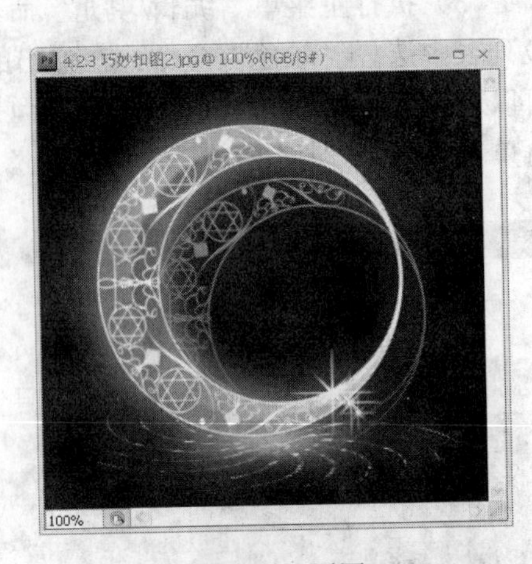

图 4-32 原图

图 4-33 新图像

图 4-34 粘贴后效果

（4）在图层调板中更改“图层 1”混合模式为“滤色”（见图 4-35），接着选择工具箱中移动工具，在图像窗口中移动图像到如图 4-36 所示位置即可。

图 4-35 更改混合模式

图 4-36 最终效果

4.2.4 图层混合模式知识点

图层的混合模式确定了其像素如何与图像中的下层像素进行混合，使用混合模式可以创建各种特殊效果。

默认情况下，图层组的混合模式是“正常”，这表示组没有自己的混合属性。为组选取其他混合模式时，可以有效地更改图像各个组成部分的合成顺序。

在“图层”面板中选择一个图层或组，然后选取混合模式的方法为：在“图层”面板中，从“混合模式”弹出式菜单中选取一个选项；或选取“图层/图层样式/混合选项”命令，然后从“混合模式”弹出式菜单中选取一个选项。

- 正常。编辑或绘制每个像素，使其成为结果色。这是默认模式。
- 溶解。编辑或绘制每个像素，使其成为结果色。但是，根据任何像素位置的不透明度，结果色由基色或混合色的像素随机替换。
- 变暗。查看每个通道中的颜色信息，并选择基色或混合色中较暗的颜色作为结果色。将替换比混合色亮的像素，而比混合色暗的像素保持不变。
- 正片叠底。查看每个通道中的颜色信息，并将基色与混合色进行正片叠底。结果色总是较暗的颜色。任何颜色与黑色正片叠底产生黑色。任何颜色与白色正片叠底保持不变。
- 颜色加深。查看每个通道中的颜色信息，并通过增加对比度使基色变暗以反映混合色。与白色混合后不产生变化。
- 线性加深。查看每个通道中的颜色信息，并通过减小亮度使基色变暗以反映混合色。与白色混合后不产生变化。
- 变亮。查看每个通道中的颜色信息，并选择基色或混合色中较亮的颜色作为结果色。比混合色暗的像素被替换，比混合色亮的像素保持不变。
- 滤色。查看每个通道的颜色信息，并将混合色的互补色与基色进行正片叠底。结果色总是较亮的颜色。用黑色过滤时颜色保持不变。用白色过滤将产生白色。此效果类似于多个摄影幻灯片在彼此之上投影。
- 颜色减淡。查看每个通道中的颜色信息，并通过减小对比度使基色变亮以反映混合色。与黑色混合则不发生变化。
- 线性减淡。查看每个通道中的颜色信息，并通过增加亮度使基色变亮以反映混合色。与黑色混合则不发生变化。
- 叠加。对颜色进行正片叠底或过滤，具体取决于基色。图案或颜色在现有像素上叠加，同时保留基色的明暗对比。不替换基色，但基色与混合色相混以反映原色的亮度或暗度。
- 柔光。使颜色变暗或变亮，具体取决于混合色。此效果与发散的聚光灯照在图像上相似。如果混合色（光源）比 50% 灰色亮，则图像变亮，就像被减淡了一样。如果混合色（光源）比 50% 灰色暗，则图像变暗，就像被加深了一样。绘画使用纯黑或纯白色绘画会产生明显变暗或变亮的区域，但不会出现纯黑或纯白色。
- 强光。对颜色进行正片叠底或过滤，具体取决于混合色。此效果与耀眼的聚光灯照在图像上相似。如果混合色（光源）比 50% 灰色亮，则图像变亮，就像过滤后的效果。这对于向图像添加高光非常有用。如果混合色（光源）比 50%灰色暗，则图像变暗，就像正片叠底后的效果。这对于向图像添加阴影非常有用。使用纯黑或纯白色绘画会出现纯黑或纯白色。

- 亮光。通过增加或减小对比度来加深或减淡颜色，具体取决于混合色。如果混合色（光源）比50%灰色亮，则通过减小对比度使图像变亮。如果混合色比50%灰色暗，则通过增加对比度使图像变暗。
- 线性光。通过减小或增加亮度来加深或减淡颜色，具体取决于混合色。如果混合色（光源）比50%灰色亮，则通过增加亮度使图像变亮。如果混合色比50%灰色暗，则通过减小亮度使图像变暗。
- 点光。根据混合色替换颜色。如果混合色（光源）比50%灰色亮，则替换比混合色暗的像素，而不改变比混合色亮的像素。如果混合色比50%灰色暗，则替换比混合色亮的像素，而比混合色暗的像素保持不变。这对于向图像添加特殊效果非常有用。
- 实色混合。将混合颜色的红色、绿色和蓝色通道值添加到基色的RGB值。如果通道的结果总和大于或等于255，则值为255；如果小于255，则值为0。因此，所有混合像素的红色、绿色和蓝色通道值要么是0，要么是255。这会将所有像素更改为原色：红色、绿色、蓝色、青色、黄色、洋红、白色或黑色。
- 差值。查看每个通道中的颜色信息，并从基色中减去混合色，或从混合色中减去基色，具体取决于哪一个颜色的亮度值更大。与白色混合将反转基色值；与黑色混合则不产生变化。
- 排除。创建一种与“差值”模式相似但对比度更低的效果。与白色混合将反转基色值。与黑色混合则不发生变化。
- 色相。用基色的明亮度和饱和度以及混合色的色相创建结果色。
- 饱和度。用基色的明亮度和色相以及混合色的饱和度创建结果色。绘画在灰色的区域上使用此模式绘画不会发生任何变化。
- 颜色。用基色的明亮度以及混合色的色相和饱和度创建结果色。这样可以保留图像中的灰阶，并且对于给单色图像上色和给彩色图像着色都会非常有用。
- 明度。用基色的色相和饱和度以及混合色的明亮度创建结果色。此模式创建与“颜色”模式相反的效果。
- 浅色。比较混合色和基色的所有通道值的总和并显示值较大的颜色。“浅色”不会生成第三种颜色（可以通过“变亮”混合获得），因为它将从基色和混合色中选取最大的通道值来创建结果色。
- 深色。比较混合色和基色的所有通道值的总和并显示值较小的颜色。“深色”不会生成第三种颜色（可以通过“变暗”混合获得），因为它将从基色和混合色中选取最小的通道值来创建结果色。

混合模式中：基色是图像中的原稿颜色；混合色是通过绘画或编辑工具应用的颜色；结果色是混合后得到的颜色。

图层没有“清除”混合模式。此外，“颜色减淡”、“颜色加深”、“变暗”、“变亮”、“差值”和“排除”模式不可用于Lab图像。适用于32位文件的图层混合模式包括：正常、溶解、变暗、正片叠底、线性减淡（添加）、颜色变暗、变亮、颜色变亮、差值、色相、饱和度、颜色和明度。

4.3 图层调用

4.3.1 照片镶嵌

任务说明：本任务是制作照片镶嵌效果。

任务要点：掌握图层调用使用方法。

任务步骤：

（1）在 Photoshop 中执行 “文件/打开”命令，在弹出的“打开”对话框中双击指定的图像，以将其打开，如图 4-37 所示。

（2）执行 “文件/打开”命令，在弹出的“打开”对话框中双击指定的图像，以将其打开，如图 4-38 所示。

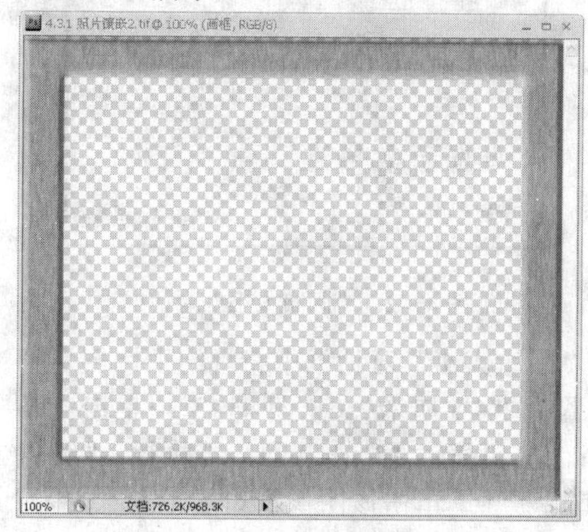

图 4-37　图像 1

图 4-38　图像 2

（3）执行“编辑/全选”命令（快捷键【Ctrl+A】），再执行“编辑/拷贝”命令（快捷键【Ctrl+C】），以将其复制到剪贴板中。单击该图像窗口右上角“关闭”按钮，以将其关闭。

（4）执行“编辑/粘贴”命令（快捷键【Ctrl+V】），以将镜框图像转移到白云作为背景的图像中，如图 4-39 所示。

（5）执行“编辑/变换/旋转 90 度（顺时针）”命令，以将镜框水平放置，如图 4-40 所示。

图 4-39　粘贴效果

图 4-40　旋转效果

（6）执行 “文件/打开”命令，在弹出的“打开”对话框中双击指定的图像，以将其打开，如图 4-41 所示。

（7）执行“图像/画布大小”命令，在弹出的“画布大小”对话框中设置“宽度”和“高度”均为“1 厘米”，“相对”前打上绿色“√”，其他参数保持不变（见图 4-42）。单击“确定”按钮，可得到图像四周为白色的背景。

图 4-41　图像 3

图 4-42　“画布大小”对话框

（8）执行“图像/图像大小”命令，在弹出的“图像大小”对话框中将“约束比例”和“重定图像像素”选择，将“宽度”后的数值设置为“4.5 厘米”（见图 4-43），单击“确定”按钮，以将图像缩小。执行“编辑/全选”命令（快捷键【Ctrl+A】），再执行 “编辑/拷贝”命令（快捷键【Ctrl+C】），以将其复制到剪贴板中。单击该图像窗口右上角“关闭”按钮，以将其关闭。

（9）执行“编辑/粘贴”命令（快捷键【Ctrl+V】），以将风景图像转移到白云作为背景的图像中，如图 4-44 所示。

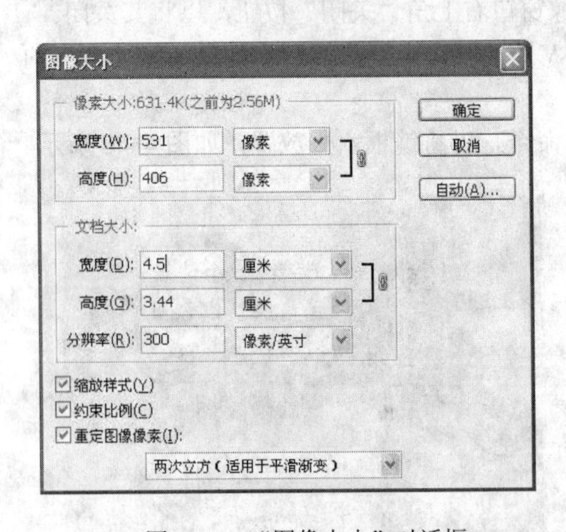

图 4-43　“图像大小”对话框

图 4-44　粘贴效果

（10）单击“图层 1”缩略图前的眼睛图标，以将该层内容隐藏，便于观察。接着单击“图层 2”确保选择图层调板中“图层 2”为当前图层，按住键盘上 Ctrl 键不放，用鼠标左键单击图层调板中“图层 1”的缩略图（见图 4-45），松开鼠标和键盘，即可在“图层 2”上得到“图层 1”的选区范围，如图 4-46 所示。此时观察到镜框选区范围与“图层 2”上图像有两处重合区域。

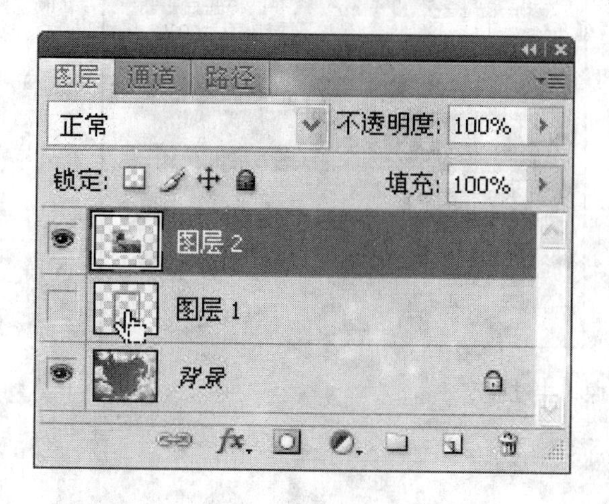

图 4-45 调用选区

图 4-46 选区效果

（11）选择工具箱中矩形选框工具，设置其工具选项条中创建方式为从选区减去按钮（见图 4-47），然后按住鼠标左键在图像文件中画一个矩形将重合左方区域框中（见图 4-48 左图），松开鼠标后，可得到矩形虚框选区范围与“图层 2”上图像只有下方重合区域（见图 4-48（b））。

图 4-47 工具选项条

图 4-48 选区变化过程

（12）按键盘上 Delete 键将重合右方部分图像删除（效果如图 4-49 左图所示），选择“选择/取消选择”命令以取消虚框选区范围的选择状态。单击“图层 1”缩略图前的“指示图层可视性”正方形使之出现眼睛图标（见图 4-49 右图），以将该层内容显示。最终图像与镜框相扣效果如图 4-50 所示。

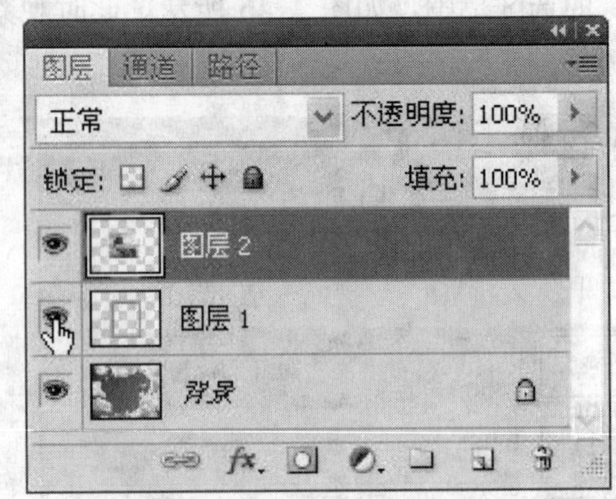

图 4-49　图像相扣过程

图 4-50　最终效果

4.3.2　两环相扣

任务说明：本任务是制作两环相扣效果。

任务要点：存储选区、载入选区、调入选区、图层选择使用。

任务步骤：

(1) 选择"文件/新建"命令(快捷键【Ctrl+N】)，在"新建"对话框中设置最下方的"背景内容"为"透明"，其他参数如图 4-51 设置，从而建立一个透明图像文件，同时可观察到图层面板中出现名为"图层 1"的图层(见图 4-52)。

(2) 选择工具箱中椭圆选框工具，设置其工具选项条中的"样式"为"固定比例"("宽度"为"1"，"高度"为"1"，如图 4-53 所示)，在新建图像文件中名为"图层 1"图层的合适位置上画一个合适的正圆虚框，如图 4-54 所示。

(3) 选择"选择/存储选区"命令，在弹出的"存储选区"对话框中(见图 4-55)按默认设置，单击"确定"按钮，即可将首次画好的正圆虚框保存到信道中。

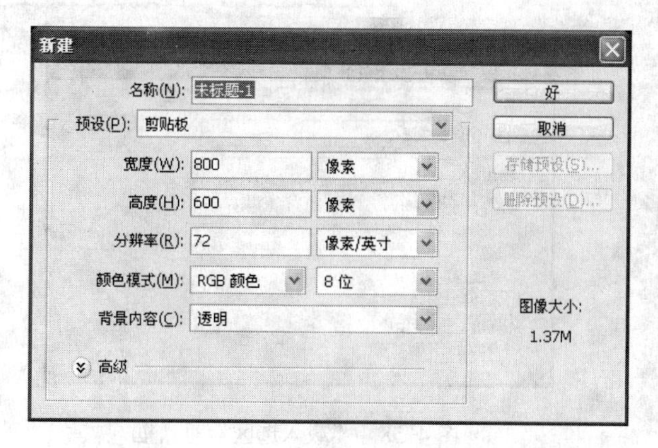

图 4-51 “新建”对话框

图 4-52 新建图像文件

图 4-53 椭圆选框工具选项条

图 4-54 画正圆虚框

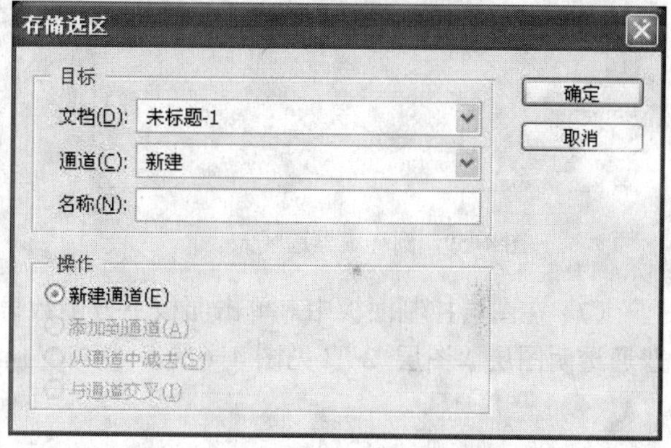

图 4-55 “存储选区”对话框

(4) 选择“选择/变化选区”命令，在选项栏中将 W 和 H 均设置为“120.0%”（见图 4-56），按 Enter 键确认变形结束，以将正圆虚框扩大，如图 4-57 所示。

图 4-56 “扩展选区”对话框

(5) 在正圆虚框扩大的基础上，选择“选择/载入选区”命令，在“载入选区”对话框中选择“信道”旁下拉框的“Alpha 1”，“任务”为“从选区中减去”（见图 4-58），即可得到一个圆环虚框选区范围，如图 4-59 所示。

(6) 将工具箱中前景色设置为红色（RGB 值分别为 255、0、0），选择“编辑/填充”命令，在弹出的“填充”对话框中（见图 4-60）按默认设置，单击“确定”按钮，即可将刚得到圆环选区范围填为红色圆环，如图 4-61 所示。

图 4-57　正圆虚框扩大效果

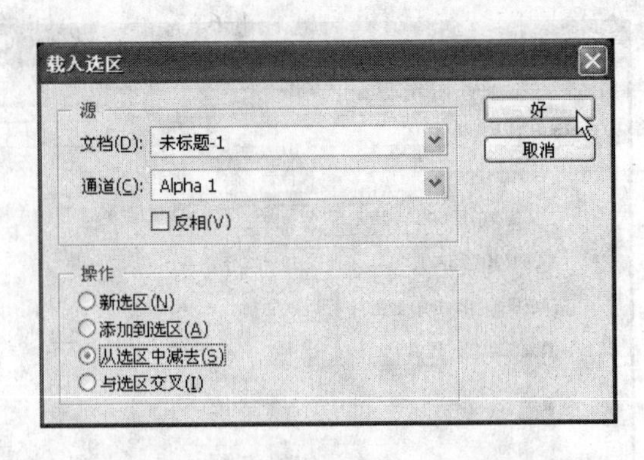

图 4-58　“载入选区”对话框

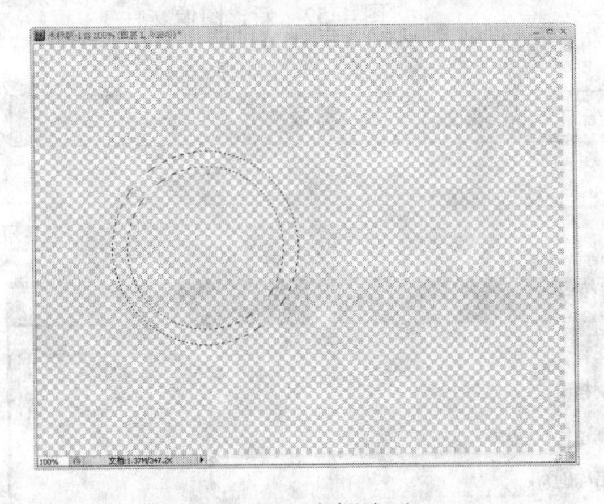

图 4-59　圆环虚框选区

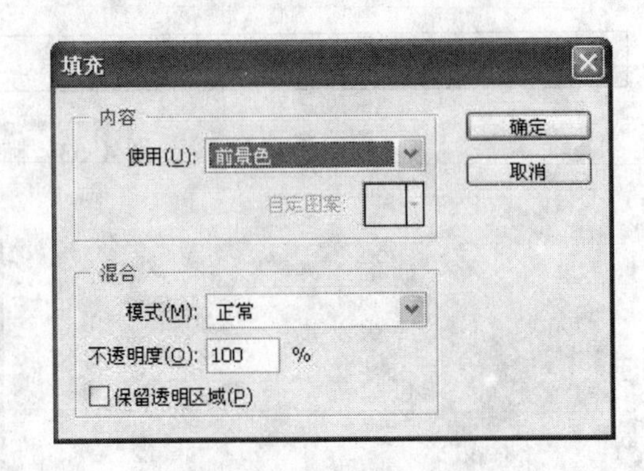

图 4-60　“填充”对话框

（7）在图层控制面板中，单击面板下方倒数第二个“创建新的图层”按钮，即可建立一个普通透明图层“图层 2”（见图 4-62）。

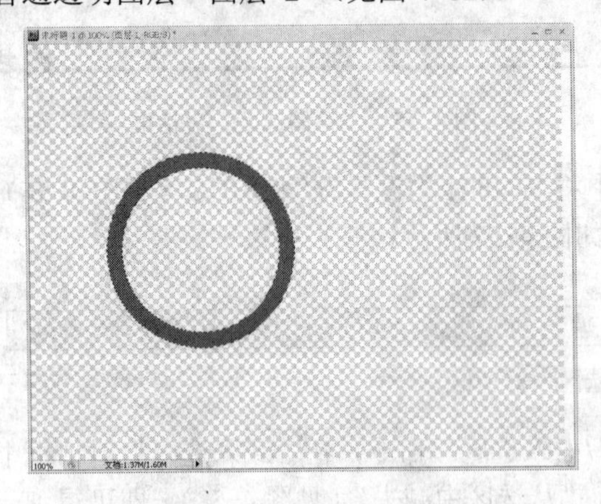

图 4-61　红色圆环

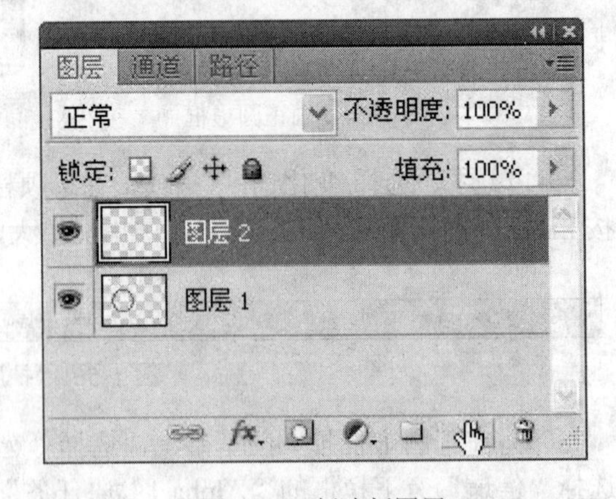

图 4-62　创建新图层

（8）然后按住 Shift 键，同时按方向键（→）20 次，以将圆环虚框选区范围向右移动一段距离（见图 4-63）。

（9）接着将工具箱中前景色设置为绿色（RGB 值分别为 0、255、0），执行“编辑/填充”

命令将圆环虚框选区范围填充为绿色圆环。选择“选择/取消选择”命令，以取消圆环虚框选区范围的选择状态（见图 4-64）。

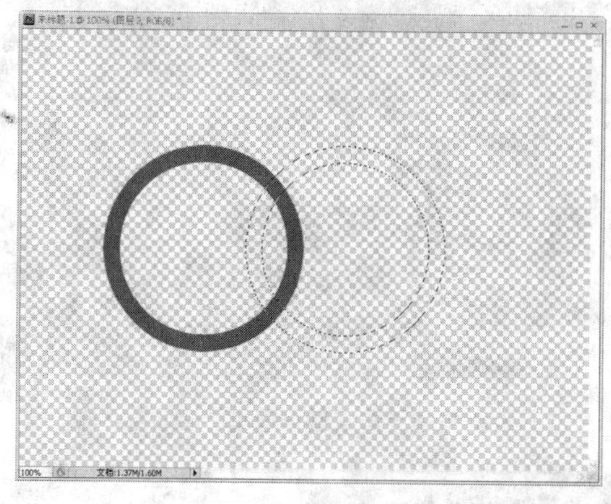
图 4-63　移动环状选区

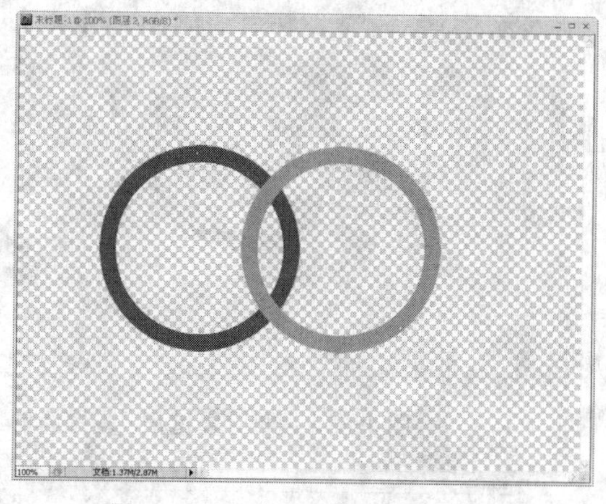
图 4-64　取消圆环虚框选区选择状态

（10）单击“图层 1”缩略图前的眼睛图标，以将该层内容隐藏，便于观察。接着单击“图层 2”，以确保选择图层控制面板中“图层 2”为当前图层。按住键盘上“Ctrl”键同时用鼠标单击“图层 1”缩略图（见图 4-65），以便在“图层 2”上调用“图层 1”的圆环虚框选区范围，此时圆环虚框选区范围与“图层 2”上绿色圆环有两处重合区域（见图 4-66）。

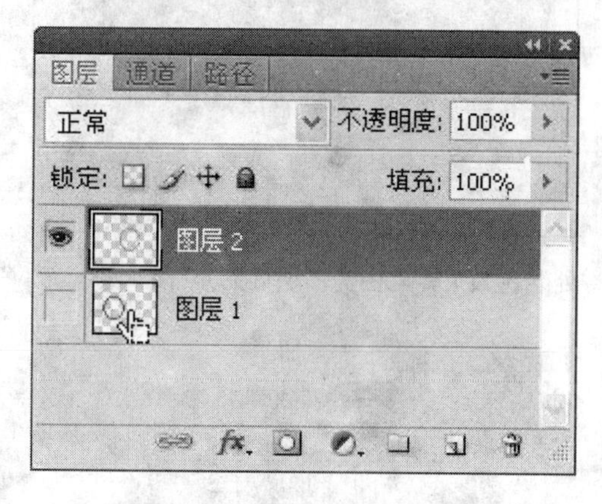

图 4-65　调用选区过程

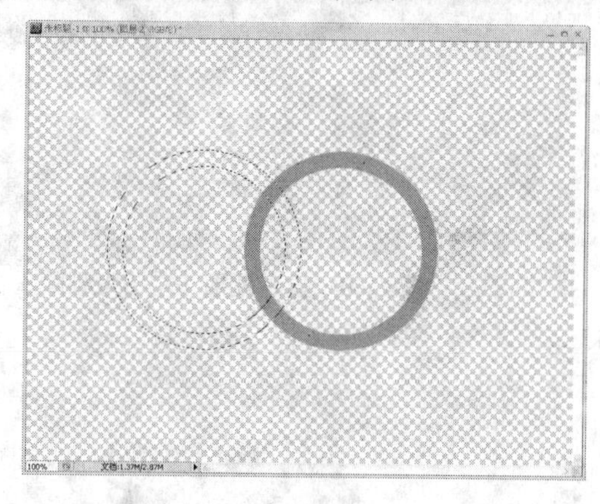
图 4-66　调用选区效果

（11）设置椭圆选框工具的工具选项条中创建方式为从选区减去按钮（见图 4-67），然后按住鼠标左键在图像文件中画一椭圆将重合上方区域框中（见图 4-68 左图），松开鼠标后，可得到圆环虚框选区范围与“图层 2”上绿色圆环只有下方重合区域（见图 4-68 右图）。

图 4-67　椭圆选框工具选项条

（12）按键盘上 Delete 键将重合下方处绿色部分删除（见图 4-69 左图），选择“选择/取消选择”命令以取消虚框选区范围的选择状态。单击“图层 1”缩略图前的“指示图层可视性”正方形使之出现眼睛图标（见图 4-69 右图），以将该层内容显示，从而得到两环相扣的效果，如图 4-70 所示。

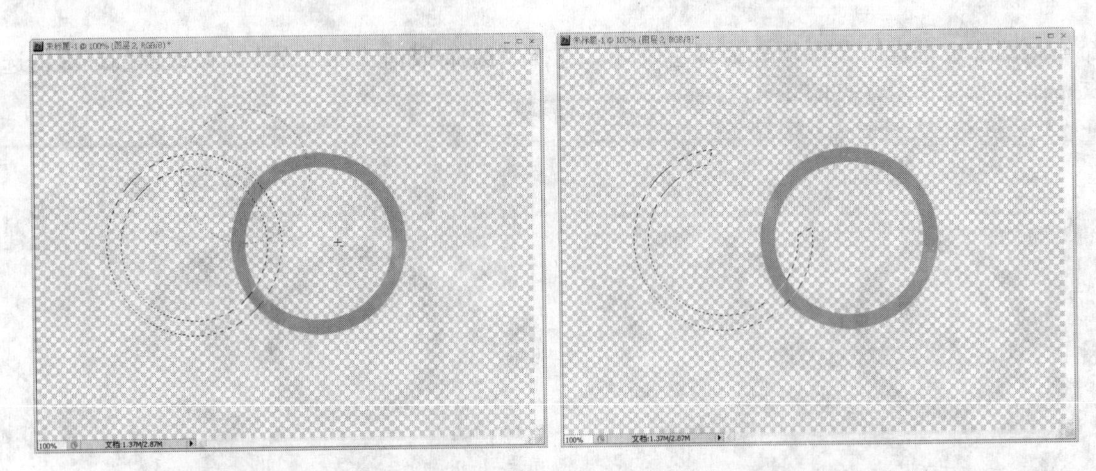

图 4-68　区域计算过程（左图为创建减去区域，右图为减去后区域后效果）

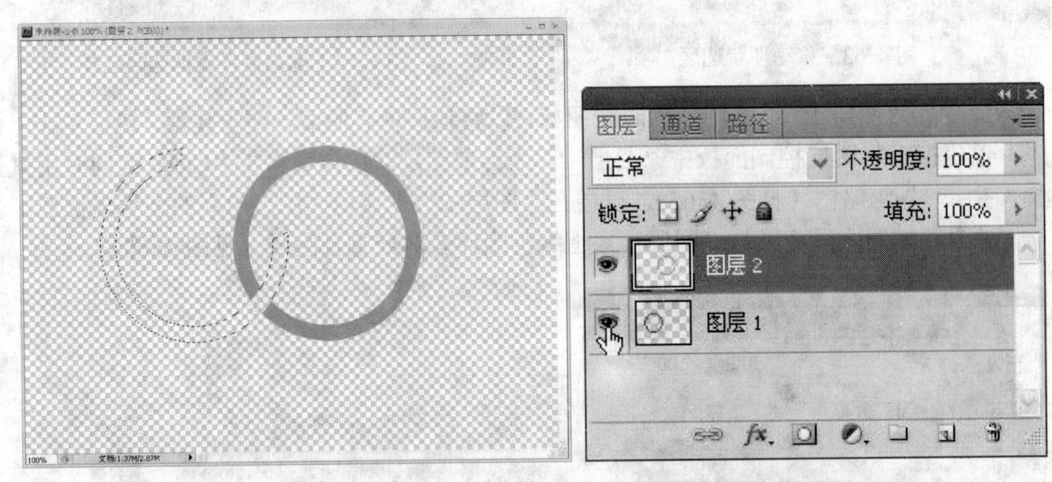

图 4-69　显示效果（左图为删除重合下方处绿色效果，右图为图层调板）

图 4-70　两环相扣

4.4 图 层 样 式

4.4.1 添加透明立体水印

任务说明：本任务是加强图像特殊效果。

任务要点：图层样式使用。

任务步骤：

（1）在 Photoshop 中执行 “文件/打开”命令，在弹出的“打开”对话框中双击指定的图像，以将其打开，如图 4-71 所示。

图 4-71 素材图片

（2）选择工具箱中横排文字工具，设置其工具属性栏基本属性（字体为“黑体”，大小为“200点”，“颜色”为“黑色”，如图 4-72 所示），在图像窗口中合适位置输入文字“立体水印”，如图 4-73 所示，执行快捷键【Ctrl＋Enter】以确认文字输入结束。

图 4-72 文字工具选项栏

图 4-73 文字图像

（3）选择主菜单“图层/图层样式/斜面和浮雕”命令，在弹出的“图层样式”对话框中保持默认参数不变，如图 4-74 所示，单击“确定”按钮以设置图层样式。

（4）在图层调板中将文字图层“填充”设置为“0%”，如图 4-75 所示。

（5）透明立体水印效果最终如图 4-76 所示。还可以用移动工具将文字图层再移动到合适位置，如图 4-77 所示。

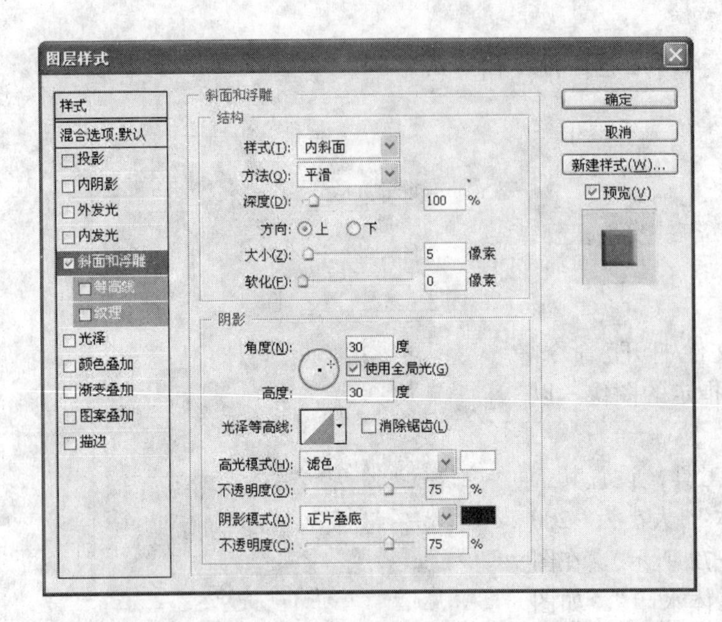

图 4-74 “图层样式”对话框

图 4-75 图层属性

图 4-76 效果 1

图 4-77 效果 2

4.4.2 巧绘立体条纹特效

任务说明：本任务是加强图像特殊效果。

任务要点：图层样式使用。

任务步骤：

（1）经常在圣诞节的图案中看到有光滑条纹的拐杖糖果，这种特效用 Photoshop 的图层样式可以轻松完成。在 Photoshop 中执行“文件/新建”命令（快捷键【Ctrl+N】），在弹出的“新建”对话框中设置“宽度”和“高度”均为“100 像素”，其他参数保持默认设置不变，如图

4-78 所示，单击“确定”按钮以新建一空白文件。

（2）选择画笔工具，在其工具属性栏中单击“画笔预设”选取器，在其右侧三角处单击选择菜单“方头画笔”命令，在弹出的对话框中单击“确定”按钮，接着单击第三行主直径为“20 像素”的笔刷，如图 4-79 所示。

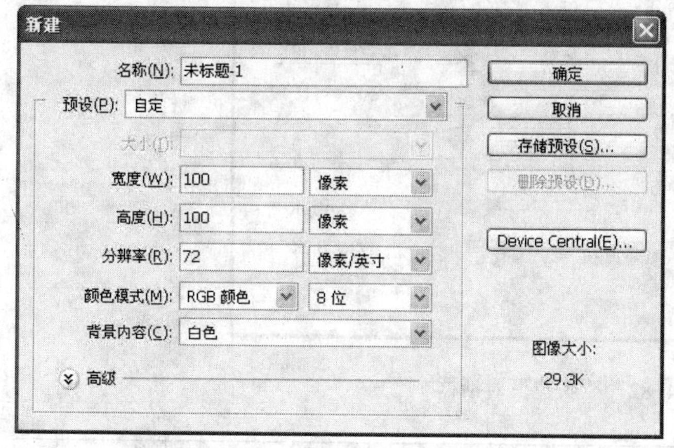

图 4-78 “新建”对话框

图 4-79 “画笔预设”选取器

（3）设置前景色为红色（RGB 分别为 255、0、0），按住 Shift 健，在空白图像窗口中绘制如图 4-80 所示两条直线图形。

（4）执行主菜单“滤镜/扭曲/挤压”命令，在弹出的“挤压”对话框中设置数量为“74”，如图 4-81 所示，单击“确定”按钮以应用该滤镜特效。执行主菜单“编辑/定义图案”命令，在弹出的“图案名称”对话框中保持默认名称，点击“确定”按钮，以将制作好的图像定义为图案。

图 4-80 绘制直线

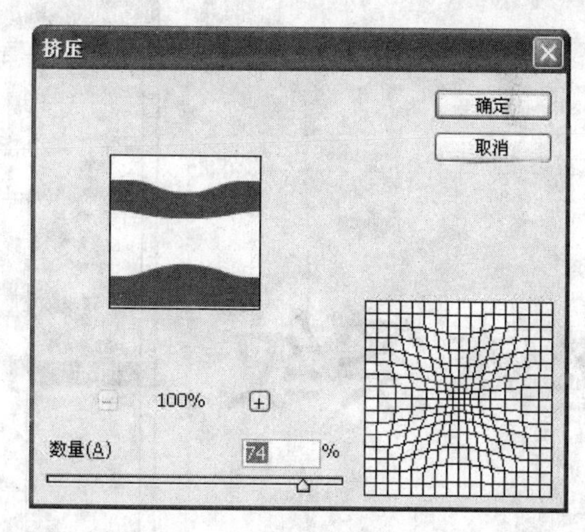

图 4-81 “挤压”对话框

（5）执行“文件/新建”命令（快捷键【Ctrl+N】），在弹出的“新建”对话框中设置“宽度”和“高度”分别为“640 像素”、“480 像素”，其他参数保持默认设置不变，如图 4-82 所示，单击“确定”按钮以新建一空白文件。

（6）选择工具箱中横排文字工具，设置其工具属性栏基本属性（字体为“黑体”，大小“150 点”，如图 4-83 所示），在图像窗口中合适位置输入文字“立体条纹”，如图 4-84 所示，执行

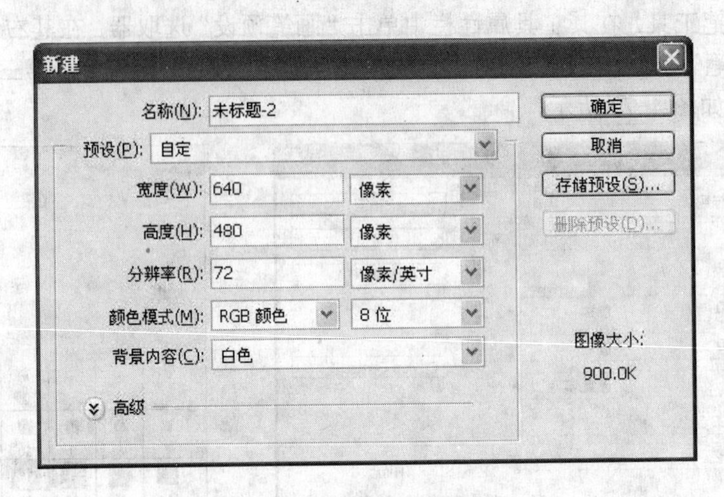

图 4-82 “新建”对话框

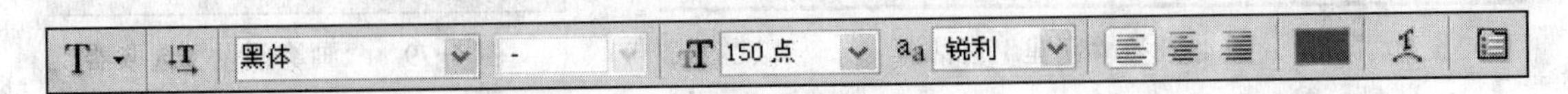

图 4-83 文字选项栏

快捷键【Ctrl＋Enter】以确认文字输入结束。

（7）选择主菜单“图层/图层样式/图案叠加”命令，在弹出的“图层样式”对话框中“图案”选择刚才定义的图案，“缩放”为“50%”，如图 4-85 所示。

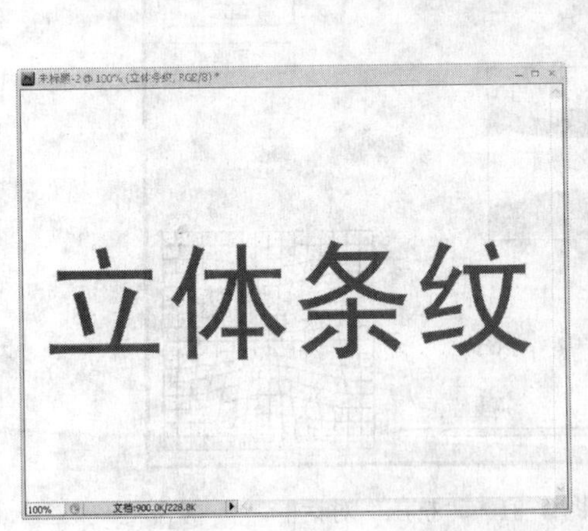

图 4-84 建立文字

图 4-85 “图层样式”对话框

（8）继续单击对话框左侧“斜面和浮雕”选项，设置其右侧“深度”为“200%”，角度为“120 度”，“高度”为“70 度”其他保持不变，如图 4-86 所示。

（9）继续单击对话框左侧“投影”选项，接着单击“确定”按钮确认添加样式结束，最终效果如图 4-87 所示。

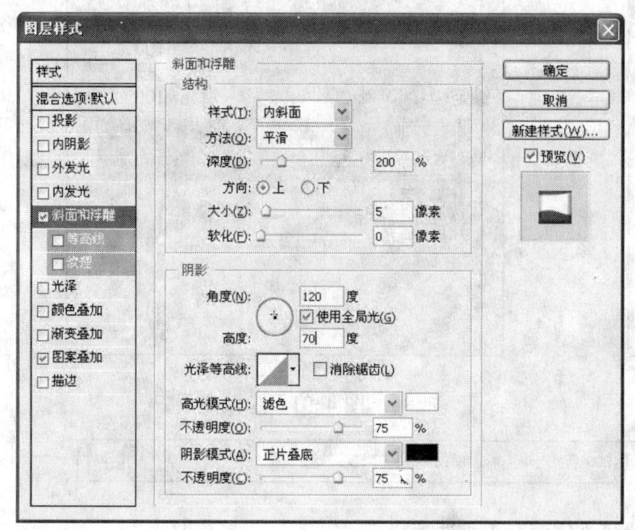

图 4-86 “图层样式”对话框

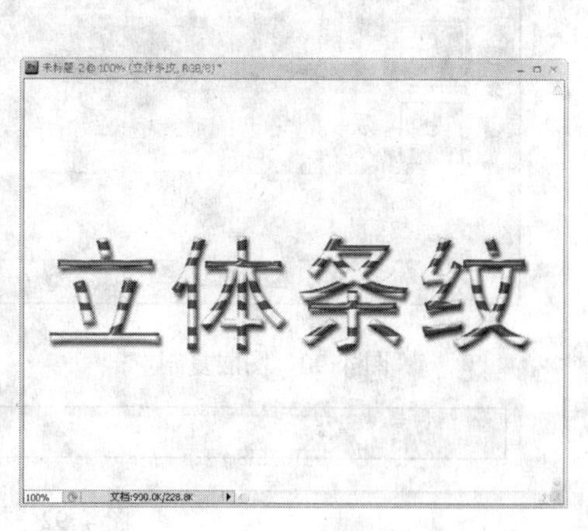

图 4-87 文字效果

4.4.3 浮雕图像文字

任务说明：本任务是加强图像特殊效果。

任务要点：图层样式使用。

任务步骤：

（1）执行“文件/打开”命令，在弹出的对话框中选择图片文件，双击其打开（见图 4-88）。

图 4-88 源文件

（2）执行主菜单下“图层/复制图层”命令，在弹出的“复制图层”对话框（见图 4-89）中保持默认参数设置，单击“确定”按钮，以复制图层（或者在图层面板中选择“背景”图层，按住鼠标不放拖至图层面板下方的“创建新的图层”按钮上，松开鼠标即可复制图层）。随后可看见图层控制面板中创建了一个“背景副本”的图层（见图 4-90），再单击“背景”图层的“眼睛”图标将其暂时隐藏（见图 4-91）。

图 4-89 “复制图层”对话框

（3）选取工具箱中横排文字蒙版工具，设置其工具属性栏基本属性（字体为“黑体”，大小为“200 点”，如图 4-92 所示）。在“背景副本”图层上合适位置输入大小合适的“浮雕文字”文字内容（见图 4-93）后，按“Ctrl+Enter”键确认输入文字选区。

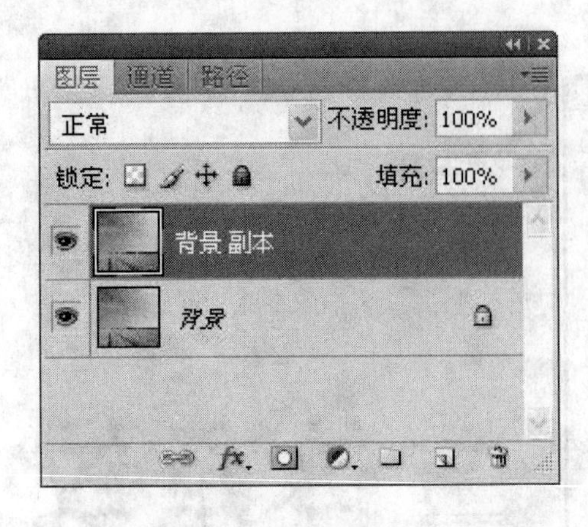

图 4-90　图层复制

图 4-91　隐藏图层

图 4-92　横排文字蒙版工具选项栏

（4）执行主菜单下“选择/修改/扩展”命令，在弹出的对话框中将“扩展量”设置为“2像素”（见图 4-94），单击“好”按钮即可看到文字选区稍微加粗（见图 4-95）。

图 4-93　输入文字选区

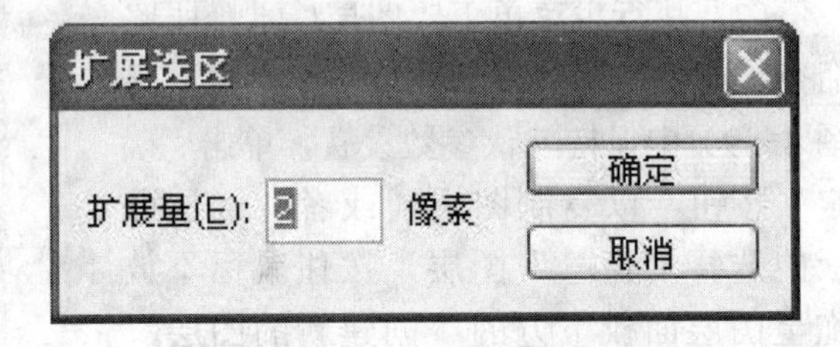

图 4-94　“扩展”对话框

（5）执行主菜单下“图层/新建/通过剪切的图层”命令，以将“背景副本”层中文字选区部分图像剪切出来建立一个“图层 1”图层（见图 4-96）。

（6）使用鼠标在“图层 1”图层上单击鼠标右键，在弹出菜单中选取“混合选项”命令，在弹出的对话框中分别单击样式中的“阴影”和“斜面和浮雕”，其他参数均保持默认值（见图 4-97），单击“确定”按钮即可，效果如图 4-98 所示。

（7）单击“图层 1”层的“眼睛”图标将其暂时隐藏，以便于观察；同时单击效果“fx”前下三角，以收缩效果类型（见图 4-99）。

（8）选择“背景副本”图层，按住 Ctrl 键的同时用鼠标单击“图层 1”图层，以便在“背景副本”层中调入“图层 1”层中的文字图像的区域，即选择“背景副本”层中空白或透明部分区域（见图 4-100）。

图 4-95　文字选区稍微加粗效果

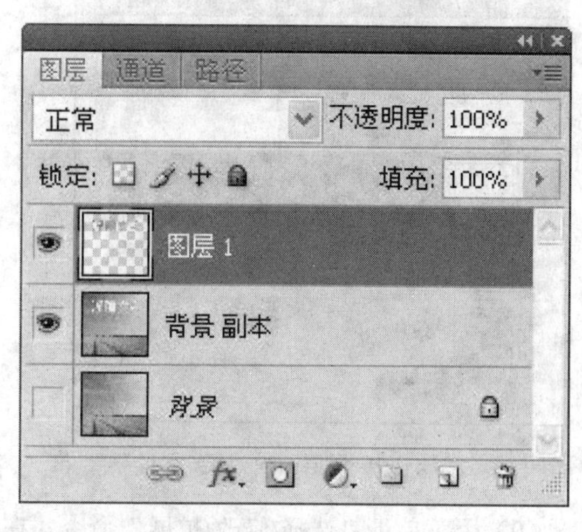

图 4-96　剪切图层效果

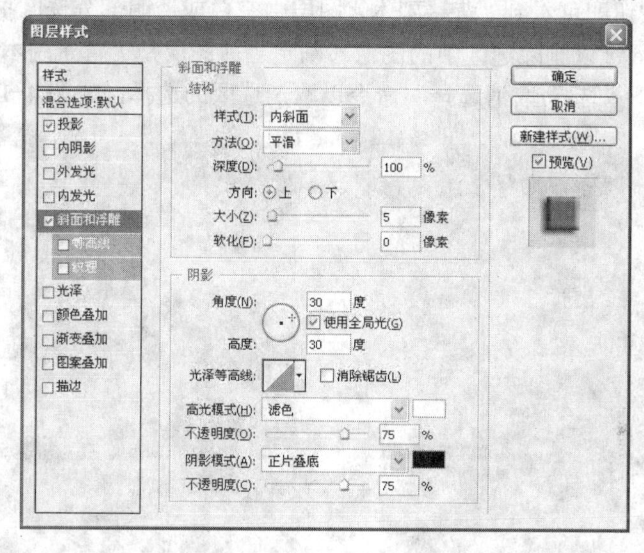

图 4-97　图层样式对话框

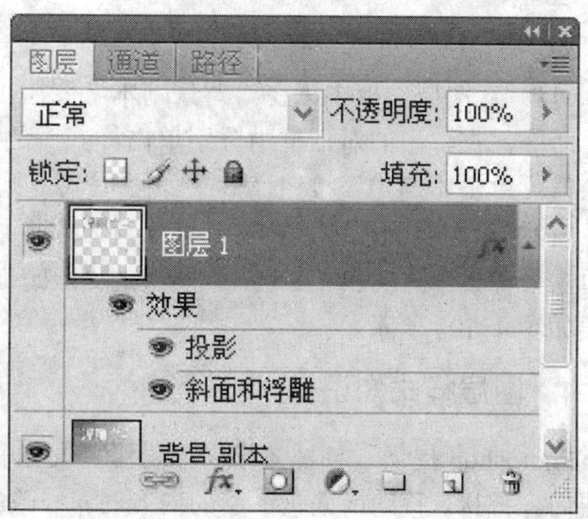

图 4-98　图层样式效果

图 4-99　图层面板效果

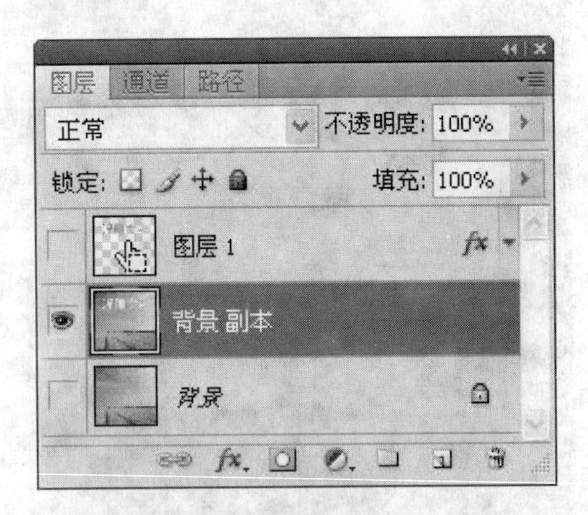

图 4-100　调用选区

（9）用菜单下“选择/修改/扩展”命令，在弹出的对话框中将“扩展量”设置为“20 个像素”，单击“确定”按钮即可看到“背景副本”图层中空白或透明部分选区扩展（见图 4-101）。

（10）按下 Delete 键以删除选区中的图像（确定当前图层是“背景副本”图层处于选中状态），然后执行菜单下“选择/取消选择”命令以取消选区的选择，如图 4-102 所示。

图 4-101　扩展选区

图 4-102　删除图像

（11）在图层面板中，在“背景副本”图层上单击鼠标右键，在弹出菜单中选取“混合选项”命令，在弹出的对话框中分别单击样式中的“阴影”和“斜面和浮雕”，其他参数均保持默认值，单击“确定”按钮，效果如图 4-103 所示。

（12）在图层面板中，单击“背景副本”图层效果“fx”前下三角，以收缩效果类型。分别单击“背景”图层和“图层 1”图层的“眼睛”图标将其打开显示图像（见图 4-104），最终效果如图 4-105 所示。

4.4.4　图层样式知识点

Photoshop 提供了各种效果（如阴影、发光和斜面）来更改图层内容的外观。图层效果与图层内容链接。移动或编辑图层的内容时，修改的内容中会应用相同的效果。例如，如果对文本图层应用投影并添加新的文本，则将自动为新文本添加阴影。

图 4-103　图层样式效果

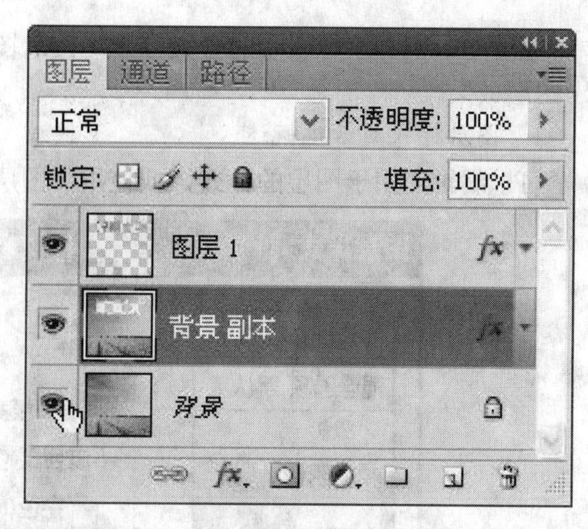

图 4-104　图层面板状态

图 4-105　最终效果

图层样式是应用于一个图层或图层组的一种或多种效果。可以应用 Photoshop 附带提供的某一种预设样式，或者使用“图层样式”对话框来创建自定样式。“图层效果”图标 *fx* 将出现在“图层”面板中的图层名称的右侧。可以在“图层”面板中展开样式，以便查看或编辑合成样式的效果，如图 4-106 所示。

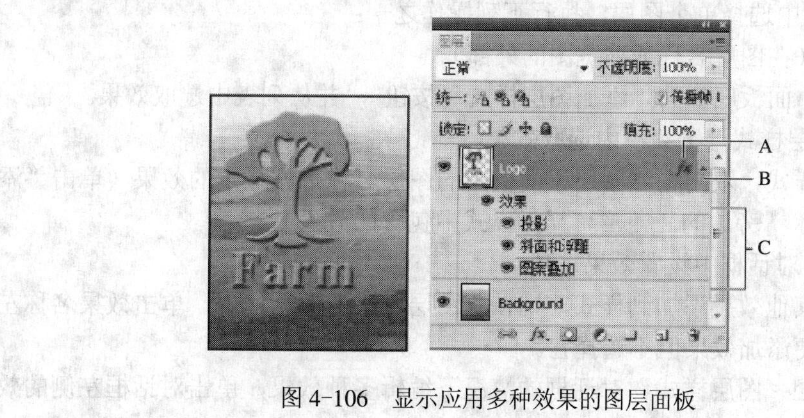

图 4-106　显示应用多种效果的图层面板

图 4-106 中各字母表示的含义分别为：A. 图层效果图标；B. 单击以展开和显示图层效果；C. 图层效果。

1. 图层样式对话框概述

可以编辑应用于图层的样式，或使用“图层样式”对话框创建新样式，如图 4-107 所示。

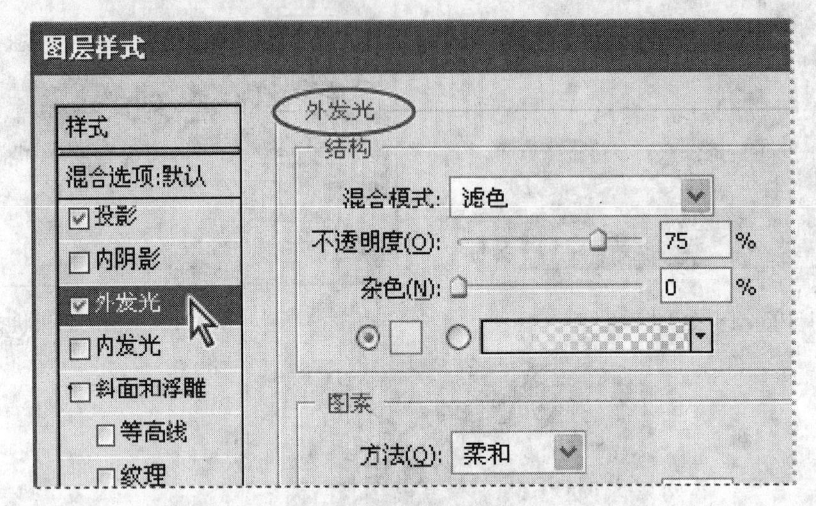

图 4-107 “图层样式”对话框

可以使用以下一种或多种效果创建自定样式：

- 投影。在图层内容的后面添加阴影。
- 内阴影。紧靠在图层内容的边缘内添加阴影，使图层具有凹陷外观。
- 外发光和内发光。添加从图层内容的外边缘或内边缘发光的效果。
- 斜面和浮雕。对图层添加高光与阴影的各种组合。
- 光泽。应用创建光滑光泽的内部阴影。
- 颜色、渐变和图案叠加。用颜色、渐变或图案填充图层内容。
- 描边。使用颜色、渐变或图案在当前图层上描画对象的轮廓。它对于硬边形状（如文字）特别有用。

2. 应用或编辑自定图层样式

不能将图层样式应用于背景图层、锁定的图层或组。要将图层样式应用于背景图层，则先将该图层转换为常规图层。

从“图层”面板中选择单个图层，执行下列操作之一：

- 双击该图层（在图层名称或缩览图的外部）。
- 单击“图层”面板底部的“添加图层样式”按钮 ，并从列表中选取效果。
- 从“样式/图层样式”子菜单中选取效果。
- 要编辑现有样式，双击在“图层”面板中的图层名称下方显示的效果（单击“添加图层样式”图标 *fx* 旁边的三角形可显示样式中包含的效果）。

在“图层样式”对话框中设置效果选项：

- 如果需要将其他效果添加到样式，则在“图层样式”对话框中，单击效果名称左边的复选框，以便添加效果但不选择它。
- 可以在不关闭“图层样式”对话框的情况下编辑多种效果，单击对话框左侧的效果名称以显示效果选项。

3. 移去图层效果

可以从应用于图层的样式中移去单一效果，也可以从图层中移去整个样式。

从样式中移去效果：在“图层”面板中，展开图层样式，以便可以看到其效果。将效果拖动到“删除”图标。

从图层中移去样式：在“图层”面板中，选择包含要删除的样式的图层。在“图层”面板中，将“效果”栏拖动到“删除”图标；或选取“图层/图层样式/清除图层样式”命令；或选择图层，然后单击“样式”面板底部的“清除样式”按钮。

4.5 填充图层和调整图层

4.5.1 百叶窗效果

任务说明：本任务是制作图像百叶窗效果。

任务要点：定义图案、填充图层使用。

任务步骤：

（1）执行“文件/新建”命令（快捷键【Ctrl＋N】），在弹出的“新建”对话框中设置“宽度”为“5 厘米”，“高度”为“0.1 厘米”，其他参数保持默认设置，如图 4-108 所示。单击“确定”按钮，以建立一个新的图像文件。

（2）确定工具箱中“设置前景色”方块按钮为“黑色”，“设置背景色”方形按钮为“白色”的默认设置（如果不是默认设置，可单击工具箱中“默认前景色和背景色”按钮恢复为默认设置）。

（3）执行“编辑/填充”命令（快捷键【Shift＋F5】），在弹出的“填充”对话框中参数保持默认设置，单击“确定”按钮，以前景黑色填充图像文件，如图 4-109 所示。

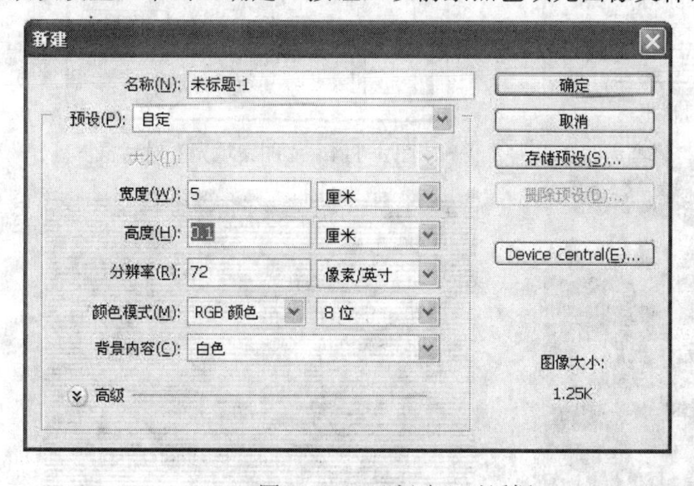

图 4-108 “新建”对话框

图 4-109 黑色填充效果

（4）执行“图像/画布大小”命令，在弹出的“画布大小”对话框中设置“高度”为“0.1 厘米”，“相对”前单击出现“√”，“定位”选择顶端正中小正方形，其他参数保持默认设置，如图 4-110 所示。单击“确定”按钮，以建立黑白填充的图像文件，如图 4-111 所示。

（5）执行“编辑/定义图案”命令，在弹出的对话框中单击“确定”按钮，以定义一个黑

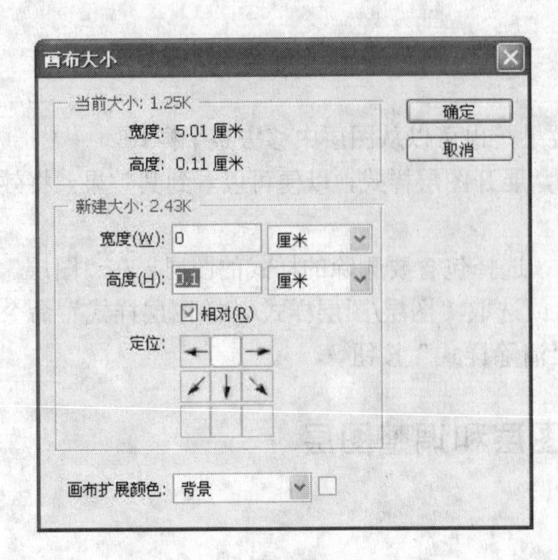

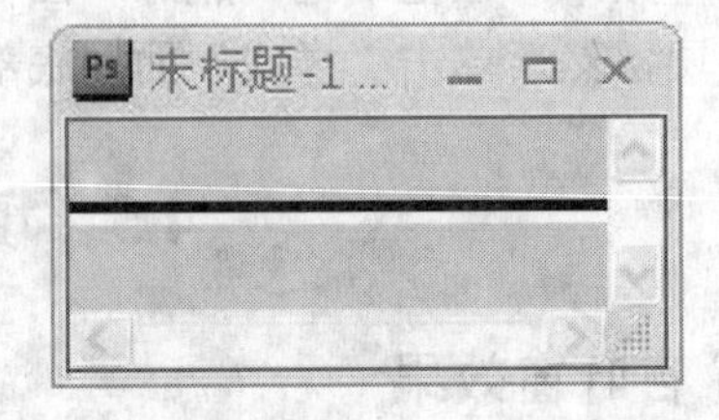

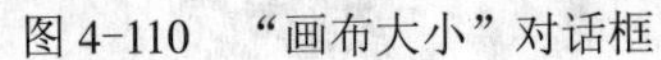
图 4-110 “画布大小”对话框

图 4-111 黑白填充的图像

白图案，如图 4-112 所示。单击该黑白填充的图像文件右上角“最小化“按钮，以将其缩小显示。

（6）执行“文件/打开”命令（快捷键【Ctrl＋O】)，在弹出的“打开”对话框中选择指定图像文件，如图 4-113 所示。

（7）执行“图层/新建填充图层/图案”命令，在弹出的“新建图层”对话框中保持默认设置，单击“确定”按钮，在随即弹出的“图案填充”对话框中设置“缩放”为“100%”，其他保持默认设置，单击“确定”按钮（见图 4-114），此时可见图像文件上全部填充上黑白线条，如图 4-115 所示。

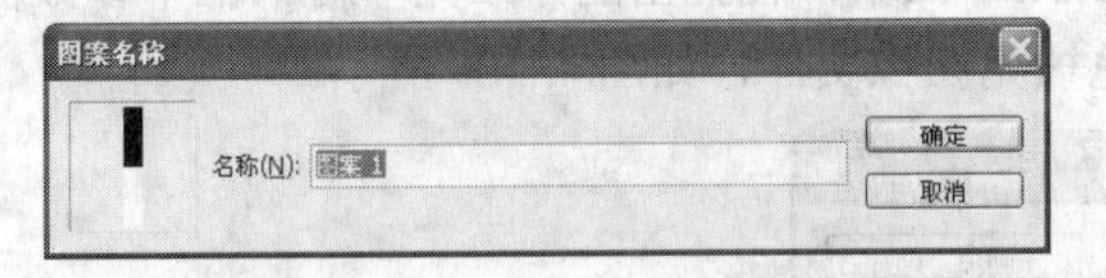

图 4-112 “图案名称”对话框

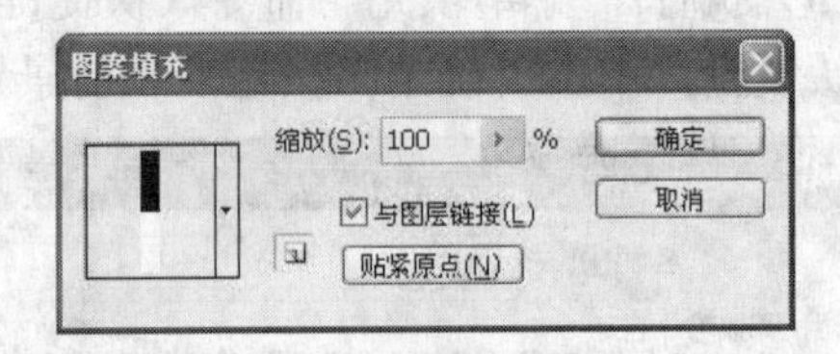

图 4-114 “图案填充”对话框

图 4-113 棕榈树图像

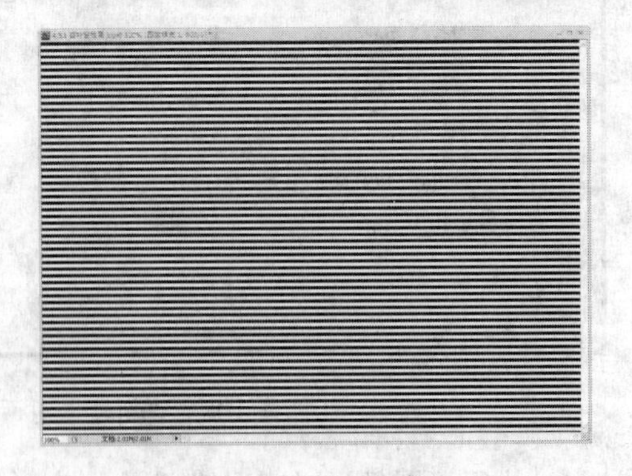

图 4-115 黑白线条效果

（8）单击图层调板上“图案填充 1”作为当前层，将图层调板上“不透明度”后输入值调为“50%”（根据需要可调为其他数值）即可，最终百叶窗效果如图 4-116 所示。

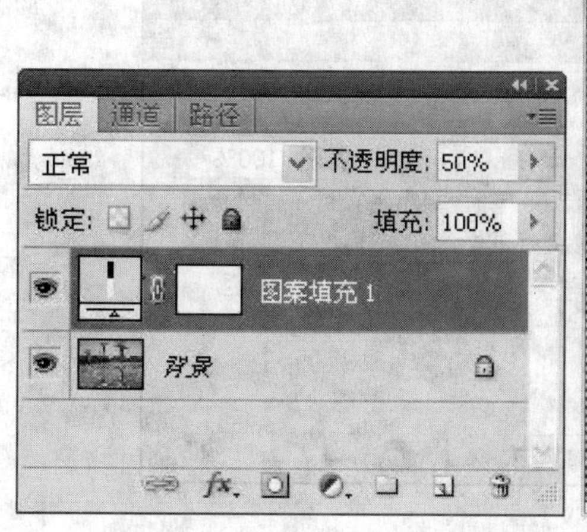

图 4-116　百叶窗效果（左图为图层调板，右图为效果图）

4.5.2　偏暗图像调整

任务说明：本任务是制作图像色调变化特殊效果。

任务要点："色阶"调整图层使用。

任务步骤：

（1）执行"文件/打开"命令，在弹出的"打开"对话框中打开指定的图像文件，如图 4-117 所示。在直方图面板上可以看到曲线偏重暗调一边，由此判断这是一个以暗调为主的图片，如图 4-118 所示。

图 4-117　原图

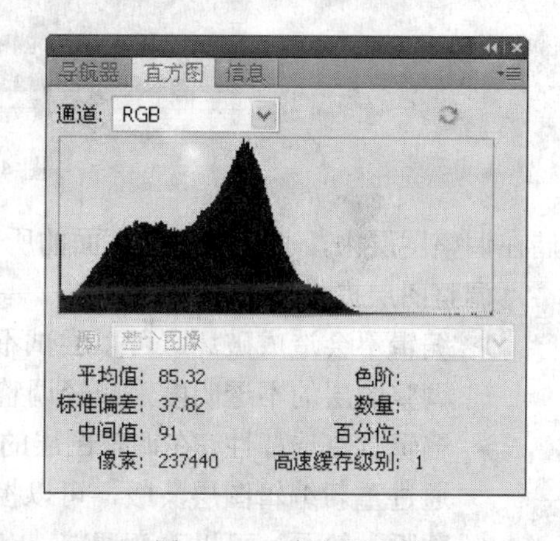

图 4-118　直方图面板

（2）选择"图层/新建调整图层/色阶"命令，在弹出的"新建图层"对话框中保持默认设置，单击"确定"按钮，随即打开"调整"面板，对于这样的色阶直方图比较容易处理，只要将右侧的白色滑块向右移动到合适位置（或直接在白色滑块下方输入数值 170）即可，如图 4-119 所示。此时可观察到图层面板中效果如图 4-120 所示，图像窗口效果如图 4-121 所示。

4.5.3　调整图层和填充图层知识点

1. 关于调整图层和填充图层

调整图层可将颜色和色调调整应用于图像，而不会永久更改像素值。例如，可以创建"色阶"或"曲线"调整图层，而不是直接在图像上调整"色阶"或"曲线"。颜色和色调调整存

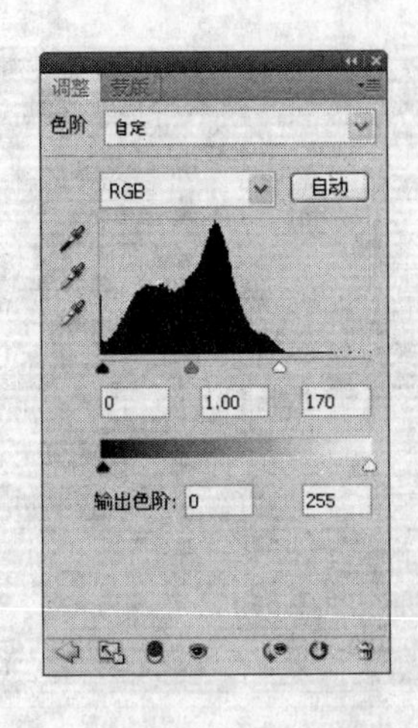

图 4-119　“色阶”对话框

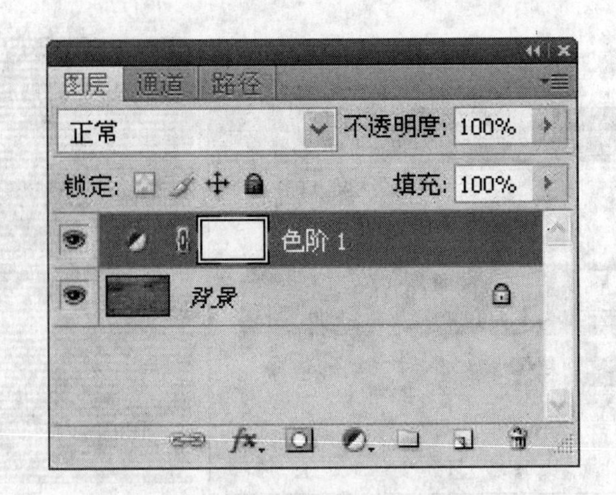

图 4-120　图层调板效果

图 4-121　图像窗口效果

储在调整图层中，并应用于它下面的所有图层。可以随时扔掉更改并恢复原始图像。

调整图层提供了以下优点：

➢ 编辑不会造成破坏。可以尝试不同的设置并随时重新编辑调整图层。也可以通过降低调整图层的不透明度来减轻调整的效果。
➢ 编辑具有选择性。在调整图层的图像蒙版上绘画可将调整应用于图像的一部分。稍后，通过重新编辑图层蒙版，可以控制调整图像的那些部分。通过使用不同的灰度色调在蒙版上绘画，可以改变调整。
➢ 能够将调整应用于多个图像。在图像之间复制和粘贴调整图层，以便应用相同的颜色和色调调整。

调整图层会增大图像的文件大小，尽管所增加的大小不会比其他图层多。如果要处理多个图层，可能希望通过将调整图层合并为像素内容图层来缩小文件大小。调整图层具有许多与其他图层相同的特性：可以调整它们的不透明度和混合模式；可以将它们编组以便将调整应用于特定图层；可以启用和禁用它们的可见性，以便应用效果或预览效果。

调整图层将影响其下方的所有图层：通过做出一次调整即可校正多个图层，而无需单独调整每个图层。

填充图层可以用纯色、渐变或图案填充图层。与调整图层不同，填充图层不影响它们下面的图层。

2. 创建调整和填充图层

调整图层和填充图层具有与图像图层相同的不透明度和混合模式选项。可以重新排列、删除、隐藏和复制它们，就像处理图像图层一样。默认情况下，调整图层和填充图层有图层蒙版，由图层缩览图左边的蒙版图标表示。要创建没有图层蒙版的调整图层，取消选择“调整”面板菜单中的“默认情况下添加蒙版”。“图层”对话框如图 4-122 所示。

图 4-122 中各字母标表示含义：A. 仅限制在“小木屋”图层的调整图层；B. 图层缩览图；C. 填充图层；D. 图层蒙版。

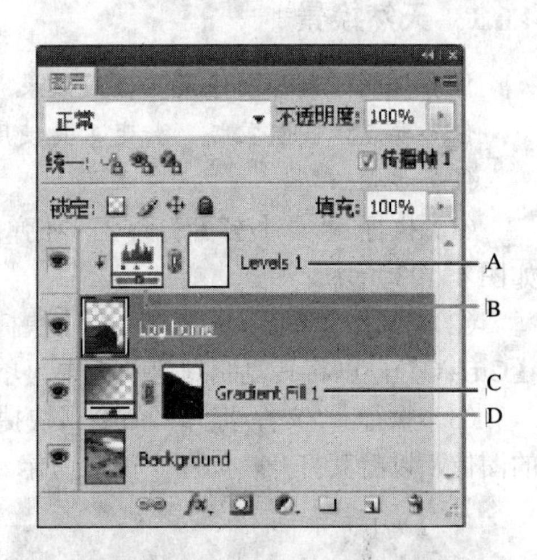

图 4-122　调整图层和填充图层

要将调整图层或填充图层的效果限制在选定区域内，建立一个选区，创建一条闭合路径并选中它，或选择一条现有的闭合路径。当使用选区时，会创建一个由图层蒙版限制的调整图层或填充图层；当使用路径时，将会创建一个由矢量蒙版限制的调整图层或填充图层。

创建调整图层，执行下列操作之一：

- 单击调整图标或在“调整”面板中选择调整预设。
- 单击“图层”面板底部的“新建调整图层”按钮，然后选择调整图层类型。
- 选择“图层/新建调整图层”，然后选择一个选项。命名图层，设置图层选项，然后单击“确定”按钮。

要将调整图层的效果限制在一组图层内，创建由这些图层组成的剪贴蒙版。可以将调整图层放到此剪贴蒙版内，或放到它的基底上。所产生的调整将被限制在该组中的图层内（或者也可以创建一个使用除“正常”外的任何混合模式的图层组）。

创建填充图层，选择“图层/新建填充图层”，然后选择一个选项。命名图层，设置图层选项，然后单击“确定”按钮；或单击“图层”面板底部的“新建调整图层”按钮，然后选择填充图层类型：

- 纯色。用当前前景色填充调整图层。使用拾色器选择其他填充颜色。
- 渐变。单击可编辑渐变按钮以显示“渐变编辑器”，或单击倒三角按钮并从弹出式面板中选取一种渐变。如果需要，请设置其他选项。“样式”指定渐变的形状。“角度”指定应用渐变时使用的角度。“缩放”更改渐变的大小。“反向”翻转渐变的方向。“仿色”通过对渐变应用仿色减少带宽。“与图层对齐”使用图层的定界框来计算渐变填充。可以在图像窗口中拖动以移动渐变中心。
- 图案。单击图案按钮，并从弹出式面板中选取一种图案。单击“比例”，并输入值或拖动滑块。单击“贴紧原点”以使图案的原点与文档的原点相同。如果希望图案在图层移动时随图层一起移动，请选择“与图层链接”。选中“与图层链接”后，当“图案填充”对话框打开时可以在图像中拖移以定位图案。

3. 更改调整图层和填充图层的选项

双击“图层”面板中调整或填充图层的缩览图，或选取“图层/图层内容选项”命令。在

“调整”面板中进行所需的更改。反相调整图层没有可编辑的设置。

4.6 图 层 蒙 版

4.6.1 天然换景

任务说明：制作图像天然合成效果。

任务要点：图层蒙版、渐变工具使用。

任务步骤：

（1）执行 “文件/打开”命令，在弹出的“打开”对话框中双击指定的图像，以将其打开，如图 4-123 所示。

（2）执行 “编辑/全选”命令（快捷键【Ctrl+A】），再执行 “编辑/拷贝”命令（快捷键【Ctrl+C】），以将其复制到剪贴板中。单击该图像窗口右上角“关闭”按钮，以将其关闭。

（3）执行 “文件/打开”命令（快捷键【Ctrl+O】），在弹出的“打开”对话框中双击指定的图像，以将其打开，如图 4-124 所示。

图 4-123　源图像文件 1

图 4-124　源图像文件 2

（4）执行“编辑/粘贴”命令（快捷键【Ctrl+V】），以将图像转移到刚打开的图像中。

（5）执行“图层/添加图层蒙版/显示全部”命令，或单击图层面板下方增加蒙版图标，为该“图层 1”增加蒙版（图 4-125）。

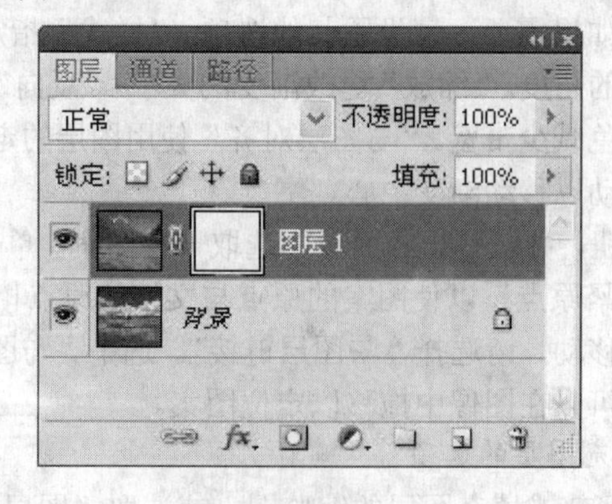

图 4-125　图层面板

（6）在工具箱中选择渐变工具，设置渐变工具的工具选项栏如图 4-126 所示，确定渐变编辑框所选的渐变颜色是“黑色、白色”的渐变。

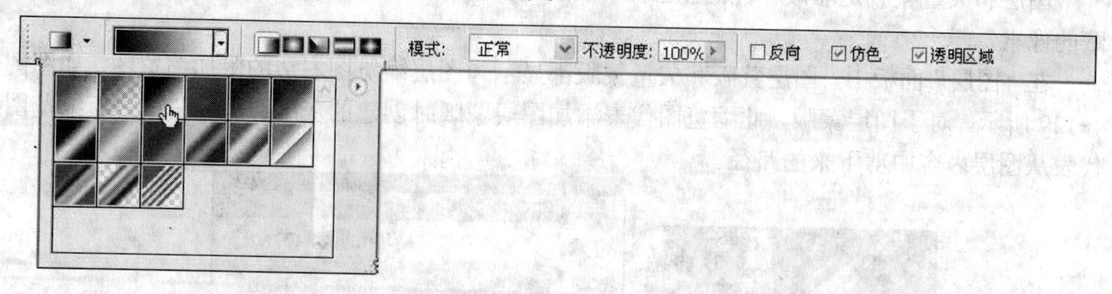

图 4-126　渐变工具选项栏

（7）在图像窗口中从中间往下拖动合适距离（见图 4-127），松开鼠标即可得到混合效果，如图 4-128 所示。

图 4-127　渐变距离拖动

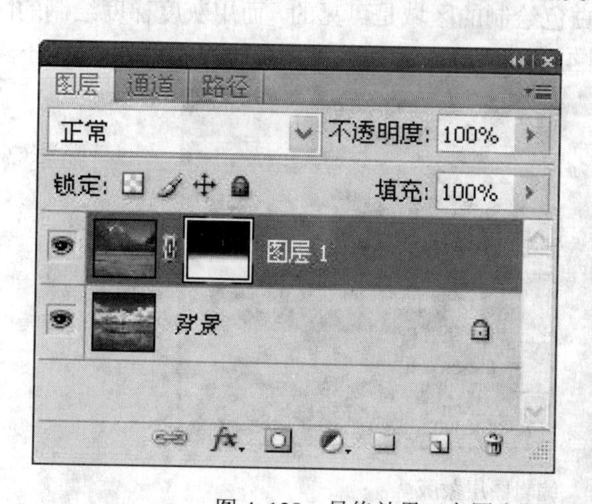

图 4-128　最终效果（左图为图层面板效果，右图为图像效果）

4.6.2　图层蒙版知识点

可以使用蒙版来隐藏部分图层并显示下面的部分图层。可以创建两种类型的蒙版：

➢ 图层蒙版是与分辨率相关的位图图像，可使用绘画或选择工具进行编辑。

➢ 矢量蒙版与分辨率无关，可使用钢笔或形状工具创建。

图层和矢量蒙版是非破坏性的，这表示以后可以返回并重新编辑蒙版，而不会丢失蒙版隐藏的像素。

在“图层”面板中，图层蒙版和矢量蒙版都显示为图层缩览图右边的附加缩览图，如图图4-129所示。对于图层蒙版，此缩览图代表添加图层蒙版时创建的灰度通道。矢量蒙版缩览图代表从图层内容中剪下来的路径。

图 4-129　蒙版图层

图 4-129 中各字母表示的含义：A. 图层蒙版缩览图；B. 矢量蒙版缩览图；C.“矢量蒙版链接”图标；D. 添加蒙版。

要在背景图层中创建图层或矢量蒙版，首先将此图层转换为常规图层（“图层/新建/图层背景”）。

也可以编辑图层蒙版，以便向蒙版区域中添加内容或从中减去内容。图层蒙版是一种灰度图像，因此用黑色绘制的区域将被隐藏，用白色绘制的区域是可见的，而用灰度梯度绘制的区域则会出现在不同层次的透明区域中，如图 4-130 所示。

图 4-130　编辑图层蒙版

图 4-130 中的蒙版是用黑色绘制的背景，用灰色绘制说明卡片，用白色绘制篮子。

矢量蒙版可在图层上创建锐边形状，无论何时当想要添加边缘清晰分明的设计元素时，矢量蒙版都非常有用。使用矢量蒙版创建图层之后，可以向该图层应用一个或多个图层样式，如果需要，还可以编辑这些图层样式，并且立即会有可用的按钮、面板或其他 Web 设计元素。

"蒙版"面板提供用于调整蒙版的附加控件。可以像处理选区一样，更改蒙版的不透明度以增加或减少显示蒙版内容、反相蒙版或调整蒙版边界，如图 4-131 所示。

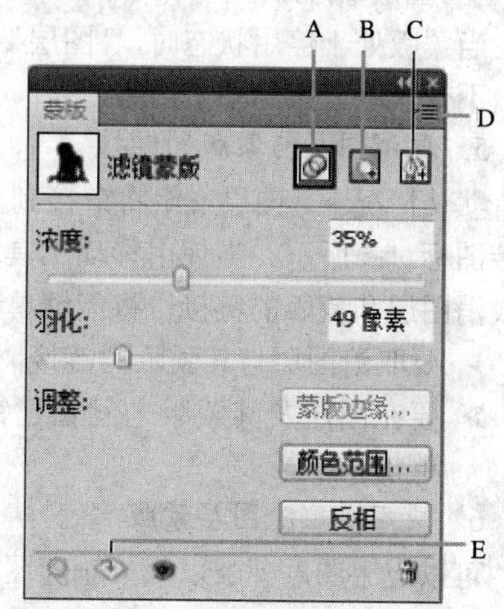

图 4-131 蒙版面板

图 4-131 中各字母分别表示的含义：A. 选择滤镜蒙版；B. 添加像素蒙版；C. 添加矢量蒙版；D. 面板菜单；E. 应用蒙版。

1. 添加显示或隐藏整个图层的蒙版

确保未选定图像的任何部分。选取"选择/取消选择"命令。在"图层"面板中，选择图层或组。执行下列操作之一：

➢ 要创建显示整个图层的蒙版，在"蒙版"面板中单击"像素蒙版"按钮，或在"图层"面板中单击"添加图层蒙版"按钮，或选取"图层">"图层蒙版">"显示全部"。

➢ 要创建隐藏整个图层的蒙版，按住 Alt 键并单击"蒙版"面板中的"像素蒙版"按钮，或按住 Alt 键并单击"添加图层蒙版"按钮，或选取"图层/图层蒙版/隐藏全部"。

2. 编辑图层蒙版

在"图层"面板中，选择包含要编辑的蒙版的图层。单击"蒙版"面板中的"滤镜蒙版"按钮使之成为现用状态。蒙版缩览图的周围将出现一个边框。选择任一编辑或绘画工具（当蒙版处于现用状态时，前景色和背景色均采用默认灰度值），执行下列操作之一：

➢ 要从蒙版中减去并显示图层，将蒙版涂成白色。

➢ 要使图层部分可见，将蒙版绘成灰色。灰色越深，色阶越透明；灰色越浅，色阶越不透明。

➢ 要向蒙版中添加并隐藏图层或组，将蒙版绘成黑色。下方图层变为可见的。

要编辑图层而不是图层蒙版，单击"图层"面板中的图层缩览图以选择它。图层缩览图的周围将出现一个边框。

3. 选择并显示图层蒙版通道

为了更轻松地编辑图层蒙版，可以显示灰度蒙版自身或将灰度蒙版显示为图层上的宝石红颜色叠加。执行下列操作之一：

➢ 按住 Alt 键，并单击图层蒙版缩览图以只查看灰度蒙版。要重新显示图层，按住 Alt 键或 Option 键并单击图层蒙版缩览图，或单击眼睛图标。

➢ 按住"Alt+Shift"组合键，并单击图层蒙版缩览图以查看图层顶部使用宝石红蒙版颜色表示的蒙版。按住"Alt+Shift"组合键或"Option+Shift"组合键，并再次单击缩览图以关闭颜色显示。

4. 停用或启用图层蒙版

执行下列操作之一：

➢ 选择包含要停用或启用的图层蒙版的图层，并单击"蒙版"面板中的"停用/启用蒙版"按钮。

➢ 按住 Shift 键并单击"图层"面板中的图层蒙版缩览图。

- 选择包含要停用或启用的图层蒙版的图层，然后选取“图层/图层蒙版/停用”或“图层/图层蒙版/启用”命令。

当蒙版处于停用状态时，“图层”面板中的蒙版缩览图上会出现一个红色的 X，并且会显示出不带蒙版效果的图层内容。

5. 取消图层与蒙版的链接

默认情况下，图层或组将链接到其图层蒙版或矢量蒙版，如“图层”面板中缩览图之间的链接图标 所示。当使用移动工具 移动图层或其蒙版时，它们将在图像中一起移动。通过取消图层和蒙版的链接，将能够单独移动它们，并可独立于图层改变蒙版的边界。

- 要取消图层与其蒙版的链接，单击“图层”面板中的链接图标。
- 要在图层及其蒙版之间重建链接，在“图层”面板中的图层和蒙版路径缩览图之间单击。

6. 应用或删除图层蒙版

可以应用图层蒙版以永久删除图层的隐藏部分。图层蒙版是作为 Alpha 通道存储的，因此应用和删除图层蒙版有助于减小文件大小。也可以删除图层蒙版，而不应用更改。

在“图层”面板中，选择包含图层蒙版的图层。在“蒙版”面板中，单击“像素蒙版”按钮。执行下列操作之一：

- 要在图层蒙版永久应用于图层后移去此图层蒙版，单击“蒙版”面板底部的“应用蒙版”按钮。
- 要移去图层蒙版，而不将其应用于图层，单击“蒙版”面板底部的“删除”按钮，然后单击“删除”。
- 也可以使用“图层”菜单应用或删除图层蒙版。

当删除某个图层蒙版时，无法将此图层蒙版永久应用于智能对象图层。

4.7 剪贴蒙版

4.7.1 叶片状荷叶

任务说明：本任务是制作图像特殊形状效果。

任务要点：掌握剪贴蒙版使用方法。

任务步骤：

（1）执行“文件/打开”命令，在弹出的“打开”对话框中双击指定的图像，以将其打开，如图 4-132 所示。

（2）执行“编辑/全选”命令（快捷键【Ctrl+A】），再执行 “编辑/剪切”命令（快捷键【Ctrl+V】），以将其剪切到剪贴板中。

（3）执行“图层/新建/图层”命令，在弹出的“新建图层”对话框中保持默认设置，单击“确定”按钮（见图 4-133），即可创建一个新图层，如图 4-134 所示。

（4）选择工具箱中“自定形状工具”，在其工具选项栏中设置绘制类型为填充像素按钮，单击“形状”后的“自定形状”拾色器以打开，单击其右上角三角菜单，选择“自然”类别，在弹出的对话框中直接单击“确定”按钮，随即在“自定形状”拾色器中单击第四行第三个“叶子 5”图案，如图 4-135 所示。

图 4-132　素材图像

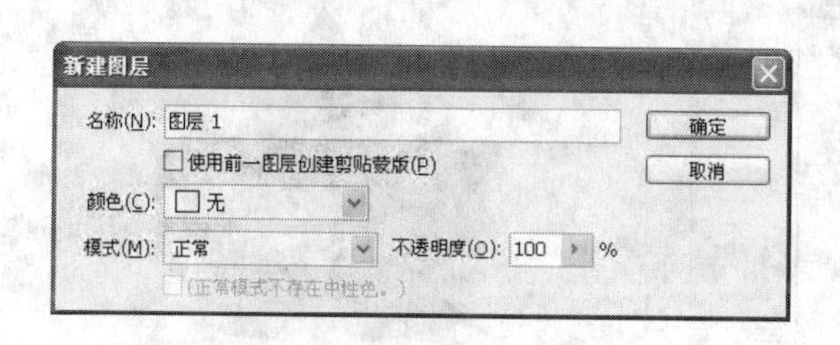

图 4-133　新建图层对话框

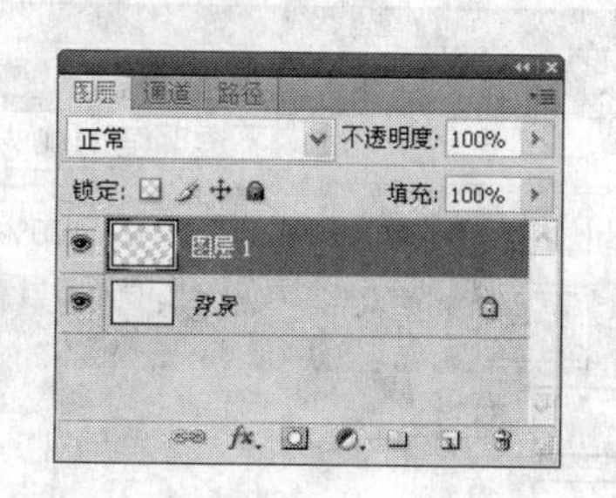

图 4-134　图层面板

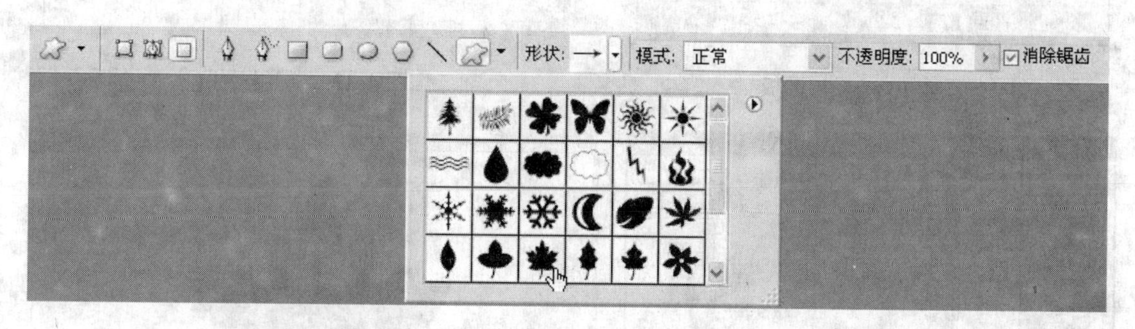

图 4-135　自定形状工具选项栏

（5）在图像窗口中合适位置，按住 Shift 键，同时用自定形状工具画出如图 4-136 所示的黑色叶子大小（默认工具箱中前景色是黑色）。

（6）执行“编辑/粘贴”命令（快捷键【Ctrl+V】），以将剪切板中的图像转移进来，图层面板效果如图 4-137 所示。

（7）执行菜单“图层/创建剪贴蒙版”命令（快捷键【Alt+Ctrl+G】）以使“图层 2”与“图层 1”编组，图层面板效果如图 4-138 所示，图像效果如图 4-139 所示。

（8）使用鼠标在“图层 1”图层上单击后，并单击鼠标右键，在弹出菜单中选取“混合选项”命令，在弹出的对话框中单击样式中的“斜面和浮雕”，选择“样式”中的“浮雕效果”，其他参数均保持默认值（见图 4-140），单击“确定”按钮即可，效果如图 4-141 所示。

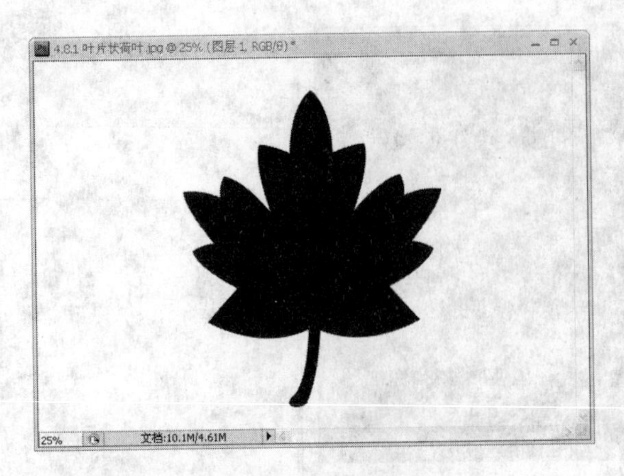

图 4-136　黑色叶子

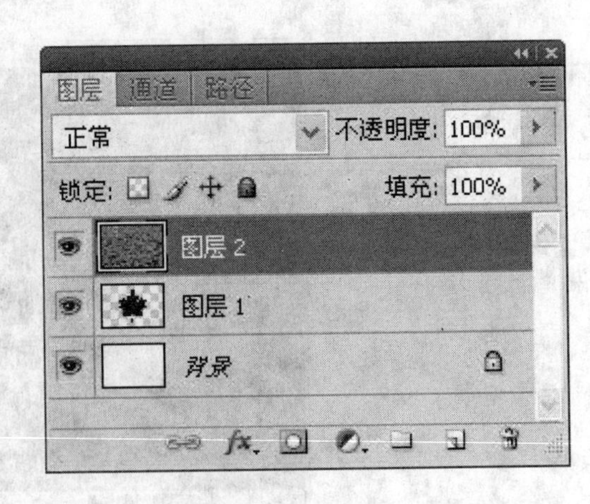

图 4-137　图层面板

图 4-138　图层面板

图 4-139　编组效果

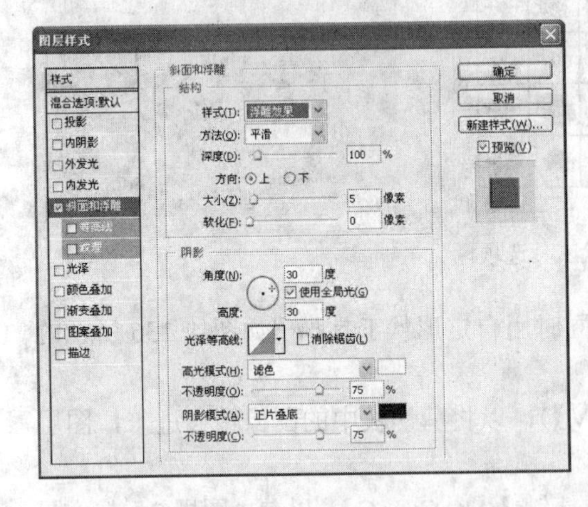

图 4-140　“图层样式”对话框

图 4-141　最终效果

4.7.2　剪贴蒙版知识点

剪贴蒙版可让使用某个图层的内容来遮盖其上方的图层。遮盖效果由底部图层或基底图层决定的内容。基底图层的非透明内容将在剪贴蒙版中裁剪（显示）它上方的图层的内容。剪贴图层中的所有其他内容将被遮盖掉，如图 4-142 所示。图 4-142 中剪贴图层的内容（土豆）仅

图 4-142　剪贴蒙版效果

在基底图层的内容中可见（徽标）。

可以在剪贴蒙版中使用多个图层，但它们必须是连续的图层。蒙版中的基底图层名称带下划线，上层图层的缩览图是缩进的。叠加图层将显示一个剪贴蒙版图标。

“图层样式”对话框中的“将剪贴图层混合成组”选项可确定基底的混合模式是影响整个组还是只影响基底。

1. 创建剪贴蒙版

在“图层”面板中排列图层，以使带有蒙版的基底图层位于要蒙盖的图层的下方。执行下列操作之一：

➢ 按住 Alt 键，将指针放在“图层”面板上用于分隔要在剪贴蒙版中包含的基底图层和其上方的第一个图层的线上（指针会变成两个交迭的圆），然后单击。

➢ 选择“图层”面板中的基底图层上方的第一个图层，并选取“图层/创建剪贴蒙版”。

要向剪贴蒙版添加其他图层，使用以上两种方法之一，并同时在“图层”面板向上前进一级。

如果在剪贴蒙版中的图层之间创建新图层，或在剪贴蒙版中的图层之间拖动未剪贴的图层，该图层将成为剪贴蒙版的一部分。

图层将为剪贴蒙版中的图层指定基底图层的不透明度和模式属性。

2. 移去剪贴蒙版中的图层

执行下列操作之一：

➢ 按住 Alt 键，将指针放在“图层”面板中分隔两组图层的线上（指针会变成两个交迭的圆），然后单击。

➢ 在“图层”面板中，选择剪贴蒙版中的图层，并选取“图层/释放剪贴蒙版”命令。此命令从剪贴蒙版中移去所选图层以及它上面的任何图层。

3. 释放剪贴蒙版中的所有图层

在“图层”面板中，选择基底图层正上方的剪贴蒙版图层。选取“图层/释放剪贴蒙版”命令。

4.8　样式面板练习

4.8.1　下雨效果

实例说明：本实例介绍如何将图像制成下雨效果。

技术要点：掌握样式调板使用方法。

操作步骤：

（1）执行“文件/打开”命令，在弹出的“打开”对话框中选择指定的素材图片，单击“确定”按钮以打开素材文件，如图 4-143 所示。

（2）在图层调板中双击“背景”层，在弹出的对话框中选择“确定”按钮，以将背景层转化为普通层“图层 1”。

（3）单击样式调板中右边小三角，在弹出的菜单中选择“图像效果”。在随即弹出的对话框中选择“确定”按钮，以将图像效果样式替换当前的样式。在样式调板中单击 “雨”样式（见图 4-144），以将图层 1 添加雨样式效果。最终效果如图 4-145 所示。

图 4-143　原始素材

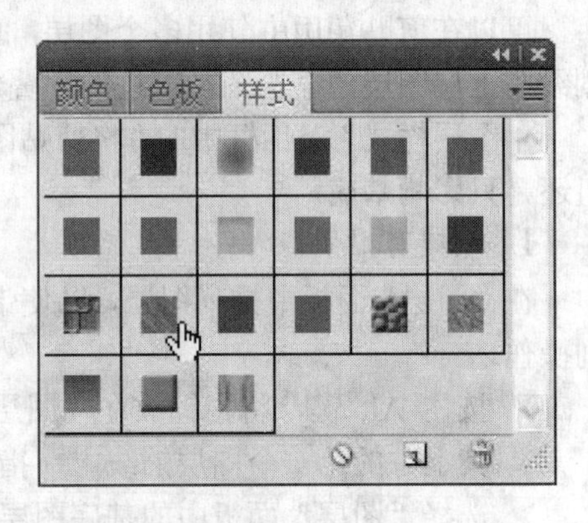

图 4-144　样式调板

图 4-145　最终效果

小结：

制作该效果当原始图片的分辨率为 72ppi 时效果比较明显。

4.8.2 样式面板知识点

可以从“样式”面板应用预设样式。Photoshop 随附的图层样式按功能分在不同的库中。例如，一个库包含用于创建 Web 按钮的样式；另一个库则包含向文本添加效果的样式。要访问这些样式，需要载入适当的库。

注意：不能将图层样式应用于背景、锁定的图层或组。

1. 显示样式面板

选取“窗口/样式”命令。

2. 对图层应用预设样式

一般情况下，应用预设样式将会替换当前图层样式。不过，可以将第二种样式的属性添加到当前样式的属性中。

执行下列操作之一：

- 在“样式”面板中单击一种样式以将其应用于当前选定的图层。
- 将样式从“样式”面板拖动到“图层”面板中的图层上。
- 将样式从“样式”面板拖动到文档窗口，当鼠标指针位于希望应用该样式的图层内容上时，松开鼠标按钮。注： 在单击或拖动的同时按住 Shift 键可将样式添加到（而不是替换）目标图层上的任何现有效果。
- 选取“图层/图层样式/混合选项”命令，然后单击“图层样式”对话框中的文字样式（对话框左侧列表中最上面的项目）。单击要应用的样式，然后单击“确定”按钮。
- 在形状图层模式下使用“形状”工具或“钢笔”工具时，在绘制形状前从选项栏的弹出式面板中选择样式。

3. 应用另一个图层中的样式

在“图层”面板中，按住 Alt 键并从图层的效果列表拖动样式，以将其复制到另一个图层。在“图层”面板中，单击此样式，并从图层的效果列表中拖动，以将其移动到另一个图层。

4. 更改预设样式的显示方式

单击“样式”面板中的三角形、“图层样式”对话框或选项栏中的“图层样式”弹出式面板，从面板菜单中选择显示选项：

- “纯文本”：以列表形式查看图层样式。
- “小缩览图”或“大缩览图”：以缩览图形式查看图层样式。
- “小列表”或“大列表”：以列表形式查看图层样式，同时显示所选图层样式的缩览图。

4.9 图层综合练习

4.9.1 漂亮的羽毛扇

任务说明：本任务是制作漂亮的羽毛扇。

任务要点：复制图层、新建图层、图层合并等应用。

任务步骤：

（1）执行“文件/新建”命令（快捷键【Ctrl＋N】），在弹出的“新建”对话框中设置宽度为“600 像素”，高度为“400 像素”，其他参数保持不变，如图 4-146 所示，单击“确定”按钮以得到新建文件。

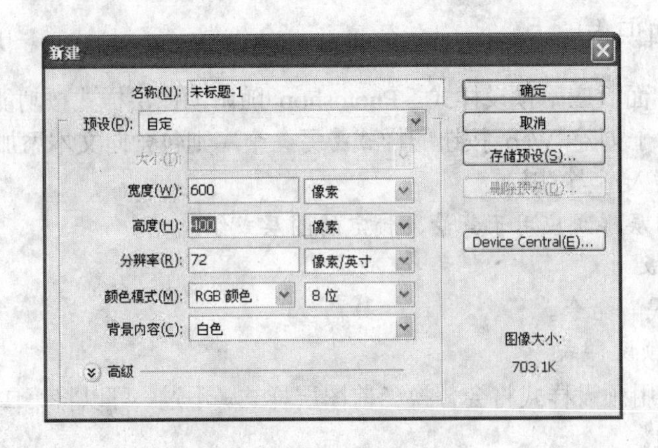

图 4-146 “新建”对话框

（2）执行菜单“编辑/填充”命令（快捷键【Shift＋F5】），在弹出的“填充”对话框中将“内容”下“使用”下拉菜单中选择“黑色”，其他参数保持不变（见图 4-147），单击“确定”按钮，以确定背景填充黑色。

（3）单击图层面板下方“创建新图层”按钮，以新增一个图层，如图 4-148 所示。

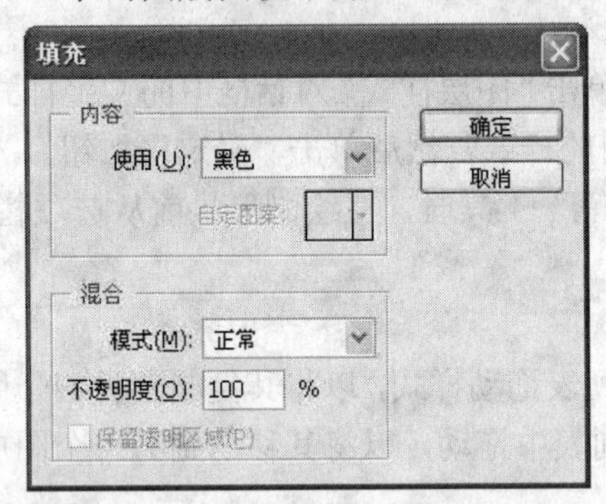

图 4-147 “填充”对话框

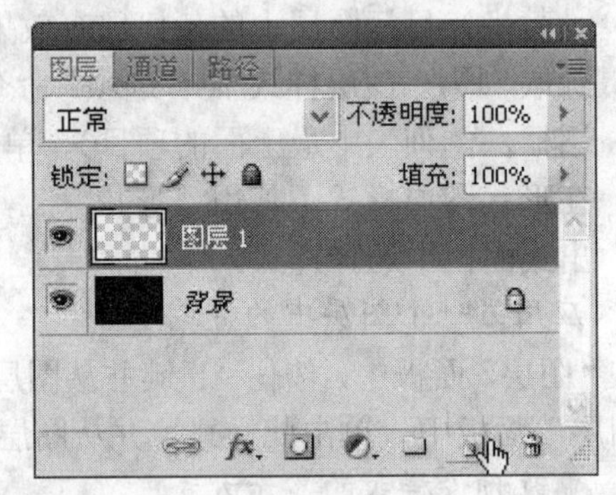

图 4-148 新增图层

（4）选择画笔工具，单击其选项栏中“画笔预设”选取器，设置画笔大小为“2px”，硬度为“100%”（见图 4-149）。接着设置工具箱“设置前景色”方块为白色（RGB 均为 255），在图像窗口合适位置按 Shift 键垂直拖动鼠标绘制直线（图 4-150）。

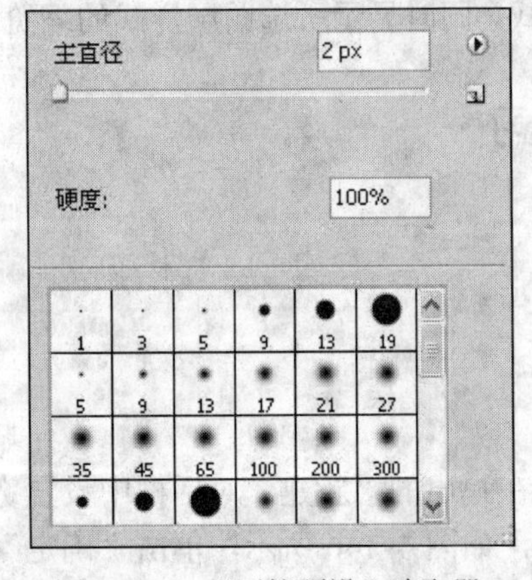

图 4-149 “画笔预设”选取器

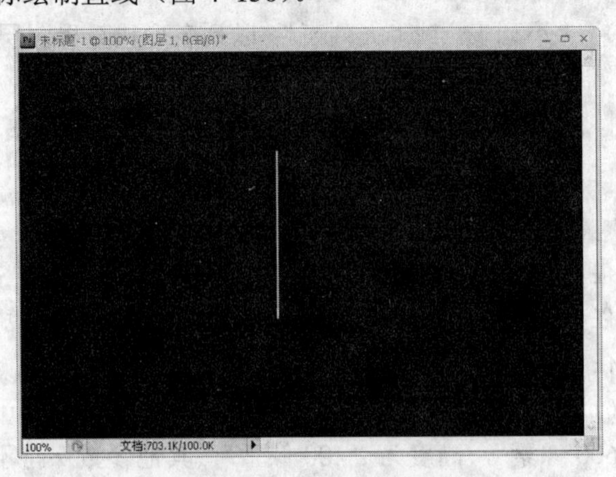

图 4-150 直线渐变图像

（5）选择“编辑/变换/旋转”命令（快捷键【Ctrl＋T】），在工具选项栏中设置旋转值为“45度”（见图 4-151），按 Enter 键确认旋转结束。

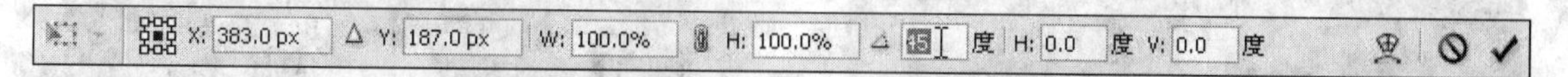

图 4-151　变形选项栏

（6）选择“滤镜/风格化/风”命令，在“风”对话框中设“方法”为“风”，“方向”为“从左”（见图 4-152），单击“确定”按钮得到风吹效果。按快捷键【Ctrl+F】一次，即重复上一步任务以加强风吹效果，如图 4-153 所示。

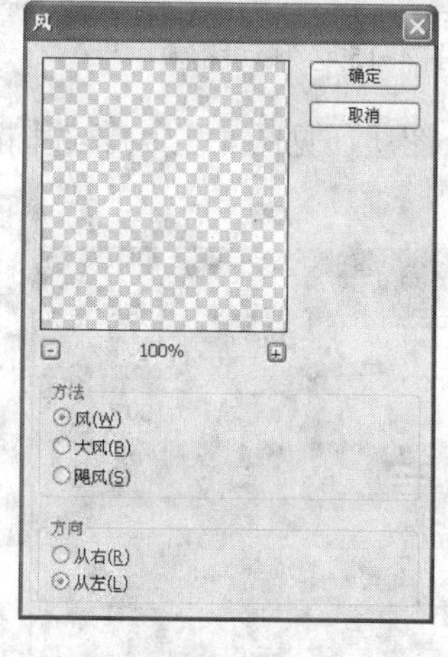

图 4-152　“风”对话框

图 4-153　风效果

（7）选择菜单“编辑/变换/旋转”命令（快捷键【Ctrl＋T】），在工具选项栏中设置旋转值为“-45 度”，按 Enter 键确认旋转结束，效果如图 4-154 所示。

（8）按快捷键【Ctrl+J】，以复制图层 1 得到“图层 1 副本”，如图 4-155 所示。

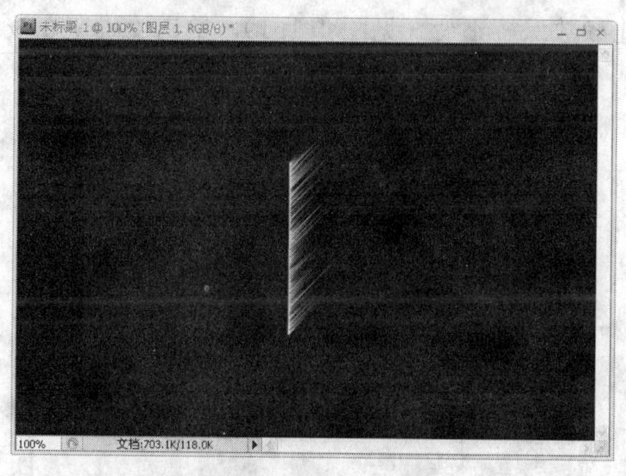

图 4-154　旋转图像

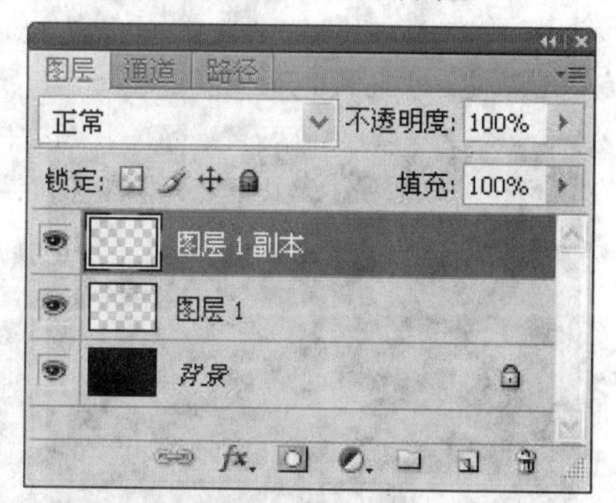

图 4-155　复制图层

（9）选择“编辑/变换/水平翻转”命令，效果如图 4-156 所示。选择移动工具，连续按键盘上方向键“←”15 次，以把“图层 1 副本”中羽毛移到适当位置，如图 4-157 所示。

（10）单击“图层/向下合并”命令（快捷键【Ctrl＋E】），以合并“图层 1 副本”到“图层 1”上成为一层，图层面板效果如图 4-158 所示。

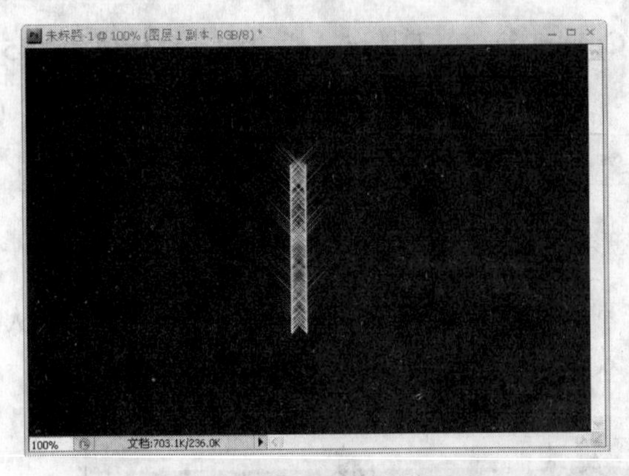

图 4-156 翻转图像

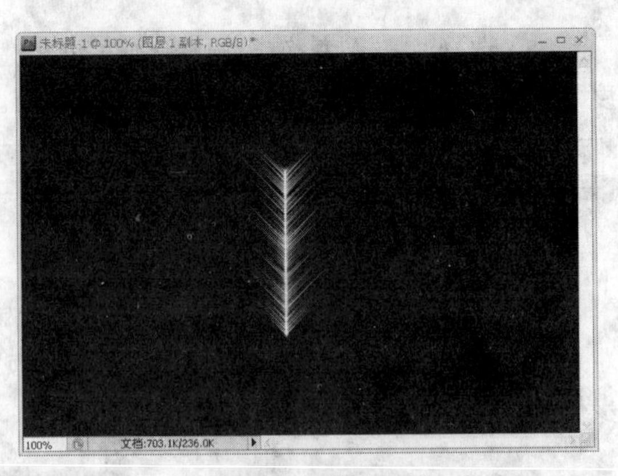

图 4-157 移动图层

（11）单击图层调板下方“创建新图层”按钮，以新增一个图层（见图 4-159）。选椭圆选框工具，在羽毛上方拖出一个小椭圆，如图 4-160 所示。

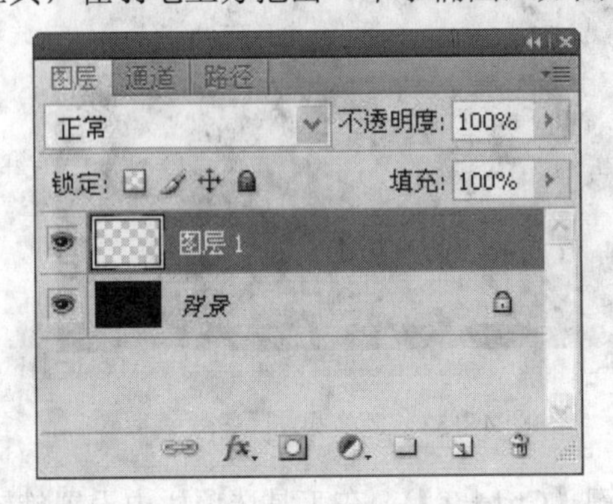

图 4-158 合并图层

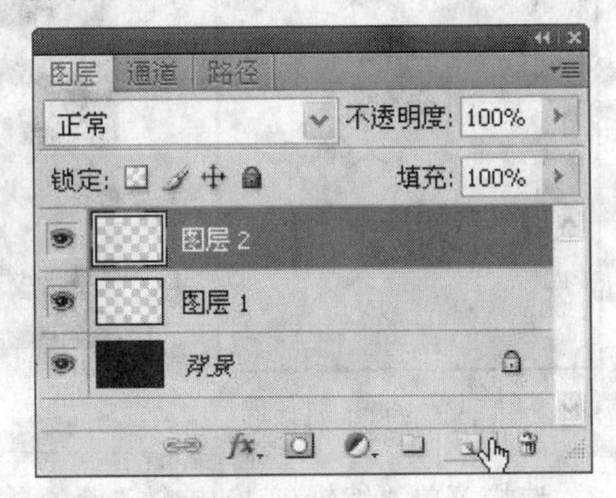

图 4-159 增加图层

（12）选择“编辑/填充” 命令（快捷键【Shift＋F5】），在弹出的“填充”对话框中将“内容”下“使用”下拉菜单中选择“白色”，其他参数保持不变（见图 4-161），单击“确定”按钮，以确定给小椭圆填充白色。

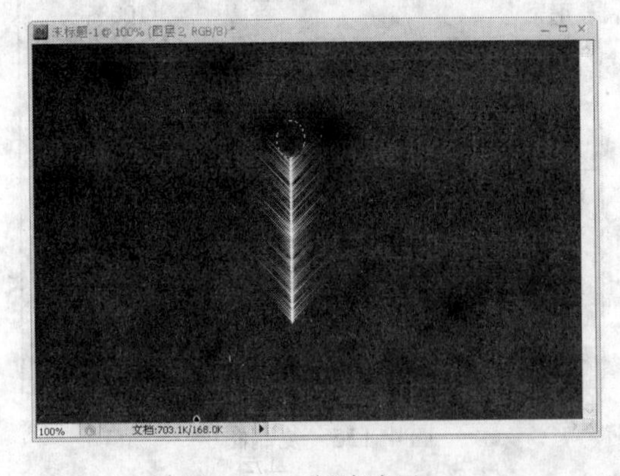

图 4-160 创建选区

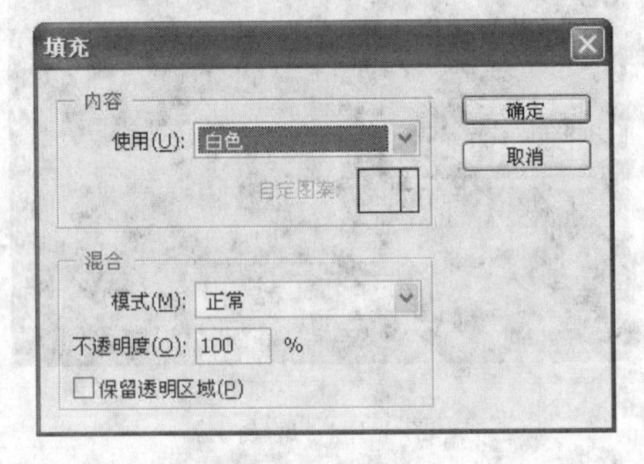

图 4-161 “填充”对话框

（13）选择“选择/修改/收缩”命令，在弹出的“收缩选区”对话框中设置“收缩量”为“2 像素”（见图 4-162），单击“确定”按钮。按键盘上 Delete 键，再按“Ctrl+D”，以取消选择，得出如图 4-163 的白环效果。

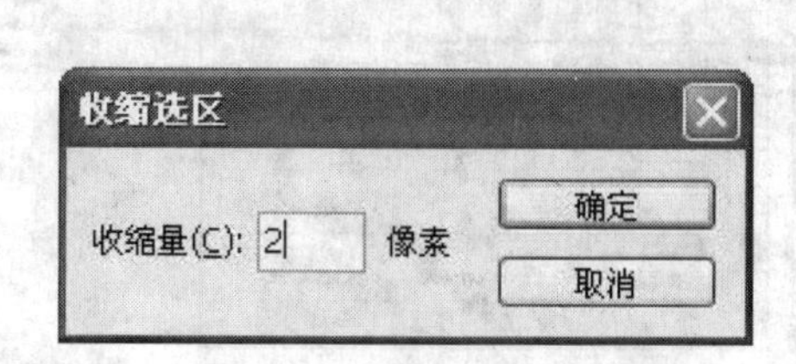

图 4-162 “收缩选区”对话框

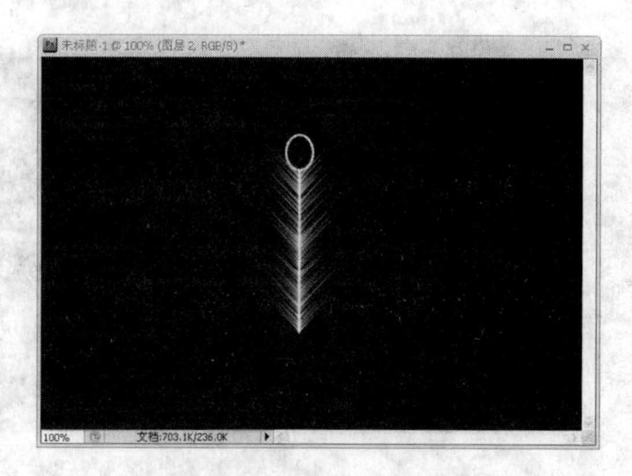

图 4-163 白环效果

（14）选择画笔工具，按住 Shift 键和鼠标左键在羽毛底部垂直拖动鼠标到合适位置松开鼠标，效果如图 4-164 所示。

（15）选择“图层/向下合并”命令（快捷键【Ctrl＋E】），以合并“图层 2”到“图层 1”上成为一层。选择移动工具将“图层 1”中羽毛移到图像窗口正中位置。

（16）按快捷键【Ctrl+J】，以复制图层 1 得到 1 个副本（见图 4-165）。按快捷键【Ctrl+T】，在工具选项栏中把旋转中心点选择为底边正中小正方形，角度设置为“15 度”（见图 4-166），按 Enter 键确定旋转结束。

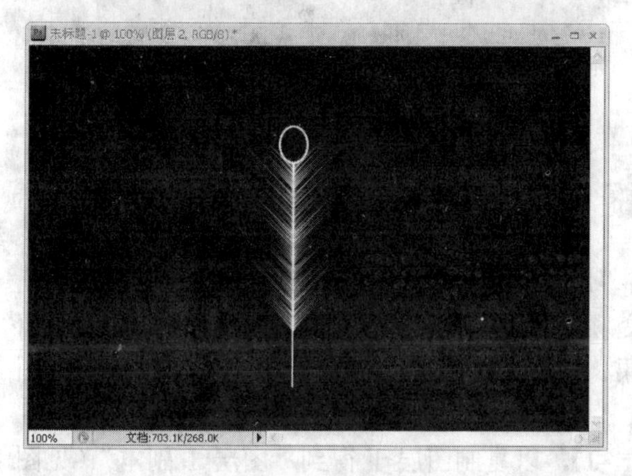

图 4-164 绘制直线

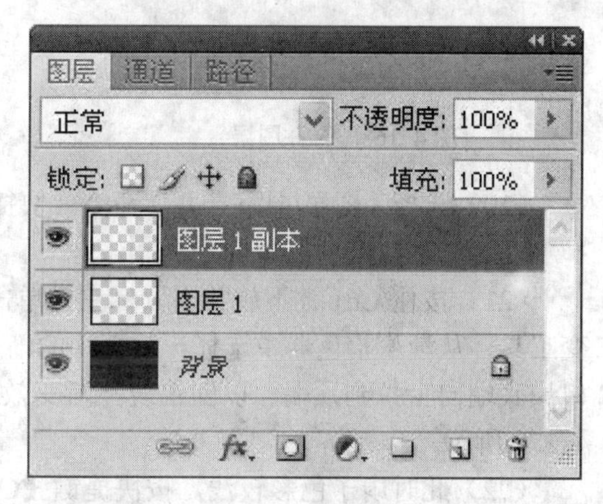

图 4-165 复制图层

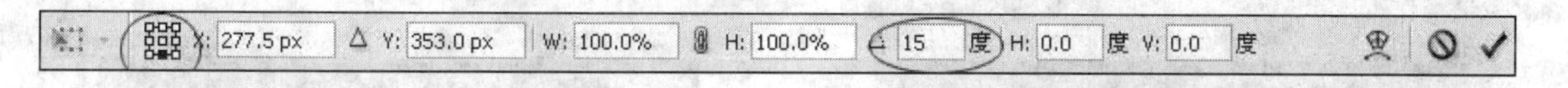

图 4-166 变形选项栏

（17）按快捷键【Shift+Ctrl+Alt+T】三次，以进行相同的再次变化，初步效果如图 4-167 所示。

（18）选择“图层/向下合并”命令（快捷键【Ctrl＋E】）4 次，以将五层合并为一层“图层 1”，图层面板效果如图 4-168 所示。

（19）按快捷键【Ctrl+J】，以复制图层 1 得到“图层 1 副本”。选择菜单“编辑/变换/水平翻转”命令，选择移动工具，按键盘上方向键“←”不动，直至把“图层 1 副本”中羽毛移到适当位置才松开方向键“←”，效果如图 4-169 所示。

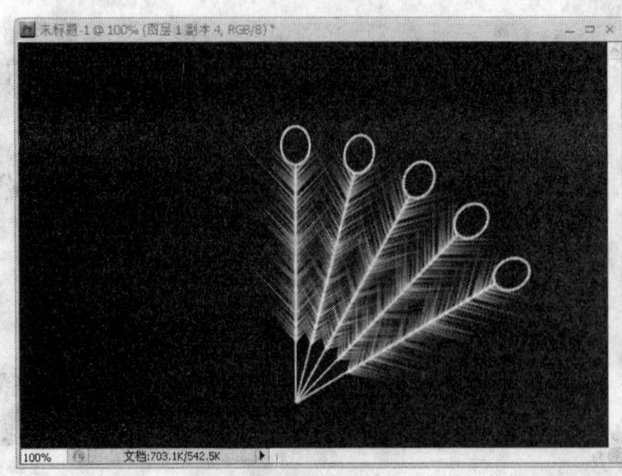

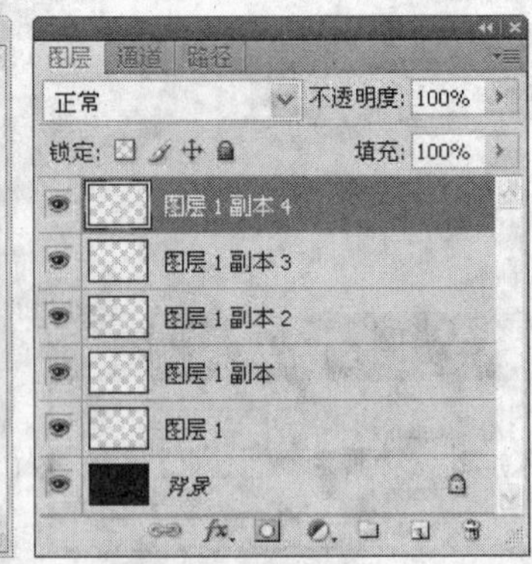

图 4-167　初步效果（左图为图像效果，右图为图层面板效果）

图 4-168　合并图层

图 4-169　镜像图层

（20）选择“图层/向下合并”命令（快捷键【Ctrl+E】），以合并“图层 1 副本”到“图层 1”上成为一层。

（21）按住 Ctrl 键不放并用鼠标左键单击“图层 1”缩略图，以使扇子成为选区。选择渐变工具，从渐变拾色器中选择一款喜欢的渐变颜色（这里选择的是“色谱”渐变样式），由窗口最底端向上拉到顶端，以创建线性渐变效果，执行“选择/取消选择”命令，最终效果如图 4-170 所示。

（22）此时扇子色彩较浅，按快捷键【Ctrl+J】，以复制图层 1 得到“图层 1 副本”（见图 4-171），从而加强扇子效果。

图 4-170　彩色羽毛

图 4-171　最终效果

4.9.2 色光三原色混合效果

任务说明：本任务是制作色光三原色混合效果。

任务要点：新建图层、图层混合等使用。

任务步骤：

（1）执行 “文件/新建” 命令（快捷键【Ctrl+N】），在弹出的“新建”对话框中设置“宽度”为“800 像素”，“高度”为“600 像素”，“分辨率”为“72 像素/英寸”，颜色模式为“RGB 颜色”，背景内容为“白色”，如图 4-172 所示。单击“确定”按钮即可得到一个背景为白色的图像文件。

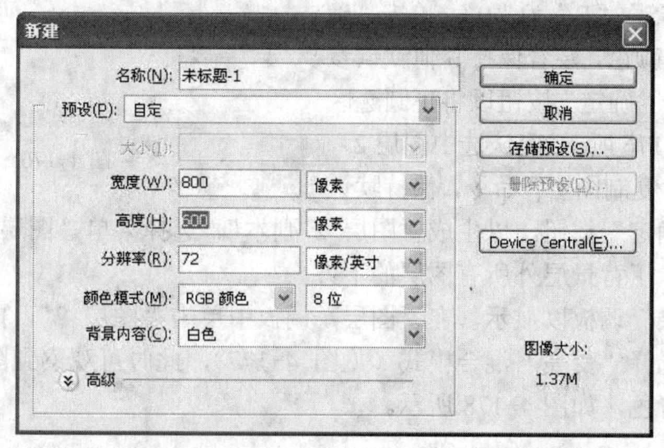

图 4-172 “新建”对话框

（2）执行“图层/新建/图层”命令，在弹出的“新建图层”对话框中保持默认参数不变，单击“确定”按钮，以新建立一个新的图层“图层 1”。选择工具箱的椭圆选框工具，设置其选项栏中样式为固定大小，“宽度”为“300px”，“高度”为“300px”，其他保持默认参数，如图 4-173 所示。在图像窗口左侧位置处单击一下，以建立一个指定的正圆选区。

图 4-173 椭圆选框工具选项栏

（3）执行“编辑/填充”命令，在弹出的“填充”对话框中单击“使用”下拉框选择“颜色”，在弹出的颜色选择对话框中右侧设置“R”为“255”、“G”为“0”、 “B”为“0”（见图 4-174），单击“确定”按钮以确定选择颜色，接着保持其他默认参数设置不变，再单击“确定”按钮以将正圆选区填充为红色，如图 4-175 所示。

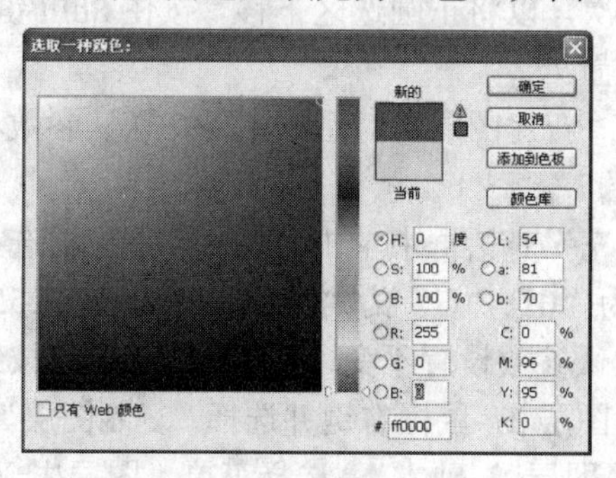

图 4-174 颜色选择对话框

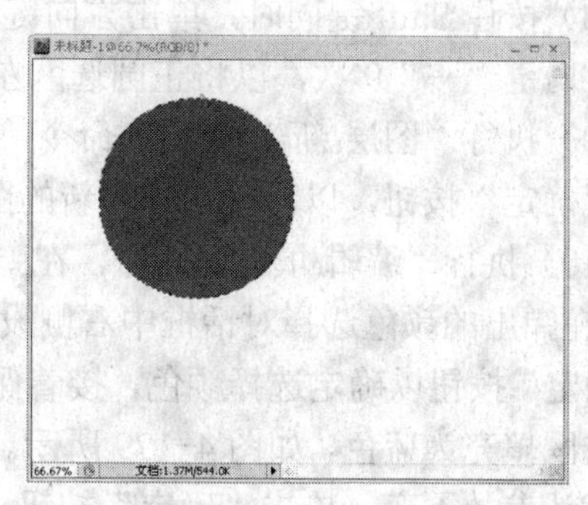

图 4-175 红圆

（4）按住 Shift 键同时，单击方向键“→”15 次，以将正圆选区右移指定位置处。

（5）执行菜单“图层/新建/图层”命令，在弹出的“新建图层”对话框中保持默认参数不变，单击“确定”按钮，以新建立一个新的图层“图层 2”。

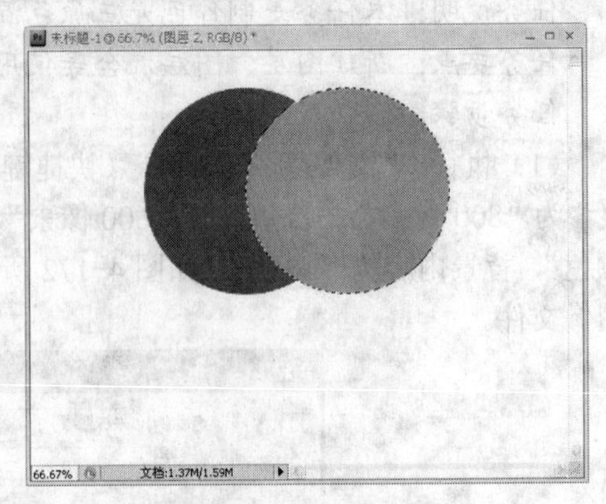

图 4-176 绿圆

（6）执行菜单“编辑/填充”命令，在弹出的“填充”对话框中单击“使用”下拉框选择“颜色”，在弹出的颜色选择对话框中右侧设置“R”为“0”、“G”为“255”、“B”为“0”，单击“确定”按钮以确定选择颜色，接着保持其他默认参数设置不变，再单击“确定”按钮以将正圆选区填充为绿色，如图 4-176 所示。确认选中图层 2 ，按鼠标右键并选择“复制图层”命令，保持默认参数不变，单击“确定”按钮，以生成“图层 2 副本”。选择菜单“图层/排列/置为底层”命令以将该副本移到除了背景层外所有图层的下方。

（7）单击“图层”调板以显示，在“图层”调板中单击“图层 2”，再单击“设置图层混合模式”下拉框，选择“变亮”混合模式（见图 4-177），此时可观察到图像窗口中红圆与绿圆重合处颜色变为青色，如图 4-178 所示。

图 4-177 “变亮”混合模式

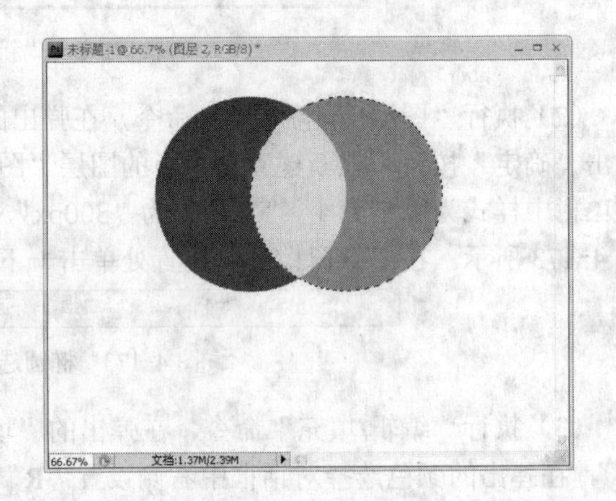

图 4-178 混合效果

（8）按住 Shift 键同时，单击方向键“↓”15 次，以将正圆选区下移。按住 Shift 键同时，单击方向键“←”9 次，以将正圆选区左移指定位置处。

（9）执行“图层/新建/图层”命令，在弹出的“新建图层”对话框中保持默认参数不变，单击“确定”按钮，以新建立一个新的图层“图层 3”。

（10）执行“编辑/填充”命令，在弹出的“填充”对话框中单击“使用”下拉框选择“颜色”，在弹出的颜色选择对话框中右侧设置“R”为“0”、“G”为“0”、 “B”为“255”，单击“确定”按钮以确定选择颜色，接着保持其他默认参数设置不变，再单击“确定”按钮以将正圆选区填充为蓝色，如图 4-179 所示。确认选中图层 3，鼠标右键并选择“复制图层”命令，保持默认参数不变，单击“确定”按钮，以生成“图层 3 副本”。选择菜单“图层/排列/置为底层”命令以将该副本移到除了背景层外所有图层的下方。

（11）单击“图层”调板以显示，在“图层”调板中单击“设置图层混合模式”下拉框，选择“变亮”混合模式（见图 4-180）。执行菜单“选择/取消选择”命令，以取消选区显示。此时可观察到图像窗口中红圆与蓝圆重合处颜色变为品红色，蓝圆与绿圆重合处颜色变为黄色，红圆、绿圆与蓝圆三处重合处为白色，如图 4-181 所示。

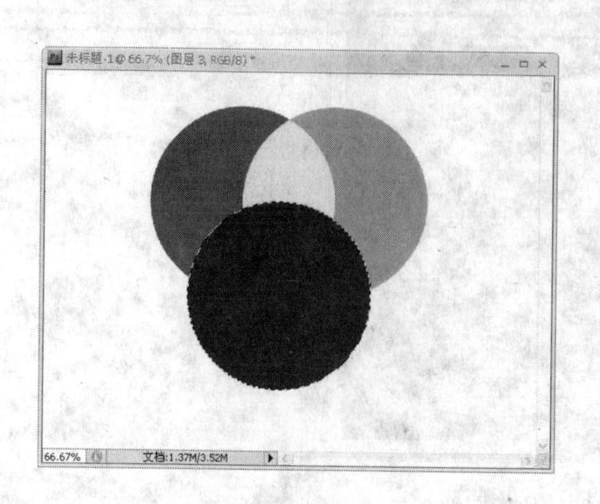

图 4-179　蓝圆

图 4-180　混合模式

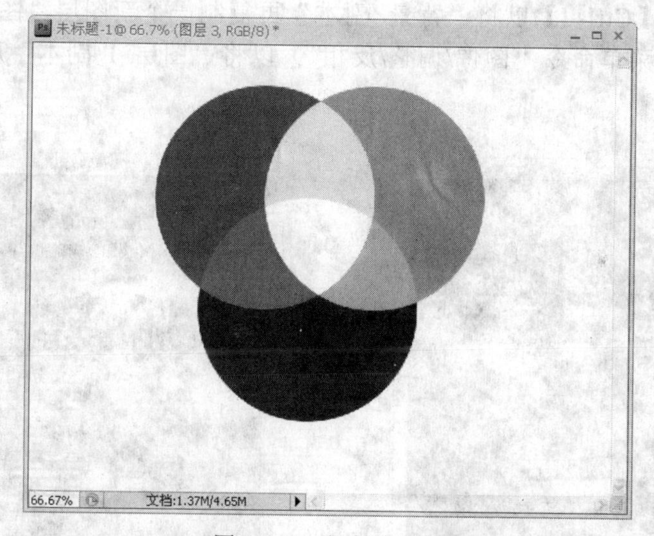

图 4-181　加色法效果

4.9.3　素描图像

任务说明：本任务是制作素描图像效果。

任务要点：掌握图层混合模式、反向命令、高斯模糊等的应用。

任务步骤：

（1）在 Photoshop 中执行“文件/打开”命令，在弹出的“打开”对话框中双击指定的图像以打开显示，如图 4-182 所示。

（2）按快捷键【Ctrl+J】（或菜单命令“图层/新建/通过拷贝的图层”），以将背景层复制一个新图层“图层 1”，按快捷键【Ctrl+Shift+U】（或菜单命令“图像/调整/去色”）以将“图层 1”去色得到黑白效果，如图 4-183 所示。

图 4-182　原始图像

（3）按快捷键【Ctrl+J】以将“背景 副本”再复制一个新图层“图层 1 副本”，按快捷键【Ctrl+I】（或菜单命令“图像/调整/反相”）以将“图层 1 副本”反相，如图 4-184 所示。

图 4-183　黑白图像

图 4-184　反相图像

（4）在图层调板中将“背景 副本 2”的混合模式改为“颜色减淡”（见图 4-185），此时观察到图像窗口全变白，如图 4-186 所示。

（5）执行“滤镜/模糊/高斯模糊”命令，在弹出的“高斯模糊”对话框中将“半径”设为“4 像素”（见图 4-187）或其他数值均可，单击“确定”按钮。最后素描效果如图 4-188 所示。

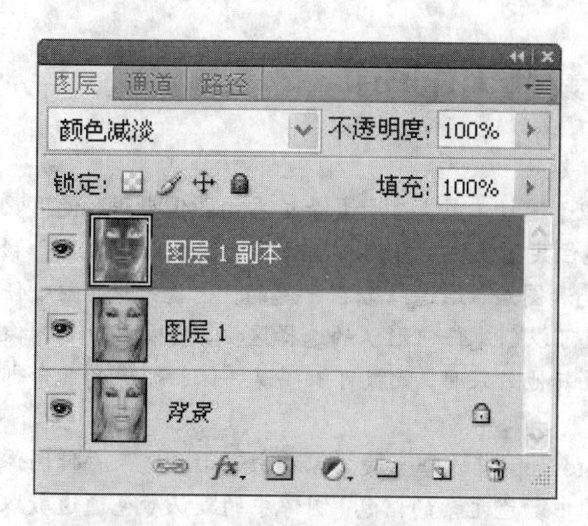

图 4-185　图层调板

图 4-186　图层混合

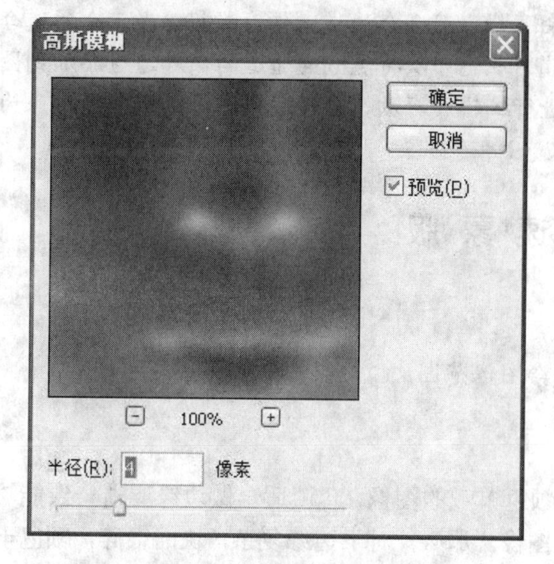

图 4-187　“高斯模糊”对话框

图 4-188　最后素描效果

第5章　蒙版和通道

蒙版是一种很重要的工具，主要用途类似于选择工具，对于复杂边界的图像来说，使用蒙版会更方便、直接。蒙版就好像一个遮罩，遮住某些区域，用户在选择其他区域修改时不会影响到被遮罩的区域，在一般情况下应用蒙版是和图层、通道结合在一起的，也就是说，蒙版任务是依赖于图层、通道任务来完成。使用蒙版可以创建任何形状的选择区域，当需要改变图像某个区域的颜色，或者要对该区域应用滤镜或其他效果时，蒙版可以隔离并保护图像的其余部分。

通道是 Photoshop 的一个主要元素，Photoshop 中的每一幅图像都由若干通道来存储图像中的色彩信息，每个通道中都存储着关于图像中颜色元素的信息。图像中的默认颜色通道数取决于图像的颜色模式。例如，在 RGB 模式下，每一个像素都是由不同比例的 RGB 三原色混合而成的，将这 3 种原色分离出来后，分别用红、绿、蓝 3 个通道来保存数据，当 3 个通道合成之后便等于原来的图像。除了双认的颜色通道外，还可以将 Alpha 通道的额外通道添加到图像中，Alpha 通道可以将选择区域作为遮罩来进行编辑和存放，另外还可以添加专色通道来为图像中指定区域设置专色。

5.1　快 速 蒙 版

5.1.1　移人换景

任务说明：本任务是使用快速蒙版选择复杂图像范围。

任务要点：掌握快速蒙版编辑使用。

任务步骤：

路径适合做边缘整齐的图像，魔棒适合做颜色单一的图像，套锁适合做边缘清晰一致能够一次完成的图像，通道适合做影调能做区分的图像。那么，对于边缘复杂，块面很碎，颜色丰富，边缘清晰度不一，影调跨度大的图像，最好是用蒙版来做。

（1）执行“文件/打开”命令，在弹出的打开对话框中找到指定的文件双击打开，如图 5-1 所示。这张图片中人物所穿的衣服颜色与背景物的颜色相似，为了突出人物，需要将人物换一个背景。如果用相关选择工具建立人物选区比较困难，这时候就可以用快速蒙版来建立所需的选区。

（2）在工具箱中选择磁性套索工具，在图像窗口中从人物头部单击确定选区起点，然后释放鼠标，并沿着要定义的人物边界拖动光标，系统会自动在设定的像素宽度内分析图像而自动吸附选区边界（这里不需要精确吸附选区边界，只需要大致吸附选区边界即可）。将鼠标移动到起点时，光标的右下角会出现一个小圆圈，表示选择区域已经封闭，在这里单击鼠标即可得到人物选区，如图 5-2 所示。

（3）用鼠标单击工具箱中最下方的“快速蒙版”图标，进入快速蒙版状态，图像中呈现半透明的红色，而刚才已经创建的选择区域为原色，如图 5-3 所示。

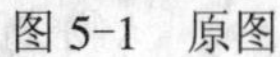

图 5-1　原图

图 5-2　确定选区

（4）在工具箱中设置前景色为白色，选择画笔工具，设置其选项栏中“主直径”为“13px”，“硬度”为“0%”，以使笔刷的边缘软硬程度要符合衣服边缘的状况，在需要建立选区的部位（如人物右边的耳朵部位、人物最下边的皮带部位等）小心地涂抹，以使被红色遮住的区域露出来，如图 5-4 所示。

图 5-3　快速蒙版状态

图 5-4　增大选区

（5）在工具箱中设置前景色为黑色，接着在需要建立蒙版的人物边缘部位（如人物脸部左下角的部位、人物左手肘部部位等）小心地涂抹，以使多余露出来的背景原色被红色遮住，如图 5-5 所示。

（6）用鼠标单击工具箱最下方的“标准模式”图标，回到标准模式编辑状态，即观察到虚线选择范围，如图 5-6 所示。检查选区是否符合要求，如果不符可以重新进入快速蒙版编辑状态继续修饰选区，直到满意为止。

（7）执行“选择/修改/羽化”命令，在弹出的“羽化”对话框中设置“羽化半径”为“4 像素”，单击“确定”按钮。执行“编辑/拷贝”命令，将羽化后人物图像放置到剪贴板中。

（8）执行“文件/打开”命令，在弹出的打开对话框中找到指定的文件双击打开，如图 5-7 所示。执行“编辑/粘贴”命令，以将羽化后的人物图像粘贴到该图像正中，如图 5-8 所示。选择工具箱中移动工具，将图像中人物移到右下角如图所示位置，如图 5-9 所示。

图 5-5　减少选区

图 5-6　人物选区

图 5-7　背景图像

图 5-8　粘贴效果

图 5-9　最终效果

5.1.2　更换背景

任务说明：本任务是使用快速蒙版选择复杂图像范围。

任务要点：掌握快速蒙版编辑使用方法。

任务步骤:

（1）执行“文件/打开”命令，在弹出的打开对话框中找到指定的文件双击打开，如图 5-10 所示。这张图片是一位在大自然中的写生者，背景不好，需要替换。要把人物和地面抠出来，路径、魔棒、套锁、通道都不好用，还是用蒙版比较方便。

图 5-10　原图

（2）在工具箱中最下方用鼠标单击“快速蒙版”图标，进入快速蒙版状态。选择工具箱中缩放工具，在图像窗口人物头部左上角按住鼠标不放拖到右下角以选取一个放大范围，如图 5-11 所示，松开鼠标结果如图 5-12 所示。

图 5-11　确定放大范围

图 5-12　放大观察效果

（3）单击工具箱“设置前景色”按钮设置其为黑色（RGB 值均为 0），再选择工具箱中画笔工具。在其选项栏中设置“直径”为“13px”、“硬度”为“0px”，耐心沿着需要扣出的图像边缘将不需要的部分擦除掉，如图 5-13 所示。

需要移动画面观察时，按住空格键，此时鼠标变成抓手工具，按住鼠标拖动就可以直接移动图像观察。

对于直线的地方可以按住 Shift 键，然后在直线的另一端点单击鼠标画出直线，如图 5-14 所示铅笔和画架旁；对于人物所坐的椅子下方选区或草地边缘区域等可以把笔刷直径调小些涂抹（直径为 8px 或更小些），如图 5-15 所示。

图 5-13　鼠标滑动涂抹

图 5-14　直线涂抹

图 5-15　细微涂抹

如果什么地方涂抹失误了，可以用白色的笔刷将涂坏的地方重新涂抹以重新修补回来。

（4）按住【Ctrl＋O】快捷键满画布显示图像（见图 5-16），再选择比较大的笔刷直径将人物选区边缘以外所有不需要的地方涂抹掉，如图 5-17 所示。用鼠标再单击工具箱最下方的“标准模式”图标，即可得到选区。如果对所得到的选区不满意，还可以重新进入快速蒙版编辑状态编辑，直至满意为止才转化为选区。执行“编辑/拷贝”命令，这时复制的就是选区内的内容。

图 5-16　边缘涂抹效果

图 5-17　边缘涂抹最终效果

（5）执行“文件/打开”命令（快捷键【Ctrl+O】），在弹出的打开对话框中双击指定的背景图像以打开显示，如图 5-18 所示。执行“编辑/粘贴”命令，再选择工具箱中移动工具，将粘贴的人物图像往下移动，最终效果如图 5-19 所示。

图 5-18　背景图片

图 5-19　效果图

5.1.3　快速蒙版知识点

要使用“快速蒙版”模式，从选区开始，然后给它添加或从中减去选区，以建立蒙版。也可以完全在“快速蒙版”模式下创建蒙版。受保护区域和未受保护区域以不同颜色进行区分。当离开“快速蒙版”模式时，未受保护区域成为选区。

当在“快速蒙版”模式中工作时，“通道”面板中出现一个临时快速蒙版通道。但是，所有的蒙版编辑是在图像窗口中完成的。

1. 创建临时快速蒙版

使用任一选区工具，选择要更改的图像部分。单击工具箱中的“快速蒙版”模式按钮。

默认情况下，“快速蒙版”模式会用红色、50% 不透明的叠加为受保护区域着色。选中的区域不受该蒙版的保护，如图 5-20 所示。

图 5-20 中各字母所表示的含义：A.“标准”模式；B.“快速蒙版”模式；C.选中的像素在通道缩略图中显示为白色；D.宝石红色叠加保护选区外的区域，未选中的像素在通道缩略图中显示为黑色。

要编辑蒙版，从工具箱中选择绘画工具。工具箱中的色板自动变成黑白色。

用白色绘制可在图像中选择更多的区域（颜色叠加会从用白色绘制的区域中移去）；要取消选择区域，用黑色在它们上面绘制（颜色叠加会覆盖用黑色绘制的区域）；用灰色或其他颜色绘画可创建半透明区域，这对羽化或消除锯齿效果有用（当退出“快速蒙版”模式时，半透明区域可能不会显示为选定状态，但它们的确处于选定状态），如图 5-21 所示。

图 5-21 中各字母所表示的含义：A.原来的选区和将绿色选做蒙版颜色的“快速蒙版”模式；B.在“快速蒙版”模式下用白色绘制可添加到选区；C.在“快速蒙版”模式下用黑色绘制可从选区中减去。

单击工具箱中的“标准模式”按钮，关闭快速蒙版并返回到原始图像。选区边界现在包围快速蒙版的未保护区域。如果羽化的蒙版被转换为选区，则边界线正好位于蒙版渐变的黑白像素之间。选区边界指明选定程度小于 50%和大于 50%的像素之间的过渡效果。

将所需更改应用到图像中。更改只影响选中区域。

选择“选择/取消选择”命令以取消选择选区，或选取“选择/存储选区”命令以存储选区。

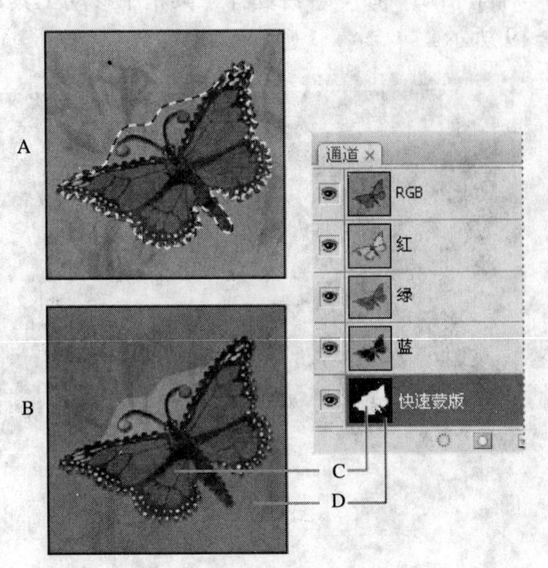

图 5-20　在“标准”模式和“快速蒙版”模式下选择

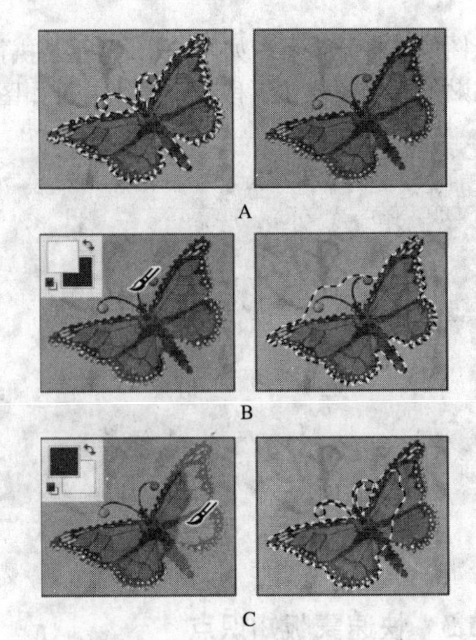

图 5-21　在“快速模式”下绘制

通过切换到标准模式并选取“选择/存储选区”命令可将此临时蒙版转换为永久性 Alpha 通道。

2. 更改快速蒙版选项

在工具箱中双击“快速蒙版”模式按钮。从下列显示选项中选取：

- 被蒙版区域。将被蒙版区域设置为黑色（不透明），并将所选区域设置为白色（透明）。用黑色绘画可扩大被蒙版区域；用白色绘画可扩大选中区域。选定此选项后，工具箱中的“快速蒙版”模式按钮将变为一个带有灰色背景的白圆圈。
- 所选区域。将被蒙版区域设置为白色（透明），并将所选区域设置为黑色（不透明）。用白色绘画可扩大被蒙版区域；用黑色绘画可扩大选中区域。选定此选项后，工具箱中的“快速蒙版”模式按钮将变为一个带有白色背景的灰圆圈。

要在快速蒙版的“被蒙版区域”和“所选区域”选项之间切换，按住 Alt 键，并单击“快速蒙版”模式按钮。

要选取新的蒙版颜色，单击颜色框并选取新颜色。

要更改不透明度，输入介于 0%～100%的值。

颜色和不透明度设置都只是影响蒙版的外观，对如何保护蒙版下面的区域没有影响。更改这些设置能使蒙版与图像中的颜色对比更加鲜明，从而具有更好的可见性。

5.2 通道编辑

5.2.1 烧纸效果

任务说明：本任务是制作烧纸效果。

任务要点：掌握通道基本编辑和图层基本任务方法。

任务步骤：

（1）执行“文件/打开”命令（快捷键【Ctrl＋O】），在弹出的“打开”对话框中选择指定的图像文件，双击打开显示，如图 5-22 所示。

（2）执行“选择/全选”命令（快捷键【Ctrl＋A】），再执行“图层/新建/通过剪切的图层”命令，以将图像从背景层分离出生成一个新的图层，如图 5-23 所示。

图 5-22　图像文件

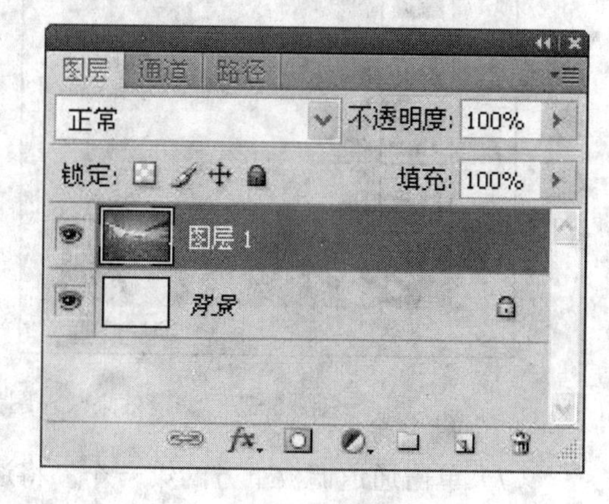

图 5-23　图层调板

（3）执行“选择/自由变换”命令（快捷键【Ctrl＋T】），在其工具选项栏设置 W 和 H 均为“70%”（见图 5-24），然后按 Enter 键进行确认变形，以得到缩小效果，如图 5-25 所示。

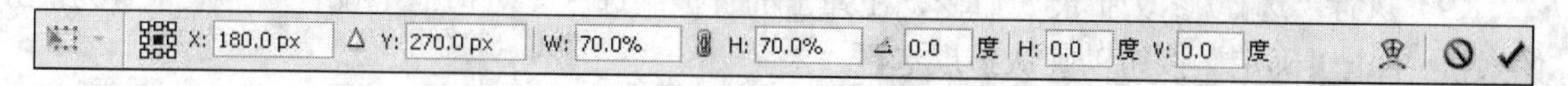

图 5-24　工具选项栏

（4）选择工具箱中“套索工具”，在其工具选项栏中设置模式为“添加到选区”，在图像中右下角和靠上位置依次画两个封闭的不规则形状选区（最好画时注意选区边缘要多一些锯齿状），如图 5-26 所示。

图 5-25　缩放图片

图 5-26　套索选区

（5）执行“选择/存储选区”命令，在弹出的对话框中保持默认设置，单击“确定”按钮以确保选区保存。

（6）执行“选择/取消选择”命令，以取消选区。在通道调板中单击 Alpha1 通道，执行“滤镜/画笔描边/喷溅”命令，在弹出的“喷溅”对话框中设置右侧的“喷色半径”为“25”，“平滑度”为“3”，单击“确定”按钮以确认得到喷溅效果，图像窗口中效果如图 5-27 所示。

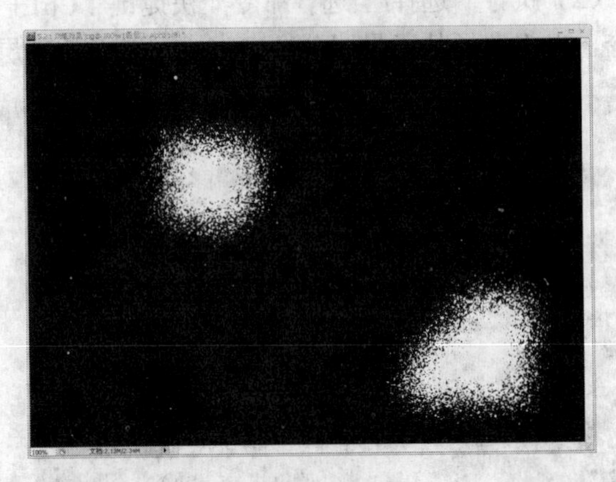

图 5-27　滤镜效果（左图为通道调板，右图为通道喷溅效果）

（7）单击通道调板下方的第一个“将通道作为选区载入”按钮（或执行“选择/载入选区”命令），以将通道中得到的形状转为选区。

（8）单击通道调板中复合通道“RGB”，以便图像窗口显示其彩色效果。单击图层调板，按下 Delete 键，以将“图层 1”中选区内的图像内容删除，图像文件效果如图 5-28 所示。

（9）执行“选择/修改/扩展”命令，在弹出的“扩展选区”对话框中设置“扩展量”为“5 像素”，单击“确定”按钮以确认扩展选区。

（10）执行“选择/羽化”命令，在弹出的“羽化选区”对话框中设置“羽化半径”为“15 像素”，单击“确定”按钮以确认羽化选区。

（11）执行“图像/调整/色阶”命令（快捷键【Ctrl+L】），在弹出的“色阶”对话框中设置“输入色阶”下第一个文本框输入“240”，其他保持默认设置（见图 5-29），单击“确定”按钮以确认亮度变暗。

图 5-28　删除图像效果

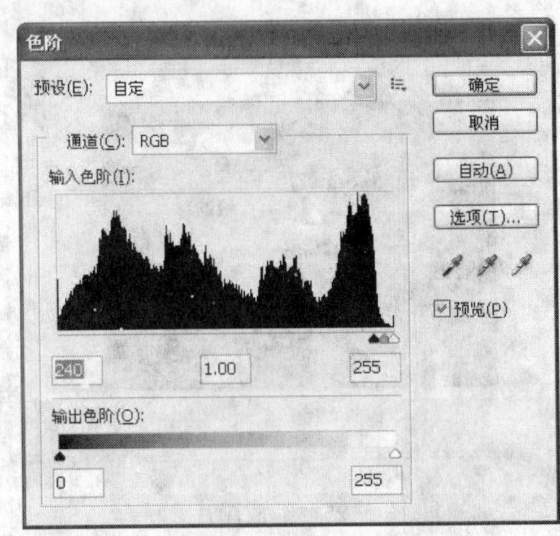

图 5-29　“色阶”对话框

（12）执行“选择/取消选择”命令，以取消选区，图像初步效果文件如图 5-30 所示。

（13）执行“图层/图层样式/投影”命令，在弹出的“图层样式”对话框中保持默认设置，单击“确定”按钮以确认得到阴影效果，图像最终效果如图 5-31 所示。

图 5-30　图像初步效果

图 5-31　图像最终效果

5.2.2　秋景巧变冬景

任务说明：本任务是制作秋景巧变冬景。

任务要点：掌握通道基本编辑方法。

任务步骤：

（1）执行“文件/打开”命令（快捷键【Ctrl＋O】），在弹出的“打开”对话框中选择指定图像文件双击打开，如图 5-32 所示。

（2）切换至通道调板，并分别单击红、绿、蓝 3 个通道的缩略图，分别查看它们的状态，并从中选中一副对比度较好的通道。本例中要选出秋叶变成雪叶，就表示要选择一个秋叶与背景图像的对比度较好的通道。其中通道“蓝”相对偏暗，而通道“红”则偏亮，所以在此选择通道“绿”，单击通道“绿”（见图 5-33），其图像窗口效果如图 5-34 左图所示。

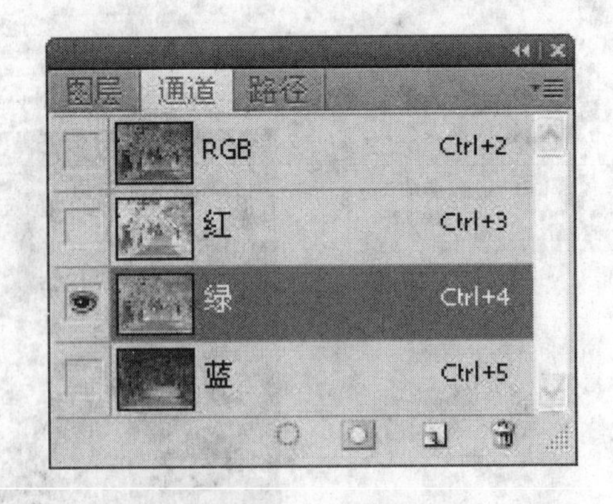

图 5-32　原图　　　　图 5-33　选择通道

（3）单击通道调板右上小三角按钮，在弹出的菜单中选择“复制通道”命令，随即弹出“复制通道”对话框，保持默认参数不变，单击“确定”按钮以得到“绿副本”通道，如图 5-34 右图所示。

图 5-34　初步效果（左图为图像窗口效果，右图为复制通道）

（4）执行“图像/调整/色阶”命令（快捷键【Ctrl+L】），在弹出的“色阶”对话框中设置“输入色阶”中亮色阶值为“150”（该值可以根据效果适当变化），如图 5-35 所示，单击“确定”按钮得到如图 5-36 所示图像效果。

图 5-35　“色阶”对话框　　　　图 5-36　色阶调整效果

（5）单击通道调板下方第一个“将通道作为选区载入”按钮（见图 5-37），以载入其选区。执行菜单“编辑/拷贝”命令（快捷键【Ctrl+C】），以将通道中选区复制到剪贴板中。

（6）单击通道调板中复合通道“RGB”（见图 5-38），以便图像窗口显示其彩色效果。执行菜单“编辑/粘贴”命令（快捷键【Ctrl+V】），即可得到如图 5-39 所示效果。

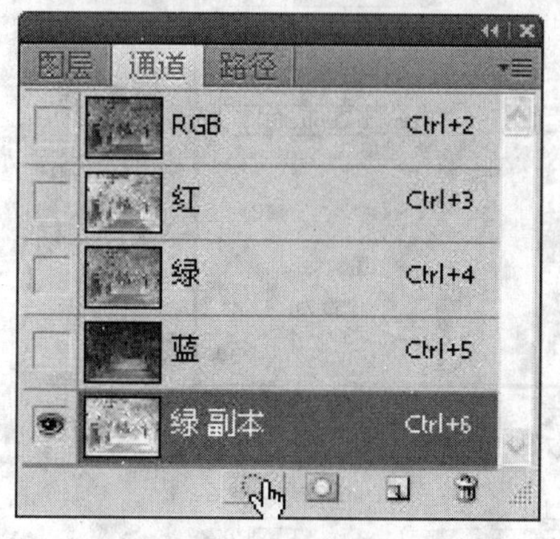

图 5-37　载入选区

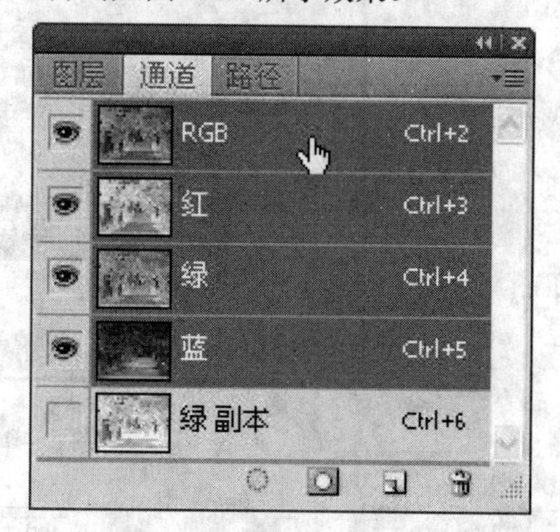

图 5-38　选择复合通道

图 5-39　效果图

5.2.3　印章效果

任务说明：本任务介绍如何使用通道制作复杂图像效果。

任务要点：掌握通道编辑和文字工具任务方法。

任务步骤：

（1）将工具箱中前景色设为白色，背景色设为黑色。

（2）按“Ctrl+N”组合键，在弹出的“新建”对话框中将文件“模式”设置为 RGB 模式，“宽度”设置为“300 像素”，“高度”设置为“300 像素”，“分辨率”设置为“72 像素/英寸”，“内容”栏选 “背景色”选项，单击“确定”即创建黑色背景的文件，如图 5-40 所示。

（3）选择工具箱中的“横排文字蒙版工具”，将其工具选项栏设置字体为黑体，大小为 100 点，其他保持默认参数不变，如图 5-41 所示。在文件窗口中间输入“黑色”字体的文字“印

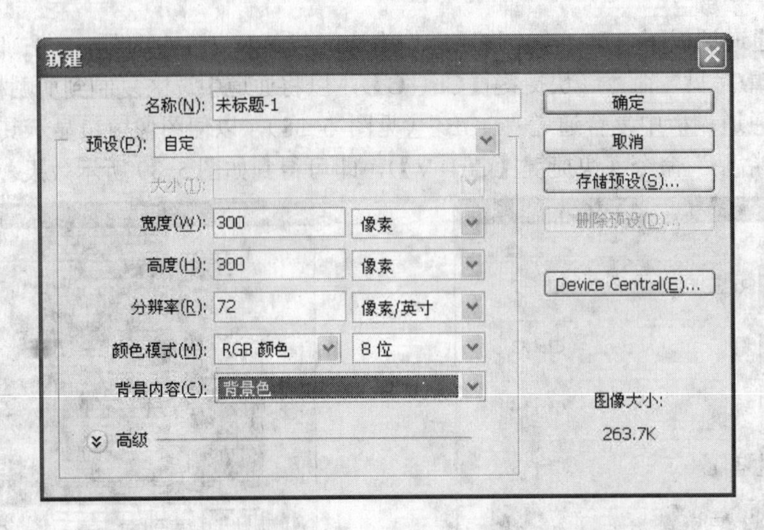

图 5-40 “新建”对话框

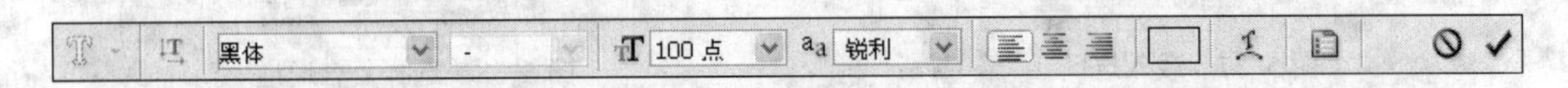

图 5-41 文字工具属性栏

章”，按 Enter 键或单击选项栏最后的“√”键确认输入完毕，如图 5-42 所示。

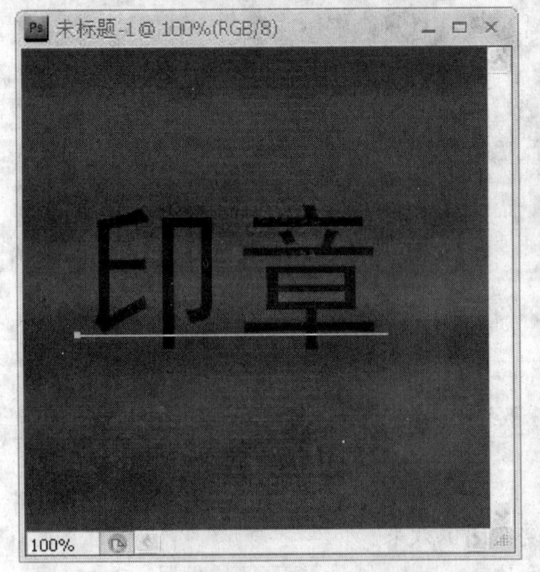

图 5-42 文字选区（左图为输入文字状态，右图为最终文字选区）

（4）执行“选择/存储选区”菜单命令，在弹出的“存储选区”对话框中设置如图 5-43 所示，单击“确定”按钮确认将文字选区存到通道中。

（5）单击“选择/取消选择”菜单命令取消选区选择状态。切换到通道调板中，单击名称为“1”的通道（见图 5-44）。选择工具箱中的“矩形选框工具”，在文件窗口中间画出将“印章”框住的矩形方框（见图 5-45）。

（6）执行“编辑/描边”菜单命令，在弹出的对话框中设置“宽度”为“10 像素”，“位置”

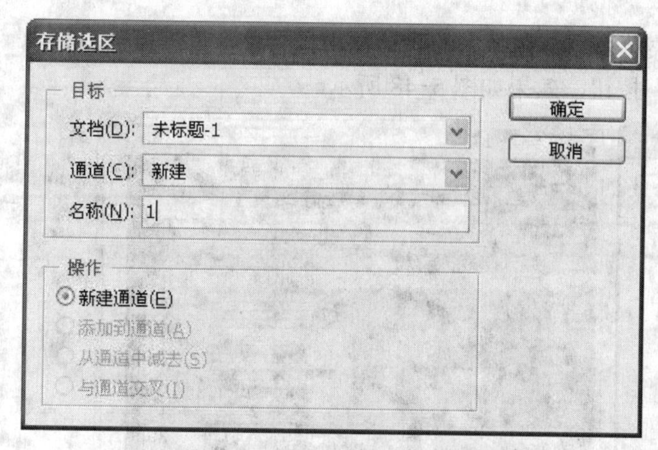

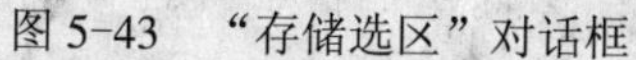

图 5-43 “存储选区”对话框

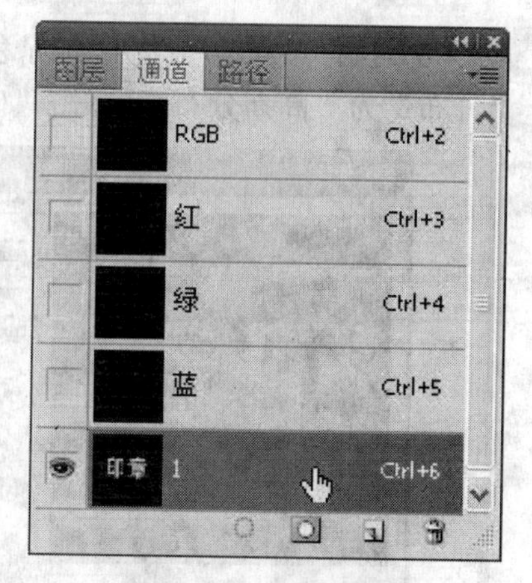

图 5-44 选择通道

为“居中”，“颜色”为“白色”（RGB 三值均为 255，如图 5-46 左图所示），单击“确定”按钮，效果如图 5-46 右图所示。

图 5-45 选区选择

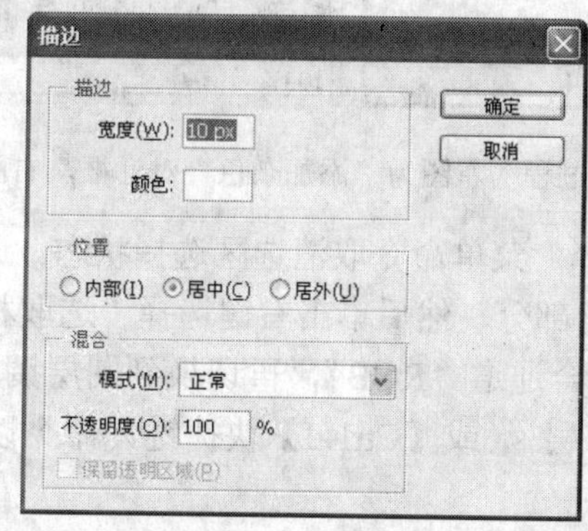

图 5-46 效果（左图为描边对话框，右图为描边效果）

（7）单击“选择/取消选择”菜单命令取消选区选择状态。用鼠标单击通道调板右下角第一个载入通道的按钮，载入选区，如图 5-47 所示。

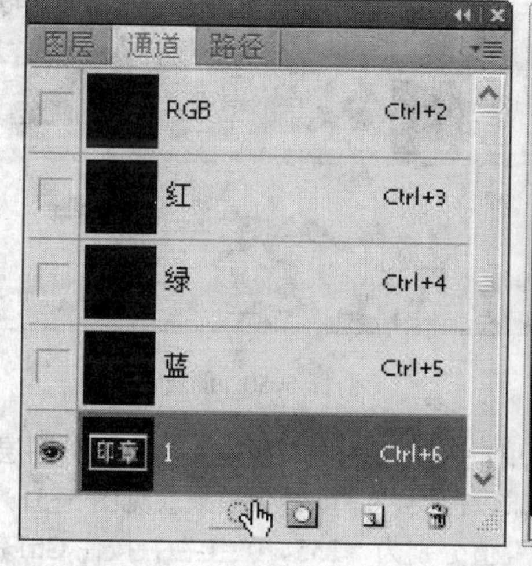

图 5-47 载入选区（左图为单击载入按钮效果，右图为载入效果）

（8）执行“滤镜/杂色/添加杂色”菜单命令，在弹出的对话框中设置“数量”为“200%”，“分布”为“高斯分布”，单击“确定”按钮，效果如图 5-48 所示。

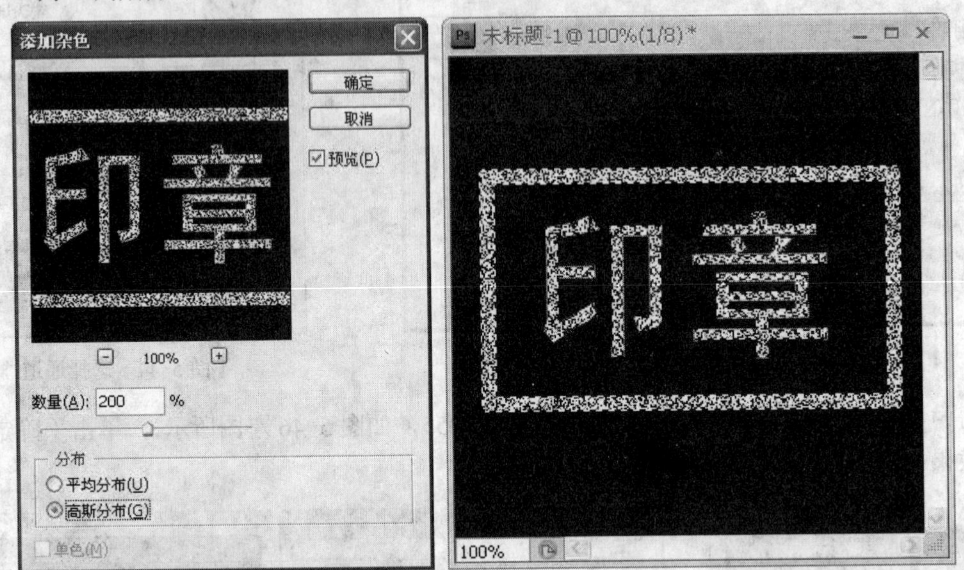

图 5-48　杂色过程（左图为“添加杂色”对话框，右图为杂色效果）

（9）单击“选择/取消选择”菜单命令取消选区选择状态。选择工具箱中“魔棒工具”，用魔棒单击文件窗口中字体任意部分，然后单击右键选择“选取相似”，效果如图 5-49 所示。

（10）单击通道调板中复合通道“RGB”，再切换到图层调板，单击“背景”图层后，执行“图层/新建/通过拷贝的图层“（或【Ctrl+J】快捷键）命令以建立新图层“图层 1”（见图 5-50）。

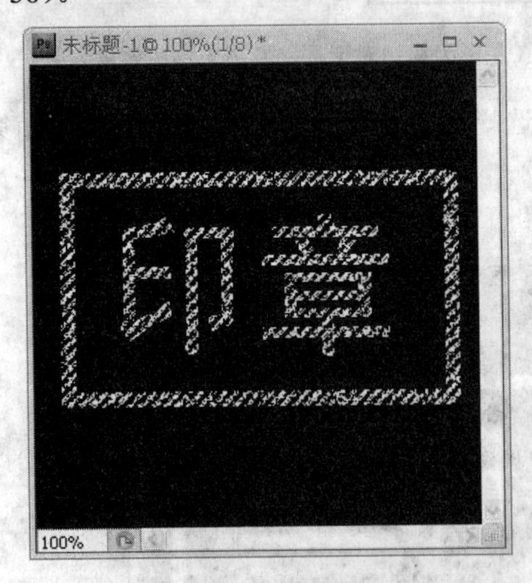

图 5-49　选区相似

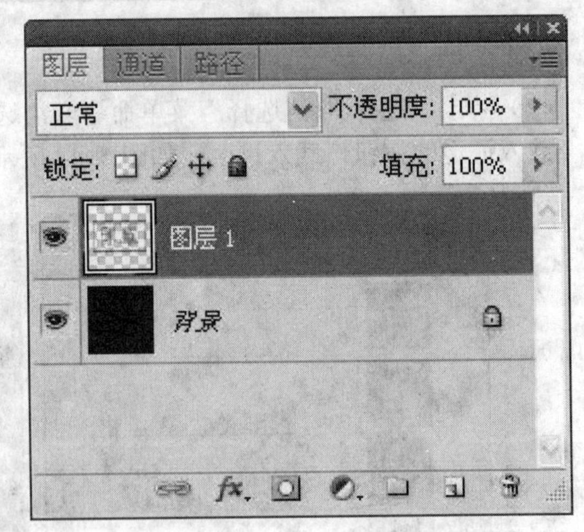

图 5-50　图层调板

（11）在图层调板中，选择“背景”图层，用鼠标单击图层调板右下角“删除图层”按钮，在弹出的对话框中单击“是”按钮以删除“背景”图层，即可看到效果（见图 5-51）。

（12）将工具箱前景色设置为红色（“RGB”值分别为“255、0、0”）。按住 Ctrl 键，同时用鼠标单击图层调板中“图层 1”图层前的缩略图。以选择该图层图像区域。

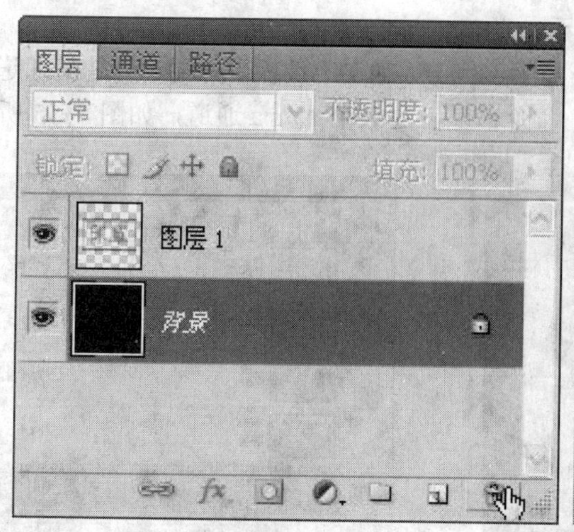

图 5-51　删除图层效果（左图为单击删除按钮，右图为删除效果）

（13）执行“编辑/填充”命令，弹出的对话框选择“使用”为“前景色”，其他保持默认设置，单击“确定”按钮。单击“选择/取消选择”菜单命令取消选区选择状态，最终效果如图 5-52 所示。

（14）执行菜单“选择/全部”命令，再执行“编辑/拷贝”命令（快捷键【Ctrl+C】）。

（15）执行“文件/打开”命令（快捷键【Ctrl＋O】），在弹出的“打开”对话框中选择指定图像文件双击打开。执行菜单“编辑/粘贴”命令（快捷键【Ctrl+V】），用移动工具将该“文字印章”移到其他位置，得到如图 5-53 所示效果。

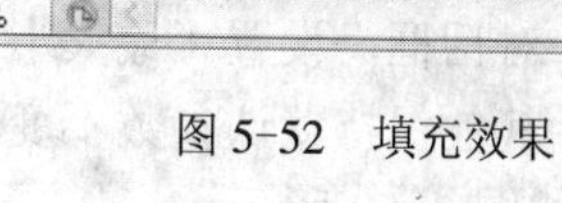

图 5-52　填充效果

图 5-53　最终效果

5.2.4　波尔卡风格边框

任务说明：本任务是制作波尔卡风格边框效果。

任务要点：掌握 Alpha 通道创建、编辑、转化选区的应用。

任务步骤：

（1）在 Photoshop 中执行“文件/打开”命令（快捷键【Ctrl+O】），在弹出的打开对话框中双击指定的图像以打开显示，如图 5-54 所示。

（2）单击软件右侧“通道”调板以打开显示，单击“通道”调板下方的“创建新通道”按钮或“通道”调板右上角菜单“新建通道”命令，以创建一个 Alhpa 通道，如图 5-55 所示。

图 5-54 原始素材

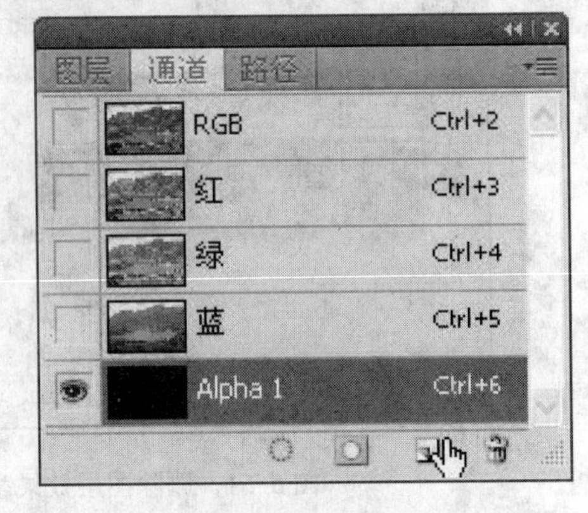

图 5-55 新建通道

（3）执行菜单“选择/全部”命令（快捷键【Ctrl+A】），以将 Alpha 通道全选。然后执行菜单“编辑/描边”命令，在弹出的“描边”对话框中将“宽度”设置为“100”（可根据实际需要调整），“颜色“设置为“白色”，“位置”设置为“内部”，单击“确定”按钮，则 Alpha 通道被描了一个边框，如图 5-56 所示。

（4）执行“滤镜/模糊/高斯模糊”命令，在弹出的“高斯模糊”对话框中将“半径”设置为“20 像素”（可根据实际需要调整），单击“确定”按钮，即可看到 Alpha 通道显示出一种边缘被羽化的效果，如图 5-57 所示。

图 5-56 描边通道

图 5-57 模糊通道

（5）执行“滤镜/像素化/彩色半调”命令，弹出“彩色半调”对话框，设置“最大半径”为“20 像素”（可根据实际需要设置其他数值，如图 5-58 所示），其他保持默认参数不变，单击“确定”按钮，则 Alpha 通道编辑成一个波尔卡边缘的效果，如图 5-59 所示。

（6）单击“通道”调板下方左侧第一个“将通道作为选取载入”按钮（见图 5-60），以将 Alpha 通道作为选区载入。

（7）单击“通道”调板中“RGB”通道（见图 5-61），以显示原始图像，执行菜单“编辑/填充”命令，在弹出的“填充”对话框中将“内容”下的“使用”下拉菜单选择为“白色”（可根据实际需要选择其他颜色），其他保持默认参数不变，单击“确定”按钮。

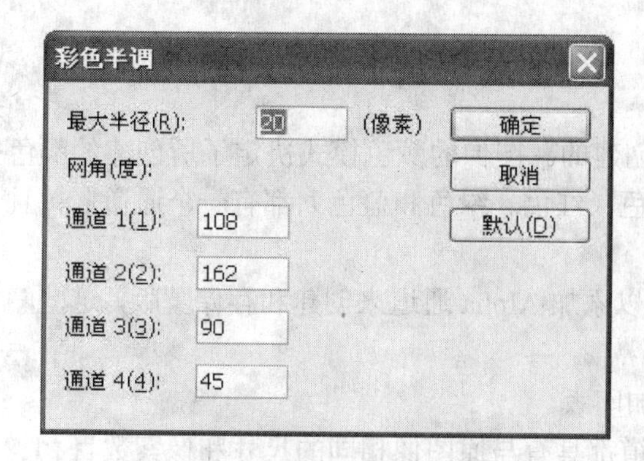

图 5-58 “彩色半调”对话框

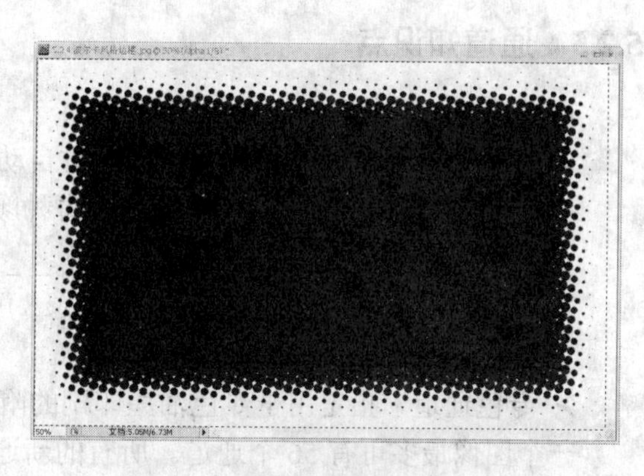

图 5-59 彩色半调效果

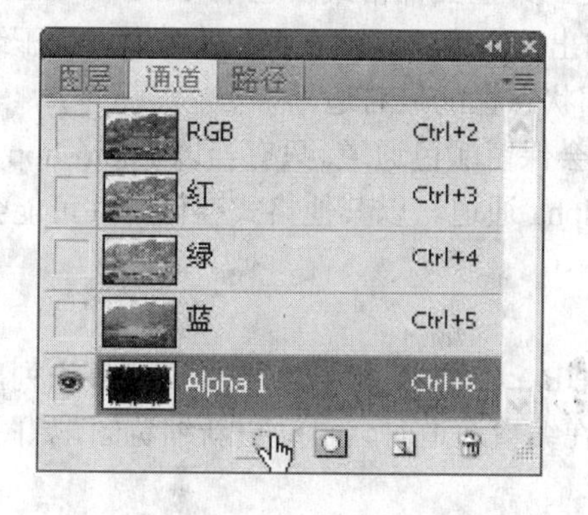

图 5-60 通道转化选区

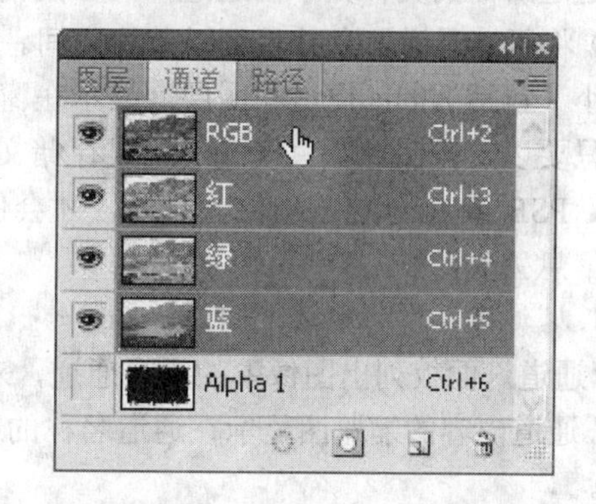

图 5-61 显示图像

（8）执行“选择/取消选择”命令（快捷键【Ctrl＋D】），得到最终效果，如图 5-62 所示。

图 5-62 波尔卡风格边框图像

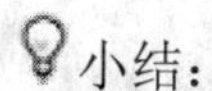小结：

使用 Alpha 通道制作边框，它既可以作为单色图使用各种工具进行处理，又可以作为选择区来使用，所以使用通道来制作各种效果边框，可以达到事半功倍的效果。

5.2.5 通道知识点

通道是存储不同类型信息的灰度图像：

- 颜色信息通道，是在打开新图像时自动创建的。图像的颜色模式决定了所创建的颜色通道的数目。例如，RGB 图像的每种颜色（红色、绿色和蓝色）都有一个通道，并且还有一个用于编辑图像的复合通道。
- Alpha 通道，将选区存储为灰度图像。可以添加 Alpha 通道来创建和存储蒙版，这些蒙版用于处理或保护图像的某些部分。
- 专色通道。指定用于专色油墨印刷的附加印版。

一个图像最多可有 56 个通道。所有的新通道都具有与原图像相同的尺寸和像素数目。

通道所需的文件大小由通道中的像素信息决定。某些文件格式（包括 TIFF 和 Photoshop 格式）将压缩通道信息并且可以节约空间。当从弹出菜单中选择“文档大小”时，未压缩文件的大小（包括 Alpha 通道和图层）显示在窗口底部状态栏的最右边。

只要以支持图像颜色模式的格式存储文件，即会保留颜色通道。只有当以 Photoshop、PDF、TIFF、PSB 或 Raw 格式存储文件时，才会保留 Alpha 通道。以其他格式存储文件可能会导致通道信息丢失。

1. “通道”面板概述

“通道”面板列出图像中的所有通道，对于 RGB、CMYK 和 Lab 图像，将最先列出复合通道。通道内容的缩览图显示在通道名称的左侧；在编辑通道时会自动更新缩览图，如图 5-63 所示。

图 5-63 中各字母所表示的含义：A. 颜色通道；B. 专色通道；C. Alpha 通道。

1）显示“通道”面板

选取“窗口/通道”命令。

2）调整通道缩览图的大小或隐藏通道缩览图

从“通道”面板菜单中选取“面板选项”。单击缩览图大小，或单击“无”关闭缩览图显示。查看缩览图是一种跟踪通道内容的简便方法；不过，关闭缩览图显示可以提高性能。

2. 显示或隐藏通道

可以使用“通道”面板来查看文档窗口中的任何通道组合。例如，可以同时查看 Alpha 通道和复合通道，观察 Alpha 通道中的更改与整幅图像是怎样的关系。

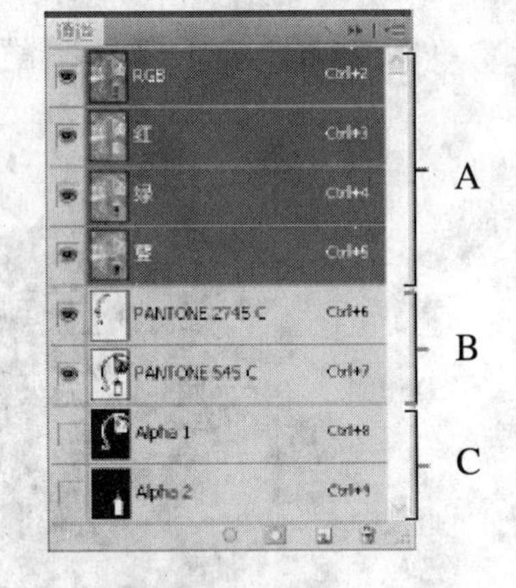

图 5-63 通道类型

单击通道旁边的眼睛列即可显示或隐藏该通道。单击复合通道可以查看所有的默认颜色通道。只要所有的颜色通道可见，就会显示复合通道。要显示或隐藏多个通道，在“通道”面板中的眼睛列中拖动。

3. 用相应的颜色显示颜色通道

默认各个通道以灰度显示。可以更改默认设置，以便用原色显示各个颜色通道。当通道在图像中可见时，在面板中该通道的左侧将出现一个眼睛图标。

选择“编辑/首选项/界面”命令。选择“用原色显示通道”，然后单击“确定”按钮。

在 RGB、CMYK 或 Lab 图像中，可以看到用原色显示的各个通道（在 Lab 图像中，只有 a 和 b 通道是用原色显示）。如果有多个通道处于现用状态，则这些通道始终用原色显示。

4. 选择和编辑通道

可以在“通道”面板中选择一个或多个通道。将突出显示所有选中或现用的通道的名称，如图 5-64 所示。

图 5-64 中各字母所表示的含义：A.不可见或不可编辑的；B.可见但未选定以进行编辑；C.已选定以进行查看和编辑；D.可以选择进行编辑，但不能进行查看。

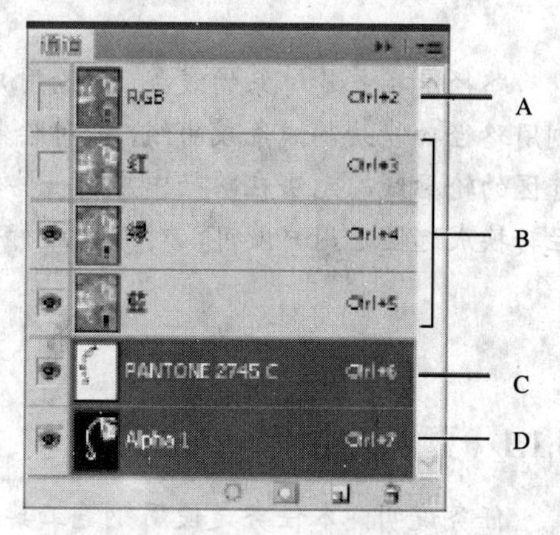

图 5-64　选择多个通道

要选择一个通道，单击通道名称。按住 Shift 键单击可选择（或取消选择）多个通道。

要编辑某个通道，选择该通道，然后使用绘画或编辑工具在图像中绘画。一次只能在一个通道上绘画。用白色绘画可以按 100% 的强度添加选中通道的颜色。用灰色值绘画可以按较低的强度添加通道的颜色。用黑色绘画可完全删除通道的颜色。

5. 删除通道

存储图像前，可能想删除不再需要的专色通道或 Alpha 通道。复杂的 Alpha 通道将极大增加图像所需的磁盘空间。

在 Photoshop 中，在“通道”面板中选择该通道，然后执行下列操作之一：

- 按住 Alt 键并单击“删除”图标。
- 将面板中的通道名称拖动到“删除”图标。
- 从“通道”面板菜单中选取“删除通道”。
- 单击面板底部的“删除”图标，然后单击“是”。

第6章 路 径

路径是指矢量对象的线条，无论用户放大或缩小都不会影响其分辨率和平滑度，用户可以利用路径功能绘制线条或曲线，并对绘制出的线条进行填充或描边，但是路径所定义的仅仅是选区的轮廓线，无法在路径中应用一些特殊工具（如滤镜功能），要实现这些功能，需要将路径转换成选区，用户就可以对选区进行一些任务，从而完成一些绘图工具不能完成的工作。

6.1 钢 笔 工 具

6.1.1 更换天空

任务说明：本任务是使用钢笔工具选择复杂图像范围。

任务要点：掌握钢笔工具、转换节点工具、直接选择工具及“将路径作为选区载入”命令的使用方法。

任务步骤：

（1）执行“文件/打开”命令，在弹出的“打开”对话框中选择指定的图像文件双击打开，如图6-1所示。

图6-1 原图像

（2）选择工具箱中的钢笔工具，在其工具选项栏中单击“路径”模式，如图6-2所示。沿着图像窗口中岩石的边缘进行路径绘制：先在起点单击鼠标左键，以在单击位置创建一个路径锚点，然后将鼠标移到一个曲线转弯的位置再次单击鼠标左键，再次创建一个路径锚点，这时自动将两个锚点连接成一条直线。沿着岩石边缘继续绘制路径，将路径沿着岩石图像围绕一圈后，将最后一个路径锚点与第一个路径锚点相重合，形成一个初步的封闭路径，如图6-3所示。

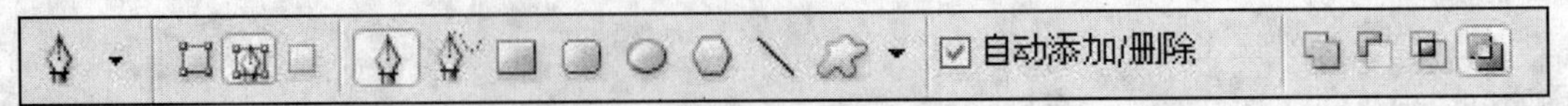

图6-2 钢笔工具选项栏

（3）选择工具箱中转换节点工具，单击人物头部的角点不松开鼠标向角点外拖动，使方向线出现，以将角点转换成平滑点。拖动直到路径的形状符合整个岩石图像的形状，才松开鼠标。还可选择直接选择工具细致调整路径的形状，最终效果如图 6-4 所示。

图 6-3　路径勾勒岩石初步轮廓

图 6-4　路径调整后轮廓

（4）选择“窗口/路径”命令，以打开路径面板。选择该路径调板中“工作路径”，单击“将路径作为选区载入”按钮 ◌，以将封闭的路径转化为选区，如图 6-5 所示。

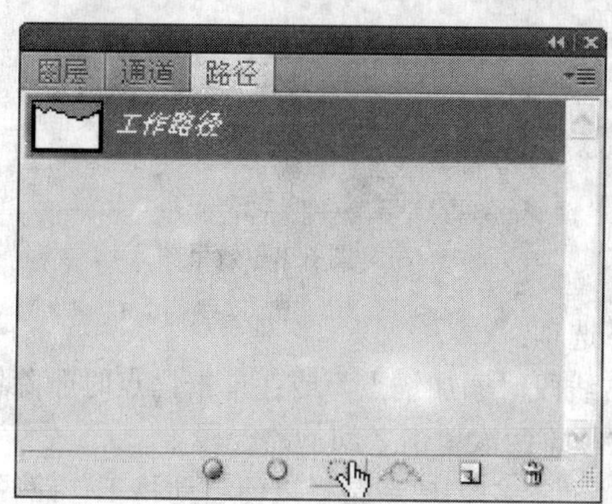

图 6-5　路径转化为选区（左图为路径调板，右图为选区图像）

（5）执行“选择/修改/羽化”命令，在弹出的“羽化”对话框中设置“羽化半径”为“4”像素，单击“确定”按钮。再执行主菜单“编辑/拷贝”命令，以将选区中的岩石图像复制到剪贴板中。

（6）执行“文件/打开”命令，在弹出的“打开”对话框中选择指定的图像文件双击打开，如图 6-6 所示。

（7）执行主菜单“编辑/粘贴”命令，以将羽化后的岩石图像粘贴到背景图片正中，如图 6-7 所示。选择工具箱中移动工具，将图像中人物垂直向下移到如图所示位置，如图 6-8 所示。

6.1.2　钢笔工具知识点

Photoshop 提供多种钢笔工具。标准钢笔工具可用于绘制具有最高精度的图像；自由钢笔工具可用于像使用铅笔在纸上绘图一样来绘制路径；磁性钢笔选项可用于绘制与图像中已定义区域的边缘对齐的路径。可以组合使用钢笔工具和形状工具以创建复杂的形状。

图 6-6　背景图像

图 6-7　初步效果

图 6-8　效果图

使用标准钢笔工具时，选项栏中提供了以下选项：

➢ "自动添加/删除"选项，此选项可在单击线段时添加锚点，或在单击锚点时删除锚点。

➢ "橡皮带"选项，此选项可在移动指针时预览两次单击之间的路径段。

使用钢笔工具进行绘图之前，可以在"路径"面板中创建新路径以便自动将工作路径存储为命名的路径。

1. 用钢笔工具绘制直线段

使用"钢笔"工具可以绘制的最简单路径是直线，方法是通过单击"钢笔"工具创建两个锚点。继续单击可创建由角点连接的直线段组成的路径，如图 6-9 所示。

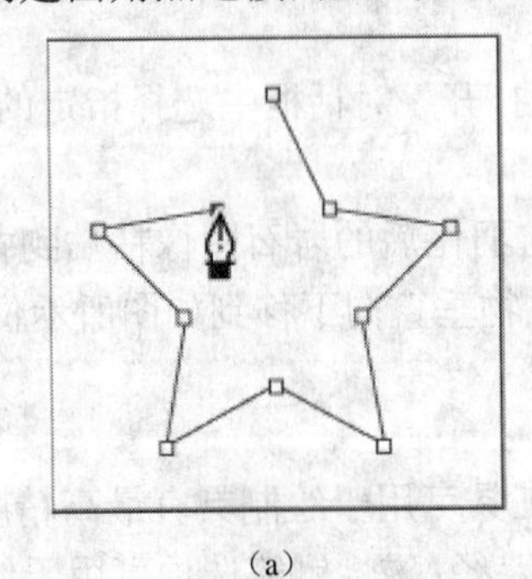

(a)

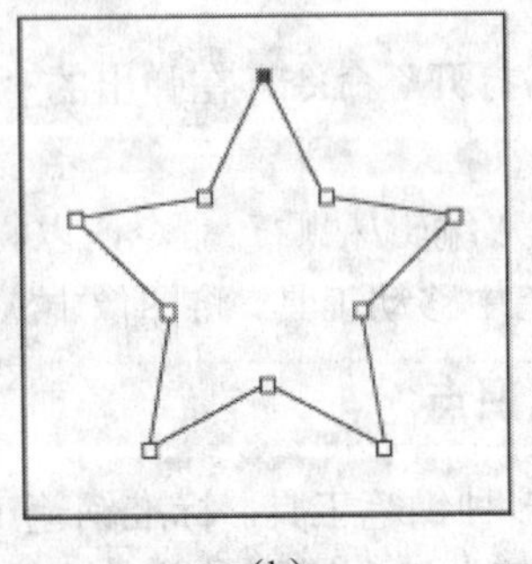

(b)

图 6-9　单击钢笔工具将创建直线段

（1）选择钢笔工具。将钢笔工具定位到所需的直线段起点并单击，以定义第一个锚点（不要拖动）。

注意：单击第二个锚点之前，绘制的第一个段将不可见（选择“橡皮带”选项以预览路径段）。此外，如果显示方向线，则表示意外拖动了钢笔工具，此时选择“编辑/还原”并再次单击锚点即可。

（2）再次单击希望段结束的位置（按住 Shift 键并单击以将段的角度限制为 45° 的倍数）。

（3）继续单击以便为其他直线段设置锚点。最后添加的锚点总是显示为实心方形，表示已选中状态。当添加更多的锚点时，以前定义的锚点会变成空心并被取消选择。

（4）通过执行下列操作之一完成路径：

● 若要闭合路径，将“钢笔”工具定位在第一个（空心）锚点上。如果放置的位置正确，钢笔工具指针旁将出现一个小圆圈。单击或拖动可闭合路径。

● 若要保持路径开放，按住 Ctrl 键并单击远离所有对象的任何位置。若要保持路径开放，还可以选择其他工具。

2. 用钢笔工具绘制曲线

可以通过如下方式创建曲线：在曲线改变方向的位置添加一个锚点，然后拖动构成曲线形状的方向线。方向线的长度和斜度决定了曲线的形状。

如果使用尽可能少的锚点拖动曲线，可更容易编辑曲线并且系统可更快速显示和打印它们。使用过多点还会在曲线中造成不必要的凸起。

（1）选择钢笔工具。将钢笔工具定位到曲线的起点，并按住鼠标按钮。此时会出现第一个锚点，同时钢笔工具指针变为一个箭头。只有开始拖动后，指针才会发生改变，如图 6-10 所示。图 6-10 中各字母所表示的含义：A. 定位“钢笔”工具；B. 开始拖动（鼠标按钮按下）；C. 拖动以延长方向线。

（2）拖动以设置要创建的曲线段的斜度，然后松开鼠标按钮。一般而言，将方向线向计划绘制的下一个锚点延长约 1/3 的距离（以后可以调整方向线的一端或两端）。按住 Shift 键可将工具限制为 45° 的倍数。

（3）将“钢笔”工具定位到希望曲线段结束的位置，执行以下操作之一：

➢ 若要创建 C 形曲线，向前一条方向线的相反方向拖动。然后松开鼠标按钮，如图 6-11 所示。图 6-11 中各字母所表示的含义：A. 开始拖动第二个平滑点；B. 向远离前一条方向线的方向拖动，创建 C 形曲线；C. 松开鼠标按钮后的结果。

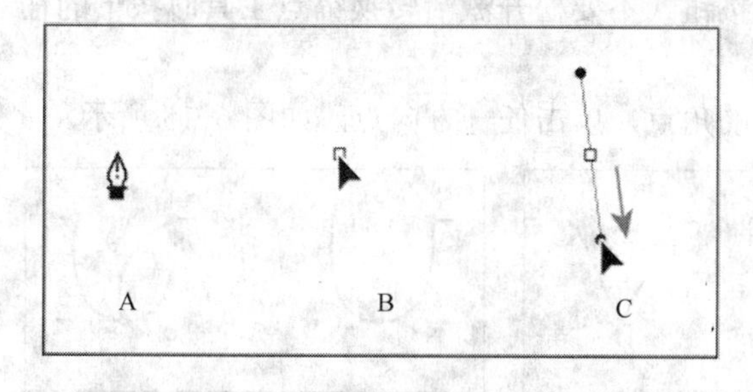

图 6-10　拖动曲线中的第一个点

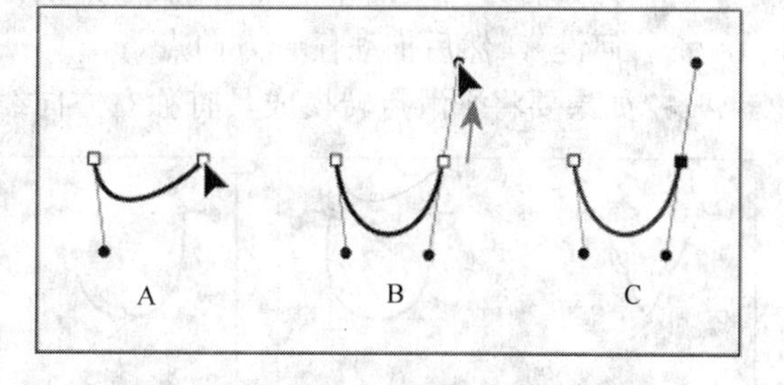

图 6-11　绘制曲线中的第二个点

➢ 若要创建 S 形曲线，请按照与前一条方向线相同的方向拖动。然后松开鼠标按钮，如图 6-12 所示。图 6-12 中各字母所表示的含义：A. 开始拖动新的平滑点；B. 按照与

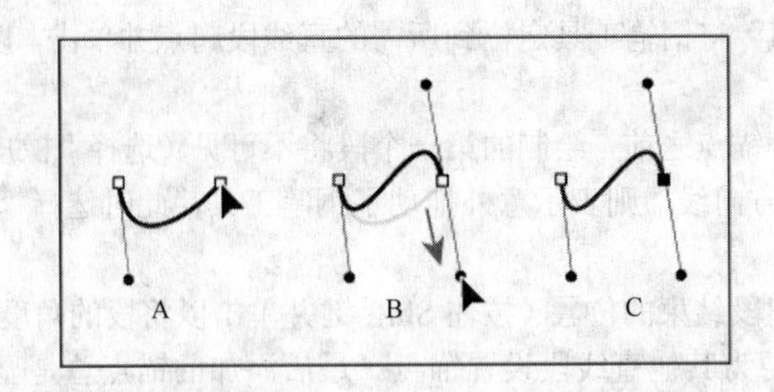

图 6-12　绘制 S 曲线

前一条方向线相同的方向拖动，创建 S 形曲线；C. 松开鼠标按钮后的结果。

- 若要急剧改变曲线的方向，松开鼠标按钮，然后按住 Alt 键并沿曲线方向拖动方向点。松开 Alt 键以及鼠标按钮，将指针重新定位到曲线段的终点，并向相反方向拖移以完成曲线段。

（4）继续从不同的位置拖动钢笔工具以创建一系列平滑曲线。

注意：应将锚点放置在每条曲线的开头和结尾，而不是曲线的顶点。按 Alt 键并拖动方向线以中断锚点的方向线。

（5）通过执行下列操作之一完成路径：

- 若要闭合路径，将“钢笔”工具定位在第一个（空心）锚点上。如果放置的位置正确，钢笔工具指针旁将出现一个小圆圈。单击或拖动可闭合路径。
- 若要保持路径开放，按住 Ctrl 键并单击远离所有对象的任何位置。若要保持路径开放，还可以选择其他工具。

3. 在平滑点和角点之间进行转换

选择要修改的路径。选择转换点工具，或使用钢笔工具并按住 Alt 键。

注意：要在已选中直接选择工具的情况下启动转换锚点工具，将指针放在锚点上，然后按【Ctrl+Alt】组合键。

将转换点工具放置在要转换的锚点上方，然后执行以下操作之一：

- 要将角点转换成平滑点，向角点外拖动，使方向线出现，如图 6-13 所示。
- 如果要将平滑点转换成没有方向线的角点，单击平滑点，如图 6-14 所示。
- 要将没有方向线的角点转换为具有独立方向线的角点，首先将方向点拖动出角点（成为具有方向线的平滑点）。仅松开鼠标按钮（不要松开激活转换锚点工具时按下的任何键），然后拖动任一方向点。
- 如果要将平滑点转换成具有独立方向线的角点，单击任一方向点，如图 6-15 所示。

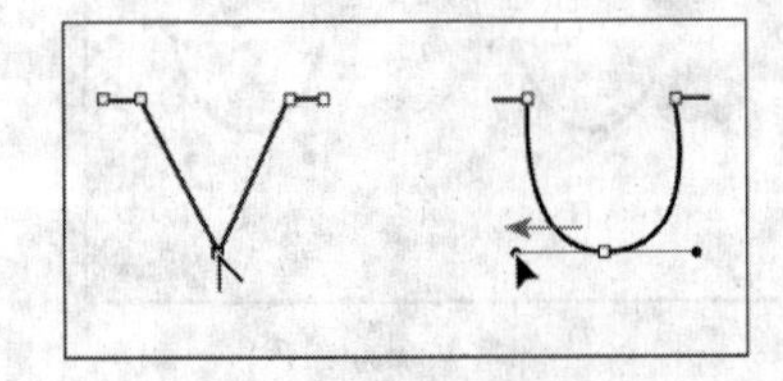

图 6-13　将方向点拖动出角点以创建平滑点

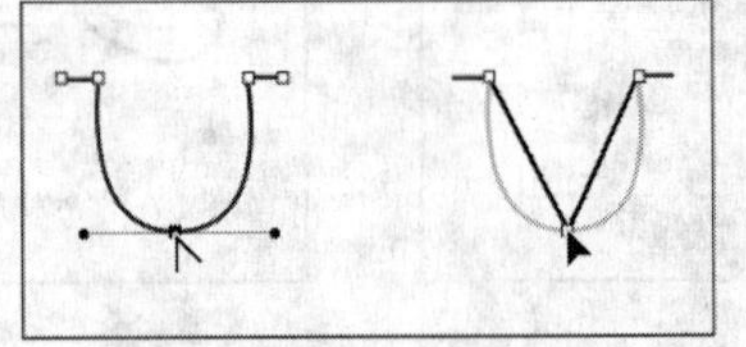

图 6-14　单击平滑点以创建角点

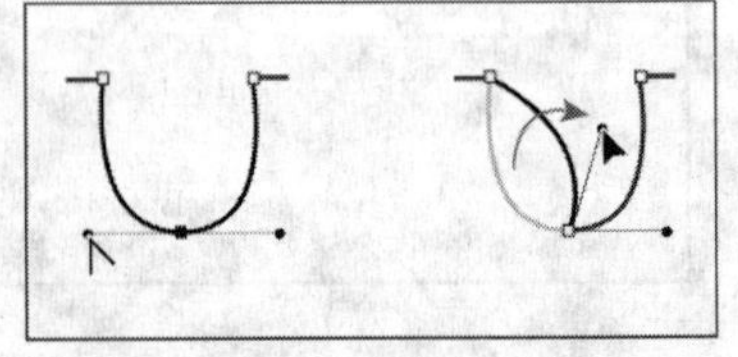

图 6-15　将平滑点转换为角点

6.2 剪贴路径

6.2.1 图文混排

任务说明：本任务是使用剪贴路径使图像与文字自然混合。

任务要点：掌握选区转化为路径、剪贴路径命令使用方法。

任务步骤：

（1）执行“文件/打开”命令，在弹出的“打开”对话框中选择指定的图像文件双击打开，如图 6-16 所示。

图 6-16　素材图片

（2）选择魔棒工具，保持其工具选项栏默认参数不变，在图像的鸭子外侧白背景任意处单击进行选取。

（3）选择“选择/反向”菜单将选区进行反选，这样就选出了图像中的鸭子选区，如图 6-17 所示。选择主菜单“窗口/路径”命令，以打开路径面板。然后单击路径调板底部的“从选区生成工作路径”按钮 ，以将该鸭子选区转化为路径，如图 6-18 所示。

图 6-17　选区图像

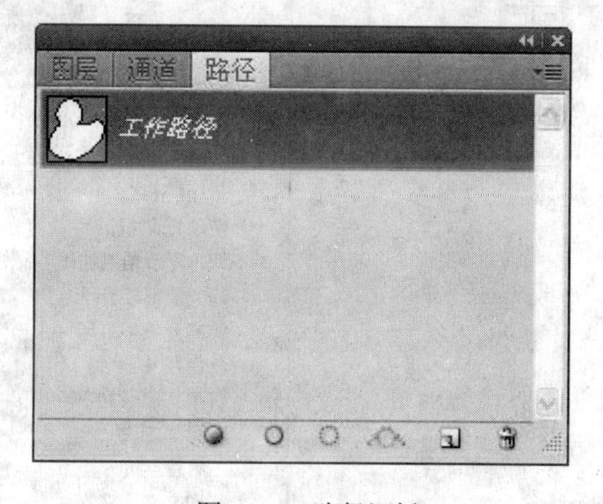

图 6-18　路径调板

（4）在“路径”调板菜单中选择“存储路径”命令，在弹出的“存储路径”对话框保持默认设置（见图 6-19），单击“确定”按钮，以将该工作路径存储为一条永久路径（见图 6-20）。

（5）从“路径”调板菜单中选取“剪贴路径”，在弹出的“剪贴路径”对话框中设置“展平度”为“1”设备像素（见图 6-21），然后单击“确定”按钮，以生成具有剪贴路径的图像文件。

（6）执行“文件/存储为”命令，在弹出的“存储为”对话框中指定存储的“文件名”为“小鸭 1.TIF”，然后单击“保存”按钮，随即弹出“TIFF 选项”对话框，保持默认参数不变，单击“确定”按钮，以确定保存该文件。

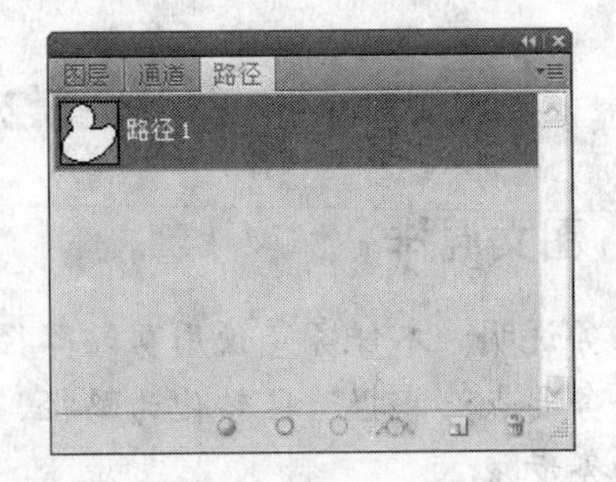

图 6-19 “存储路径”对话框　　　　图 6-20　永久路径

（7）打开 Adobe PageMaker 6.5 软件，执行“文件/置入”命令，在弹出的“置入”对话框中选择“小鸭 1.TIF”，单击“打开”按钮，以将该文件导入，效果如图 6-22 所示。

图 6-21 “剪贴路径”对话框

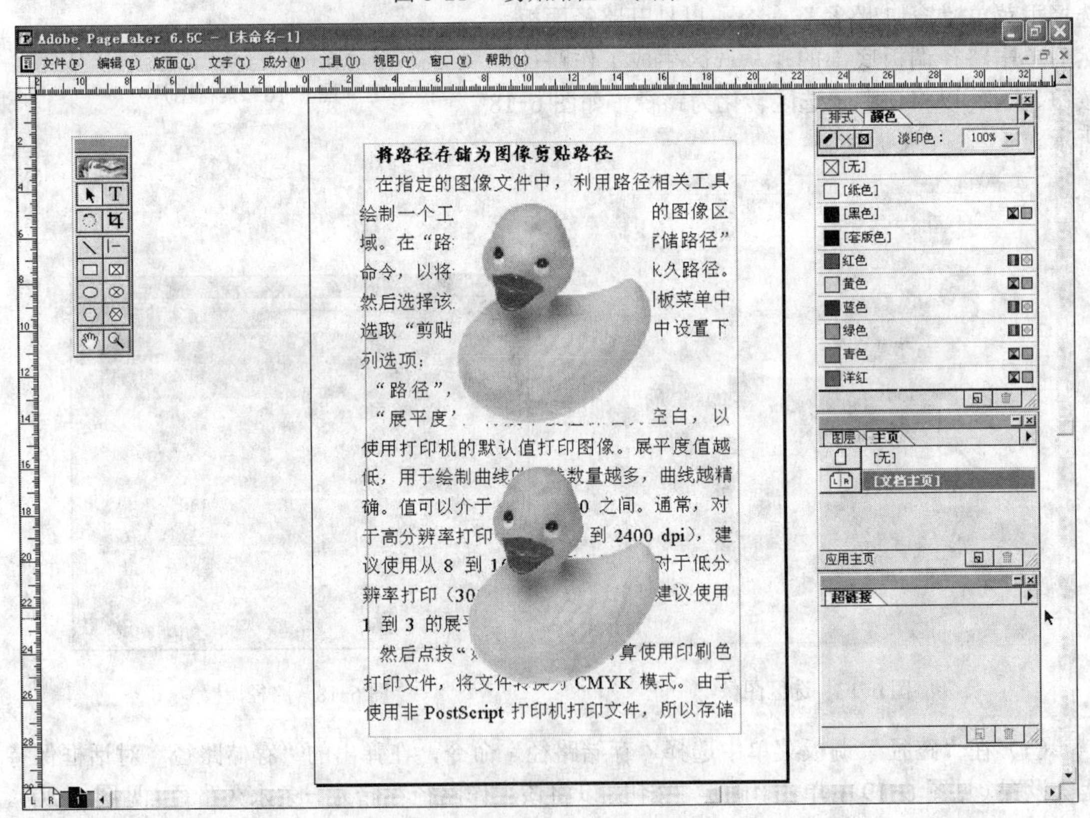

图 6-22 效果图（上方鸭子图片没有作剪贴路径处理，下方鸭子图片作剪贴路径处理）

6.2.2 剪贴路径知识点

1. 路径面板概述

“路径”面板（“窗口/路径”）列出了每条存储的路径、当前工作路径和当前矢量蒙版的名称和缩览图像（见图 6-23）。关闭缩览图可提高性能。要查看路径，必须先在“路径”面板中选择路径名。图 6-23 中各字母所表示的含义：A. 存储的路径；B. 临时工作路径；C. 矢量蒙版路径（只有在选中了形状图层时才出现）。

图 6-23 “路径”面板

1）选择路径

在“路径”面板中单击路径名。一次只能选择一条路径。

2）取消选择路径

在“路径”面板的空白区域中单击，或按 Esc 键。

3）更改路径缩览图的大小

从“路径”面板菜单中选择“面板选项”，并选择大小，或者选择“无”以关闭缩览图显示。

4）更改路径的堆栈顺序

在“路径”面板中选择相应的路径并将其上下拖动，当所需位置上出现黑色的实线时，释放鼠标按钮。

注意：不能更改“路径”面板中矢量蒙版或工作路径的顺序。

2. 使用图像剪贴路径创建透明度

可以使用图像剪贴路径定义放入页面排版应用程序的图像的透明度。在不使用图像剪贴路径的情况下导入到 Illustrator 或 InDesign 中的图像（见图 6-24 所示左图），以及在使用图像剪贴路径的情况下导入到 Illustrator 或 InDesign 中的图像（见图 6-24 所示右图）。在创建图像剪贴路径时，无法保留羽化边缘（如在阴影中）的软化度。

（a）

（b）

图 6-24 剪贴路径效果对比

在打印 Photoshop 图像或将该图像置入另一个应用程序中时，可能只想使用该图像的一部分。例如，可能只想使用前景对象，而排除背景对象。图像剪贴路径可以分离前景对象，并在打印图像或将图像置入其他应用程序中时使其他对象变为透明的。

绘制一条工作路径，以定义要显示的图像区域。如果已选定要显示的图像区域，则可以将该选区转换为工作路径。

在“路径”面板中，将工作路径存储为一条路径。

从“路径”面板菜单中选取“剪贴路径”，设置下列选项，然后单击“确定”按钮：

- 对于“路径”，选取要存储的路径。
- 对于“展平度”，将展平度值保留为空白，以便使用打印机的默认值打印图像。如果遇到打印错误，输入一个展平度值以确定 PostScript 解释程序如何模拟曲线。平滑度值越低，用于绘制曲线的直线数量就越多，曲线也就越精确。值的范围可以为 0.2～100。通常，对于高分辨率打印（1200dpi～2400dpi），建议使用从 8～10 的展平度设置；对于低分辨率打印（300dpi～600dpi），建议使用 1～3 的展平度设置。

如果使用印刷色打印文件，将文件转换为 CMYK 模式。通过执行下列操作之一存储文件：

- 若要使用 PostScript 打印机打印文件，以 Photoshop EPS、DCS 或 PDF 格式进行存储。
- 要使用非 PostScript 打印机打印文件，以 TIFF 格式存储并将其导出到 Adobe InDesign 或者 Adobe PageMaker® 5.0 或更高版本。

6.3 路径描边

6.3.1 描边文字

任务说明：本任务是使用路径描边文字。

任务要点：掌握选区转化为路径、路径描边命令使用方法。

任务步骤：

（1）执行“文件/新建”命令，在弹出的“新建”对话框中设置“宽度”和“高度”分别为“600 像素”、“300 像素”，其他保持默认设置（见图 6-25），单击“确定”按钮，以建立新的图像文件。

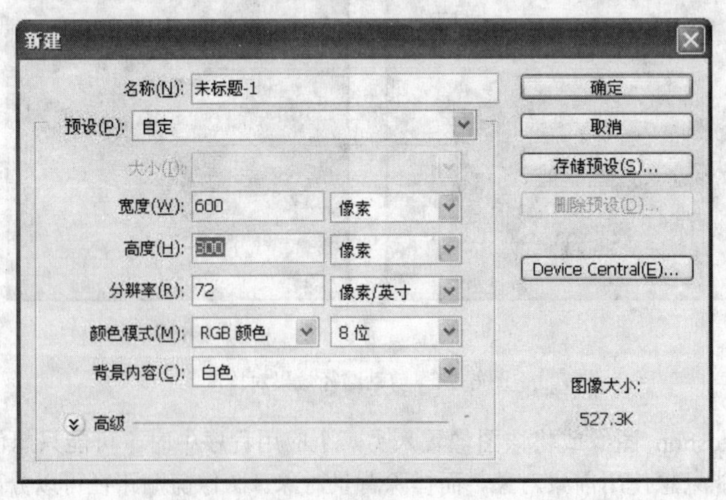

图 6-25 “新建”对话框

（2）选择工具箱中横排文字蒙版工具，设置其工具选项栏中选择“字体”右侧下拉框为“黑体”，设置字体大小右侧文本框输入“130 点”，其他保持默认设置，如图 6-26 所示。

图 6-26　工具选项栏

（3）在新建图像窗口合适位置单击，输入“描边文字”，按“Ctrl+Enter”键确认输入文字结束，以得到文字选区，如图 6-27 所示。

（4）单击图层调板最下方的“创建新图层”按钮，以创建一个普通的透明图层，如图 6-28 所示。

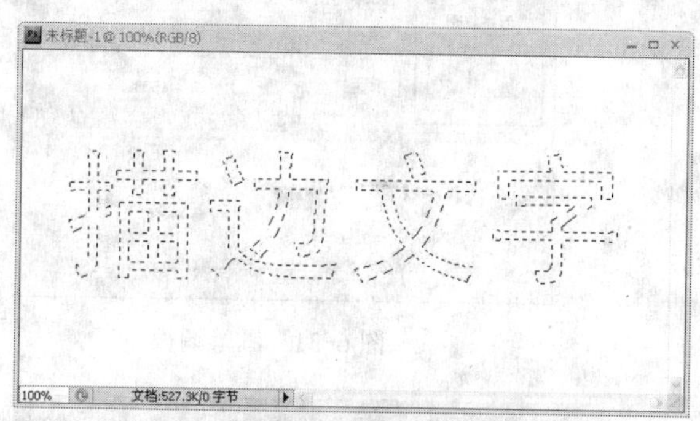

图 6-27　文字选区

图 6-28　图层调板

（5）选择“窗口/路径”命令，以打开路径面板。单击路径调板最下方的“从选区生成工作路径”按钮，以将该文字选区生成一个路径（见图 6-29），图像效果如图 6-30 所示。

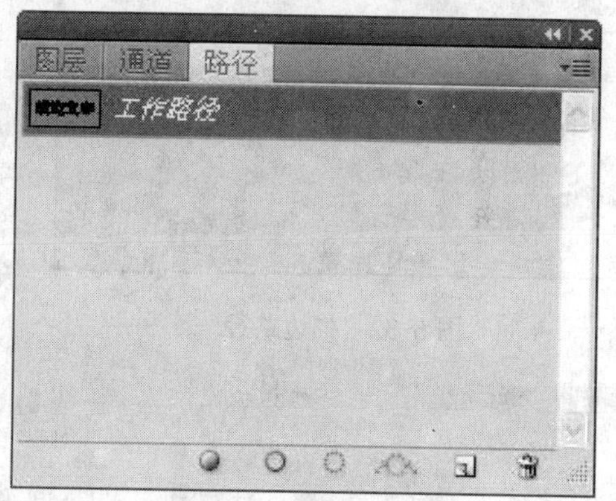

图 6-29　转化路径（左图为选区转换路径前，右图为选区转换路径后）

（6）将工具箱中前景色按钮设置为红色（RGB 值分别为 255、0、0），然后选择工具箱中画笔工具，选择主菜单“窗口/画笔”命令，以打开画笔面板，在打开的画笔调板中首先选择左侧“画笔笔尖形状”选项，然后在右侧对应的属性栏中选择“直径”为“5px”，“硬度”为“100%”，“间距”为“150%”，其他保持默认参数不变，如图 6-31 所示。

（7）单击路径调板最下方的“用画笔描边路径”按钮，以对路径用刚才所选的画笔描边，如图 6-32 所示。单击“路径”调板中灰色区域，以将路径在图像中被隐藏起来（见图 6-33），图像效果如图 6-34 所示。

（8）选择“图层/图层样式/投影”主菜单命令，在弹出的“图层样式”对话框中保持默认参数不变，单击“确定”按钮，以对描边文字加投影产生立体效果，如图 6-35 所示。

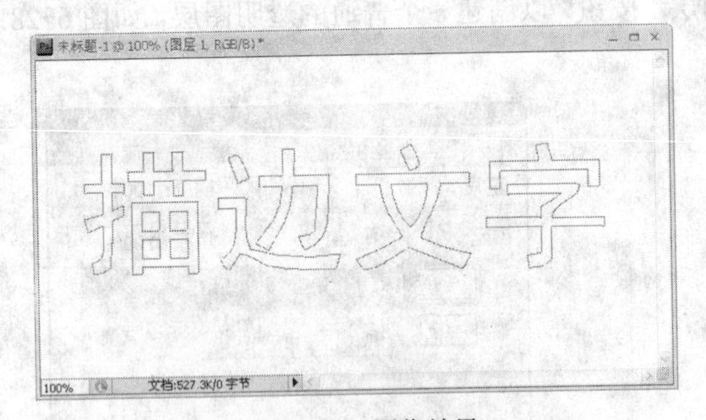

图 6-30　图像效果

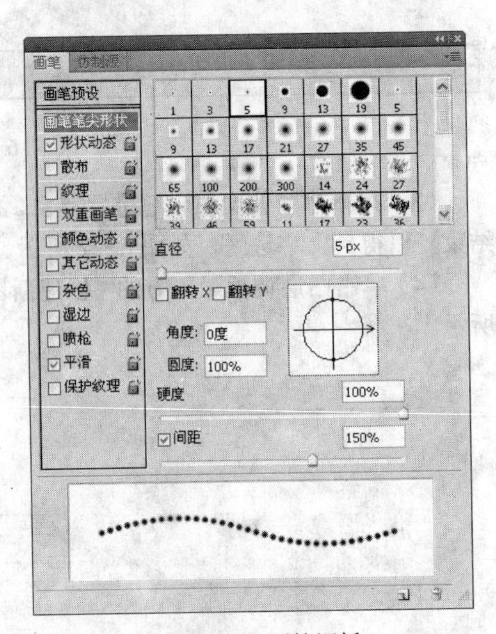

图 6-31　画笔调板

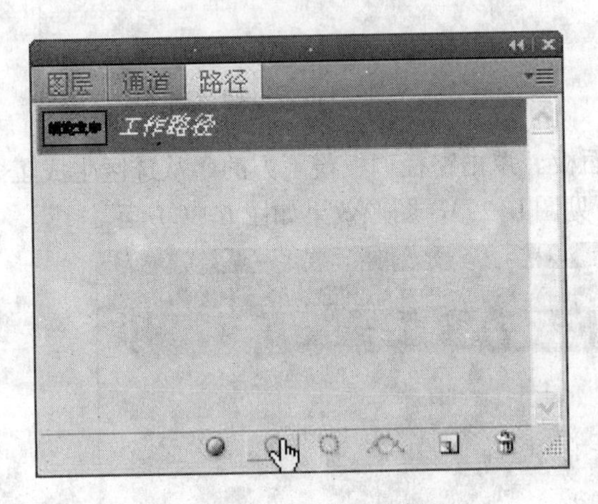

图 6-32　描边路径

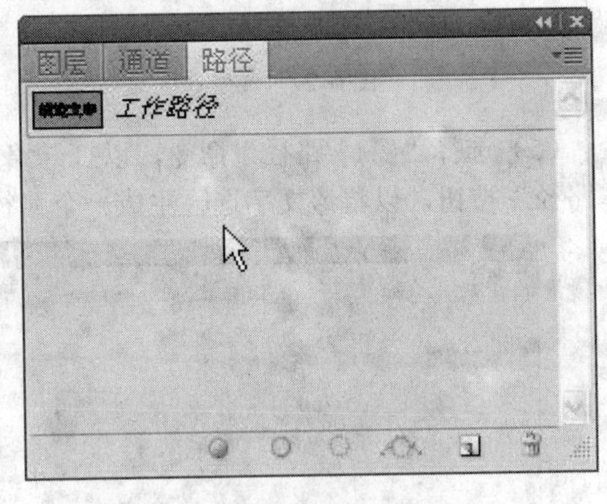

图 6-33　取消路径显示

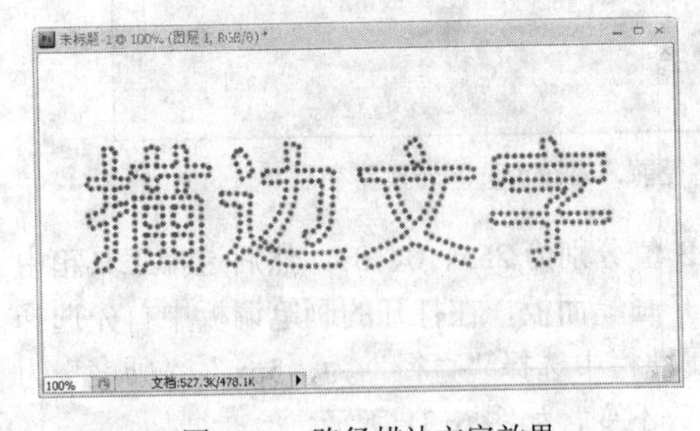

图 6-34　路径描边文字效果

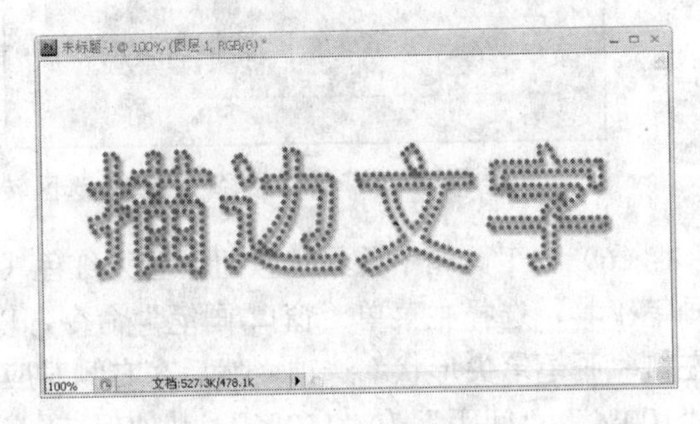

图 6-35　最终效果

6.3.2　邮票制作

任务说明：本任务是制作邮票效果。

任务要点：掌握选区转化为路径、路径描边命令使用方法。

任务步骤:

邮票是经常使用到的平面设计产品。由于实际使用的需要，邮票的周围有一圈均匀的齿孔，这一齿孔使得分割邮票时很方便。但是在使用 Photoshop 来制作一个邮票效果的时候，这一圈的齿孔又成了制作的一个问题。路径是一个方便快捷的制作手段，一般在制作齿孔过程中使用路径这个工具。

（1）执行“文件/打开”命令，在弹出的“打开”对话框中选择指定的图像文件双击打开，如图 6-36 所示。

图 6-36　原图

（2）获取邮票内部图像黑色边框。执行快捷键【Ctrl＋A】（或“选择→全选”命令）将图片全选，执行菜单“编辑/描边”设置描边，在弹出的“描边”对话框中设置“宽度”为“30px”，“颜色”为“白色”（RGB 值均为 255），“位置”为“内部”（见图 6-37），其他保持默认设置，再单击“确定”按钮。

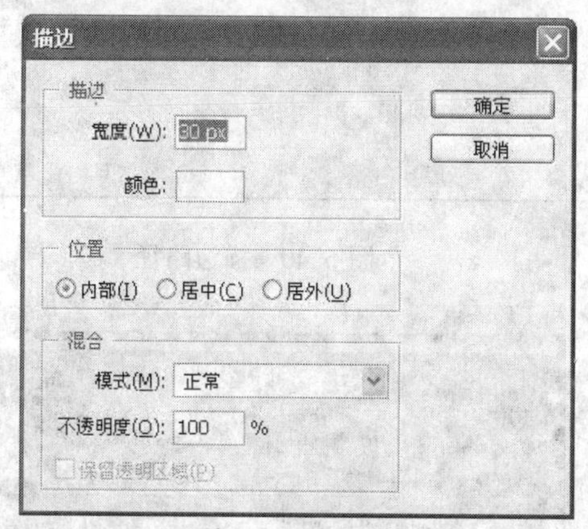

图 6-37　描边效果（左图为“描边”对话框，右图为白色描边图像）

（3）选择“窗口/路径”命令，以打开路径面板。单击最下方“从选区生成工作路径”按钮以便将选区转为路径，如图 6-38 所示。

（4）选择工具箱中的“画笔工具”，选择主菜单“窗口/画笔”命令，以打开画笔面板。在打开的“画笔”对话框中单击左侧的“画笔笔尖形状”，右侧“直径”选择“30px”，“硬度”选择“100%”，“间距”选择“150%”（见图 6-39）。

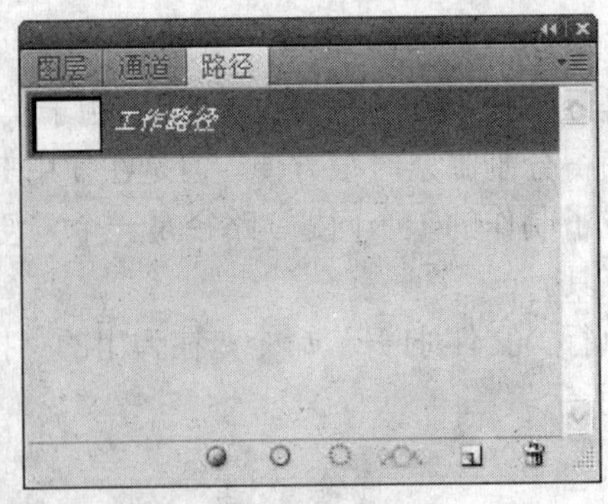

图 6-38　路径调板（左图为单击前，右图为单击后效果）

（5）单击工具箱中前景色方框，将其设置为“黑色”（RGB 值均为 255）。单击“路径”调板中“用画笔描边路径”按钮以便对路径描边，如图 6-40 所示。将鼠标在“路径”调板灰色区域任意处单击一下以将路径隐藏，如图 6-41 所示。此时邮票的基本效果已经出来了，如图 6-42 所示。

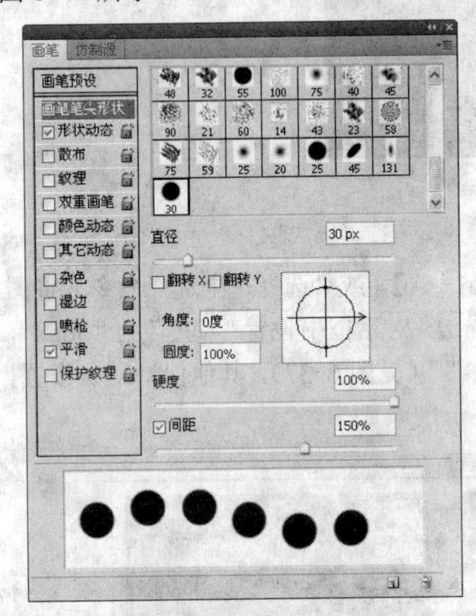

图 6-39　“画笔”对话框

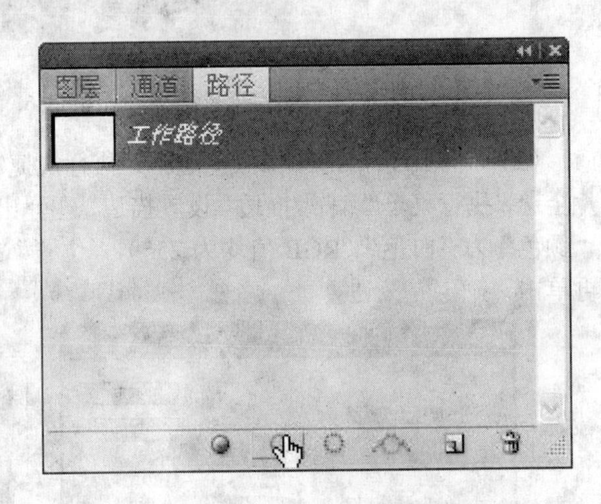

图 6-40　描边路径

图 6-41　取消路径选择状态

图 6-42　基本效果

（6）选择工具箱中横排文字工具，在如图 6-43 所示位置分别输入“××分”（在文字工具选项栏设置字体为“黑体”，大小为“72 点”，颜色为“白色”）、“××邮政”（在文字工具选项栏设置字体为“隶书”，大小为“72 点”、颜色为“白色”）。简单的一张邮票效果就做好了。

图 6-43　文字效果

（7）执行“图像/画布大小”命令，在弹出的对话框中设置“宽度”和“高度”为“2 厘米”，“画布扩展颜色”为“黑色”（见图 6-44），单击“确定”按钮，以得到扩展后的邮票效果，如图 6-45 所示。

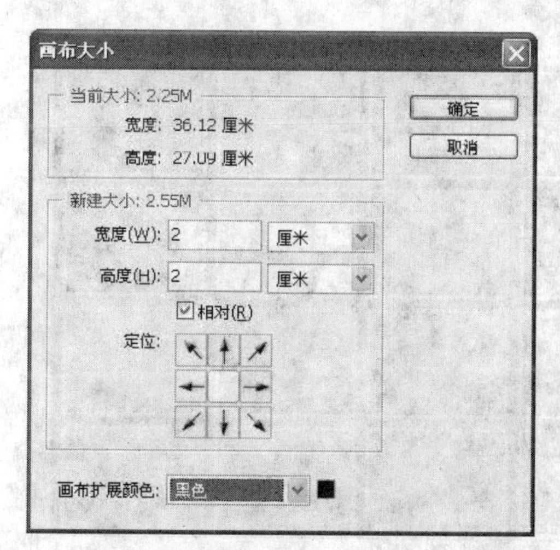

图 6-44　“画布大小”对话框

图 6-45　邮票效果

以上是提供一张邮票制作方法，下面继续制作还可以做成连票效果。

（8）执行“图像/图像大小”命令，在弹出的“图像大小”对话框中设置“文档大小”中的“宽度”为“7”厘米，其他保持默认设置（见图 6-46），单击“确定”按钮，以得到较小的邮票。

（9）执行“编辑/定义图案”命令，在弹出的“图案名称”对话框中直接单击“确定”按钮，以将邮票存放到图案库中。

（10）执行“文件/新建”命令，在弹出的“新建”对话框中设置“宽度”为“800 像素”、高度为“600 像素”，其他保持默认设置（见图 6-47），单击“确定”按钮，以得到一个空白的图像文件。

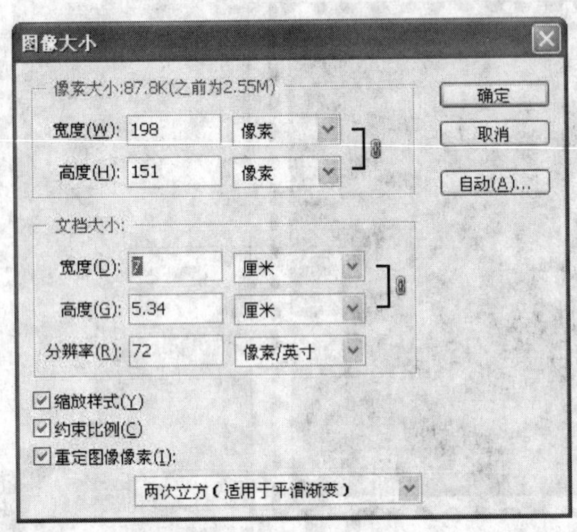

图 6-46 “图像大小”对话框

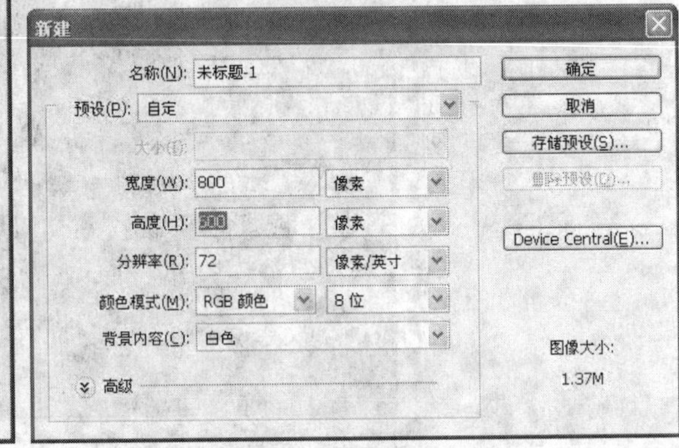

图 6-47 “新建”对话框

（11）执行“编辑/填充”命令，在弹出的“填充”对话框中在“使用”下拉列表中选择“图案”，然后在“自定图案”右侧下拉列表中选择刚才定义的邮票图案（见图 6-48），单击“确定”按钮，即得到填充有若干邮票图案的连票效果，如图 6-49 所示。

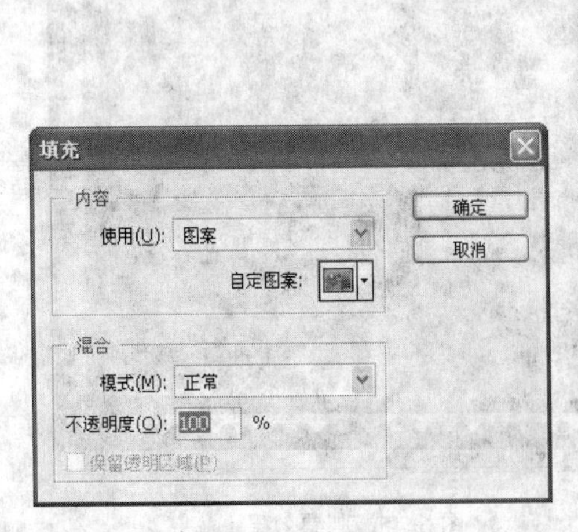

图 6-48 “填充”对话框

图 6-49 初步连票

（12）选择工具箱中矩形选框工具，在图像文件中拉出如图 6-50 所示的矩形虚线框，执行“图像/裁剪”命令，以裁掉多余的部分得到较完整的联票，执行“选择/取消选择”命令以取消虚线选择状态，如图 6-51 所示。

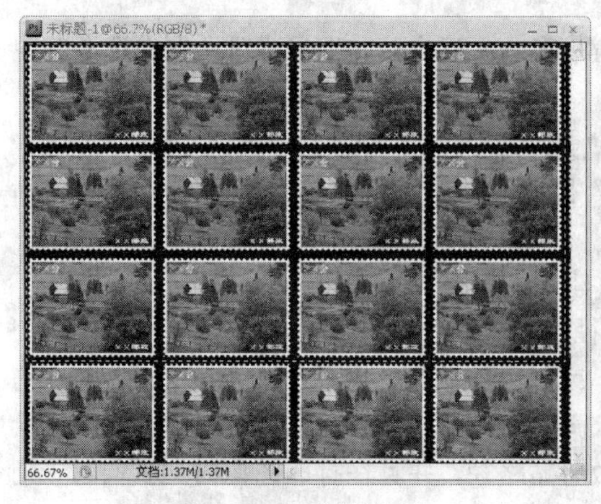

图 6-50　选择选区

图 6-51　最终连票效果

6.3.3　路径描边的知识点

1. 将路径转换为选区边界

路径提供平滑的轮廓，可以将它们转换为精确的选区边框。也可以使用直接选择工具进行微调，将选区边框转换为路径。

任何闭合路径都可以定义为选区边框。可以从当前的选区中添加或减去闭合路径，也可以将闭合路径与当前的选区结合。

1）使用当前设置将路径转换为选区边界

在“路径”面板中选择路径。要转换路径，请执行下列任一操作：

➢ 单击“路径”面板底部的“将路径作为选区载入”按钮。
➢ 按住 Ctrl 键并单击“路径”面板中的路径缩览图。

2）将路径转换为选区边界并指定设置

在“路径”面板中选择路径。执行下列操作之一：

➢ 按住 Alt 键并单击“路径”面板底部的“将路径作为选区载入”按钮 。
➢ 按住 Alt 键将路径拖动到“将路径作为选区载入”按钮。
➢ 从“路径”面板菜单中选取“建立选区”。

在“建立选区”对话框中，选择“渲染”选项：

➢ 羽化半径。定义羽化边缘在选区边框内外的伸展距离。输入以像素为单位的值。
➢ 消除锯齿。在选区中的像素与周围像素之间创建精细的过渡效果。确保“羽化半径”设置为 0。

选择“操作”选项：

➢ 新建选区：只选择路径定义的区域。
➢ 添加到选区：将路径定义的区域添加到原选区中。
➢ 从选区中减去：从当前选区中移去路径定义的区域。
➢ 与选区交叉：选择路径和原选区的共有区域。如果路径和选区没有重叠，则不会选择任何内容。

单击“确定”。

2. 将选区转换为路径

使用选择工具创建的任何选区都可以定义为路径。“建立工作路径”命令可以消除选区上应用的所有羽化效果。它还可以根据路径的复杂程度和在“建立工作路径”对话框中选取的容差值来改变选区的形状。

建立选区，然后执行下列操作之一：

➢ 单击“路径”面板底部的“建立工作路径”按钮，在不打开“建立工作路径”对话框的情况下使用当前的容差设置。

➢ 按住 Alt 键并单击“路径”面板底部的“建立工作路径”按钮。

➢ 从“路径”面板菜单中选取“建立工作路径”。

在“建立工作路径”对话框中，输入容差值，或使用默认值。容差值的范围为 0.5～10 的像素，用于确定“建立工作路径”命令对选区形状微小变化的敏感程度。容差值越高，用于绘制路径的锚点越少，路径也越平滑。如果路径用做剪贴路径，并且在打印图像时遇到问题，则应使用较高的容差值。

单击“确定”按钮。路径出现在“路径”面板的底部。

3. 用颜色对路径进行描边

“描边路径”命令可用于绘制路径的边框。“描边路径”命令可以沿任何路径创建绘画描边（使用绘画工具的当前设置），如图 6-52 所示。这和“描边”图层的效果完全不同，它并不模仿任何绘画工具的效果。

重要说明：在对路径进行描边时，颜色值会出现在现用图层上。开始之前，所需图层一定要处于现用状态。当图层蒙版或文本图层处于现用状态时无法对路径进行描边。

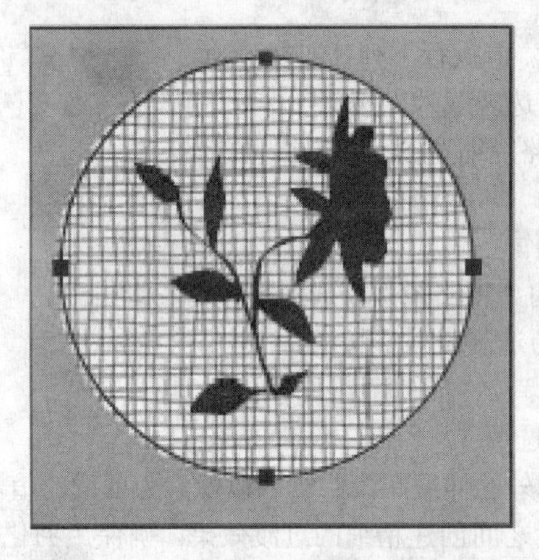

图 6-52 选定的路径（左图）和经过描边的路径（右图）

1）使用当前描边路径设置对路径进行描边

在“路径”面板中选择路径。单击“路径”面板底部的“描边路径”按钮。每次单击“描边路径”按钮都会增加描边的不透明度，这在某些情况下会使描边看起来更粗。

2）对路径进行描边并指定选项

在“路径”面板中选择路径。选择要用于描边路径的绘画或编辑工具。设置工具选项，并从选项栏中指定画笔。在打开“描边路径”对话框之前，必须指定工具的设置。

要描边路径，执行下列操作之一：

➢ 按住 Alt 键并单击“路径”面板底部的“描边路径”按钮。

➢ 按住 Alt 键并将路径拖动到“描边路径”按钮。

➢ 从“路径”面板菜单中选取“描边路径”。如果所选路径是路径组件，此命令将变为“描边子路径”。

单击“确定”按钮。

6.4 路径内文字——月牙型文字块

任务说明：本任务是制作月牙形文字块效果。

任务要点：掌握自定形状工具、横排文字工具、路径调板的应用。

任务步骤：

（1）在 Photoshop 中执行 “文件/打开” 命令（快捷键【Ctrl+O】），在弹出的打开对话框中双击指定的图像以打开显示，如图 6-53 所示。

（2）选择工具箱中自定形状工具，在其工具选项栏上选择“路径”按钮，接着单击“形状”后下拉列表，再单击右侧三角，在弹出的菜单中选择“形状”命令，在弹出的对话框中选择“确定”按钮，以调用所有关于形状的模板。单击第三行第三个模板“新月”（见图 6-54），接着鼠标在列表外任意位置单击一下，以关闭形状模板列表显示。

图 6-53 原始素材

图 6-54 形状的模板

（3）按住 Shift 键，在图像窗口中右下角，用鼠标从左上拖动右下以绘制一个如图 6-55 所示大小的月牙路径。

（4）选择横排文字工具，在其工具选项栏上设置“字体”为“黑体”，“大小”为“28 点”（可根据月牙路径内部分布情况自定义），“颜色”为“黑色”，其他参数保持默认设置。将鼠标移至月牙路径的内部任意位置，此时光标将变为如图 6-56 所示状态，此时单击鼠标左键即可插入文本光标，如图 6-57 所示。接着输入“能笑着想你真好，记忆中有股婴儿的味道。你可以在我视线之外奔跑，我一样的骄傲。”文字内容，按“Ctrl＋Enter”键以确认文本输入结束，如图 6-58 所示。

（5）选择“窗口/路径”命令，打开路径面板。可以观察到路径调板会出现一个以当前文

图 6-55　绘制月牙路径

图 6-56　放置鼠标位置

图 6-57　插入光标位置

图 6-58　输入文字

字为名称的路径，如图 6-59 所示。在路径调板没有路径的灰色处单击一下（见图 6-60），以隐藏显示图像窗口中的月牙路径。图像初步效果如图 6-61 所示。

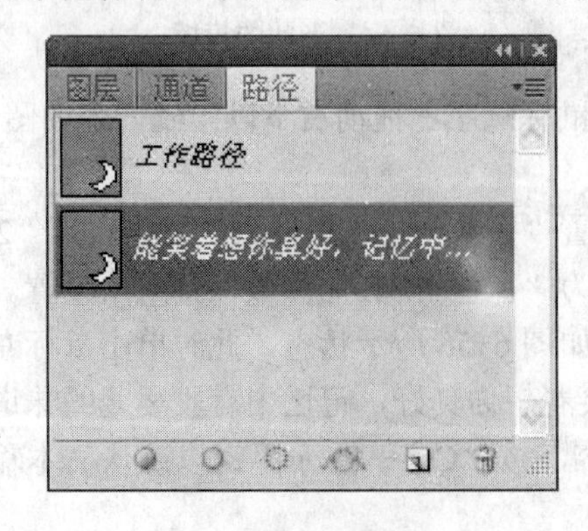

图 6-59　路径调板

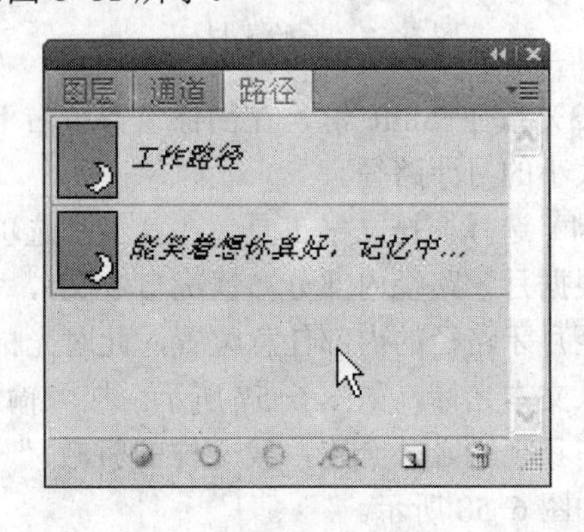

图 6-60　隐藏显示路径

（6）在横排文字工具选项栏上设置“字体”为“楷体”，“大小”为“100 点”，“颜色”为“红色”，其他参数保持默认设置。在图像窗口中左上角输入“我快乐！”内容，按“Ctrl+Enter”组合键以确认文本输入结束，效果如图 6-62 所示。

图 6-61　初步效果

图 6-62　最终效果

小结：

可以在一个异型的路径中输入文字，从而得到一个与路径形状相同的异型文字块效果。另外，还可以根据需要修改文字的各项属性，也可以利用钢笔工具及直接选择工具等修改文字块的外形（月牙路径形状可以改变）。

第7章　色彩和色调

色彩是光线的一部分经有色物体反射刺激人们的眼睛并在头脑中所产生的一种反映。在图像的设计过程中，图像的色彩、色调等因素将直接影响了一幅作品的最终效果，只有有效地拉制图像的色彩色调，才能制作出高质量的图像。掌握色彩调整方法，包括色相/饱和度、颜色替换和去色等；学会色调调整技巧，包括色阶、自动色阶等特殊色调控制方法。

7.1　直方图调板

7.1.1　观察图像影调

任务说明：本任务是使用“直方图”调板观察图像影调情况。

任务要点：“直方图”调板使用。

任务步骤：

（1）正常曝光的图像。执行“文件/打开”命令，在弹出的对话框中选择指定的图像文件双击打开，如图7-1所示。单击直方图调板，从直方图调板上可以看出该图亮度分布在最暗和最亮之间，左端（最暗处）和右端（最亮处）都没有溢出，也就是说暗部和亮部都没有损失细节层次，如图7-2所示。所以，该图是曝光恰到好处的图像。

图7-1　正常曝光的图像

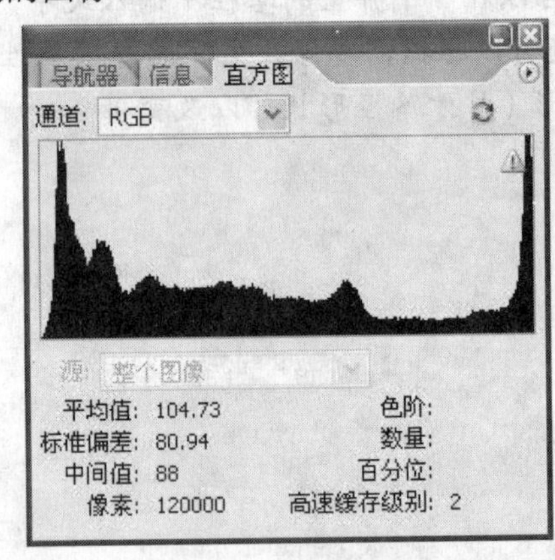

图7-2　直方图调板

（2）曝光不足的图像。执行“文件/打开”命令，在弹出的对话框中选择指定的图像文件双击打开，如图7-3所示。单击直方图调板，从直方图调板上可以看出该图左端产生溢出，暗部细节损失较大；右端（亮部）没有像素，亮度不足，如图7-4所示。所以这张图像的调子是很暗的，即曝光量不足的图像。

（3）曝光过渡的图像。执行“文件/打开”命令，在弹出的对话框中选择指定的图像文件双击打开，如图7-5所示。单击直方图调板，从直方图调板上可以看出该图左端像素太少，照片缺少黑色成分；右端溢出，亮部细节损失较大，如图7-6所示。所以这张图像的调子是很亮的，即曝光过渡的图像。

（4）反差过低的图像。执行“文件/打开”命令，在弹出的对话框中选择指定的图像文件双击打开，如图 7-7 所示。单击直方图调板，从直方图调板上可以看出该图左端和右端都富余大量的空间（没有亮调部分和暗调部分），影调集中在中间部分，如图 7-8 所示。所以这张照片的调子是灰蒙蒙的，即反差过低的图像。

图 7-3　曝光不足的图像

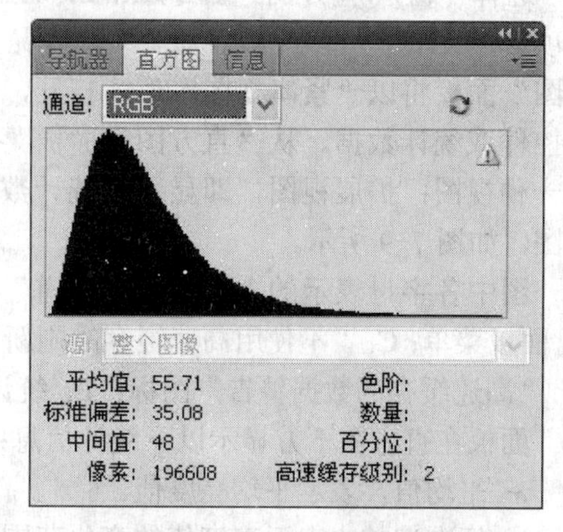

图 7-4　直方图调板

图 7-5　曝光过渡的图像

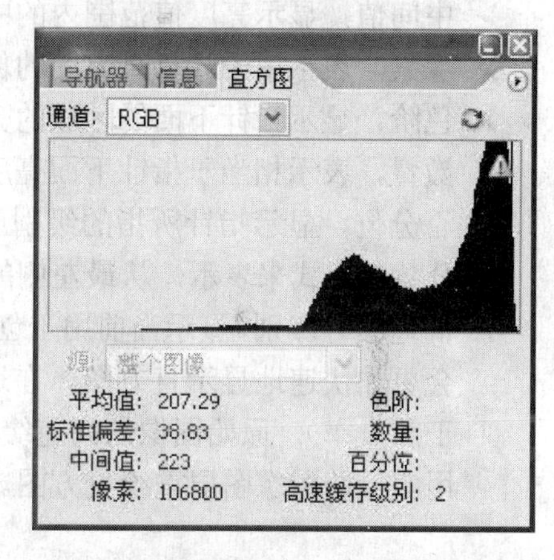

图 7-6　直方图调板

图 7-7　反差过低的图像

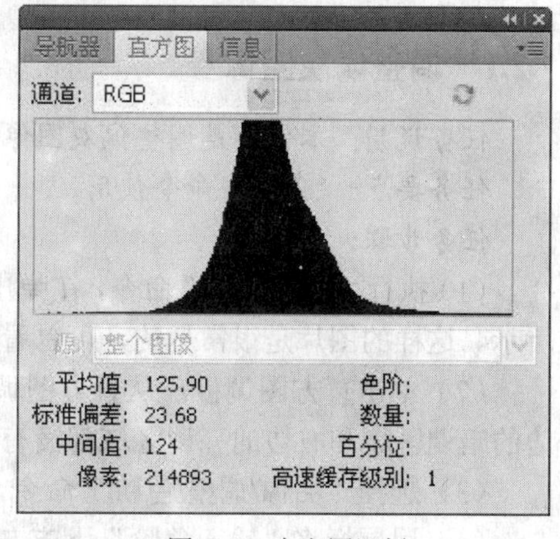

图 7-8　直方图调板

7.1.2 直方图调板知识点

直方图用图形表示图像的每个亮度级别的像素数量，展示像素在图像中的分布情况。直方图显示阴影中的细节（在直方图的左侧部分显示）、中间调（在中部显示）以及高光（在右侧部分显示）。直方图可以帮助确定某个图像是否有足够的细节来进行良好的校正。

选择“窗口/直方图”命令或单击“直方图”选项卡，以打开“直方图”面板。默认情况下，“直方图”面板将以“紧凑视图”形式打开，并且没有控件或统计数据。从“直方图”面板菜单中选择一种视图：扩展视图，即显示有统计数据的直方图，如图7-9所示。

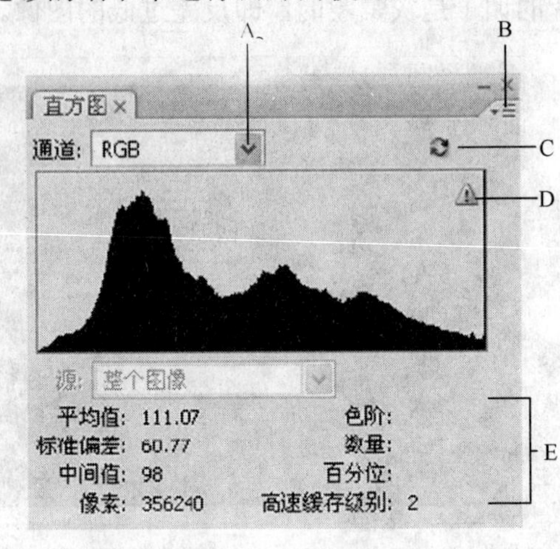

图7-9 直方图面板

图中各字母表示的含义：A.“通道”菜单；B. 面板菜单；C.“不使用高速缓存的刷新”按钮；D.“高速缓存的数据警告”图标；E. 统计数据。

面板在直方图下方显示以下统计信息：

- 平均值，表示平均亮度值。
- 标准偏差，表示亮度值的变化范围。
- 中间值，显示亮度值范围内的中间值。
- 像素，表示用于计算直方图的像素总数。
- 色阶，显示指针下面的区域的亮度级别。
- 数量，表示相当于指针下面亮度级别的像素总数。
- 百分位，显示指针所指的级别或该级别以下的像素累计数。值以图像中所有像素的百分数的形式来表示，从最左侧的 0% 到最右侧的 100%。
- 高速缓存级别，显示当前用于创建直方图的图像高速缓存。当高速缓存级别大于 1 时，会更加快速地显示直方图。在这种情况下，直方图源自图像中代表性的像素取样（基于放大率）。原始图像的高速缓存级别为 1。单击“不使用高速缓存的刷新”按钮，使用实际的图像图层重绘直方图。

7.2 “色阶”命令

7.2.1 调整偏灰图像

任务说明：本任务是调整偏灰图像。

任务要点：“色阶”命令使用。

任务步骤：

（1）执行“文件/打开”命令，在弹出的对话框中选择指定的图像文件双击打开，如图7-10所示。这样的图片是很常见的，可以看到反差很弱，整体调子灰蒙蒙的。

（2）单击直方图调板，从直方图调板上可以看出，该图中像素主要集中在中间部位，左边的暗调区域和右边的亮调区域都没有像素（见图7-11），所以图片就是灰蒙蒙的。

（3）选择“图像/调整/色阶”命令，打开“色阶”对话框。

（4）用鼠标将“输入色阶”下方左侧的黑色滑块移动到直方图左侧的起始点稍向里一点

图 7-10　原图

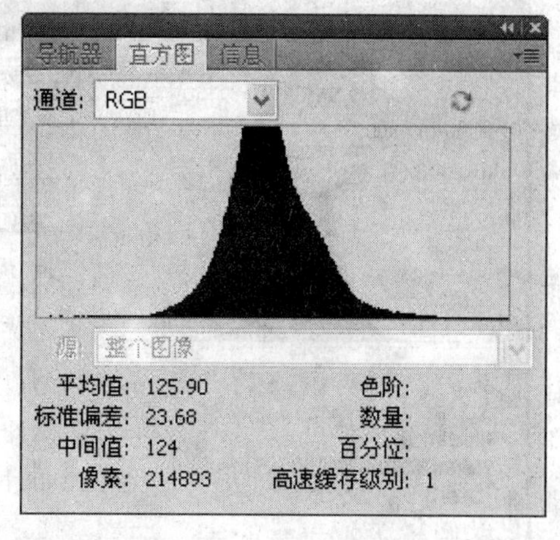

图 7-11　直方图调板

的位置上，将这一点确定为图像最暗的黑点；再将右侧的白色滑块移动到直方图右侧的起始点稍向里一点的位置上，将这一点确定为图像最亮的白点（通常这两个黑白滑块叫做“设置黑场”与“设置白场”），如图 7-12（a）所示。图像中现在有了最暗的黑点，也有了最亮的白点，所以观察到图像的影调大大好转了。

（5）同时从直方图面板上可以看到新旧两个直方图的对比，新的直方图向两侧拉开了，达到了色阶左侧的最暗点和右侧的最亮点，图像中的像素不再集中于中间灰的部分了，如图 7-12（b）所示。

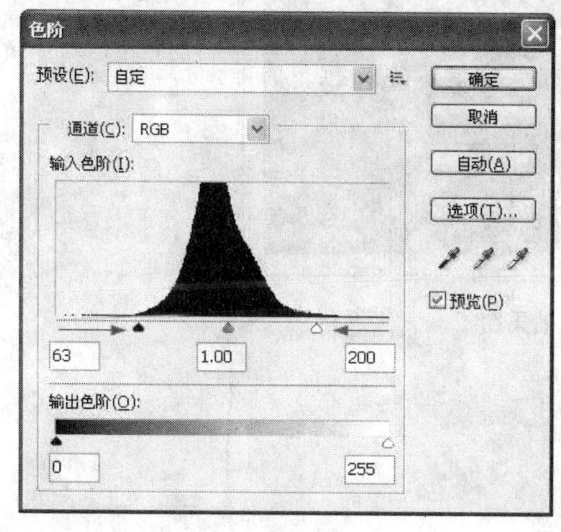

（a）初步调整

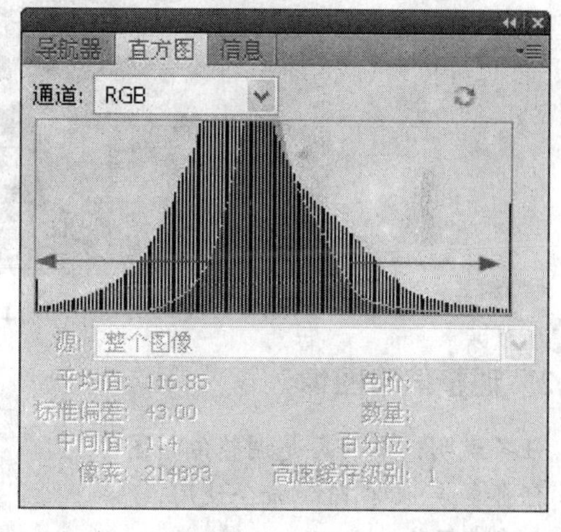

（b）新旧像素分布曲线对比图

图 7-12　调整过程

（6）在正确设置图片的黑白场之后，还可以根据图片的实际情况，调整中间灰点滑块。这个滑块的默认值为 1，它总是自觉地处于黑白两个滑块的正中间。向左或者向右移动中间灰点滑块，将加亮或者压暗图片的影调。本图片中，可以将中间灰点滑块适当向右侧移动一点，图片的影调稍稍压暗一点，如图 7-13（a）所示。

同时在直方图面板中可以看到峰值曲线整体向左侧的暗调部分偏移，但是图片的黑白场并没有改变，也就是说图片中最暗和最亮的点没有变，如图 7-13（b）所示。这样调整后单击“确定”按钮即可，效果如图 7-14 所示。

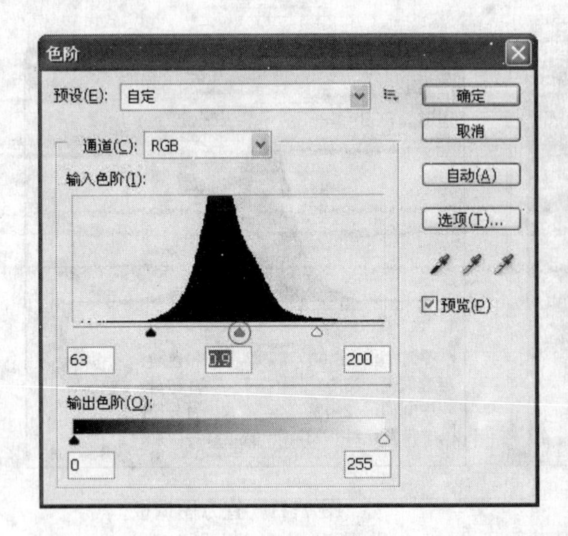

(a) 灰点调整

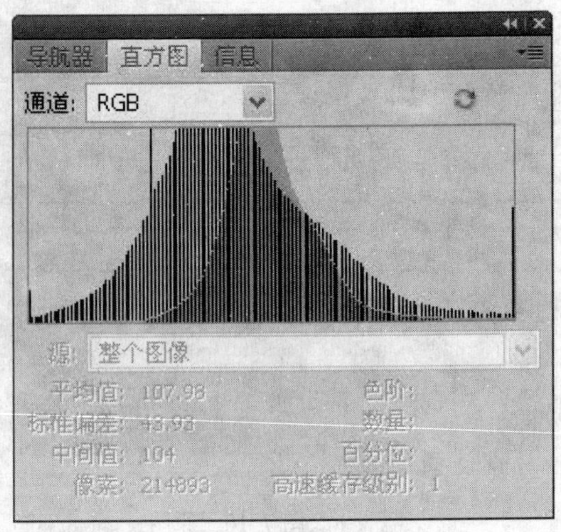

(b) 新旧像素分布曲线对比图

图 7-13　调整过程

图 7-14　效果图

7.2.2　调整偏暗图像

任务说明：本任务是调整偏暗图像。

任务要点："色阶"命令使用。

任务步骤：

（1）执行"文件/打开"命令，在弹出的对话框中选择指定的图像文件双击打开。单击直方图调板，在直方图调板上可以看到曲线偏重暗调一边，由此判断这是一个以暗调为主的图像，如图 7-15 所示。

（2）选择"图像/调整/色阶"命令，打开"色阶"对话框。对于这样的色阶直方图比较容易处理，只要将右侧的白色滑块向里移动到合适位置（这里将输入色阶后第三个文本框调为"180"）即可。

（3）此时根据图片的情况，再适当移动中间灰点滑块，达到一个满意的影调（这里将输入色阶后第二个文本框调为"1.30"，如图 7-16 所示）。此时从直方图面板上还可以看到新旧

(a) 原图

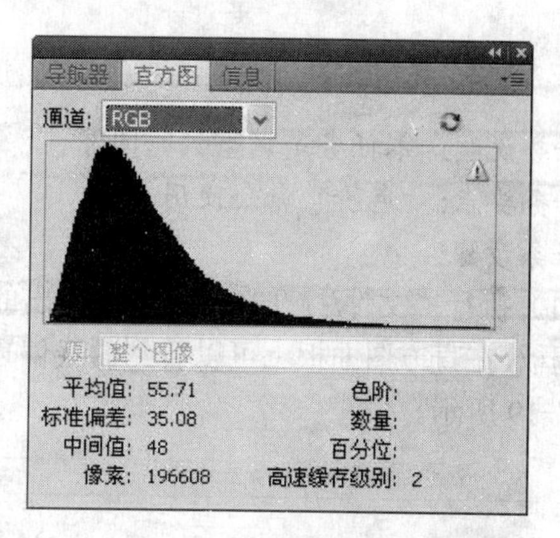

(b) 直方图调板

图 7-15　影调判断

两个直方图的对比，新的直方图向右侧拉开了，达到了色阶右侧的最亮点，图像中的像素不再集中于左侧的部分了，如图 7-17 所示。

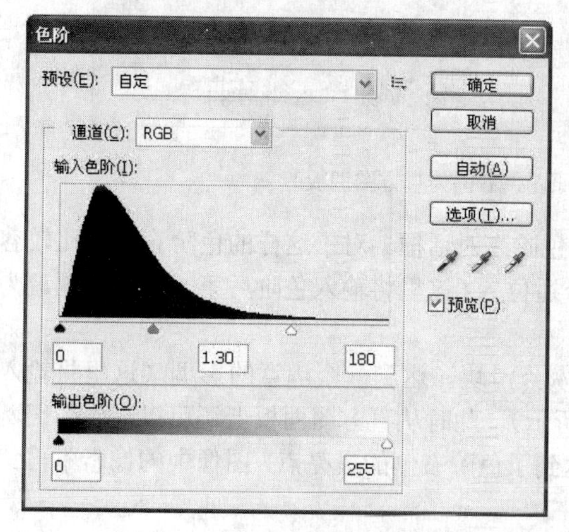

图 7-16　影调调整参数

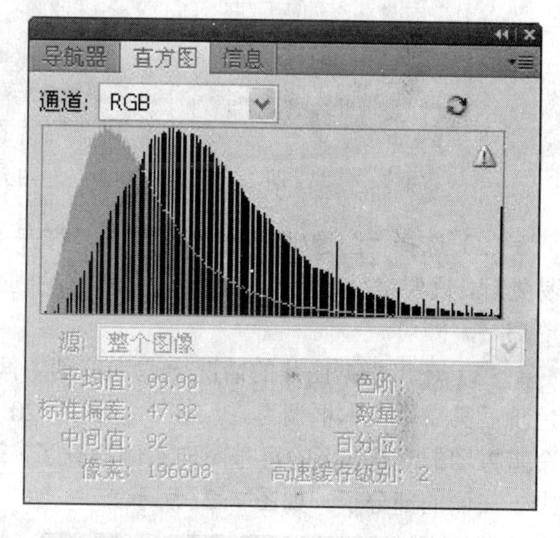

图 7-17　直方图参照图

（4）单击“确定”按钮退出，即可看到影调正常的图像，如图 7-18 所示。

图 7-18　调整后图像效果

7.2.3 调整偏亮图像

任务说明：本任务是调整偏亮图像。

任务要点："色阶"命令使用。

任务步骤：

（1）执行"文件/打开"命令，在弹出的对话框中选择指定的图像文件双击打开。单击直方图调板，在直方图面板上可以看到曲线偏重亮调一边，由此判断这是一个以亮调为主的图片，如图 7-19 所示。

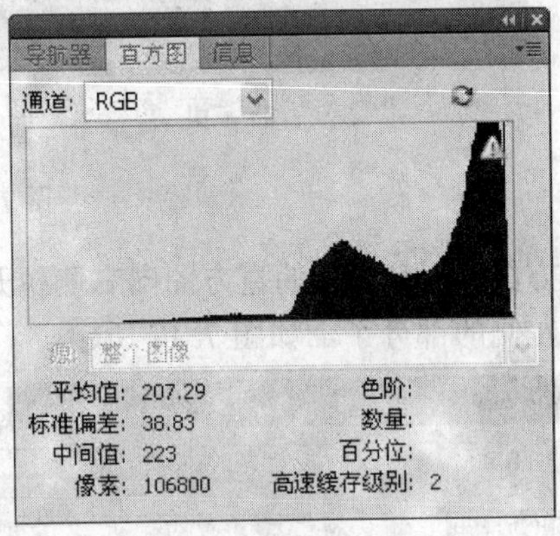

图 7-19 影调判断（左图为原图，右图为直方图调板）

（2）选择"图像/调整/色阶"命令，打开"色阶"对话框。对于这样的色阶直方图比较容易处理，只要将另一侧的白色滑块向里移动到合适位置（这里将输入色阶后第一个文本框调为"134"）即可。

（3）还可根据图片的情况，适当移动中间灰点滑块，达到一个满意的影调（这里将输入色阶后第二个文本框调为"1.50"，如图 7-20 所示）。此时从直方图面板上还可以看到新旧两个直方图的对比，新的直方图向右侧拉开了，达到了色阶右侧的最亮点，图像中的像素不再集中于左侧的部分了，如图 7-21 所示。

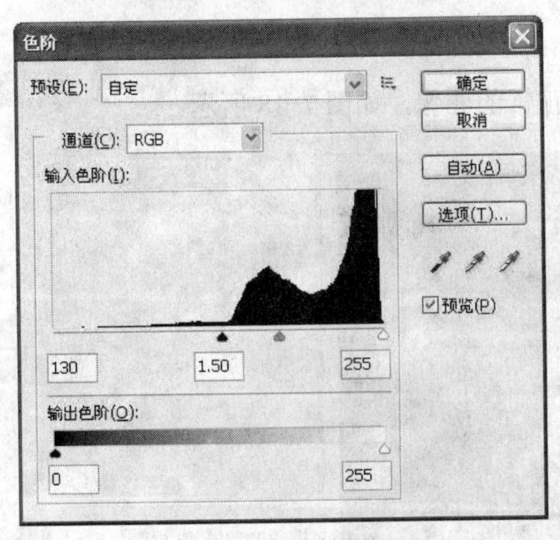

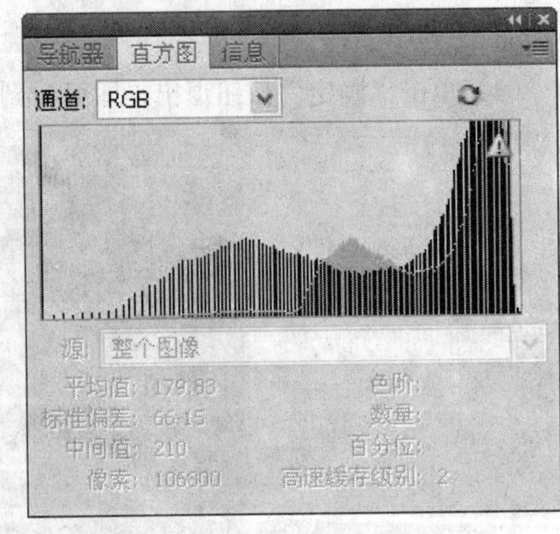

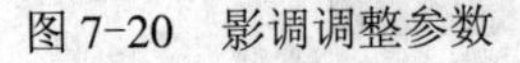
图 7-20 影调调整参数

图 7-21 直方图参照图

（4）单击"确定"按钮退出，即可看到影调正常的图像，如图 7-22 所示。

图 7-22　调整后图像效果

小结：

调整色阶的时候一定要看着直方图面板中的曲线来做，这样才能做到准确。很多人习惯看着屏幕调整图片的影调，这样做受显示器设置、室内环境光线等影响很大，并不准确。例如将黑白场滑块向里移动稍大一点，看似反差满意了，实际上在最亮的地方和最暗的地方都损失了很多层次细节。

总之，调整好色阶，正确设置图片的黑白场，对于任何一幅图像来说都是极其重要的任务，应该成为后期制作中必不可少的任务步骤。当然也不能教条地为所有的图片用同样的标准设置黑白场，因为有很多图片或者没有黑场或者没有白场（例如，高调或者低调的图片，就不能简单地在色阶直方图的一端设置滑块），这就需要具体情况具体分析。

7.2.4　调整偏色图像

任务说明：本任务是调整偏色图像。

任务要点："色阶"命令使用。

任务步骤：

（1）确认照片偏色。执行"文件/打开"命令，选择指定的文件双击以打开如图 7-23 所示的文件。这张照片偏色是毫无疑问的。单击信息调板，将鼠标放在照片中原本应该为黑白灰的地方，例如，地面应该为白，墙上的壁砖、人物的上衣可能为白等。可以从信息调板上看到这些地方的 RGB 颜色信息。这些颜色信息对于判断和校正照片偏色极其重要。

图 7-23　原图

（2）在工具箱中选择颜色取样器工具，将鼠标放在照片中那些应该为黑白灰的的地方单击，建立必要的采样点。假如在地面（取样点 1，R=178，G=114，B=104）、墙壁（取样点 2，R=155，G=96，B=98）、上衣（取样点 3，R=219，G=187，B=176）的位置上建立 3 个颜色采样点信息。这些地方的颜色原本应该为黑白灰，它们的 RGB 值应该为 R=G=B。认真观察这些点现在的颜色信息，可以

看到这些点中的 R（红色）值都明显偏高，而 G（绿色）和 B（蓝色）值都偏低，这样的照片当然偏红色，如图 7-24 所示。

图 7-24　设置取样点（左图为取样图像窗口，右图为取样点的信息调板）

（3）设置灰点校正偏色。选择主菜单中“图像/调整/色阶”命令，打开色阶对话框。选中右下角的“设置灰点”吸管工具（见图 7-25），在图像窗口中刚才设立的 3 个取样点中取样点 1 上单击鼠标，这个点的颜色就接近恢复为 $R=G=B$（$R=134$，$G=135$，$B=135$，如图 7-26 所示）。也就是说原本很高的蓝色值降低了，原本较低的红色值升高了，三个颜色的值相等了，这个点的颜色恢复了，进而整个照片的蓝色也降低了，红色也升高了，照片的偏色也就校正过来了。

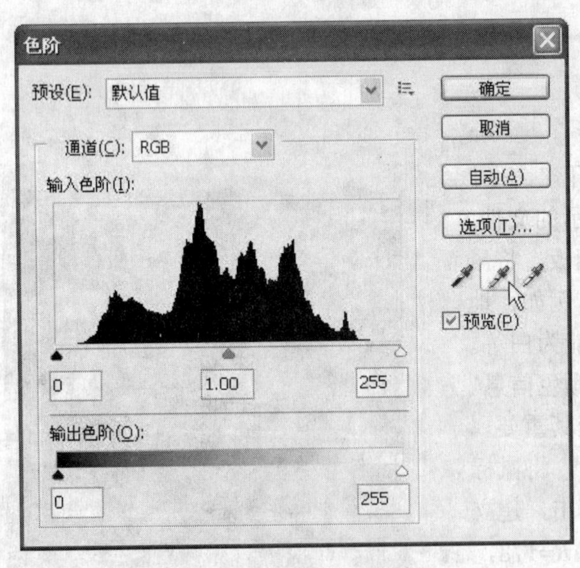

图 7-25　“色阶”对话框

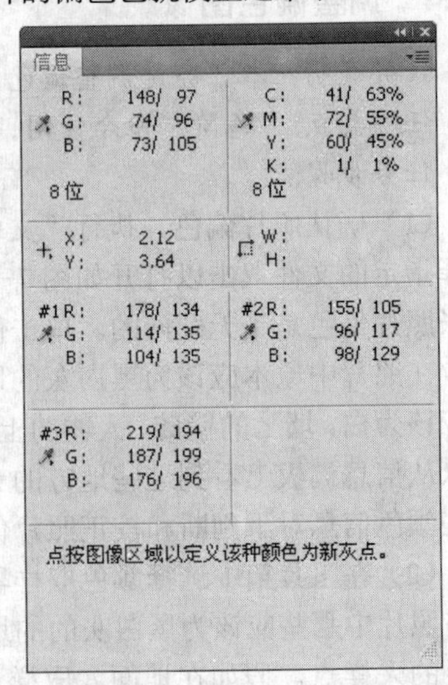

图 7-26　信息调板

选取不同的采样点有不同的颜色效果，选中“设置灰点”吸管工具，分别在采样点 2 和采样点 3 上单击鼠标，可以看到校正后的色彩都不一样。这里涉及更深入的色彩理论，作为一般任务者不必深究，只要在这些点中找到比较满意的色调就可以了。

注意不要把采样点选择在有色光线照射的地方。如果错选了这样的点，会使照片的颜色更偏色。如何正确选择图像中的中性灰参考点，这一直是一个比较难办的问题，在实际任务中要依靠深入的理论理解与丰富的任务经验相结合，不赞成教条地运用中性灰的理论。

（4）单击“确定”按钮，即可看到最终效果，如图 7-27 所示。

小结：

自然景物中原本应该为黑白灰的物体，在正常光线照射下，其 RGB 参数值应该相等。这就是中性灰的基本原理。中性灰是判断和校正图像偏色的重要依据，在实际任务中依照中性灰的原理来判断和校正图像偏色是非常有效的。大家都知道 Photoshop 软件的界面默认为大面积的灰色，这正是因为灰色是最“公正”的。

但是中性灰不是教条，不能生搬硬套。在实际任务中会有许多影响因素（如各种物体的颜色都会相互影响，日光下从早到晚的光线色温也有很大差别），应该辨证地看待和运用中性灰来判断和校正图像偏色。

图 7-27　最终效果

7.2.5　色阶命令知识点

可以使用“色阶”调整，通过调整图像的阴影、中间调和高光的强度级别，从而校正图像的色调范围和色彩平衡。

执行下列操作之一进行色阶调整：

- 单击“调整”面板中的“色阶”按钮或“色阶”预设，或从面板菜单中选择“色阶”。
- 选择“图层/新建调整图层/色阶”命令。在“新建图层”对话框中单击“确定”按钮。
- 选取“图像/调整/色阶”命令。

在弹出的色阶对话框中设置选项：

- 要调整特定颜色通道的色调，从“通道”菜单中选取选项。

➢ 要手动调整阴影和高光，将黑色和白色“输入色阶”滑块拖移到直方图的任意一端的第一组像素的边缘。也可以直接在第一个和第三个“输入色阶”文本框中输入值。例如，如果将黑场滑块移到右边的色阶 5 处，则 Photoshop 会将位于或低于色阶 5 的所有像素都映射到色阶 0 处。同样，如果将白场滑块移到左边的色阶 243 处，则 Photoshop 会将位于或高于色阶 243 的所有像素都映射到色阶 255 处。这种映射将影响每个通道中最暗和最亮的像素。

➢ 要调整中间调，使用中间的“输入”滑块来调整灰度系数。也可以直接在中间的“输入色阶”框中输入灰度系数调整值。向左移动中间的“输入”滑块可使整个图像变亮。此滑块将较低（较暗）色阶向上映射到“输出”滑块之间的中点色阶。如果“输出”滑块处在它们的默认位置（0 和 255），则中点色阶为 128。将中间的“输入”滑块向右移动会产生相反的效果，使图像变暗。

➢ 单击“设置灰场”吸管工具，然后单击图像中为中性灰色的部分。

➢ 单击“自动”以应用默认自动色阶调整。要尝试其他自动调整选项，从“调整”面板菜单中选择“自动选项”，然后更改“自动颜色校正选项”对话框的“算法”。

7.3 “阴影/高光”命令

7.3.1 简单修复曝光不足

任务说明：本任务是调整曝光不足轻微的图像。

任务要点：“阴影/高光”命令使用。

任务步骤：

（1）执行“文件/打开”命令（快捷键【Ctrl＋O】），在弹出的对话框中选择指定的图像双击打开，如图 7-28 所示。该照片由于选择了逆光拍摄，景物层次表现出来了，但是没有能够补光，造成图像很暗，影响了对整体图像的表现。

图 7-28 原图

（2）选择“图像/调整/阴影/高光”命令，在弹出的“阴影/高光”对话框中默认参数已经将图像中的暗部影调做了加亮处理，主要观察主体影调是否满意。可以根据实际情况适当调整参数值，“暗调”的“数量”值越高，图像中暗调部分的影调就越亮，如图 7-29 所示。

（3）调整满意后按“确定”按钮退出，最终效果如图 7-30 所示。

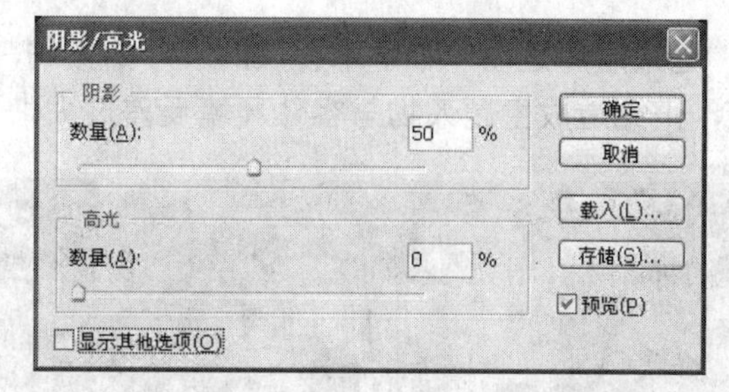

图 7-29 “阴影/高光”对话框和初步效果图

图 7-30 最终效果

小结：

在摄影中，常出现图像主体曝光不足（没有足够的亮度）或背景曝光过度（亮度过分耀眼）的情况，这在普通全自动数码相机上尤其突出。通常这是由于取景方式不正确或闪光灯使用不当造成的。印前设计中，遇到这些曝光不当的原稿图片，若原封不动地放进设计稿中，不但影响整个设计版面的效果，而且破坏了设计人员的创意品位。

在 Photoshop 一般多用“色阶、曲线、亮度/饱和度”等命令经过综合运用来进行调整，但是这种方法速度慢、步骤烦琐耗时，很多初学者不容易掌握，而且提高曝光量往往会伴随着图像清晰度、分辨率的降低，这种以牺牲图像质量来提高曝光量的方法是不可取的，破坏了照片的美感。针对这种曝光不当的情况，“阴影/高光”可以很简单地修复曝光不足的情况。尽管“阴影/高光”命令可以很简单地修复曝光不足的情况，但该命令所作的调整不是万能的，不是任何高反差的照片都能调整过来。这个调整对于过曝的部分不会增加亮调部分的层次，对于严重欠曝的暗调部分，如果调整幅度过大会产生严重的噪点。

7.3.2 复杂修复曝光不足

任务说明：本任务是调整曝光不足较重的图像。

任务要点：“阴影/高光”命令使用。

任务步骤：

（1）执行“文件/打开”命令（快捷键【Ctrl＋O】），在弹出的对话框中选择指定的图像双击打开，如图 7-31 所示。这张照片是在一个学术会议的展厅拍摄的，为了不影响学者们的工作，当时没有使用闪光灯，由此造成主题人物与客体环境反差过大，人物欠曝的问题。

图 7-31　原图

（2）按【Ctrl＋L】快捷键打开“色阶”对话框，将输入色阶中间的灰点滑块或最右侧的亮点滑块向左移动，可以看到简单的加亮图像效果并不好，亮部层次损失，主体人物发灰，如图 7-32 所示。单击“取消”按钮，以放弃色阶调整。

图 7-32　色阶对话框和效果图

（3）选择“图像/调整/阴影/高光”命令，在弹出的“阴影/高光”对话框中，默认参数“阴影”下“数量”自动设置为“50%”，已经将图像中的暗部影调做了加亮处理。感觉还不够，拉动暗调选项滑块到满意位置“95%”，如图 7-33 所示。

（4）再进行更精细的调整，在面板左下角的“显示其他选项”前点勾，打开整个“阴影/高光”的所有选项。将暗调选项中“色调宽度”和“半径”选项的滑块向右移动到合适位置“88%”、“84 像素”（见图 7-34），以使得更大范围的暗调影响能够调整。如果感觉调整了暗调影调后图像有偏色，或者中间调的对比度偏弱，可以继续拉动相应的滑块进行调整。满意后单击“确定”按钮退出，如图 7-35 所示。

（5）经过这样的调整，主体人物的影调基本正常了，而客体环境的影调也没有损失层次，片子的影调没有很硬的反差。从直方图调板上可以看到，片子的黑白场也属正常，如图 7-36 所示。这样的片子已经达到发片的要求了。

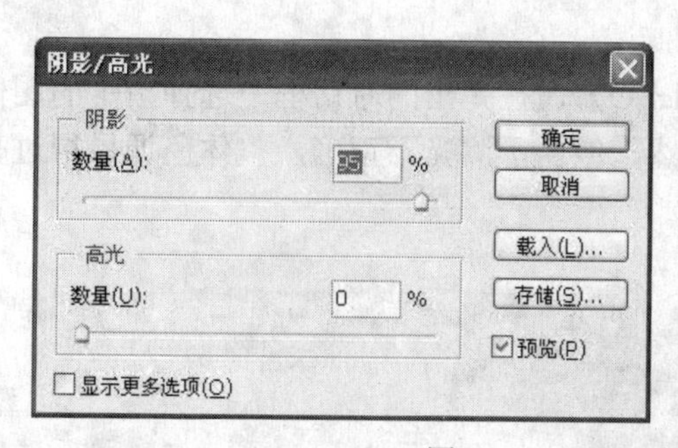

图 7-33 “阴影/高光”对话框和效果图

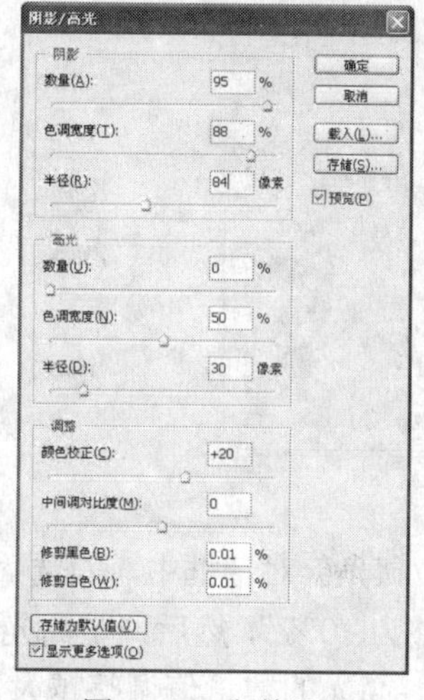

图 7-34 参数调整

图 7-35 效果图

小结：

逆光拍摄照片可以形成很漂亮的光影效果，但是也往往会产生主体欠曝的效果。尤其是逆光的正面人像，脸部如果欠曝，会使人物昏暗无光。通过使用“阴影/高光”命令，可以很容易将一幅效果不怎么样的照片调整到基本上满意。通过调整，原图片中曝光不足部分的亮度被提高了，阴影范围中的细节得到了充分的表现。同时又没有影响图像中其他部分所应有的亮度，从而提高了印前设计文稿的质量。

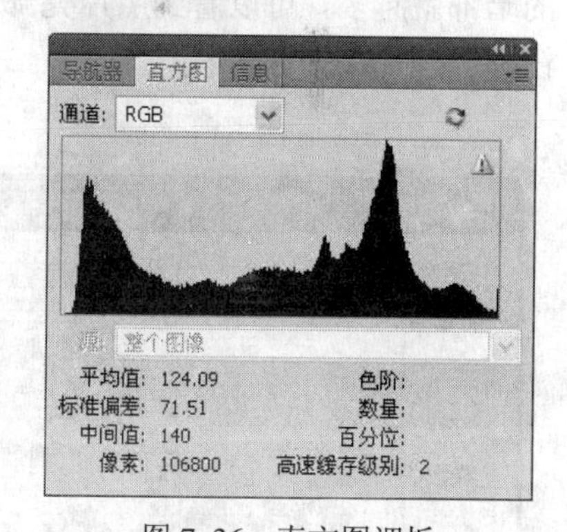

图 7-36 直方图调板

当然“阴影/高光”命令的调整效果也并不是非常完美的，不是任何高反差的照片都能调整过来。这个调整对于严重欠曝的暗调部分，如果调整幅度过大会产生严重的噪点。事实上曝光不足很难在后期通过调整来修复。

总之，无论多么高超的后期处理技巧，都只不过是锦上添花的辅助手段而已。最重要的还是在拍照的时候，认真把握好一切因素，争取一次拍摄成功，而不要过分依赖这些后期处理。

7.3.3 修复曝光过度

任务说明：本任务是调整曝光过度图像。

任务要点：　“阴影/高光”命令使用。

任务步骤：

（1）执行“文件/打开”命令（快捷键【Ctrl＋O】），在弹出的对话框中选择指定的图像双击打开，如图7-37所示。这幅照片的色彩很自然，但由于测光不正确，整体色调显得过亮，导致草地层次损失比较严重。

图7-37　曝光过度照片

（2）选择“图像/调整/阴影/高光”命令，在弹出的“阴影/高光”对话框中，勾选“预览”选项可以在调整的同时进行效果预览。将“阴影”数量数值调整为“0%”，然后调整高光的“数量”值调整为“50%”来调整光照的校正量，如图7-38所示。高光的数量值调整越大，获得的暗部就越多，可以看到照片亮部的裙子和脸部细节增加了，层次更丰富了，单击“确定”按钮即可，如图7-39所示。

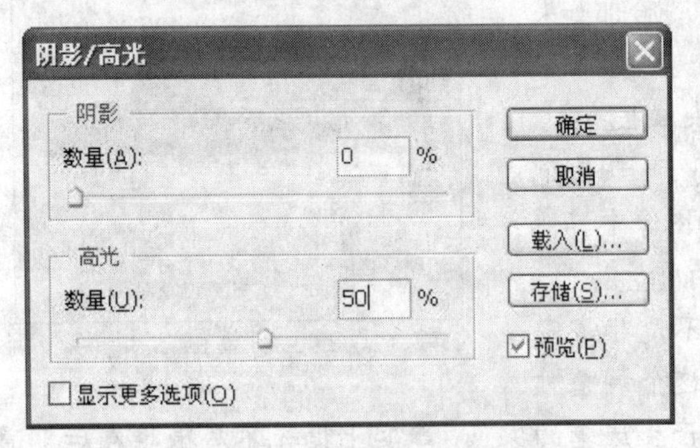

图7-38　“阴影/高光”对话框

图7-39　效果图

如果仅仅改变“高光”数量数值效果还不好，可以单击左下角“显示其他选项”的对勾，打开更多的选项进行调节设置。

小结：

有时候因为不正确的测光导致照片曝光过度，照片过亮，中间层次丢失。“阴影/高光”命令可以调整曝光过度的照片，增加照片的层次。

7.3.4 “阴影/高光”命令知识点

“阴影/高光”命令适用于校正由强逆光而形成剪影的照片，或者校正由于太接近相机闪光灯而有些发白的焦点。在用其他方式采光的图像中，这种调整也可用于使阴影区域变亮。“阴影/高光”命令不是简单地使图像变亮或变暗，它基于阴影或高光中的周围像素（局部相邻像素）增亮或变暗，如图 7-40 所示。正因为如此，阴影和高光都有各自的控制选项。默认值设置为修复具有逆光问题的图像。

图 7-40　阴影/高光校正的图像（左图为原图，右图为校正图）

“阴影/高光”命令还有用于调整图像的整体对比度的“中间调对比度”滑块、“修剪黑色”选项和“修剪白色”选项，以及用于调整饱和度的“颜色校正”滑块。

选择“图像/调整/阴影/高光”命令，为了更精细地进行控制，选择“显示其他选项”进行其他调整，阴影/高光命令选项：

- 如果希望在进行调整时更新图像，确保在该对话框中选定“预览”选项。
- 数量，控制（分别用于图像中的高光值和阴影值）要进行的校正量。

过大的“数量”值可能会导致交叉，在这种情况下，以高光开始的区域会变得比以阴影开始的区域颜色更深；这会使调整后图像看上去“不自然”。

通过移动“数量”滑块或者在“阴影”或“高光”的百分比框中输入一个值来调整光照校正量。值越大，为阴影提供的增亮程度或者为高光提供的变暗程度越大。既可以调整图像中的阴影，也可以调整图像中的高光。

要增大图像（曝光良好的除外）中的阴影细节，尝试将阴影“数量”和阴影“色调宽度”的值设置在 0～25% 范围内。

- 单击“存储为默认值”按钮存储当前设置，并使它们成为“阴影/高光”命令的默认设置。要还原原来的默认设置，在按住 Shift 键的同时单击“存储为默认值”按钮。
- 色调宽度，控制阴影或高光中色调的修改范围。较小的值会限制只对较暗区域进行阴影校正的调整，并只对较亮区域进行“高光”校正的调整。较大的值会增大将进一步调整为中间调的色调的范围。例如，如果阴影色调宽度滑块位于“100%”处，则对阴影的影响最大，对中间调会有部分影响，但最亮的高光不会受到影响。色调宽度因图像而异。值太大可能会导致较暗或较亮的边缘周围出现色晕。默认设置尝试减少这些人为因素。当“阴影”或“高光”的“数量”的值太大时，也可能会出现色晕。

  “色调宽度”默认设置为“50%”。如果在尝试使黑色主体变亮时发现中间调或较亮的区域更改得太多，请尝试朝着“0”的方向减小阴影的“色调宽度”值，以便只有最暗的区域会变亮。但是，如果您需要既加亮阴影又加亮中间调，请将阴影的“色调宽度”增大到“100%”。

- 半径，控制每个像素周围的局部相邻像素的大小。相邻像素用于确定像素是在阴影还是在高光中。向左移动滑块会指定较小的区域，向右移动滑块会指定较大的区域。局部相邻像素的最佳大小取决于图像。最好通过调整进行试验。如果“半径”太大，则调整倾向于使整个图像变亮（或变暗），而不是只使主体变亮。最好将半径设置为与图像中所关注主体的大小大致相等。试用不同的“半径”设置，以获得焦点对比度和与背景相比的焦点的级差加亮（或变暗）之间的最佳平衡。
- 亮度，调整灰度图像的亮度。此调整仅适用于灰度图像。向左移动“亮度”滑块会使灰度图像变暗，向右移动该滑块会使灰度图像变亮。
- 中间调对比度，调整中间调中的对比度。向左移动滑块会降低对比度，向右移动会增加对比度。也可以在“中间调对比度”框中输入一个值。负值会降低对比度，正值会增加对比度。增大中间调对比度会在中间调中产生较强的对比度，同时倾向于使阴影变暗并使高光变亮。
- 修剪黑色和修剪白色，指定在图像中会将多少阴影和高光剪切到新的极端阴影（色阶为 0）和高光（色阶为 255）颜色。值越大，生成的图像的对比度越大。请小心不要使剪贴值太大，因为这样做会减小阴影或高光的细节（强度值会被作为纯黑或纯白色剪切并渲染）。

7.4 “替换颜色”命令

7.4.1 衣服换色

任务说明：本任务是更换图像颜色。

任务要点：“替换颜色”命令使用。

任务步骤：

（1）执行“文件/打开”命令，在弹出的“打开”对话框中选择指定的图像文件双击打开，如图 7-41 所示。如果对裙子的搭配不满意，可以进行颜色替换。

图 7-41 原图

（2）确定替换颜色区域。选择“图像/调整/替换颜色”命令，打开“替换颜色”对话框。将鼠标放到图像窗口中变成了吸管，在需要替换颜色的裙子上单击鼠标，看到对话框预览窗口中裙子的位置呈现白色，如图 7-42 所示。从这里可以清楚地看到将要替换颜色的区域。预览窗口中白色的部分是将要被替换颜色的区域，黑色部分是不会被替换颜色的区域，而灰色部分是会被部分替换颜色的区域。

（3）在对话框中拉动上边的“颜色容差”滑块为“80”，接着选择“添加到取样”吸管，逐个单击预览窗口中裙子还有些黑色的部分（见图 7-43），直至这些颜色基本上被添加到替换颜色的区域中来，即需要替换部分为白色，不需要替换部分为黑色。

图 7-42　选择替换区域（左图为图像窗口，右图为“替换颜色”对话框）

（4）在对话框中的“变换”区域中调整“色相”为“-100”、饱和度为“-30”（见图 7-44），同时观察到图像中裙子已经被替换了颜色（如果对替换的区域不满意，可以继续调整“颜色容差”滑块位置，或者用吸管接着单击没有被替换的颜色区域）。满意后单击“确定”按钮退出，最终效果如图 7-45 所示。

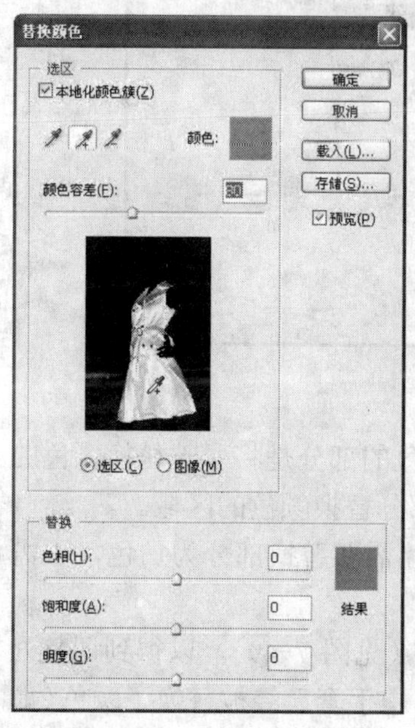

图 7-43　初步调整

图 7-44　调整确定

图 7-45　最终效果

7.4.2 手套着色

任务说明：本任务是更换图像颜色。

任务要点："替换颜色"命令使用。

任务步骤：

（1）执行"文件/打开"命令，在弹出的"打开"对话框中选择指定的图像文件双击打开，如图 7-46 所示。图像中如果对手套的颜色不满意，可以进行替换颜色的任务。这里主要介绍替换手套的颜色。

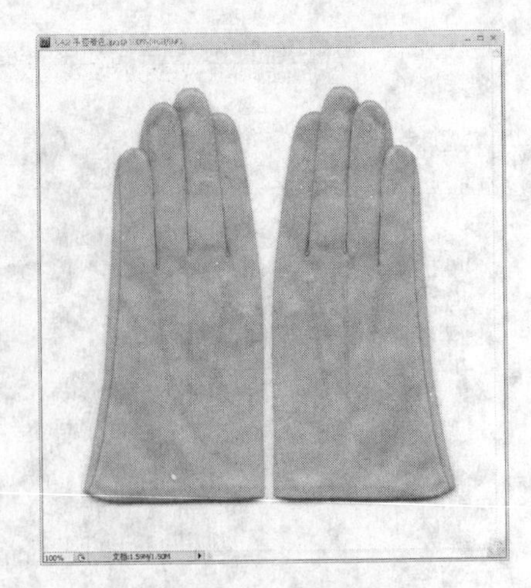

图 7-46　原图

（2）确定替换颜色区域。选择"图像/调整/替换颜色"命令，打开"替换颜色"对话框。将光标放到图像上光标变成了吸管形状，在需要替换颜色的手套上单击鼠标（见图 7-47 左图），看到对话框预览窗口中手套的位置呈现白色，如图 7-47 右图所示。

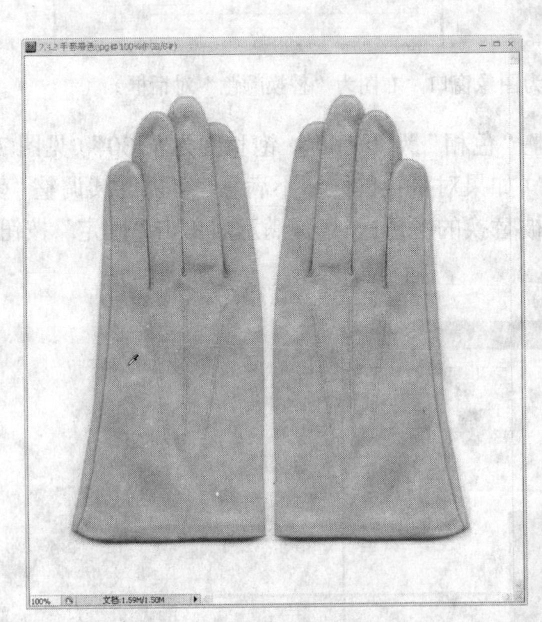

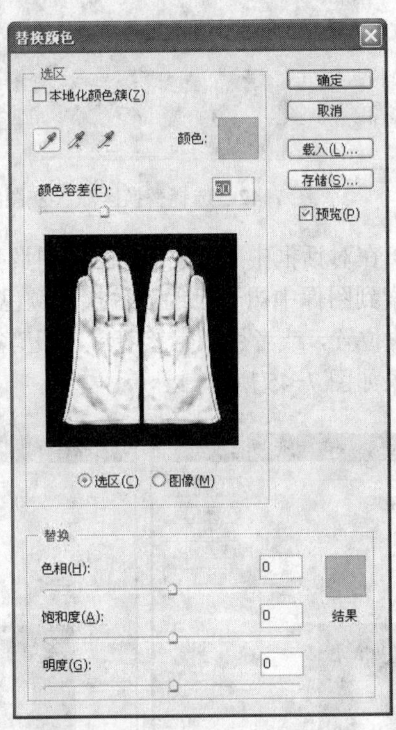

图 7-47　选择替换区域

从这里可以清楚地看到将要替换颜色的区域。预览窗口中白色的部分是将要被替换颜色的区域，黑色部分是不会被替换颜色的区域，而灰色部分是会被部分替换颜色的区域。

（3）在对话框中拉动上边的"颜色容差"滑块为"200"，让需要替换部分为白色，不需要替换部分为黑色，如图 7-48 所示。

（4）在对话框中的"替换"区域中调整"色相"为"+100"（见图 7-49），以得到调整处所需浅绿色颜色，其他参数保持不变。此时可以观察到，图像窗口中手套已经被替换了颜色（如果对替换的颜色不满意，可以继续调整"色相"滑块位置，或饱和度数值），满意后单击"确定"按钮退出。

图 7-48 “替换颜色”对话框

图 7-49 更改色相

（5）最终效果如图 7-50（a）图所示。用同样的方法替换其他颜色（如色相为 200），如图 7-50（b）图所示。

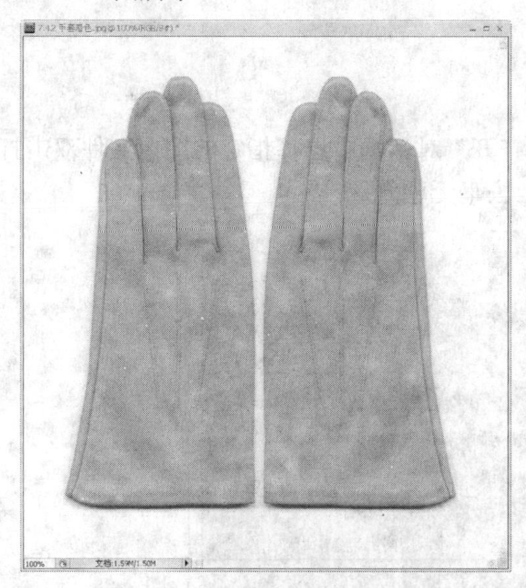

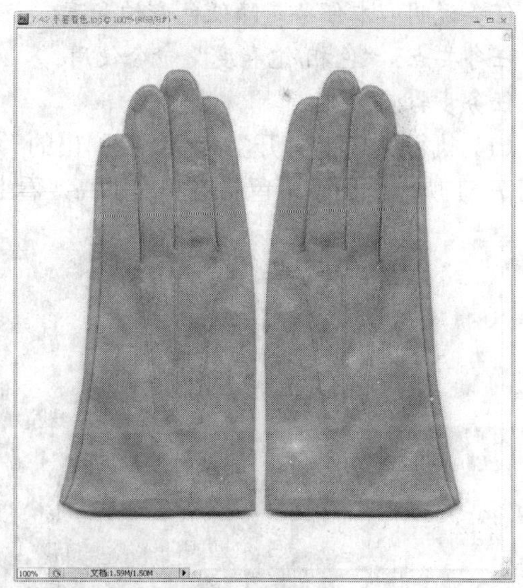

图 7-50 最终效果（左图为效果 1，右图为效果 2）

7.4.3 替换颜色知识点

使用“替换颜色”命令，可以创建蒙版，以选择图像中的特定颜色，然后替换那些颜色。可以设置选定区域的色相、饱和度和亮度。或者可以使用拾色器来选择替换颜色。由“替换颜色”命令创建的蒙版是临时性的。

选择“图像/调整/替换颜色”命令，在弹出的对话框中设置。

选择一个显示选项：

- 选区，在预览框中显示蒙版。被蒙版区域是黑色，未蒙版区域是白色。部分被蒙版区域（覆盖有半透明蒙版）会根据不透明度显示不同的灰色色阶。
- 图像，在预览框中显示图像。在处理放大的图像或仅有有限屏幕空间时，该选项非常有用。

要选择由蒙版显示的区域，执行下列操作之一：

- 在图像或预览框中使用吸管工具 单击以选择由蒙版显示的区域。按住 Shift 键并单击或使用“添加到取样”吸管工具添加区域；按住 Alt 键单击或使用“从取样中减去”吸管工具移去区域。
- 双击“选区”色板。使用拾色器选择要替换的颜色。当您在拾色器中选择颜色时，预览框中的蒙版会更新。
- 通过拖移“颜色容差”滑块或输入一个值来调整蒙版的容差。此滑块控制选区中包括那些相关颜色的程度。

要更改选定区域的颜色，执行下列操作之一：

- 拖移“色相”、“饱和度”和“明度”滑块（或者在文本框中输入值）。
- 双击“结果”色板并使用拾色器选择替换颜色。

7.5 “色相/饱和度”命令

7.5.1 平淡色彩

任务说明：本任务是降低色彩饱和度。

任务要点：“色相/饱和度”命令使用。

任务步骤：

（1）执行“文件/打开”命令，在弹出的“打开”对话框中选择指定的图像文件双击打开，如图 7-51 所示。图像中色彩饱和度不高，看上去毫无朝气。

图 7-51　原图

（2）选择“图像/调整/色相/饱和度”命令，在弹出的“色相/饱和度”对话框中将饱和度设置为“60”（见图 7-52），可以看到图像的色彩饱和度提高了，满意就单击“确定”按钮，以得到所需效果，如图 7-53 所示。

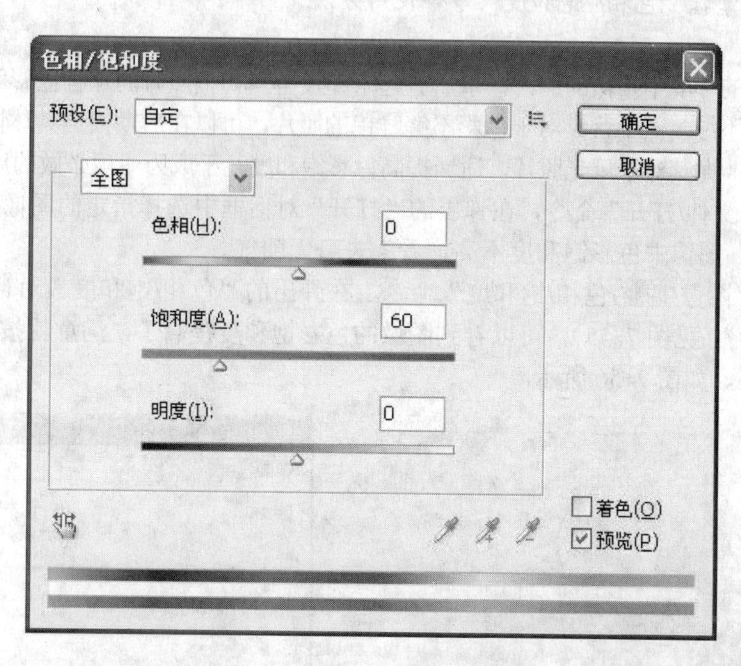

图 7-52 “色相/饱和度”对话框

图 7-53 效果图

小结：

尽管降低色彩饱和度可以使图像更加正常，但是降低色彩饱和度也是有限度的，要根据图像的实际情况来调整。如果把色彩饱和度降低到离奇的程度，反而破坏了图像的和谐影调，削弱图像主题内容的表现。

7.5.2 色彩鲜艳

任务说明：本实例介绍如何使用“色相/ 饱和度”命令提高色彩饱和度。

任务要点：掌握“色相/ 饱和度”命令使用方法。

操作步骤：

通常在优美的环境中拍摄的照片，事后看起来却没有当初拍照时的那种色彩鲜艳、靓丽的感觉，花不红，草不绿，天不蓝。对于色彩不够鲜艳的照片，可以在后期根据具体情况和实际需要进行必要的处理，尤其对于风光照片，适当提高色彩饱和度几乎成为一项必做的后期处理步骤。

（1）执行“文件/打开”命令，在弹出的“打开”对话框中选择指定的图像文件双击打开，如图 7-54 所示。图像中色彩饱和度不高，看上去毫无朝气。

（2）选择“图像/调整/色相/饱和度”命令，在弹出的“色相/饱和度”对话框中将“饱和度”设置为“50”（见图 7-55），可以看到图像的色彩饱和度提高了，满意就按“确定”按钮，以得到所需效果，如图 7-56 所示。

图 7-54　原图

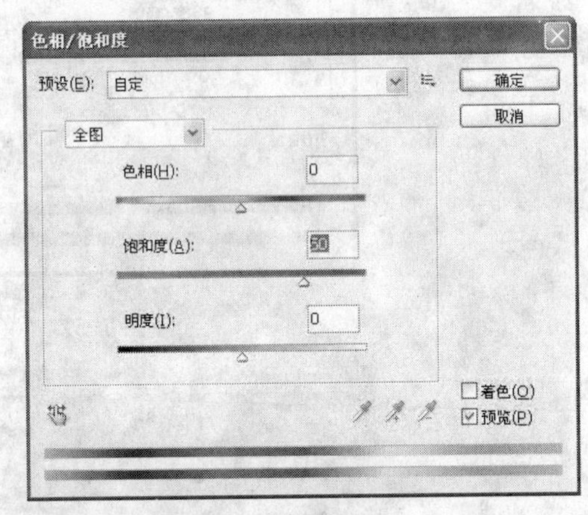

图 7-55 “色相/饱和度”对话框

图 7-56　效果图

💡小结：

尽管提高色彩饱和度可以使图像更加靓丽，但是提高色彩饱和度也是有限度的，要根据图像的实际情况来调整。如果把色彩饱和度提高到离奇的程度，反而破坏了图像的和谐影调，削弱图像主题内容的表现。

7.5.3 鲜花变色

任务说明：本任务是改变色彩。

任务要点：掌握“色相/饱和度”命令使用。

任务步骤：

（1）执行“文件/打开”命令，在弹出的“打开”对话框中选择指定的图像文件双击打开，如图 7-57 所示。

（2）选择“图像/调整/色相/饱和度”命令，在弹出的“色相/饱和度”对话框中将“色相”设置为“40”（见图 7-58），可以看到图像中鲜花的色彩改变了，满意就单击“确定”按钮，以得到所需效果，如图 7-59 所示（图 7-60 所示的是将色相值设为-70 的效果）。

图 7-57 原图

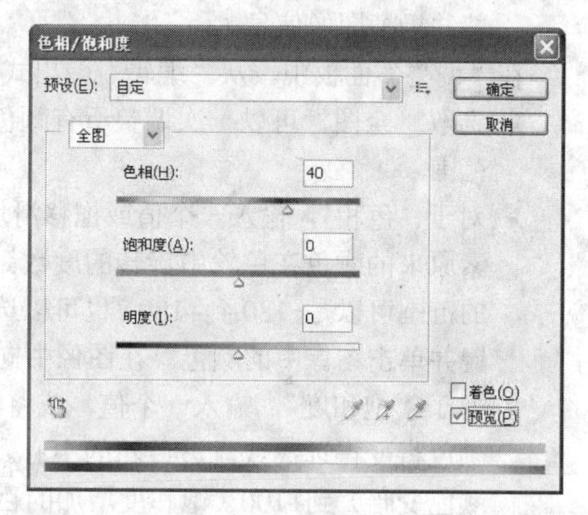

图 7-58 “色相/饱和度”对话框

图 7-59 效果图 1

图 7-60 效果图 2

💡小结：

本任务是一般整体改变图像色彩的方法。如果图像中不想改变色彩的图像也随着调整变色，则图像整体显得虚假。因此针对比较复杂色彩的图像，可以有选择地调整“色相/ 饱和度”对话框中的“编辑”下拉列表中六种颜色选项。

7.5.4 色相和饱和度知识点

使用“色相/饱和度”命令，可以调整图像中特定颜色范围的色相、饱和度和亮度，或者同时调整图像中的所有颜色。此调整尤其适用于微调 CMYK 图像中的颜色，以便它们处在输出设备的色域内。

执行下列操作之一应用色相/饱和度调整：

- 单击“调整”面板中的“色相/饱和度”图标 或“色相/饱和度”预设。
- 选择“图层/新建调整图层/色相/饱和度”命令。在“新建图层”对话框中单击“确定”按钮。在对话框中显示有两个颜色条，它们以各自的顺序表示色轮中的颜色。上面的颜色条显示调整前的颜色，下面的颜色条显示调整如何以全饱和状态影响所有色相。
- 也可以选择“图像/调整/色相/饱和度”命令。但是，这个方法直接对图像图层进行调整并扔掉图像信息。

在“调整”面板中，从“编辑”弹出式菜单中选择要调整的颜色：

- 选取“全图”可以一次调整所有颜色。为要调整的颜色选取列出的其他一个预设颜色范围。
- 对于“色相”，输入一个值或拖移滑块，直至您对颜色满意为止。框中显示的值反映像素原来的颜色在色轮中旋转的度数。正值指明顺时针旋转，负值指明逆时针旋转。值的范围可以是-180 到+180。也可以选择“调整”面板中的图像调整工具，然后按住 Ctrl 键并单击图像中的颜色。在图像中向左或向右拖动以修改色相值。
- 对于“饱和度”，输入一个值，或将滑块向右拖移增加饱和度，向左拖移减少饱和度。颜色将变得远离或靠近色轮的中心。值的范围可以是-100（饱和度减少的百分比，使颜色变暗）到+100（饱和度增加的百分比）。也可以选择“调整”面板中的图像调整工具并单击图像中的颜色。在图像中向左或向右拖动，以减少或增加包含所单击像素的颜色范围的饱和度。
- 对于“明度”，输入一个值，或者向右拖动滑块以增加亮度（向颜色中增加白色）或向左拖动以降低亮度（向颜色中增加黑色）。值的范围为-100（黑色的百分比）～+100（白色的百分比）。

单击“复位”按钮 以还原“调整”面板中的“色相/饱和度”设置。

第8章 文　字

在各类广告画中，文字是重要的一个环节，通过文字既可以告知具体内容，又可以美化版面，Photoshop具有强大的文本处理功能，允许对文本应用特殊的文字效果和复杂的文本处理特性，所以在广告、招牌中经常用Photoshop来制作各种特效文字。

本章将主要介绍编辑处理文字的方法和技巧，指导读者使用文字工具和相关文字处理功能完成文字的添加工作，为以后的文字制作奠定基础。

8.1 文字工具

8.1.1 画龙点睛

任务说明：本任务是使用横排文字工具输入文字。

任务要点：掌握横排文字工具使用方法。

任务步骤：

（1）在Photoshop中执行“文件/打开”命令（快捷键【Ctrl+O】），在弹出的“打开”对话框中双击指定的图像，以将其打开，如图8-1所示。

图8-1　原图

（2）选择工具箱中横排文字工具，在其工具选项栏中选择字体为“黑体”、大小为“36点”、颜色为“白色”，其他保持默认参数不变，如图8-2所示。

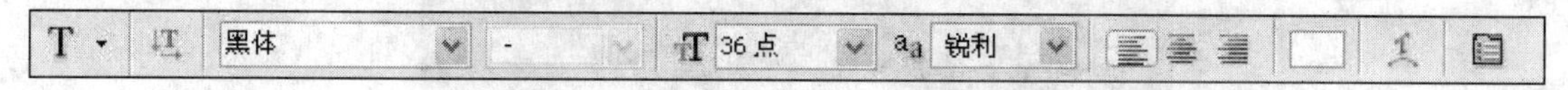

图8-2　工具选项栏

（3）在图像窗口的左下角如图8-3所示位置单击，以插入一个文本光标。在文本光标后输入文字“接天莲叶无穷碧”，如图8-4所示。按Enter键进行换行，接着输入“映日荷花别样红”，如图8-5所示。

（4）按“Ctrl+Enter”组合键，以确认文字输入结束。此时图层调板中生成一个对应的文字图层，如图8-6所示。

（5）选择“图层/图层样式/投影”命令，在弹出的“图层样式”对话框中保持投影默认参数不变，单击“确定”，以得到具有投影效果的文字，如图8-7所示。

图 8-3　定位位置

图 8-4　首行文字

图 8-5　两行文字

图 8-6　文字图层

图 8-7　效果文字

8.1.2　文字词

任务说明：本任务是使用直排文字工具创建文字词。

任务要点：掌握“样式”调板、直排文字工具使用方法。

任务步骤：

（1）在 Photoshop 中执行 “文件/打开”命令（快捷键【Ctrl+O】），在弹出的“打开”对话框中双击指定的图像，以将其打开，如图 8-8 所示。

图 8-8　素材图像

（2）执行“选择/全部”命令（快捷键【Ctrl＋A】），以将图像全部选择。选择“选择/变化选区”命令，在选项栏中将 W 和 H 均设置为“85%”（见图 8-9），按 Enter 键确认变形结束，以将矩形虚框缩小。

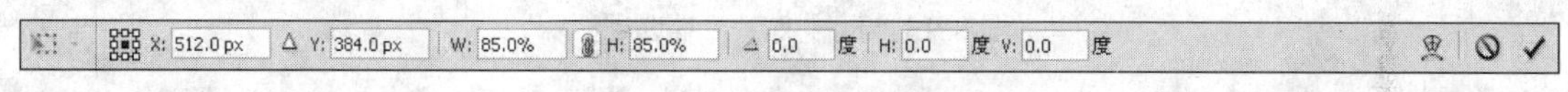

图 8-9　变化选区选项参数

（3）执行“编辑/描边”命令，在弹出的“描边”对话框中，设定“宽度”为“10px”（也可以自己判断合适的其他数值），单击“颜色”后方块，在弹出的“拾色器”对话框中设置 RGB 值均为“255”即为白色，“位置”为“内部”，其他参数保持不变，如图 8-10 所示。单击“确定”按钮退出对话框。

（4）选择“选择/反向”命令，以反选选区。选择“编辑/填充”命令，在弹出的“填充”对话框中设置“内容”下“使用”选择“黑色”，“不透明度”为“50%”，其他参数保持默认不变（见图 8-11），单击“确定”按钮，以得到填充半透明黑色效果。选择“选择/取消选择”命令，以便于观察效果，初步效果如图 8-12 所示。

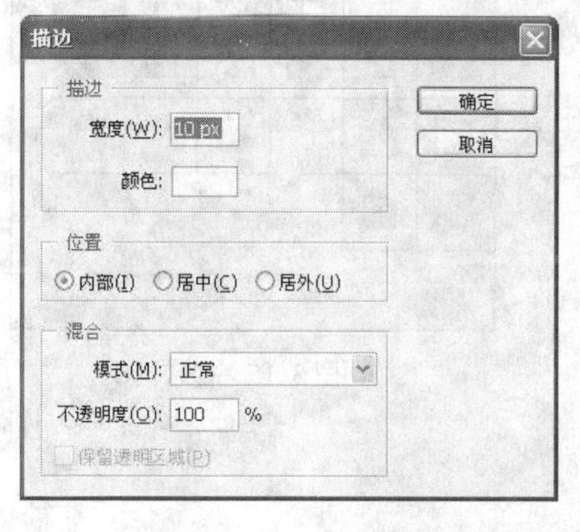

图 8-10　“描边”对话框

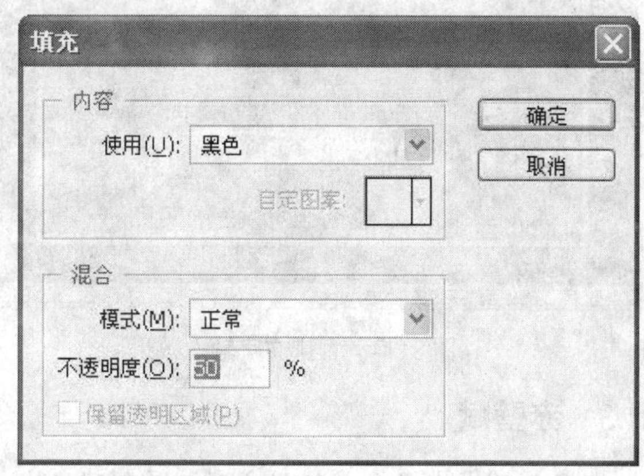

图 8-11　“填充”对话框

（5）选择工具箱中直排文字工具，在其工具选项栏中设置字体为“黑体”、大小为“60 点”、颜色为“白色”，其他保持默认参数不变，如图 8-13 所示。

（6）在图像窗口的右上角位置单击，以插入一个文本光标。在文本光标后单击鼠标右键，选择菜单“仿粗体”，接着输入文字“清平乐”，按 Enter 键两次以进行换两行。接着在其工具选项栏中设置大小为“36 点”，在图像窗口中接着输入“秋凉破暑。”，按 Enter 键两次，输入“暑气迟迟去。”，按 Enter 键两次，输入“最喜连日风和雨。”，按 Enter 键两次，输入“断送凉生庭户。”；按 Enter 键两次，输入“晚来灯火回廊。”；按 Enter 键两次，输入“有人新酒初尝。”；按 Enter 键两次，输入“且喜薄衾围暖，”；按 Enter 键两次，输入“却愁秋月如霜。”。按“Ctrl＋Enter”组合键，以确认文字输入结束，如图 8-14 所示。

图 8-12　初步效果

图 8-13　直排文字工具选项栏

（7）选择 “窗口/样式”命令，以打开样式面板。单击样式调板中右边小三角，在弹出的菜单中选择“文字效果”。随即弹出的对话框中单击“确定”按钮，以将文字效果样式替换当前的样式。在样式调板中单击第五行第三个“喷溅蜡纸”样式（见图 8-15），以将图层 1 添加样式效果。最终效果如图 8-16 所示。

图 8-14　直排文字输入效果

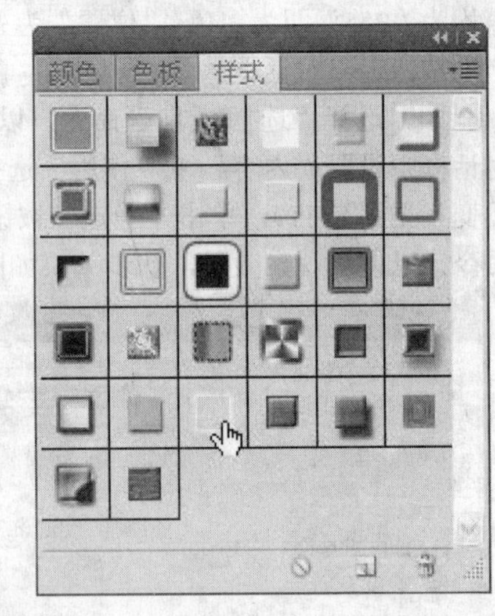

图 8-15　样式调板

8.1.3　赤壁赋

任务说明：本任务是使用文字工具创建文字排版。

任务要点：掌握横排文字工具、字符、段落面板使用方法。

任务步骤：

（1）在 Photoshop 中执行 “文件/打开”命令（快捷键【Ctrl+O】），在弹出的“打开”对话框中双击指定的图像，以将其打开，如图 8-17 所示。

图 8-16　最终效果

（2）选择工具箱中横排文字工具，保持其选项栏默认参数不变，在图像窗口中按住鼠标左键不放，从左上角合适位置沿对角线方向向右下角位置拖动，到合适位置松开鼠标即可以为文字定义一个外框，如图 8-18 所示。

图 8-17　素材背景

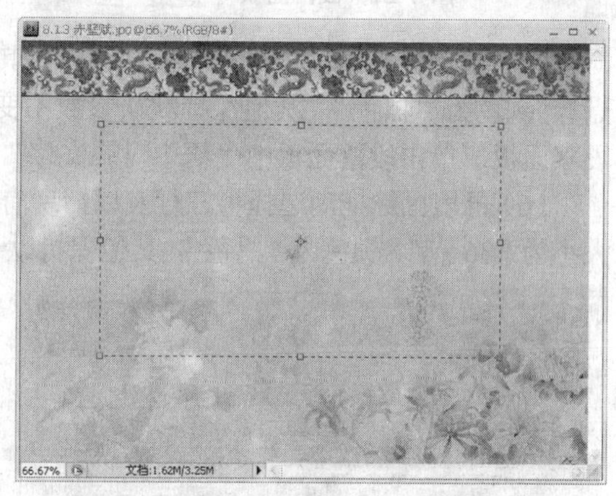

图 8-18　定义文本框

（3）输入字符“念奴娇　赤壁怀古”，按 Enter 键换段，再输入“宋·苏轼”；按 Enter 键换段，再输入“大江东去，浪淘尽，千古风流人物。故垒西边，人道是，三国周郎赤壁。乱石穿空，惊涛拍岸，卷起千堆雪。江山如画，一时多少豪杰。遥想公瑾当年，小乔初嫁了，雄姿英发。羽扇纶巾，谈笑间，樯橹灰飞烟灭。故国神游，多情应笑我，早生华发。人生如梦，一樽还酹江月。”，如图 8-19 所示。

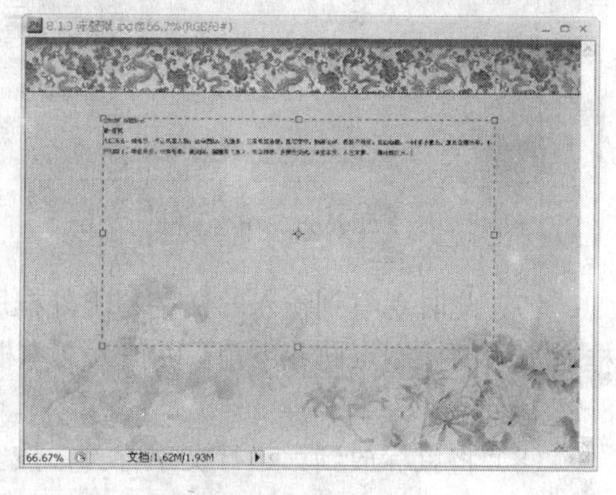

图 8-19　输入文字

（4）用鼠标拖动选择第一行文字，在其工具选项栏中设置字体为“黑体”、大小为“60 点”、颜色为“黑色”，其他保持默认参数不变，如图 8-20 所示。接着选择主菜单“窗口/段落”命令，以打开段落面板。单击段落面板中“居中对齐文字”按钮，如图 8-21 所示。此时图像窗口效果如图 8-22 所示。

图 8-20　文字选项栏

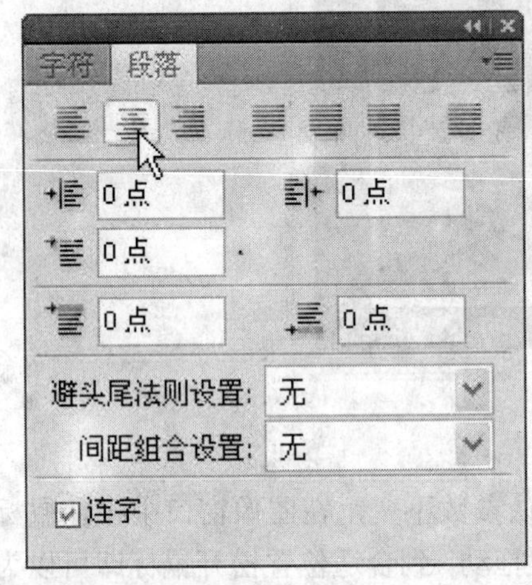

图 8-21　段落面板

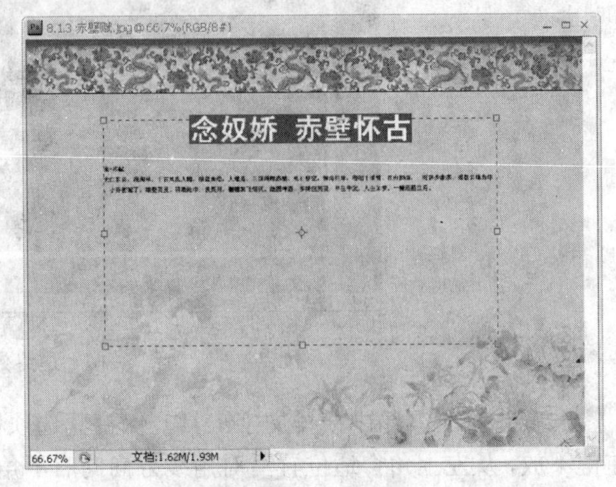

图 8-22　标题效果

（5）再用鼠标拖动选择第二行文字，在其工具选项栏中设置字体为“隶书”、大小为“36 点”、颜色为“黑色”，其他保持默认参数不变。接着选择主菜单“窗口/段落”命令，以打开段落面板。单击段落面板中“居中对齐文字”按钮，此时图像窗口效果如图 8-23 所示。

（6）再用鼠标拖动选择第三行及以后所有的文字，在其工具选项栏中设置字体为“楷体”、大小为“36 点”、颜色为“黑色”，其他保持默认参数不变，此时图像窗口效果如图 8-24 所示。

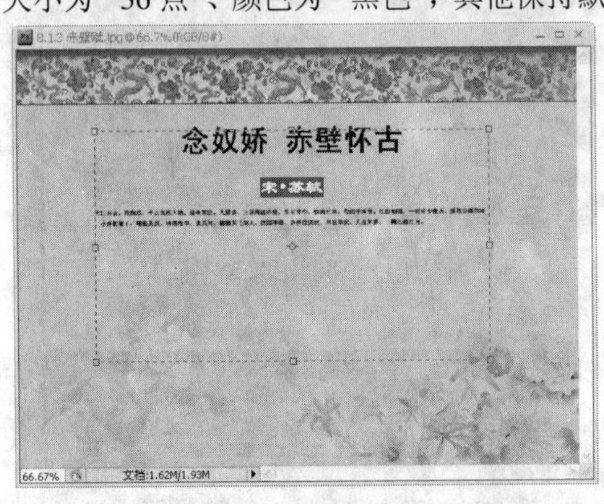

图 8-23　作者效果

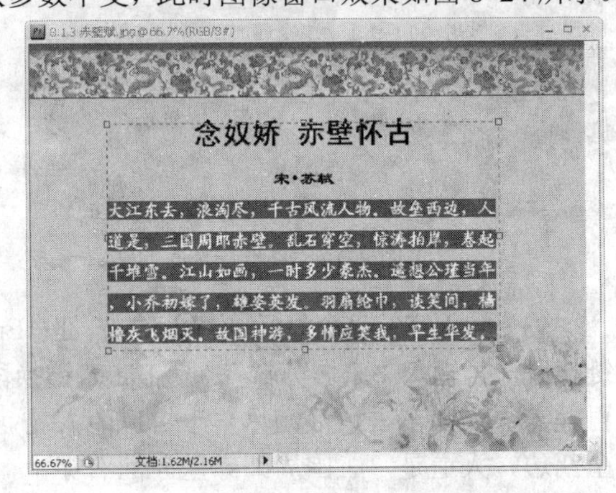

图 8-24　主体文字效果

（7）此时观察到输入的文字超出外框所能容纳的大小，外框上出现溢出图标⊞。拖曳文本框右下角的控制点向右下角，以扩大文本框的大小，直至所有文本全部显示才松开鼠标，如图 8-25 所示。

（8）将鼠标放到第三行文字行首，按空格键四下，以进行行首空格。按“Ctrl+Enter”组合键，以确认文字输入结束，图像效果如图 8-26 所示。

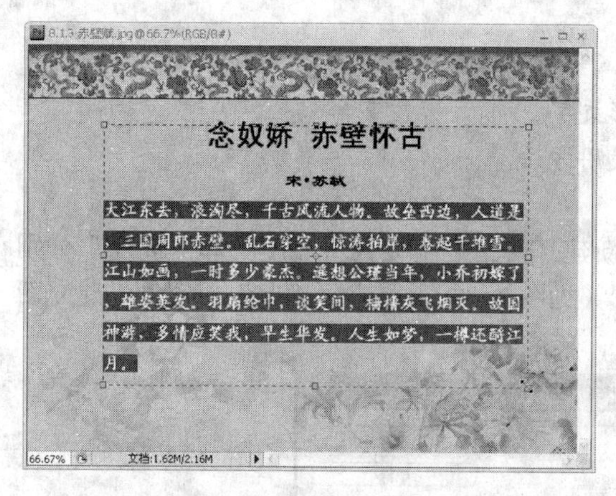

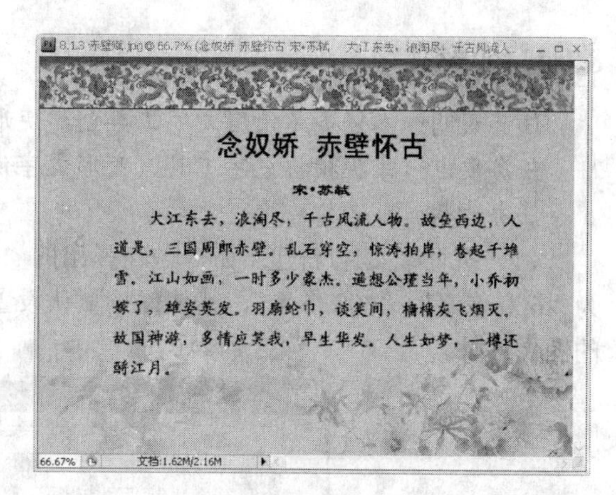

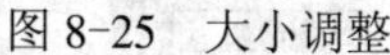

图 8-25　大小调整　　　　图 8-26　行首空格效果

（9）选取“图层/文字/垂直”命令，以将文字由横排效果变为直排效果。选择工具箱的移动工具，在图像窗口中将文字移到合适位置，效果如图 8-27 所示。

（10）选择 “窗口/样式”命令，以打开样式面板。在样式调板中单击第一行第三个“双环发光（按钮）”样式（见图 8-28），以将图层 1 添加样式效果。最终效果如图 8-29 所示。

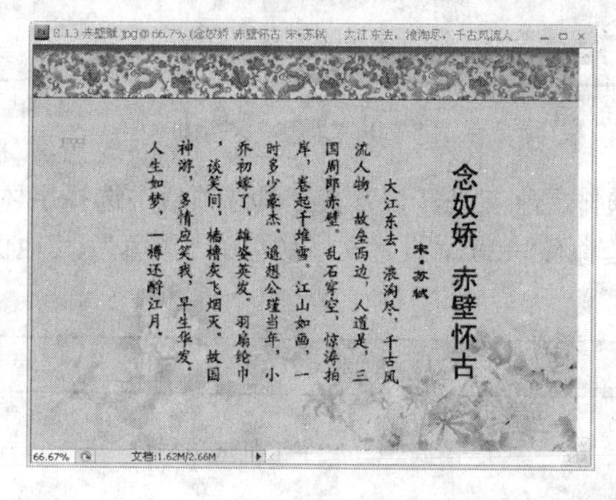

图 8-27　直排效果

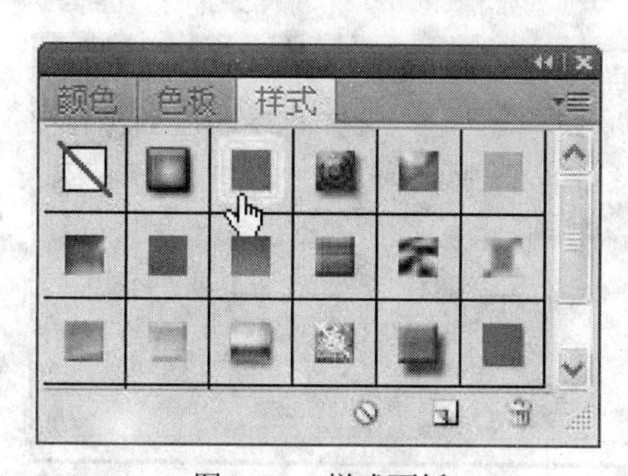

图 8-28　样式面板

图 8-29　最终效果

8.1.4 变形文字

任务说明：本任务是使用文字工具创建变形文字。

任务要点：掌握横排文字工具、变形文字使用方法。

任务步骤：

（1）执行“文件/新建”命令，在弹出的“新建”对话框中设置“宽度”和“高度”分别为“600 像素”、“300 像素”，其他保持默认设置（见图 8-30），单击“确定”按钮，以建立新的图像文件。

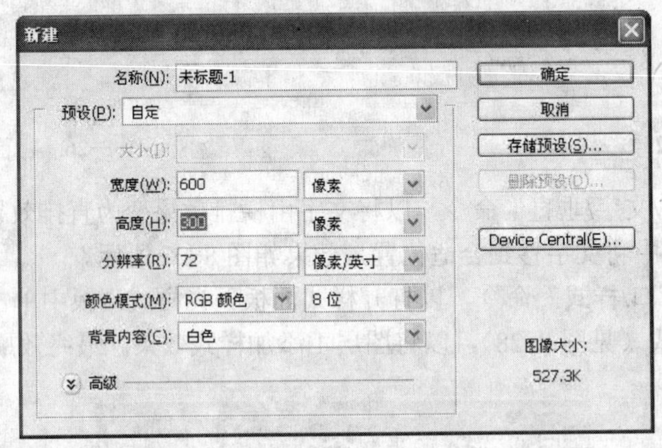

图 8-30 “新建”对话框

（2）选择工具箱中横排文字工具，设置其工具选项栏中选择字体右侧下拉框为“黑体”，设置字体大小右侧文本框输入“120”，设置文本颜色为“黑色”，其他保持默认设置，如图 8-31 所示。

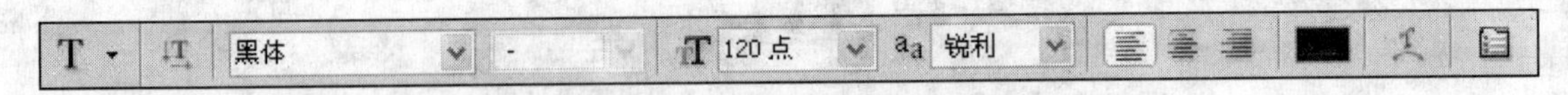

图 8-31 文字工具选项栏

（3）在新建图像窗口合适位置单击，输入“变形文字”，按“Ctrl+Enter”组合键确认输入文字结束，如图 8-32 所示。

（4）选择“图层/文字/文字变形”命令，在弹出的“变形文字”对话框中选择“样式”右侧下拉框中“凸起”（见图 8-33），其他保持不变，单击“确定”按钮，此时文字效果如图 8-34 所示。

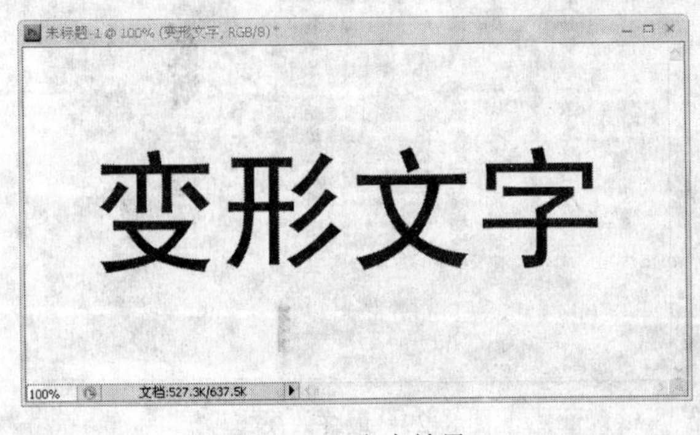

图 8-32 文字效果

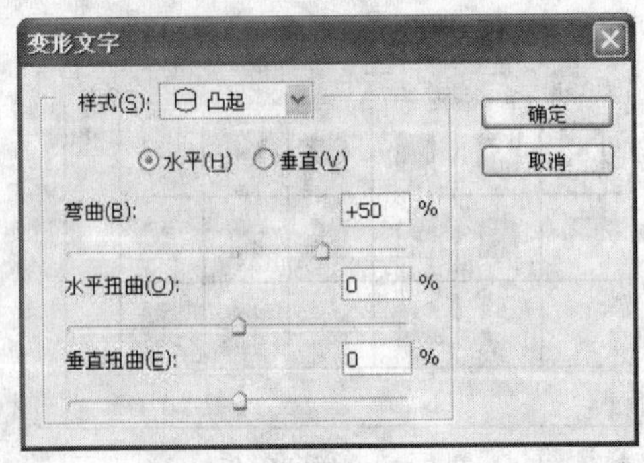

图 8-33 “变形文字”对话框

（5）选择“窗口/样式”命令，以打开样式面板。单击第三行第一个“染色丝带（纹理）”样式按钮（见图 8-35），最终文字效果如图 8-36 所示。

图 8-34　变形文字效果

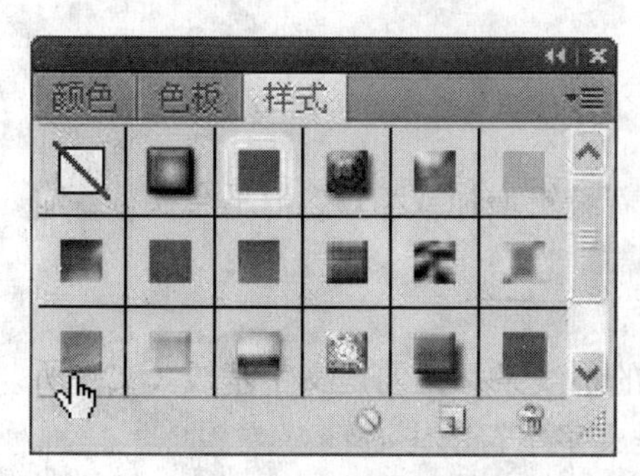

图 8-35 “样式”调板

图 8-36　染色丝带文字

8.1.5　文字工具知识点

可以通过三种方法创建文字：在点上创建、在段落中创建和沿路径创建。

- 点文字，是一个水平或垂直文本行，它从在图像中单击的位置开始。要向图像中添加少量文字，在某个点输入文本是一种有用的方式。
- 段落文字，使用以水平或垂直方式控制字符流的边界。当想要创建一个或多个段落（如宣传手册创建）时，采用这种方式输入文本十分有用，如图 8-37 所示。

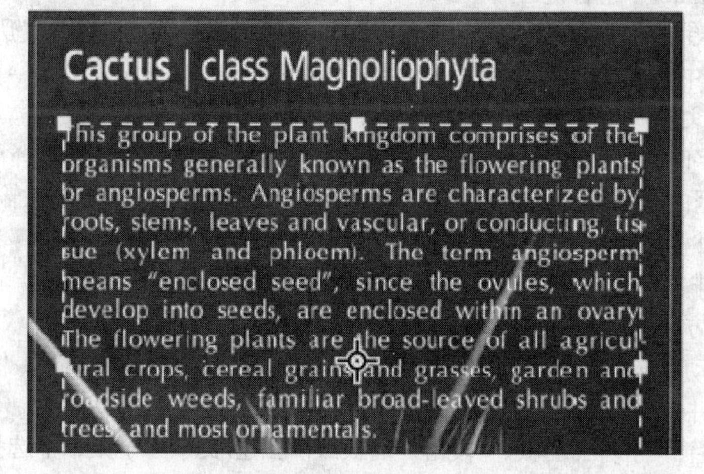

图 8-37　段落文字

- 路径文字，是指沿着开放或封闭的路径的边缘流动的文字。当沿水平方向输入文本时，字符将沿着与基线垂直的路径出现。当沿垂直方向输入文本时，字符将沿着与基线平行的路径出现。在任何一种情况下，文本都会按将点添加到路径时所采用的方向流动。

当创建文字时，“图层”面板中会添加一个新的文字图层。创建文字图层后，可以编辑文字并对其应用图层命令。可以对文字图层进行以下更改并且仍能编辑文字：

- 更改文字的方向。
- 应用消除锯齿。
- 在点文字与段落文字之间转换。
- 基于文字创建工作路径。
- 通过“编辑”菜单应用除“透视”和“扭曲”外的变换命令。要转换文字图层的部分，必须首先栅格化此文字图层。
- 使用图层样式。
- 使用填充快捷键。
- 使文字变形以适应各种形状。

1. 输入点文字

当输入点文字时，每行文字都是独立的。行的长度随着编辑增加或缩短，但不会换行。输入的文字即出现在新的文字图层中。

（1）选择横排文字工具T或直排文字工具↓T。

（2）在图像中单击，为文字设置插入点。I 型光标中的小线条标记的是文字基线（文字所依托的假想线条）的位置。对于直排文字，基线标记的是文字字符的中心轴。

（3）在选项栏、“字符”面板或“段落”面板中选择其他文字选项。

（4）输入字符。要开始新的一行，按 Enter 键。

可以在编辑模式下变换点文字。按住 Ctrl 键。文字周围将出现一个外框。可以抓住手柄缩放或倾斜文字，还可以旋转外框。

（5）输入或编辑完文字后，执行下列操作之一：

- 单击选项栏中的“提交”按钮✔。
- 按数字键盘上的 Enter 键。
- 按“Ctrl+Enter”组合键。
- 选择工具箱中的任意工具，在“图层”、“通道”、“路径”、“动作”、“历史记录”或“样式”面板中单击，或者选择任何可用的菜单命令。

2. 输入段落文字

输入段落文字时，文字基于外框的尺寸换行。可以输入多个段落并选择段落调整选项。

可以调整外框的大小，这将使文字在调整后的矩形内重新排列。可以在输入文字时或创建文字图层后调整外框。也可以使用外框来旋转、缩放和斜切文字。

（1）选择横排文字工具T或直排文字工具↓T。执行下列操作之一：

- 沿对角线方向拖动，为文字定义一个外框。
- 单击或拖动时按住 Alt 键，以显示“段落文本大小”对话框。输入“宽度”值和“高度”值，并单击“确定”。

（2）在选项栏、“字符”面板、“段落”面板或“图层/文字”子菜单中选择其他文字选项。

（3）输入字符。要开始新段落，按 Enter 键。如果输入的文字超出外框所能容纳的大小，外框上将出现溢出图标⊞。如果需要，可调整外框的大小、旋转或斜切外框。

（4）通过执行下列操作之一来提交文字图层：

- 单击选项栏中的“提交”按钮✔。
- 按数字键盘上的 Enter 键。
- 按“Ctrl+Enter”组合键。
- 选择工具箱中的任意工具，在“图层”、“通道”、“路径”、“动作”、“历史记录”或“样式”面板中单击，或者选择任何可用的菜单命令。

输入的文字即出现在新的文字图层中。

3. 调整文字外框的大小或变换文字外框

显示段落文字的外框手柄。在文字工具T处于现用状态时，选择“图层”面板中的文字图层，并在图像的文本流中单击。可以在编辑模式下变换点文字。按住 Ctrl 键，文字周围将出现一个外框。

- 要调整外框的大小，请将指针定位在手柄上（指针将变为双向箭头⤡）并拖动。按住 Shift 键拖动可保持外框的比例。
- 要旋转外框，将指针定位在外框外（指针变为弯曲的双向箭头⤵）并拖动。按住 Shift 键拖动可将旋转限制为按 15° 增量进行。要更改旋转中心，请按住 Ctrl 键并将中心点拖动到新位置。中心点可以在外框外。
- 要斜切外框，按住 Ctrl 键并拖动一个中间手柄。指针将变为一个箭头▶，如图 8-38 所示。

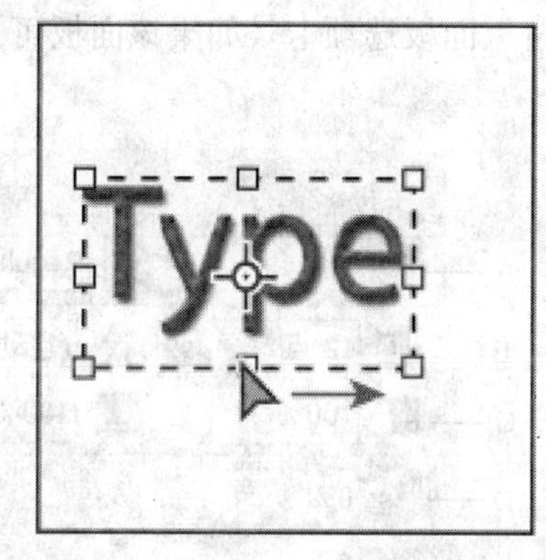

图 8-38　使用外框斜切文字

- 要在调整外框大小时缩放文字，按住 Ctrl 键并拖动角手柄。
- 要从中心点调整外框的大小，按住 Alt 键并拖动角手柄。

4. 在点文字与段落文字之间转换

可以将点文字转换为段落文字，以便在外框内调整字符排列。或者可以将段落文字转换为点文字，以便使各文本行彼此独立地排列。将段落文字转换为点文字时，每个文字行的末尾（最后一行除外）都会添加一个回车符。

在“图层”面板中选择“文字”图层。选择“图层/文字/转换为点文本”或“图层/文字/转换为段落文本”命令。

注意：将段落文字转换为点文字时，所有溢出外框的字符都被删除。要避免丢失文本，请调整外框，使全部文字在转换前都可见。

5. 编辑文本

选择横排文字工具 T 或直排文字工具 ↓T。在"图层"面板中选择文字图层或者在文本流中单击以自动选择文字图层。在文本中定位到插入点，然后执行下列操作之一：

➢ 单击以设置插入点。

➢ 选择要编辑的一个或多个字符。

根据需要输入文本，执行下列操作之一：

➢ 提交对文字图层所做的更改。

➢ 单击"取消"⊘或按 Esc 键取消对文字图层所做的更改。

6. 更改文字图层的方向

文字图层的方向决定了文字行相对于文档窗口（对于点文字）或外框（对于段落文字）的方向。当文字图层的方向为垂直时，文字上下排列；当文字图层的方向为水平时，文字左右排列。不要混淆文字图层的取向与文字行中字符的方向。

在"图层"面板中选择"文字"图层。执行下列操作之一：

➢ 选择一个文字工具，然后单击选项栏中的命令"文本方向"按钮 。

➢ 选择"图层/文字/水平"命令，或者选择"图层/文字/垂直"命令。

➢ 从"字符"面板菜单中选择"更改文本方向"命令。

7. 字符面板概述

"字符"面板提供用于设置字符格式的选项。选项栏中也提供了一些格式设置选项。

可以通过执行下列操作之一来显示"字符"面板，如图 8-39 所示：

➢ 选择"窗口/字符"命令，或者单击"字符"面板选项卡（如果该面板可见但不是现用面板）。

➢ 在文字工具处于选定状态的情况下，单击选项栏中的"面板"按钮。

图 8-39 中各字母所表示的含义：A. 字体系列；B. 字体大小；C. 垂直缩放；D. 设置"比例间距"选项；E. 字距调整；F. 基线偏移；G. 语言；H. 字型；I. 行距；J. 水平缩放；K. 字距微调。

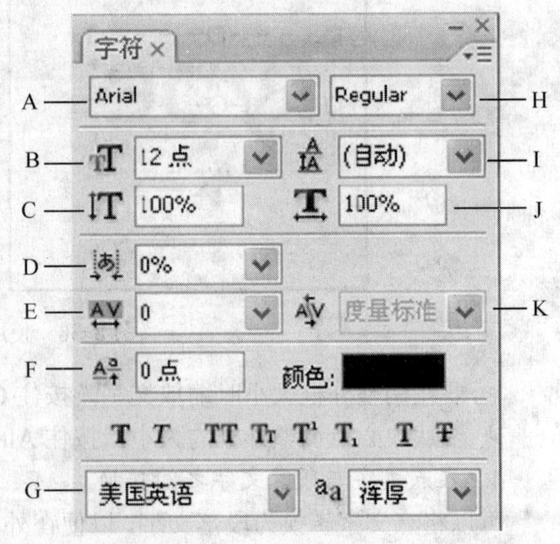

图 8-39 字符面板

要在"字符"面板中设置某个选项，从该选项右边的弹出式菜单中选取一个值。对于具有数字值的选项，也可以使用向上或向下箭头来设置值，或者可以直接在文本框中编辑值。当直接编辑值时，按 Enter 键可应用值；按"Shift+Enter"组合键可应用值并随后高光显示刚刚编辑的值；或者按 Tab 键可应用值并移到面板中的下一个文本框。

可以在"字符"面板菜单中访问其他命令和选项。要使用此菜单，单击面板右上角的三角形。

8. 段落面板概述

使用"段落"面板可更改列和段落的格式设置。要显示该面板，选择"窗口/段落"命令或者单击"段落"面板选项卡（如果该面板可见但不是现用面板），也可以选择一种文字工具并单击选项栏中的“面板”按钮，如图 8-40 所示。

图 8-41 中各字母所表示的含义：A. 对齐和调整；B. 左缩进；C. 首行左缩进；D. 段前空格；E. 连字符连接；F. 右缩进；G. 段后空格。

要在“段落”面板中设置带有数字值的选项，可以使用向上和向下箭头键，或直接在文本框中编辑值。当您直接编辑值时，按 Enter 键可应用值；按【Shift+Enter】组合键或可应用值并随后高光显示刚刚编辑的值；或者，按 Tab 键可应用值并移到面板中的下一个文本框。

图 8-40 “段落”面板

可以在“段落”面板菜单中访问其他命令和选项。要使用此菜单，请单击面板右上角的三角形。

9. 使文字变形和取消文字变形

可以使文字变形以创建特殊的文字效果，如图 8-41 所示。例如，可以使文字的形状变为扇形或波浪。选择的变形样式是文字图层的一个属性，可以随时更改图层的变形样式以更改变形的整体形状。变形选项可以精确控制变形效果的取向及透视。

注意：不能变形包含“仿粗体”格式设置的文字图层，也不能变形使用不包含轮廓数据的字体（如位图字体）的文字图层。

图 8-41 使用“鱼”样式变形的文字

1）使文字变形

选择文字图层。 执行下列操作之一：

- 选择文字工具，并单击选项栏中的“变形”按钮。
- 选择“图层/文字/文字变形”命令。

从“样式”弹出式菜单中选取一种变形样式。选择变形效果的方向：“水平”或“垂直”。如果需要，可指定其他变形选项的值：

- “弯曲”选项指定对图层应用变形的程度。

➤“水平扭曲”或“垂直扭曲”选项对变形应用透视。

2）取消文字变形

选择已应用了变形的文字图层。选择文字工具，然后单击选项栏中的“变形”按钮 ；或者选择“图层/文字/文字变形”命令。从“样式”弹出式菜单中选取“无”，然后单击“确定”按钮。

8.2 文字蒙版工具

8.2.1 图像文字

任务说明：本任务是使用文字蒙版工具。

任务要点：掌握文字蒙版工具、贴入命令使用方法。

任务步骤：

（1）执行“文件/新建”（快捷键【Ctrl＋N】）命令，在弹出的“新建”对话框设置“宽度”为“500像素”，“高度”为“300像素”，保持默认设置（见图8-42），单击“确定”按钮，以建立一个新的空白图像文件。

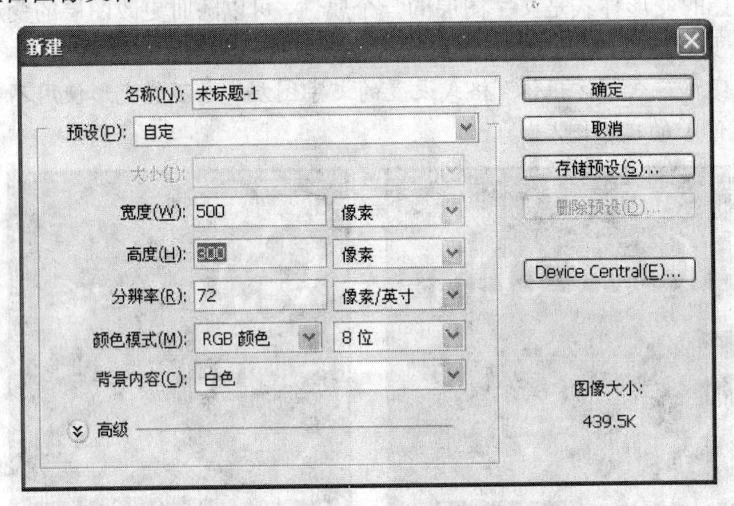

图8-42 “新建”对话框

（2）选择工具箱中“横排文字蒙版工具”，设置其工具选项栏中字体为“黑体”、大小为“120”点，其他参数保持默认设置（见图8-43），在空白图像文件合适位置输入“图像文字”（见图8-44），单击其工具选项栏中“√”按钮以确认输入文字完成，如图8-45所示。

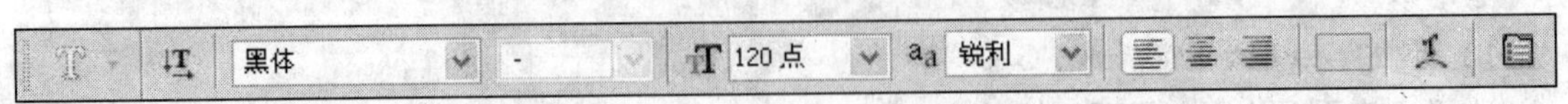

图8-43 横排文字蒙版工具选项栏

（3）此时可选择键盘上方向键“↑、↓、←、→”将文字选区移到图像窗口中合适位置。

（4）执行“文件/打开”命令，在弹出的“打开”对话框中选择指定的图像文件，双击以打开，如图8-46所示。先执行“选择/全选”命令，然后执行“编辑/拷贝”命令将该图中图像复制到剪切板中。

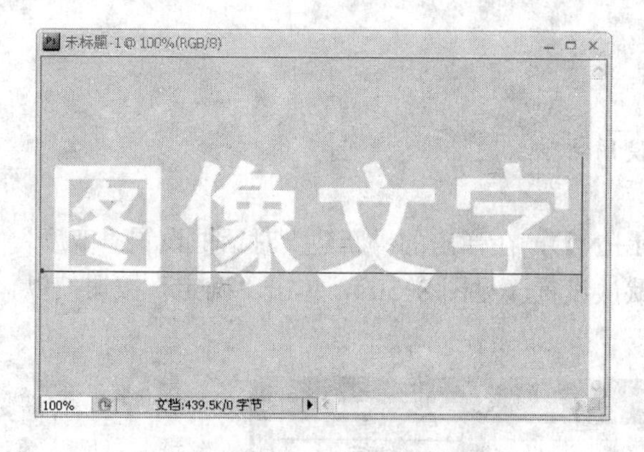

图 8-44　输入文字状态

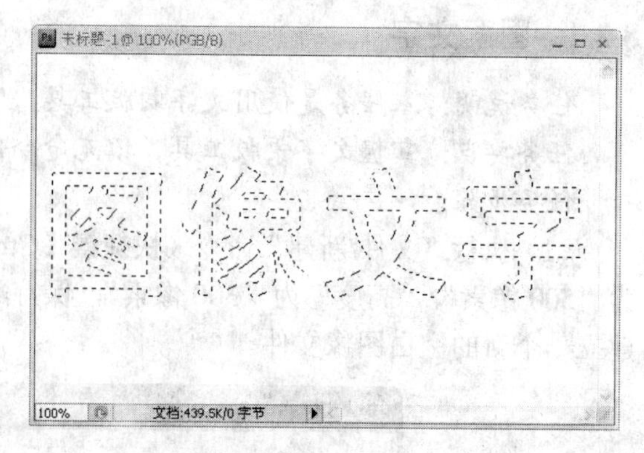

图 8-45　生成文字选区状态

（5）单击图像窗口右上角“关闭”按钮将其关闭，露出开始创建的文字选区图像文件。执行“编辑/贴入”命令，即可看到图像文字效果，如图 8-47 所示。

（6）如果觉得图像文字效果不满意，选择“图层/图层样式/斜面和浮雕”命令，在弹出的“图层样式”对话框中保持投影默认参数不变，单击“确定”按钮，以得到具有投影效果的文字，如图 8-48 所示。

图 8-46　素材图像

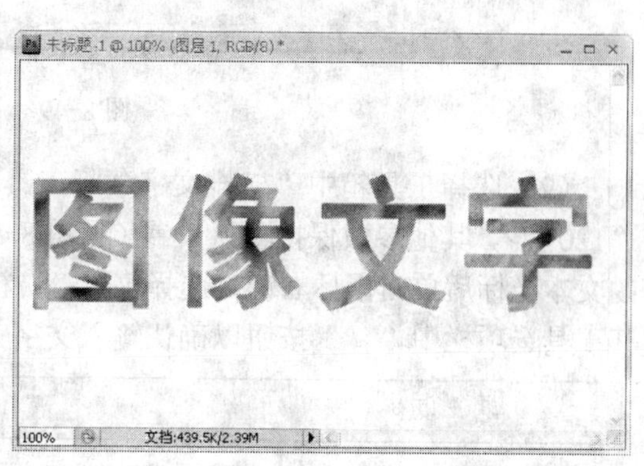

图 8-47　图像文字效果

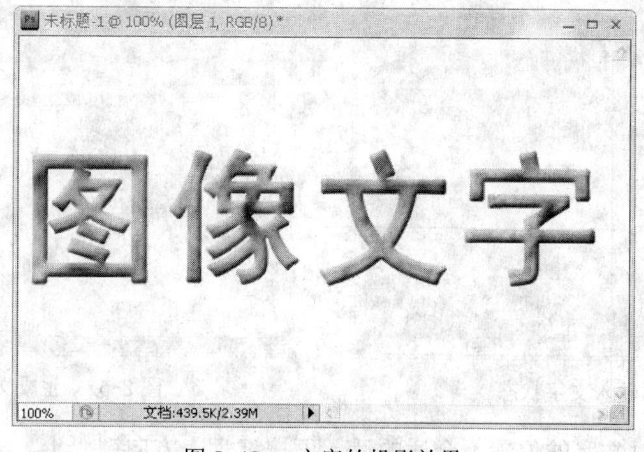

图 8-48　文字的投影效果

8.2.2 图案文字

任务说明：本任务是使用文字蒙版工具。

任务要点：掌握文字蒙版工具、填充命令使用方法。

任务步骤：

（1）执行“文件/新建”命令（快捷键【Ctrl＋N】），在弹出的“新建”对话框设置“宽度”为“500 像素”，“高度”为“300 像素”，保持默认设置（见图 8-50），单击“确定”按钮，以建立一个新的空白图像文件。

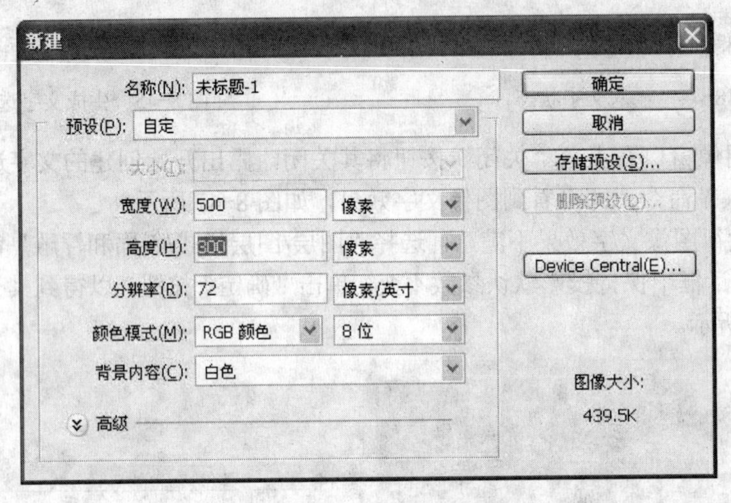

图 8-49 “新建”对话框

（2）选择工具箱中“横排文字蒙版工具”，设置其工具选项栏中字体为“黑体”、大小为“120 点”，其他参数保持默认设置（见图 8-50）。在空白图像文件合适位置单击鼠标，在出现的文本光标后单击鼠标右键，选择菜单“仿粗体”，接着输入“图像文字”（见图 8-51）。单击其工具选项栏中“√”按钮以确认输入文字完成，如图 8-52 所示。

图 8-50 横排文字蒙版工具选项栏

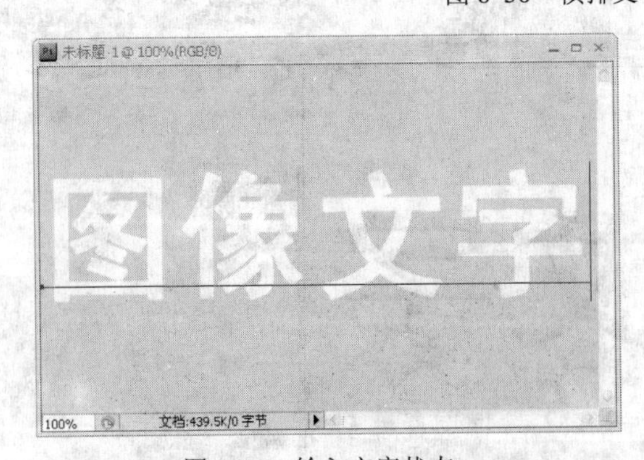

图 8-51 输入文字状态

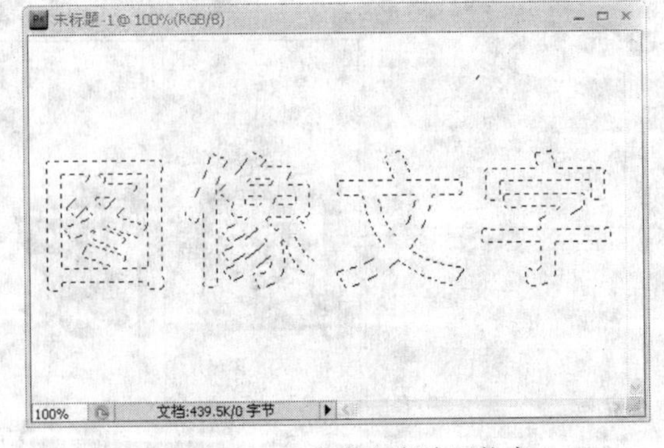

图 8-52 生成文字选区状态

（3）如果此时对文字的位置不合适的话，可按键盘上方向键“↑、↓、←、→”将文字选区移到图像窗口中合适位置。

（4）单击“图层调板”最下方的“创建新图层”按钮，以建立一个新的“图层 1”，如图 8-53 所示。执行“编辑/填充”命令，在弹出的“填充”对话框中选择“内容”下“使用”右侧下拉列表中“图案”，在“自定图案”右侧下拉列表中选择“扎染（64×64 像素，RGB 模式）”图案，其他保持默认设置（见图 8-54），单击“确定”按钮，以将图案填入文字选区中，执行“选择/取消选择”命令取消选区选择状态，效果如图 8-55 所示。

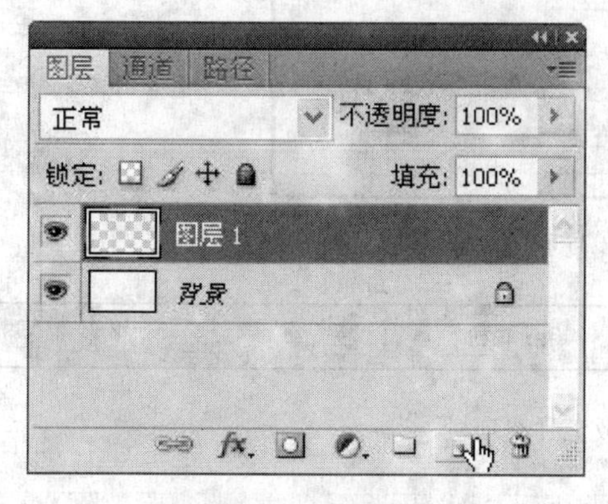

图 8-53 图层调板

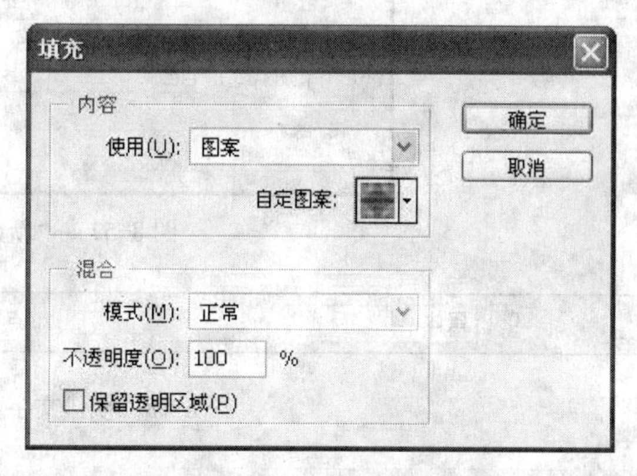

图 8-54 “填充”对话框

（5）执行“图层/图层样式/斜面和浮雕”命令（可以选择其他图层样式得到其他效果），在弹出的对话框中保持默认设置，直接单击“确定”按钮，图像效果如图 8-56 所示。

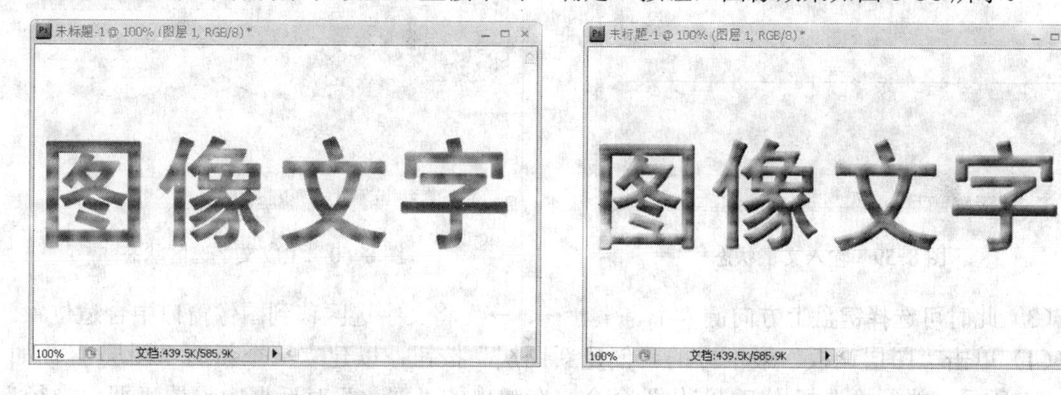

图 8-55 图案效果

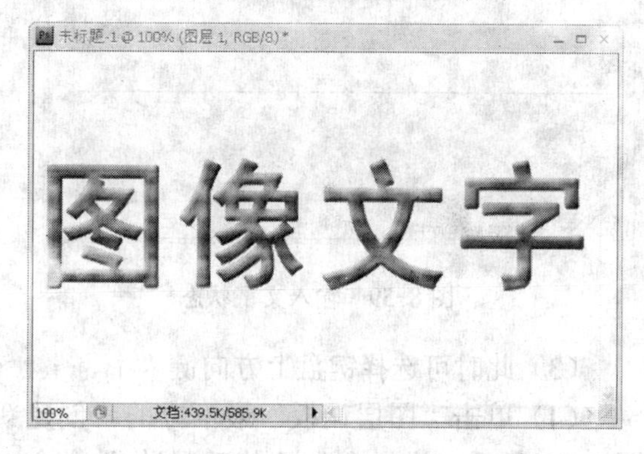

图 8-56 斜面和浮雕效果

8.2.3 描边文字

任务说明：本任务是使用文字蒙版工具。

任务要点：掌握文字蒙版工具、描边命令使用方法。

任务步骤：

（1）执行“文件/新建”命令（快捷键【Ctrl＋N】），在弹出的“新建”对话框设置“宽度”为“500”像素，“高度”为“300”像素，保持默认设置（见图 8-57），单击“确定”按钮，以建立一个新的空白图像文件。

（2）选择工具箱中“横排文字蒙版工具”，设置其工具选项栏中字体为“黑体”、大小为“120 点”，其他参数保持默认设置（见图 8-58），在空白图像文件合适位置输入“图像文字”（见图 8-59），单击其工具选项栏中“√”按钮以确认输入文字完成，如图 8-60 所示。

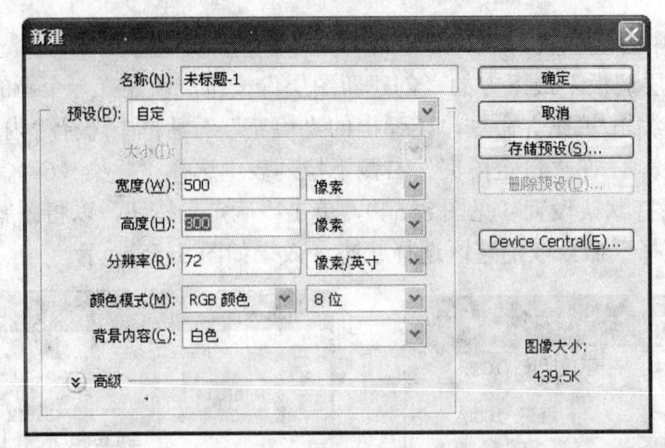

图 8-57 “新建”对话框

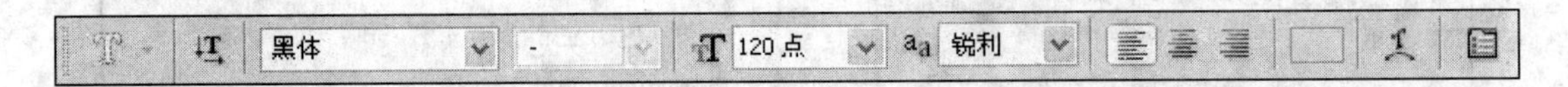

图 8-58 横排文字蒙版工具选项栏

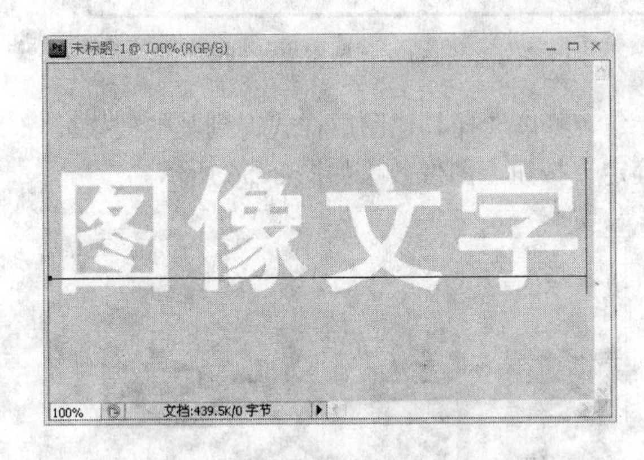

图 8-59 输入文字状态

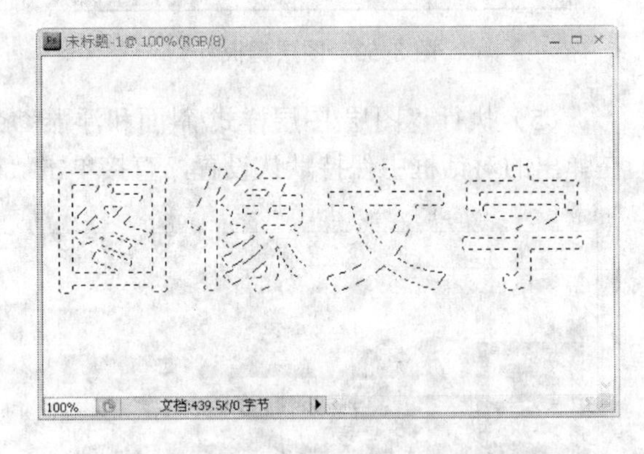

图 8-60 生成文字选区状态

（3）此时可选择键盘上方向键“↑、↓、←、→”将文字选区移到图像窗口中合适位置。

（4）单击“图层调板”最下方的“创建新图层”按钮，以建立一个新的“图层 1”，如图 8-61 所示。执行“选择/修改/羽化”命令，在弹出的“羽化”对话框中设置“羽化半径”为“2px”。

（5）执行“编辑/描边”命令，在弹出的“描边”对话框中选择“宽度”为“5px”，“颜色”后方块设置为“红色”（RGB 分别为 255、0、0），“模式”右侧下拉列表中选择“溶解”，其他保持默认设置（见图 8-62），单击“确定”按钮，以对文字选区描边。执行“选择/取消选择”命令取消选区选择状态，描边效果如图 8-63 所示。

（6）执行“图层/图层样式/投影”命令，在弹出的对话框中保持默认设置，直接单击“确定”按钮，图像投影效果如图 8-64 所示。

8.2.4 文字蒙版工具知识点

在使用“横排文字蒙版”工具 或“直排文字蒙版”工具 时，创建一个文字形状的选区。文字选区出现在现用图层中，可以像任何其他选区一样对其进行移动、复制、填充或描边。

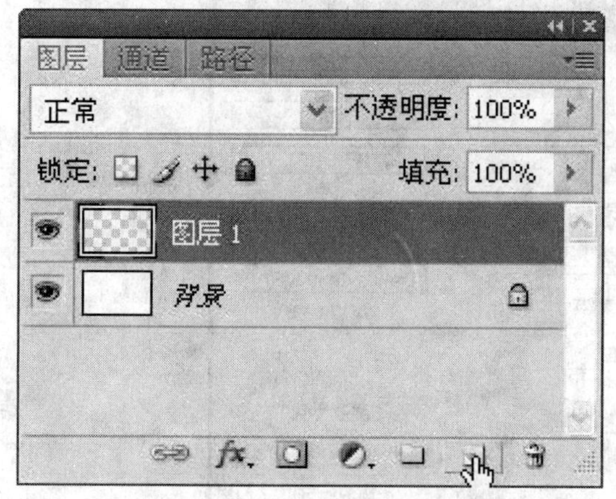

图 8-61　图层调板

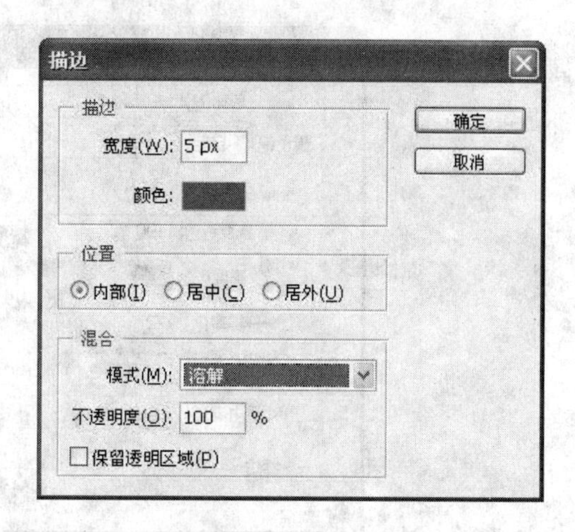

图 8-62　“描边”对话框

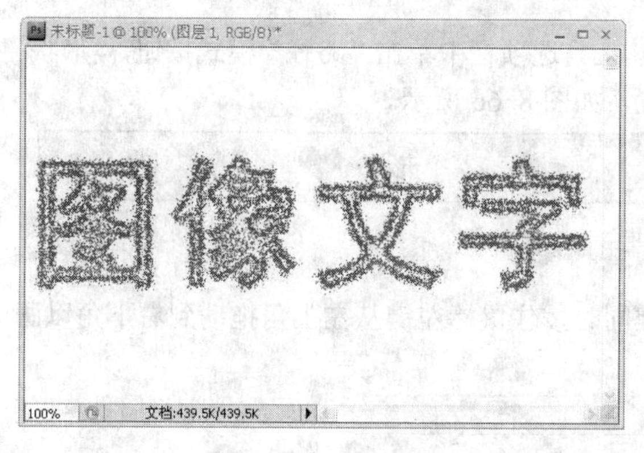

图 8-63　描边效果

图 8-64　投影效果

选择希望选区出现在其上的图层。为获得最佳效果，请在普通的图像图层上而不是文字图层上创建文字选框。如果要填充或描边文字选区边界，请在新的空白图层上创建它。选择横排文字蒙版工具 或直排文字蒙版工具 。 选择其他的文字选项，并在某一点或在外框中输入文字。 输入文字时现用图层上会出现一个红色的蒙版。单击“提交”按钮 ✓ 之后，文字选区边界将出现在现用图层上的图像中。

8.3　路 径 文 字

8.3.1　心形文字

任务说明：本任务是使文字沿路径排列。

任务要点：掌握自定义形状、文字工具、图层样式使用方法。

任务步骤：

（1）执行“文件/新建”命令，在弹出的“新建”对话框中设置“宽度”和“高度”分别为“600 像素”、“300 像素”，其他保持默认设置（见图 8-65），单击“确定”按钮，以建立新的图像文件。

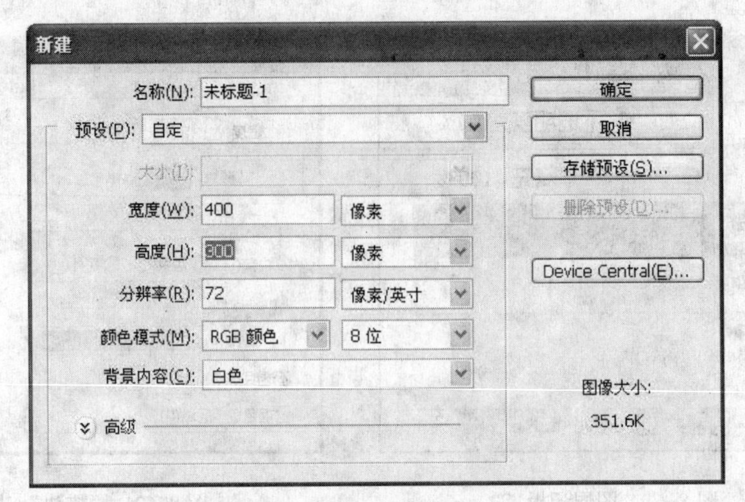

图 8-65 “新建”对话框

（2）选择工具箱中自定义形状工具，设置其工具选项栏中单击“路径”模式按钮，“形状”右侧下拉框中选择“红桃”，其他保持默认设置，如图 8-66 所示。

图 8-66 文字工具选项栏

（3）在新建图像窗口合适位置，按 Shift 键同时按住鼠标左键从左上角拖动到右下角以画一个正红桃形状，如图 8-67 所示。

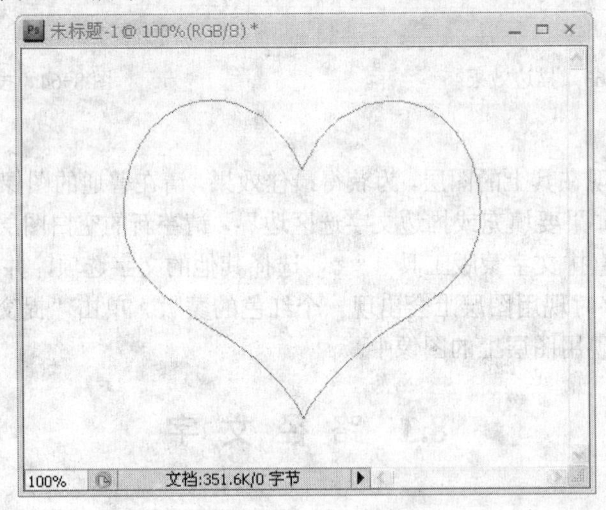

图 8-67 文字效果

（4）选择工具箱中横排文字工具，设置其工具选项栏中选择字体右侧下拉框为“黑体”，设置字体大小右侧文本框输入“30”，设置文本颜色为“红色”，其他保持默认设置，如图 8-68 所示。

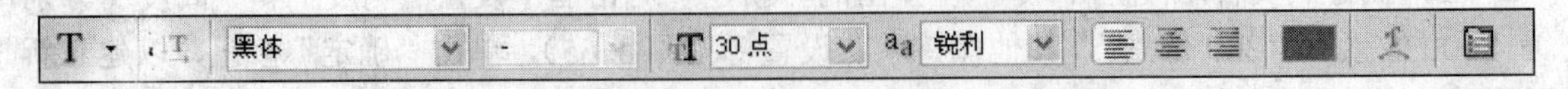

图 8-68 文字工具选项栏

（5）在新建图像窗口合适位置单击（见图 8-69），反复输入“心形路径文字效果”，直到文字沿着红桃路径内侧分布一周，按“Ctrl+Enter”组合键确认输入文字结束，如图 8-70 所示。

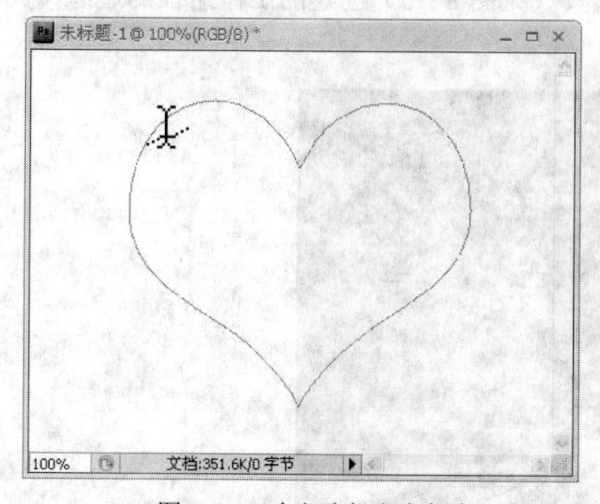

图 8-69　确定路径文字起点

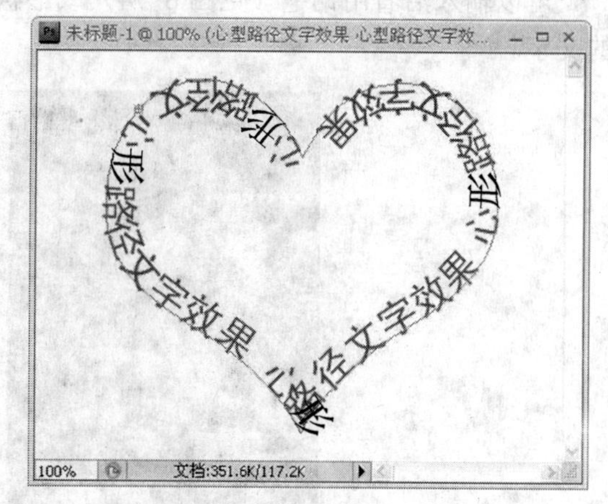

图 8-70　输入路径文字

（6）选择“图层/图层样式/投影”命令，在弹出的“图层样式”对话框中保持默认参数不变，单击“确定”按钮，投影效果如图 8-71 所示。

（7）切换到路径调板，在路径调板空白处单击（见图 8-72），以隐藏路径显示。路径文字效果如图 8-73 所示。

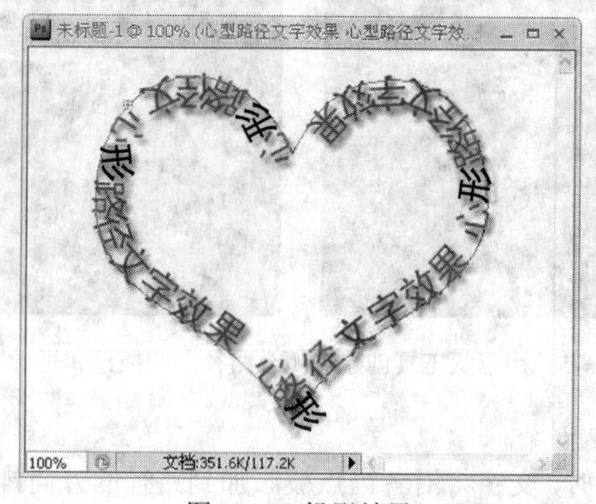

图 8-71　投影效果

图 8-72　隐藏路径

图 8-73　路径文字效果

8.3.2 路径文字知识点

可以输入沿着用钢笔（见图 8-74）或形状工具（见图 8-75）创建的工作路径的边缘排列的文字。

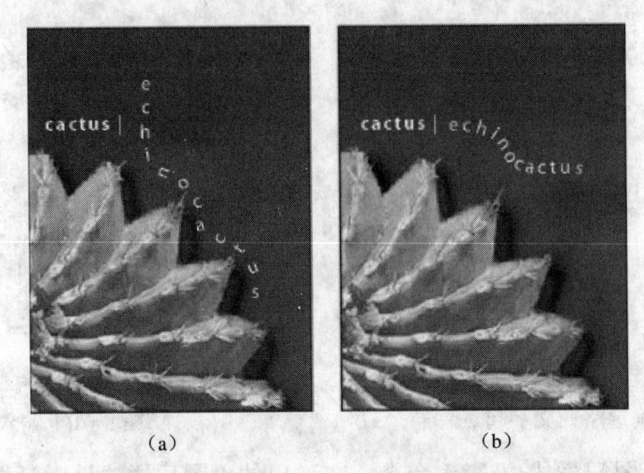

（a）　　　　（b）

图 8-74　开放路径上的横排和直排文字

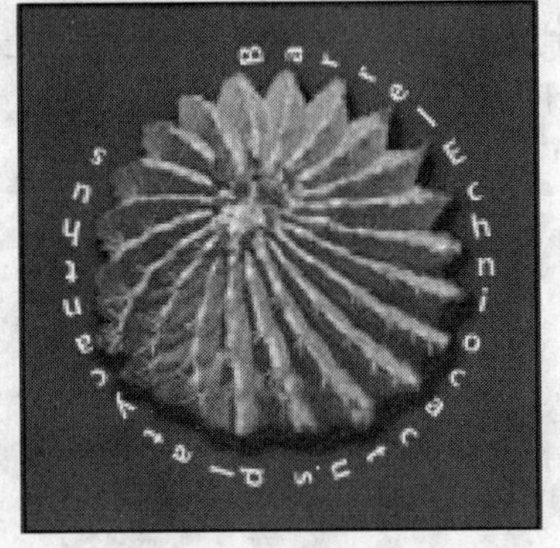

图 8-75　用形状工具创建的闭合路径上的横排和直排文字

当沿着路径输入文字时，文字将沿着锚点被添加到路径的方向排列。在路径上输入横排文字会导致字母与基线垂直；在路径上输入直排文字会导致文字方向与基线平行。当移动路径或更改其形状时，文字将会适应新的路径位置或形状。

1. 沿路径输入文字

执行下列操作之一：

- 选择横排文字工具 T 或直排文字工具 T 。
- 选择横排文字蒙版工具 T 或直排文字蒙版工具 T 。

定位指针，使文字工具的基线指示符 位于路径上，然后单击。单击后，路径上会出现一个插入点。输入文字。横排文字沿着路径显示，与基线垂直。直排文字沿着路径显示，与基线平行，如图 8-76 所示。

为了更大程度地控制文字在路径上的垂直对齐方式，使用“字符”面板中的“基线偏移”选项。例如，在“基线偏移”文本框中键入负值可使文字的位置降低。

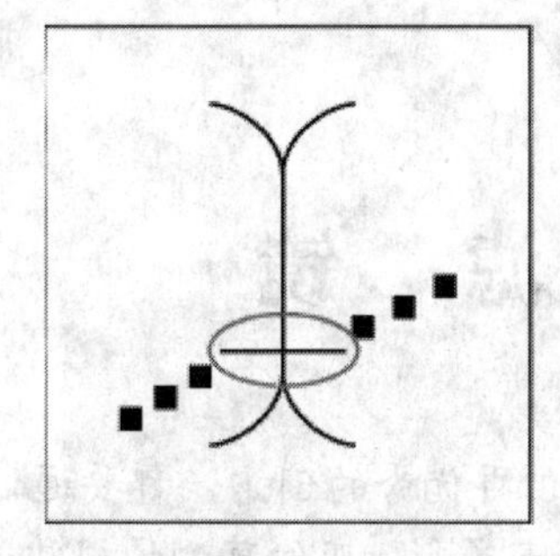
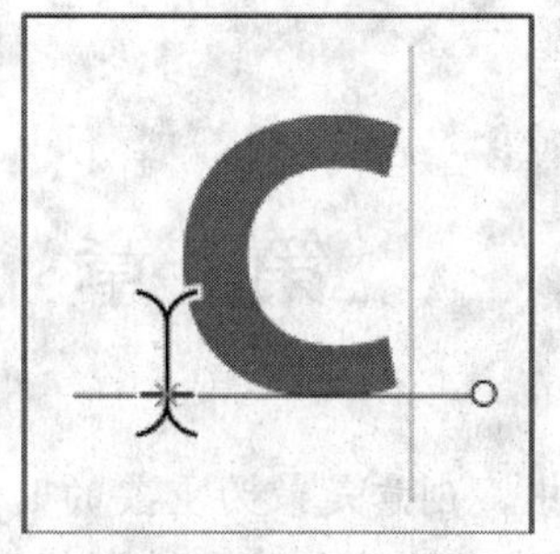

图 8-76　文字工具的基线指示器（左图）和其基线指示器位于路径上的文字工具（右图）

2. 在路径上移动或翻转文字

选择直接选择工具 或路径选择工具 ，并将其定位到文字上。指针会变为带箭头的 I 型光标 ，如图 8-77 所示。

➢ 要移动文本，单击并沿路径拖动文字。拖动时请小心，以避免跨越到路径的另一侧。
➢ 要将文本翻转到路径的另一边，单击并横跨路径拖动文字。

图 8-77　使用“直接选择”工具或“路径选择”工具在路径上移动或翻转文字

要在不改变文字方向的情况下将文字移动到路径的另一侧，使用“字符”面板中的“基线偏移”选项。例如，如果创建了横跨圆圈的顶部从左到右排列的文字，可以在“基线偏移”文本框中输入一个负值，以便降低文字位置，使其沿圆圈顶部的内侧排列。

3. 移动文字路径

选择路径选择工具 或移动工具 ，然后单击并将路径拖动到新的位置。如果使用路径选择工具，请确保指针未变为带箭头的 I 型光标 ，否则，将会沿着路径移动文字。

4. 改变文字路径的形状

选择直接选择工具 。单击路径上的锚点，然后使用手柄改变路径的形状。

第9章 滤 镜

在设计图像过程中，创意是最为重要的，但再优秀的创意，都要通过技术来实现，利用Photoshop中的滤镜功能，可以在瞬间制作出丰富多彩、变幻莫测的视觉效果。滤镜的功能非常强大，使用起来有很多巧妙之处，要想利用滤镜制作出光怪陆离、变幻无穷的特殊技巧，需要在不断的实残中积累经验。本章只简单介绍一些常用的内置滤镜的使用，外挂滤镜与一些不是很常用的内置滤镜本书将不做介绍。

9.1 扭 曲 滤 镜

9.1.1 水中倒影

任务说明：本任务是制作倒映水面。

任务要点：水波滤镜、自由变换命令使用方法。

任务步骤：

（1）执行“文件/打开”命令，选择指定的素材图双击打开，如图9-1所示。

图9-1 原图

（2）在图层调板中，用鼠标双击“背景”层使其变为可编辑图层，在弹出的“新建图层”对话框中保持默认参数不变，单击“确定”按钮，即可看到图层调板中“背景”层变为可编辑的“图层0”，如图9-2所示。

（3）执行“图层/复制图层”命令，在弹出的“复制图层”对话框中保持默认参数不变，单击“确定”按钮，即看到图层调板中多了一个新的“图层0副本”，如图9-3所示。

（4）单击图层调板中“图层0副本”以选中，执行“编辑/自由变化”命令（快捷键【Ctrl+T】），在工具选项栏中用鼠标单击一下“参考点位置”中右上角小正方形使之变成黑色小正方形，即“参考点”设置在右上角，设置H为“50.0%”，其他保持默认设置不变（见图9-4），单击“√”按钮确认变形结束，以将“图层0副本”图层中图像向上压缩，正好到1/2如图9-5所示。

图 9-2　背景层转为普通层

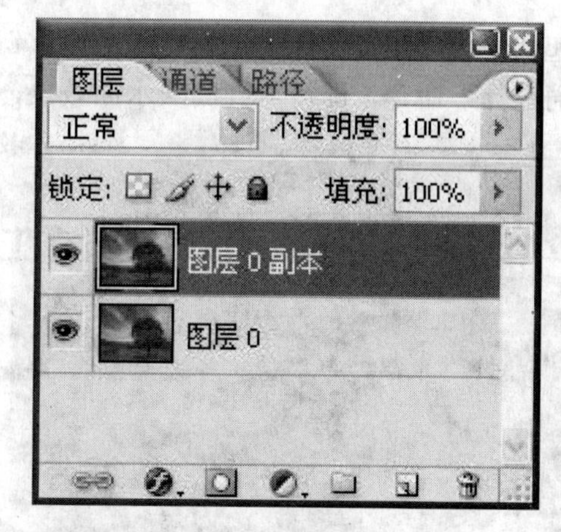

图 9-3　复制图层

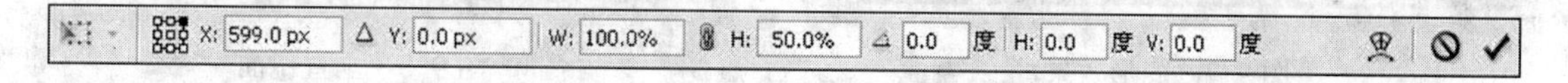

图 9-4　变形工具选项栏

图 9-5　变形（左图为变形效果，右图为图层效果）

（5）单击图层调板中“图层 0”以选中，执行“编辑/自由变化”命令（快捷键【Ctrl+T】），在工具选项栏中用鼠标单击一下“参考点位置”中右下角小正方形使之变成黑色小正方形，即“参考点”设置在右下角，设置 H 为“50%”，其他保持默认设置不变（见图 9-6），单击“√”按钮确认变形结束。从而将“图层 0”图层中图像向下压缩，正好到一半如图 9-7 所示。

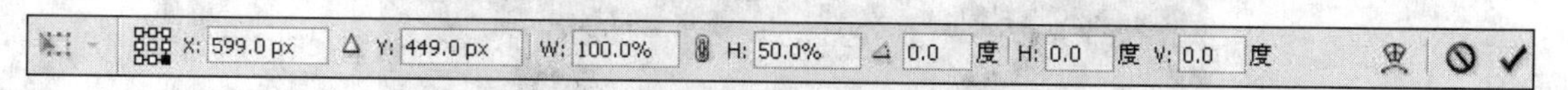

图 9-6　变形工具选项栏

（6）执行“编辑/变形/垂直翻转”命令，即可得到想要的垂直镜面效果，如图 9-8 所示。

（7）单击图层调板中“图层 0”，在工具箱中选择“椭圆框选工具”，在“图层 0”中画一椭圆，大小即为水波范围，如图 9-9 所示。执行“选择/修改/羽化”，在弹出的“羽化”对话框中设置“羽化”为“10 像素”。

（8）执行“滤镜/扭曲/水波”命令，将弹出的“水波”对话框设置成：“数量”为“100”，

“起伏”为“13”，“样式”为“水池波纹”（见图 9-10），单击“确定”按钮。再执行“选择/取消选择”命令，即可得到倒映水面效果，如图 9-11 所示。

图 9-7　变形效果

图 9-8　垂直镜面

图 9-9　椭圆选区

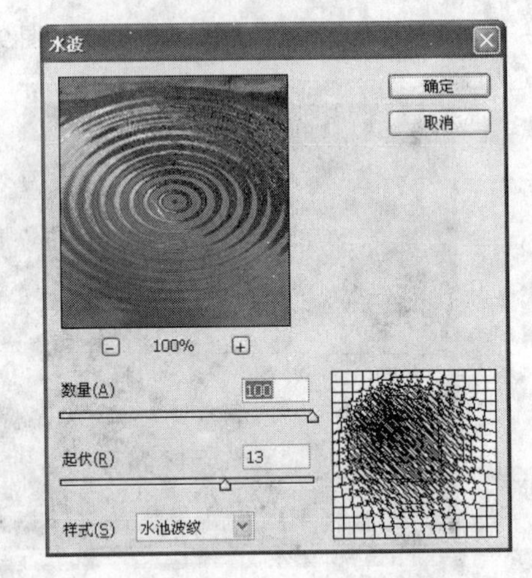

图 9-10　“水波”对话框

图 9-11　效果图

9.1.2 蕾丝花边相框

任务说明：本任务是对图像制作蕾丝花边。

任务要点：玻璃滤镜、快速蒙版使用。

任务步骤：

（1）在 Photoshop 中执行 “文件/打开”命令（快捷键【Ctrl+O】），在弹出的“打开”对话框中双击指定图像以将其打开，如图 9-12 所示。

（2）执行“图层/新建/背景图层”命令，在弹出的“新建图层”对话框中保持默认参数不变，单击“确定”按钮（见图 9-13），以将“背景”层转化为普通层“图层 0”。

图 9-12　原图

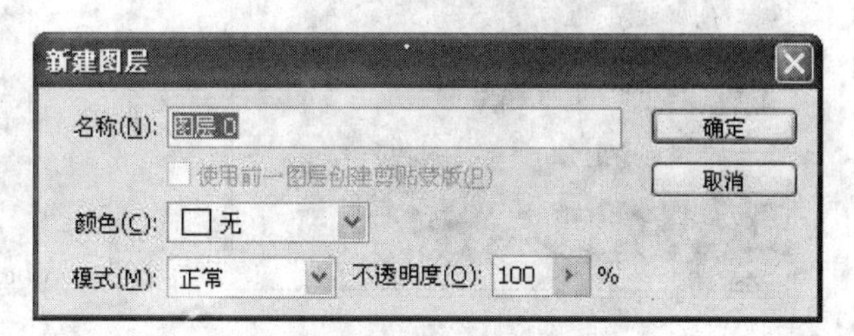

图 9-13　转化图层

（3）执行“图层/新建/图层”命令，在弹出的“新建图层”对话框中保持默认参数不变，单击“确定”按钮，以新建一个普通层“图层 1”。

（4）执行“图层/新建/背景图层”命令，在弹出的“新建图层”对话框中保持默认参数不变，单击“确定”按钮，以将普通层“图层 1”转化为“背景”层（见图 9-14）。

（5）选择工具箱矩形工具，在图像窗口中画一个比图片略小的框，如图 9-15 所示。

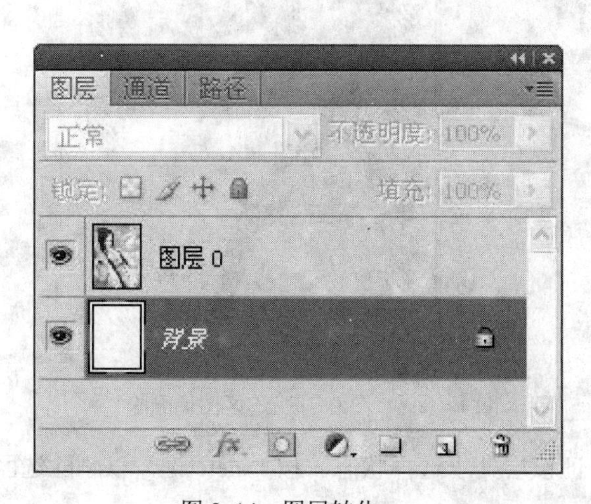

图 9-14　图层转化

图 9-15　创建选区

（6）选择“选择/反选”命令，然后单击工具箱下方中“以快速蒙版模式编辑”按钮，以在图像窗口中进入快速蒙板编辑状态，如图 9-16 所示。

（7）选择“滤镜/扭曲/玻璃”命令，在弹出的“玻璃”对话框中设置“扭曲度”为“3”，“平滑度”为“1”，“纹理”为“小镜头”，“缩放”为“150”，单击“确定”按钮以得到玻璃效果，如图 9-17 所示。

图 9-16　快速蒙版

图 9-17　玻璃效果

（8）选择“滤镜/像素化/碎片”命令，然后再执行“滤镜/锐化/锐化”命令三次。单击工具箱“以标准模式”编辑按钮，以退出快速蒙板状态，效果如图 9-18 所示。

图 9-18　快速蒙版转选区

图 9-19　选区图像删除

（9）单击图层调板上“图层 0”，以保证该层处于选择状态。按 Delete 键，以删除选区中的图像，如图 9-19 所示。

（10）执行“选择/反选”命令，执行“编辑/描边”命令，在弹出的“描边”对话框中设置“宽度”为“1px”，单击“颜色”后方框，在弹出的“拾色器”对话框中设置 R、G、B 值分别为 255、0、0，后单击“确定”按钮，保持其他参数为默认值不变（见图 9-20），单击“确定”按钮，以得到边缘用红色描边的效果。

（11）执行“选择/取消选择”命令，以看到最终效果，如图 9-21 所示。

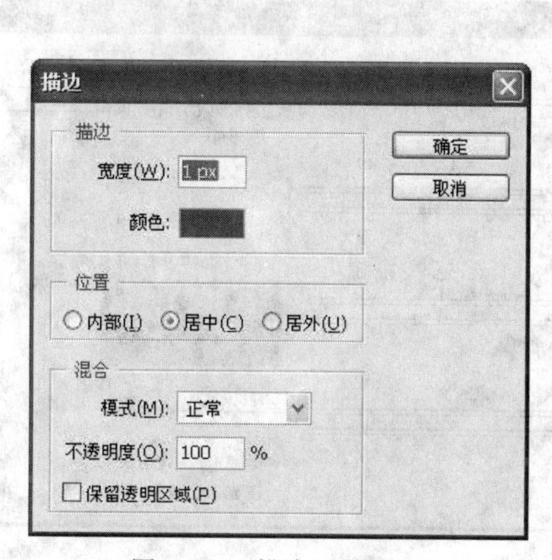

图 9-20 “描边”对话框

图 9-21 最终效果

9.1.3 团花效果

任务说明：本任务是制作团花效果。

任务要点：波浪滤镜、极坐标滤镜、快速蒙版使用。

任务步骤：

（1）执行“文件/新建”命令（快捷键【Ctrl+N】），在弹出的“新建”对话框中设置宽度和高度均为“50 厘米”，其他参数保持默认设置不变，如图 9-22 所示，单击“确定”按钮以新建一空白文件。

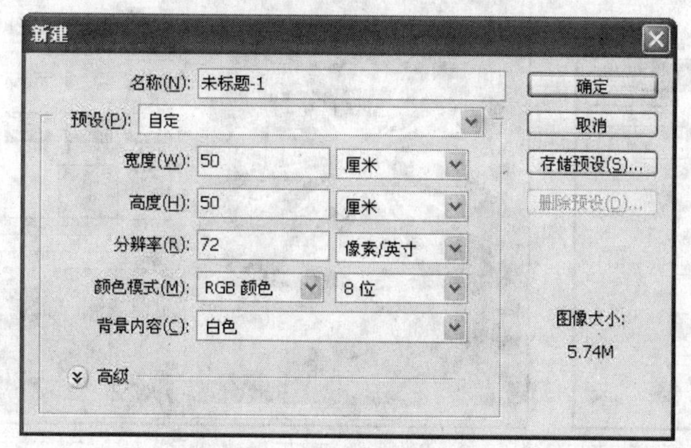

图 9-22 “新建”对话框

（2）选择工具箱中渐变工具，保持其属性工具栏为线性渐变模式（渐变颜色为黑白两色，如图 9-23 所示），在新建图像窗口中从下向上拉出黑白渐变效果，如图 9-24 所示。

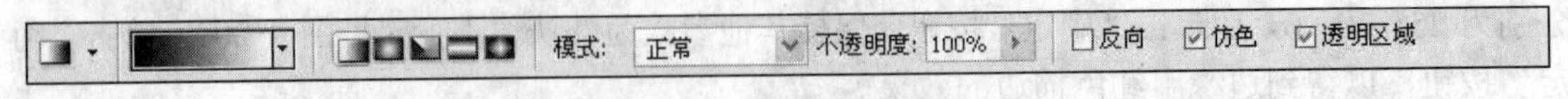

图 9-23　渐变工具工具栏

（3）执行“滤镜/扭曲/波浪”命令，在弹出的“波浪”对话框中设置生成器数为“2”，类型为“三角形”，波长最小为 120，最大为 120，波幅最大为“290”、最小为“225”，其他保持设置不变，如图 9-25 所示。单击“确定”按钮，以得到波浪效果。

图 9-24　黑白渐变效果

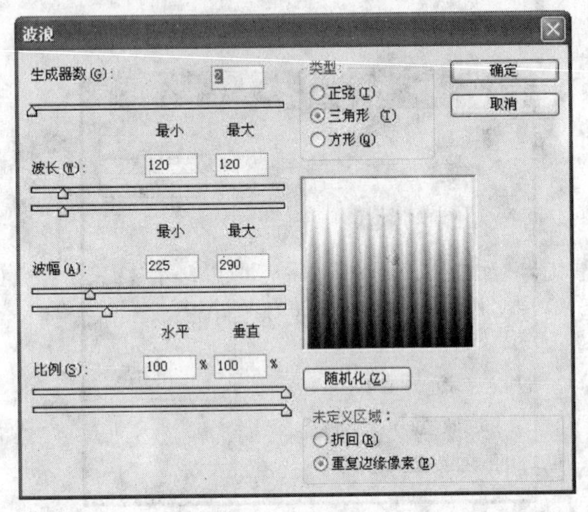

图 9-25　“波浪”对话框

（4）继续执行“滤镜/扭曲/极坐标”命令，在弹出的“极坐标”对话框“平面坐标到极坐标”选项，如图 9-26 所示，单击“确定”按钮以得到极坐标效果。

（5）继续执行“滤镜/素描/烙黄”命令，在弹出的“烙黄”对话框“细节”和“平滑度”均为“10”，单击“确定”按钮以得到烙黄效果，如图 9-27 所示。

图 9-26　“极坐标”对话框

图 9-27　“烙黄”对话框

（6）单击图层调板下方“创建新图层”按钮，以新建一个图层，如图 9-28 所示。

（7）选择渐变工具，在其工具属性栏中单击以打开“渐变”拾色器，选择“色谱”效果后单击“确定”按钮，如图 9-29 所示。同时在其工具属性栏中选择“径向渐变”模式，其他保持默认参数不变。在图像窗口中从中心向外拖出一道彩色的画面出来，如图 9-30 所示。

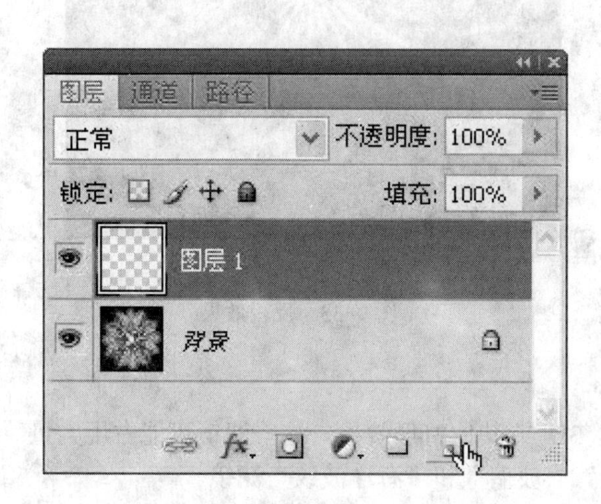

图 9-28　新建图层

图 9-29　选择模板

（8）在图层调板中，将混合模式设置为“颜色”（有的版本是“着色”， 如图 9-31 所示），最终美丽的色彩效果出来了，如图 9-32 所示。如果再执行“图像/调整/反相”命令，新效果如图 9-33 所示。

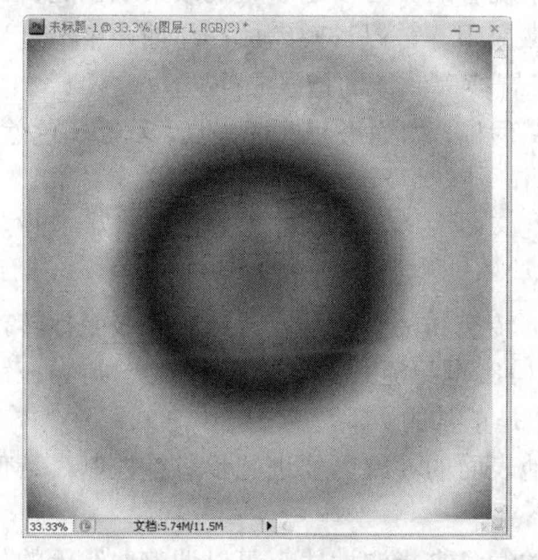

图 9-30　径向渐变效果

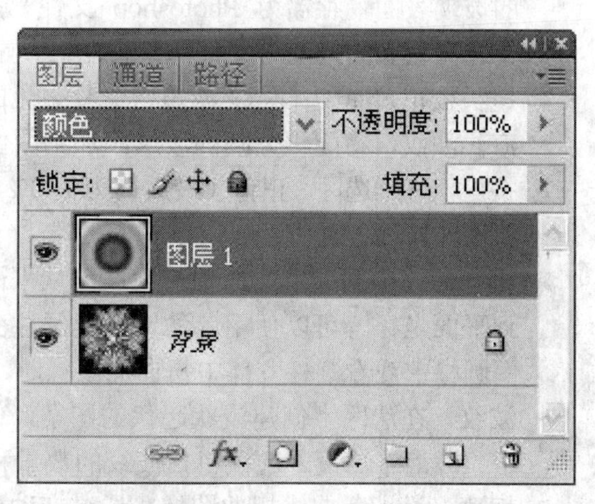

图 9-31　更改混合模式

只要多动动脑筋，就可以制作出更多的特色效果了，效果图 9-22、图 9-23 可以适当地进行旋转扭曲，或者把一些数值稍微改动一下，就会出现各种风格不同的效果。

图 9-32　颜色混合效果

图 9-33　反相效果

9.1.4　扭曲滤镜知识点

“扭曲”滤镜将图像进行几何扭曲，创建 3D 或其他整形效果。这些滤镜可能占用大量内存。可以通过“滤镜库”来应用“扩散亮光”、“玻璃”和“海洋波纹”滤镜。

- 扩散亮光，将图像渲染成像是透过一个柔和的扩散滤镜来观看的。此滤镜添加透明的白杂色，并从选区的中心向外渐隐亮光。
- 置换，使用名为置换图的图像确定如何扭曲选区。例如，使用抛物线形的置换图创建的图像看上去像是印在一块两角固定悬垂的布上。
- 玻璃，使图像显得像是透过不同类型的玻璃来观看的。可以选取玻璃效果或创建自己的玻璃表面（存储为 Photoshop 文件）并加以应用。可以调整缩放、扭曲和平滑度设置。当将表面控制与文件一起使用时，请按“置换”滤镜的指导操作。
- 镜头校正，“镜头校正”滤镜可修复常见的镜头瑕疵，如桶形和枕形失真、晕影和色差。
- 海洋波纹，将随机分隔的波纹添加到图像表面，使图像看上去像是在水中。
- 挤压，挤压选区。正值（最大值为 100%）将选区向中心移动；负值（最小值为-100%）将选区向外移动。
- 极坐标，根据选中的选项，将选区从平面坐标转换到极坐标，或将选区从极坐标转换到平面坐标。可以使用此滤镜创建圆柱变体（18 世纪流行的一种艺术形式），当在镜面圆柱中观看圆柱变体中扭曲的图像时，图像是正常的。
- 波纹，在选区上创建波状起伏的图案，像水池表面的波纹。要进一步进行控制，请使用“波浪”滤镜。选项包括波纹的数量和大小。
- 切变，沿一条曲线扭曲图像。通过拖动框中的线条来指定曲线。可以调整曲线上的任何一点。单击“默认”可将曲线恢复为直线。另外，选取如何处理未扭曲的区域。
- 球面化，通过将选区折成球形、扭曲图像以及伸展图像以适合选中的曲线，使对象具有 3D 效果。
- 旋转扭曲，旋转选区，中心的旋转程度比边缘的旋转程度大。指定角度时可生成旋转扭曲图案。

➢ 波浪，工作方式类似于“波纹”滤镜，但可进行进一步的控制。选项包括波浪生成器的数量、波长(从一个波峰到下一个波峰的距离)、波浪高度和波浪类型：正弦（滚动）、三角形或方形。“随机化”选项应用随机值。也可以定义未扭曲的区域。要在其他选区上模拟波浪结果，请单击“随机化”选项，将“生成器数”设置为 1，并将“最小波长”、“最大波长”和“波幅”参数设置为相同的值。
➢ 水波，根据选区中像素的半径将选区径向扭曲。“起伏”选项设置水波方向从选区的中心到其边缘的反转次数。还要指定如何置换像素：“水池波纹”将像素置换到左上方或右下方，“从中心向外”向着或远离选区中心置换像素，而“围绕中心”围绕中心旋转像素。

9.2 风格化滤镜

9.2.1 火焰字

任务说明：本任务是制作火焰字效果。

任务要点：横排文字蒙版工具、油漆桶工具、风、波浪、高斯模糊滤镜使用。

任务步骤：

（1）单击工具箱中“背景色”按钮，将其设置为黑色（RGB 三值均是 0）。选择“文件/新建”命令，在出现的“新建”对话框中设置“宽度”为“320 像素”、“高度”为“240 像素”，其他参数保持默认设置（见图 9-34），单击“确定”按钮后以建立黑色图像文件。

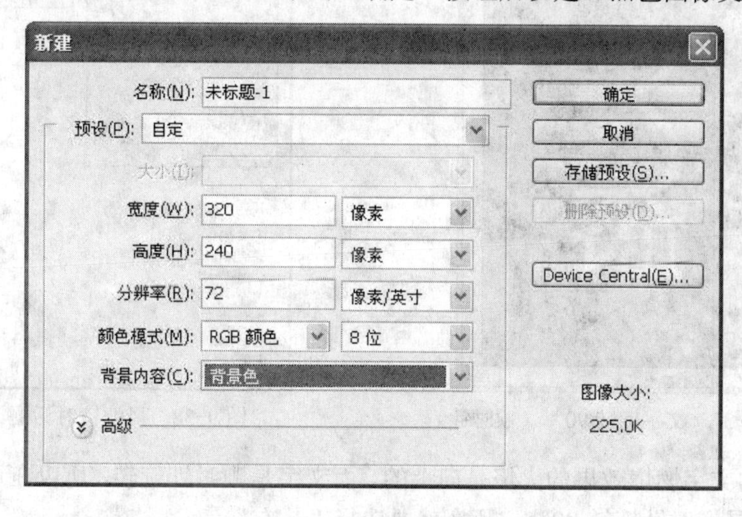

图 9-34 “新建”对话框

（2）单击工具箱“前景色”按钮，将其设置为白色（RGB 三值均是 255），单击工具箱中“横排文字工具”，在文字工具选项设置相应的字体为“黑体”、字号为“100 点”，如图 9-35 所示。在窗口中单击鼠标，输入文字内容“火焰”，单击文字工具选项中“√”或单击工具箱中其他任意工具，以确认文字输入完毕，如图 9-36 所示。

图 9-35 文字工具选项栏

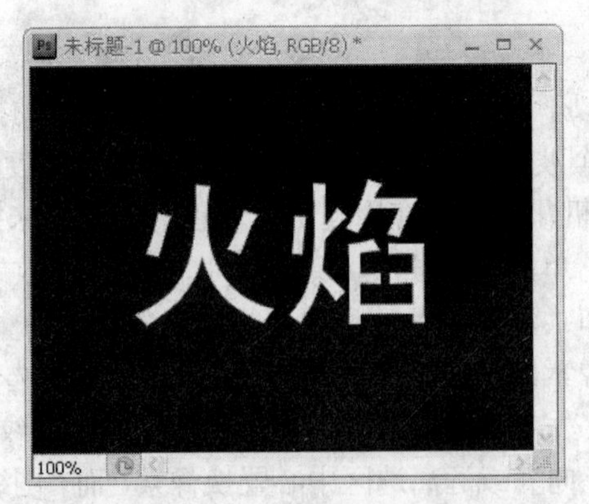

图 9-36　输入白色文字

（3）选择“图像/旋转画布/ 90 度（顺时针）”，将文字顺时针旋转 90°，如图 9-37 所示。这样便于使用风滤镜，因为风滤镜只有左右方向的风，而没有上下方向的风，所以在使用风的时候要将文字旋转一个方向。

（4）选择“滤镜/风格化/风...”命令，以对文字进行风格化处理。在立刻弹出的警告对话框中选择“确定”按钮以便对文字图层进行栅格化，从而能进行滤镜效果处理。在随即弹出的“风”滤镜对话框中，从“方法”中选择风的大小即选择“风”就可以了，“方向”选择“从左”用来选择风吹的方向，如图 9-38 所示。

图 9-37　文字旋转 90°（顺时针）

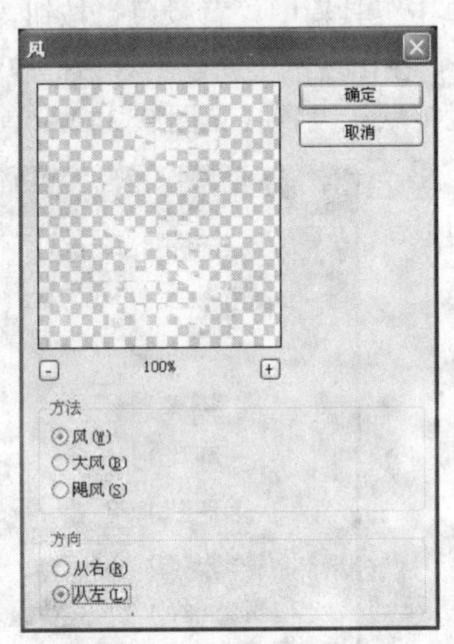

图 9-38　风滤镜对话框

由于制作的文字燃烧效果的火焰是向上的，而文字是顺时针旋转，所以在这里要选择“从左”（如果文字是逆时针旋转 90°，那么就要选择“从右”）。

（5）单击“确定”按钮后，即可看到初步效果（见图 9-39）。此时觉得使用一次风的产生的风吹效果不够，可以再次使用该滤镜工具，即选择“滤镜/风”命令再执行二次（见图 9-40）以达到满意效果。

（6）选择“图像/旋转画布/ 90°（逆时针）”，将文字逆时针旋转 90°，使其还原为原来的方向，如图 9-41 所示。

（7）这时，做出的火焰没有层次感，不真实，所以使用“滤镜/模糊/高斯模糊...”对火焰进行模糊处理。在“高斯模糊”对话框中，设置“半径”为“10 像素”，如图 9-42 所示，单击“确定”按钮。

图 9-39　初步效果

图 9-40　重复二次风滤镜后效果

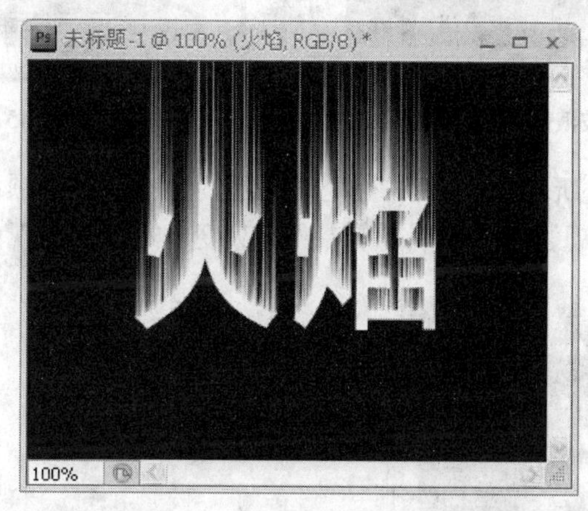

图 9-41　旋转效果（逆时针）

（8）增加了模糊的效果后，还要给火焰加上抖动的效果。选择“滤镜/扭曲/波浪...”即可出现“波浪”对话框。设置适当的类型、生成器数、波长、波幅等参数（见图 9-43)，单击“确定”按钮。

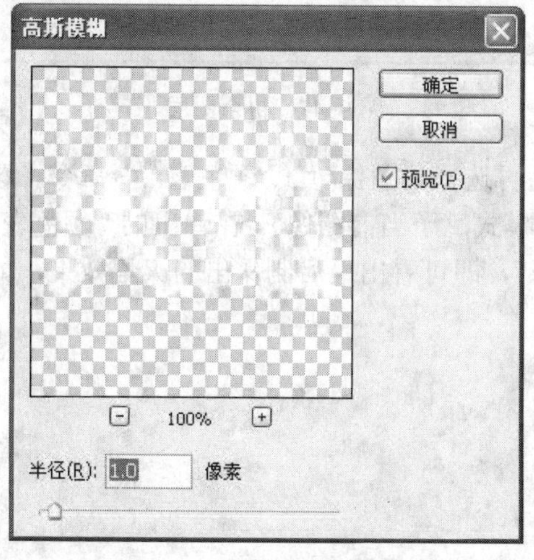

图 9-42　“高斯模糊”对话框

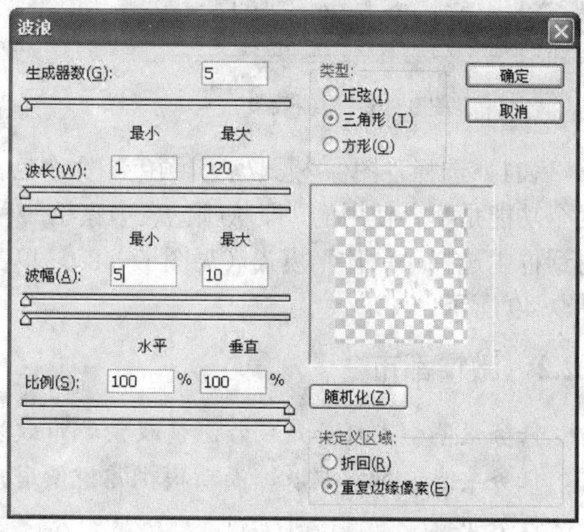

图 9-43　“波浪”对话框

（9）使用波浪后，图中火焰的扭曲太强烈了，如图 9-44 所示。这时执行“编辑/消褪波浪”命令，在弹出的“渐隐”对话框中设置如图 9-45 所示的参数，单击“确定”按钮，以便褪去部分扭曲的效果，使火焰的扭动比较柔和，如图 9-46 所示。

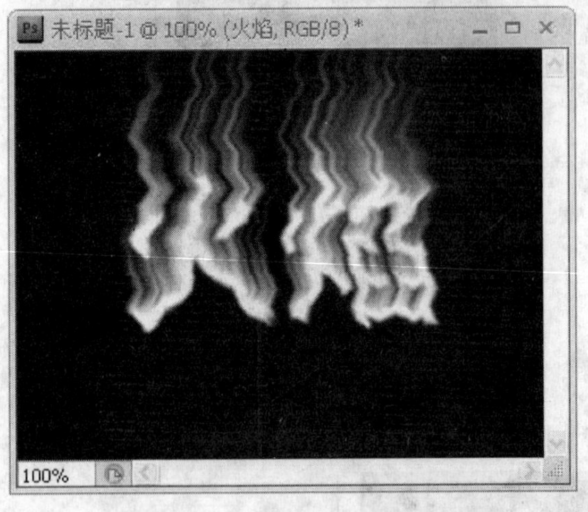

图 9-44　使用波浪的效果

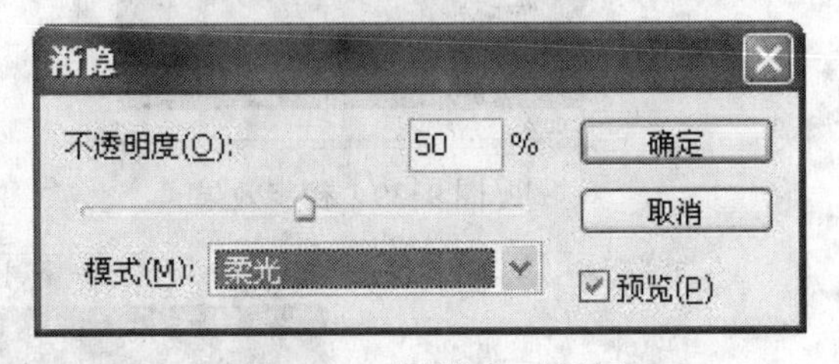

图 9-45　“渐隐”对话框

（10）以上是对火焰的形状和效果进行处理，还没有什么火的颜色，下面就是处理颜色的内容。选择“图像/模式/灰度”命令将图像转换为灰度模式，在出现的对话框中单击“拼合”（见图 9-47）即可。

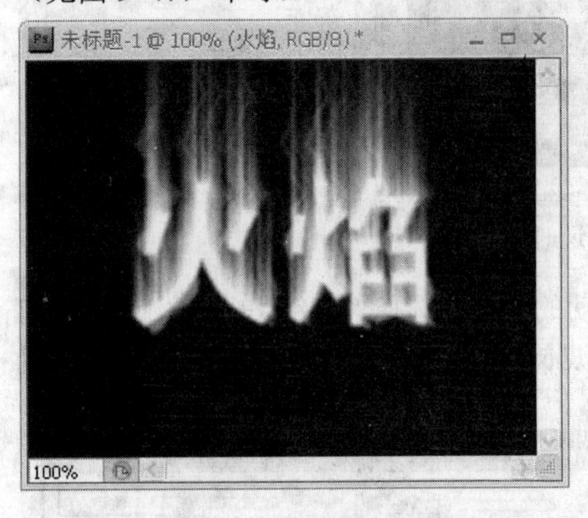

图 9-46　消褪效果

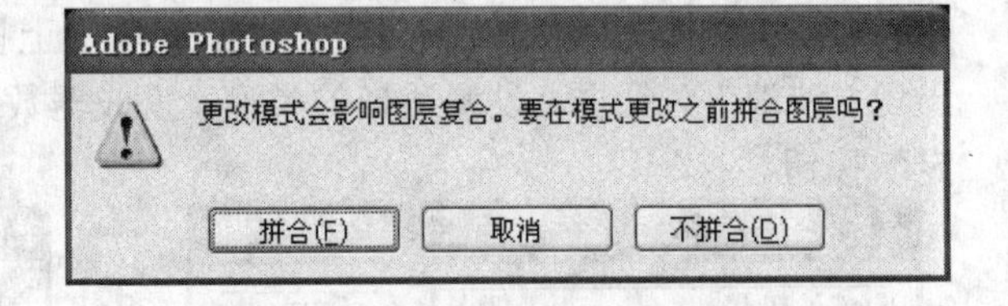

图 9-47　拼合图层

（11）选择“图像/模式/索引颜色”命令后，然后再选择“图像/模式/颜色表...”命令（这两个功能是配合使用的，即从颜色表中索引一种颜色模式赋予当前图像）。在弹出的“颜色表”对话框中选择“黑体”模式（见图 9-48），单击“好”，即可看出最后制作出的火焰效果，如图 9-49 所示。

9.2.2　激情都市

任务说明：本任务是制作激情夜景都市效果。

任务要点：风、波浪、高斯模糊滤镜使用。

任务步骤：

图 9-48　颜色表

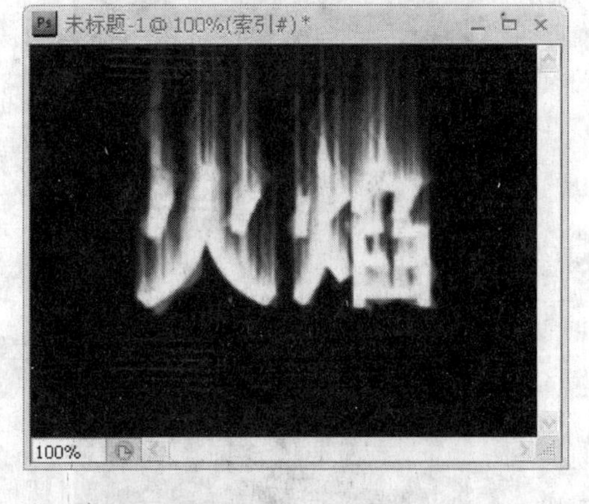

图 9-49　最终效果

（1）在 Photoshop 中执行 “文件/打开” 命令（快捷键【Ctrl+O】），在弹出的“打开”对话框中双击指定图像，以将其打开，如图 9-50 所示。

图 9-50　原图

（2）选择“图像/旋转画布/ 90 度（顺时针）”，将文字顺时针旋转 90°，如图 9-51 所示。这样便于使用风滤镜，因为风滤镜只有左右方向的，而没有上下方向的风，所以在使用风的时候要将图像旋转一个方向。

（3）选择“滤镜/风格化/风...”命令，以对图像进行风格化处理。在随即弹出的“风”滤镜对话框中，从“方法”中选择风的大小即选择“风”就可以了，“方向”选择“从左”用来选择风吹的方向，如图 9-52 所示。

由于制作的火焰是向上的，而夜景是顺时针旋转，所以在这里要选择“从左”（如果夜景是逆时针旋转 90°，那么就要选择“从右”）。

（4）单击“确定”按钮后，即可看到初步效果（见图 9-53）。此时觉得使用一次风的产生的风吹效果不够，可以再次使用该滤镜工具，即选择“滤镜/风”命令再执行一次（见图 9-54）以达到满意效果。

图 9-51　旋转 90 度（顺时针）

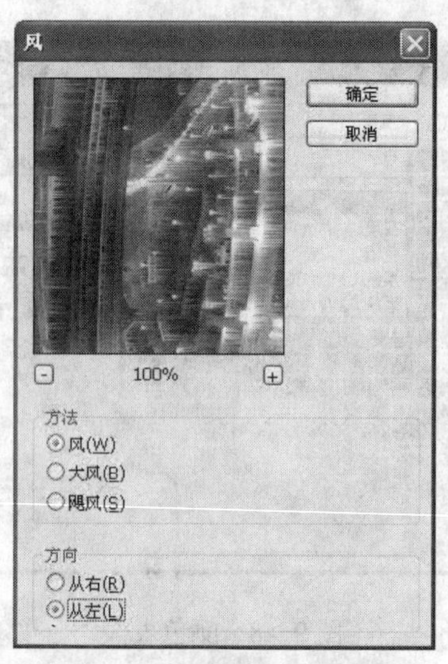

图 9-52　风滤镜对话框

图 9-53　初步效果

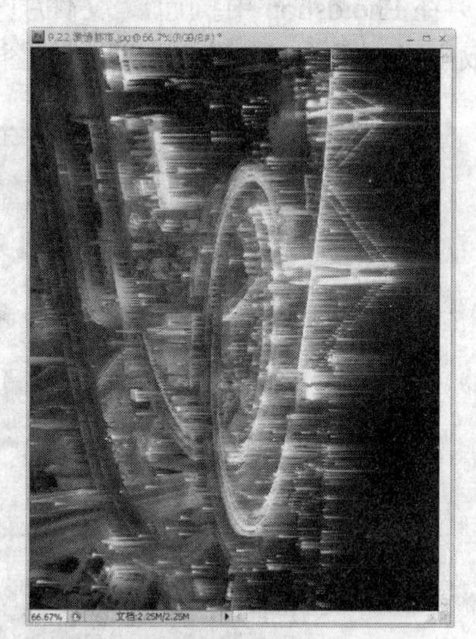

图 9-54　重复一次风滤镜后效果

（5）选择“图像/旋转画布/ 90 度（逆时针）”，将图像逆时针旋转 90°，使其还原为原来的方向，如图 9-55 所示。

图 9-55　旋转效果（逆时针）

（6）以上是对火焰的形状进行处理，还没有什么火的颜色，下面就是处理颜色的内容。选择“图像/模式/灰度”命令将图像转换为灰度模式，在出现的警告对话框中单击“扔掉”（见图 9-56），灰度图像效果如图 9-57 所示。

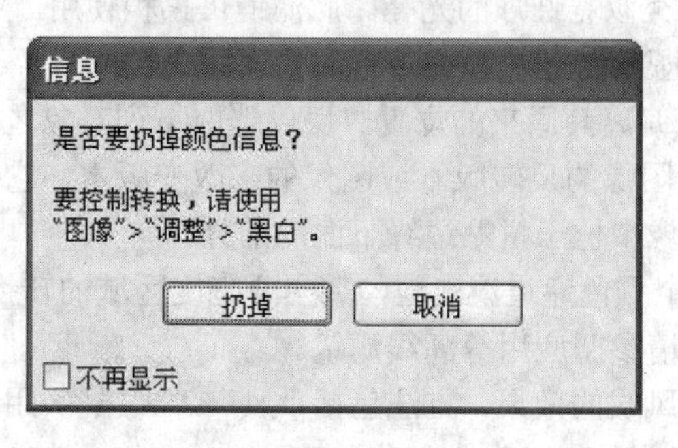

图 9-56　警告对话框

图 9-57　灰度图像效果

（7）选择“图像/模式/索引颜色”命令后，然后再选择“图像/模式/颜色表...”命令（这两个功能是配合使用的，即从颜色表中索引一种颜色模式赋予当前图像）。在弹出的“颜色表”对话框中选择“黑体”模式（见图 9-58），单击“好”按钮，即可看出最后制作出的火焰效果，如图 9-59 所示。

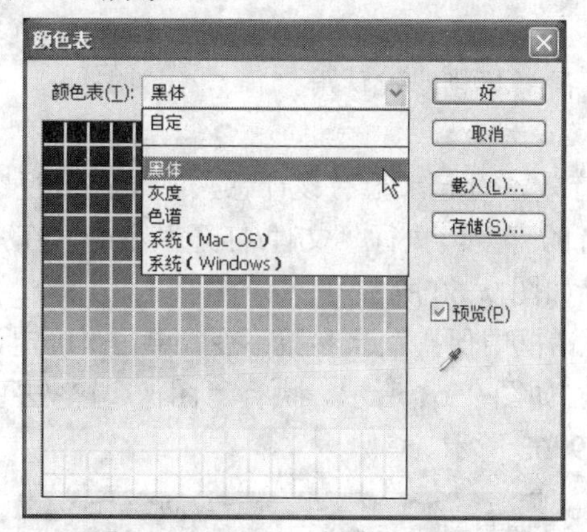

图 9-58　颜色表

图 9-59　最终效果

9.2.3　风格化滤镜知识点

“风格化”滤镜通过置换像素和通过查找并增加图像的对比度，在选区中生成绘画或印象派的效果。在使用“查找边缘”和“等高线”等突出显示边缘的滤镜后，可应用“反相”命令用彩色线条勾勒彩色图像的边缘或用白色线条勾勒灰度图像的边缘。

- 扩散，根据选中的以下选项搅乱选区中的像素以虚化焦点：“正常”使像素随机移动（忽略颜色值）；“变暗优先”用较暗的像素替换亮的像素；“变亮优先”用较亮的像素替换暗的像素。“各向异性”在颜色变化最小的方向上搅乱像素。
- 浮雕效果，通过将选区的填充色转换为灰色，并用原填充色描画边缘，从而使选区显得凸起或压低。选项包括浮雕角度（-360°～+360°，-360°使表面凹陷；+360°使表面凸起)、高度和选区中颜色数量的百分比（1%～500%)。要在进行浮雕处理时保留颜色和细节，请在应用“浮雕”滤镜之后使用“渐隐”命令。

- 凸出，赋予选区或图层一种3D纹理效果。请参阅应用凸出滤镜。
- 查找边缘。标识图像的区域，并突出边缘。像“等高线”滤镜一样，“查找边缘”用相对于白色背景的黑色线条勾勒图像的边缘，这对生成图像周围的边界非常有用。
- 照亮边缘，标识颜色的边缘，并向其添加类似霓虹灯的光亮。此滤镜可累积使用。
- 曝光过度，混合负片和正片图像，类似于显影过程中将摄影照片短暂曝光。
- 拼贴，将图像分解为一系列拼贴，使选区偏离其原来的位置。可以选取下列对象之一填充拼贴之间的区域：背景色，前景色，图像的反转版本或图像的未改变版本，它们使拼贴的版本位于原版本之上并露出原图像中位于拼贴边缘下面的部分。
- 等高线，查找主要亮度区域的转换并为每个颜色通道淡淡地勾勒主要亮度区域的转换，以获得与等高线图中的线条类似的效果。请参阅应用等高线滤镜。
- 风，在图像中放置细小的水平线条来获得风吹的效果。方法包括“风”、“大风”（用于获得更生动的风效果）和“飓风”（使图像中的线条发生偏移）。

9.3 模糊滤镜

9.3.1 素描图

任务说明：本任务是制作素描图效果。

任务要点：去色、反相、颜色减淡图层特效、高斯模糊滤镜使用。

任务步骤：

（1）常会看到一些由照片处理成的素描轮廓特效，看起来很有设计感，甚至在电视中也能看到这样的视频特效处理，深受广大设计爱好者的喜爱。执行“文件/打开”命令，在弹出的“打开”对话框中选择指定的素材图双击打开，如图9-60所示。

（2）选择“图层/复制图层”命令，在弹出的对话框中保持默认参数不变，单击“确定“按钮，以将“背景层”复制一个为“背景 副本”层，如图9-61所示。执行“图像/调整/去色”命令，以将“背景 副本”层变为黑白效果，如图9-62所示。

图9-60　原图

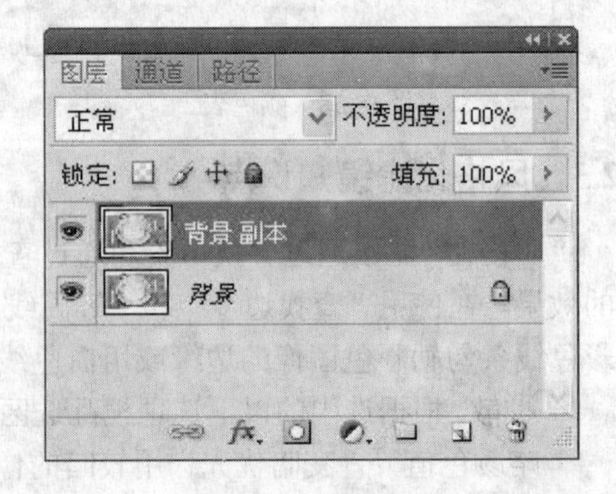

图9-61　图层调板

（3）选择“图层/复制图层”命令，在弹出的对话框中保持默认参数不变，单击“确定”按钮，以将“背景 副本”层复制一个为“背景 副本2”层，如图9-63所示。

图 9-62 去色效果

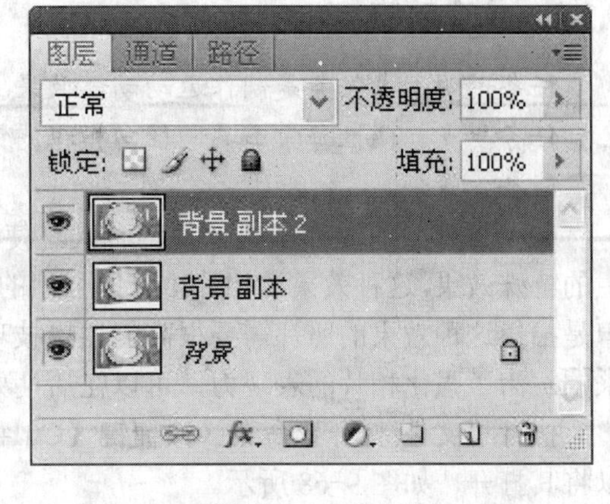

图 9-63 复制图层

（4）执行“图像/调整/反相”命令，以将“背景 副本 2”层变为反相效果，效果如图 9-64 所示。将“背景 副本 2”层的图层混合模式更改为“颜色减淡”，效果如图 9-65 所示。

图 9-64 反相效果

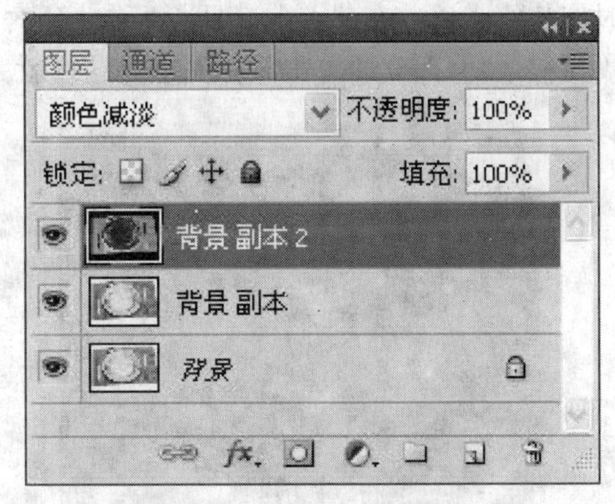

图 9-65 更改图层混合模式

（5）执行“滤镜/模糊/高斯模糊”命令，在弹出的“高斯模糊”对话框中设置“半径”为“3 像素”（可根据实际情况设置合适数值），其他保持默认的设置（见图 9-66），单击“确定”按钮，以得到最终效果，如图 9-67 所示。

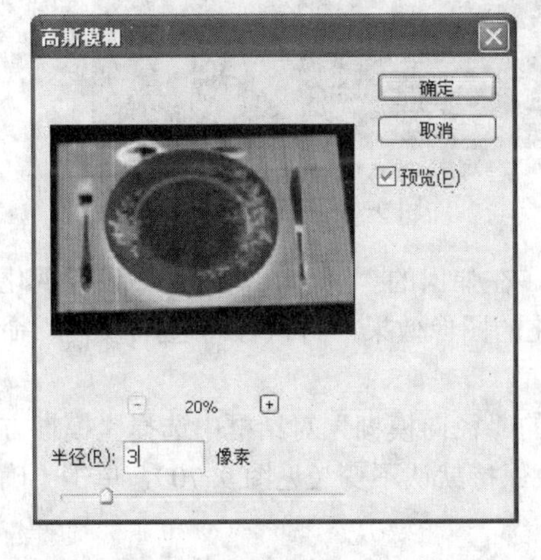

图 9-66 “高斯模糊”对话框

图 9-67 最终效果

9.3.2 体育动感

任务说明：本任务是制作运动动感效果。

任务要点：磁性套索工具、径向模糊滤镜使用。

任务步骤：

（1）爆炸效果是在拍摄像片的时候，使用较慢的快门速度，同时迅速改变镜头焦距而产生的特殊效果，这种效果的相片给人以强烈的视觉冲击感，是拍摄体育比赛中常见的表现手法。但是拍摄这种效果的照片需要很高的拍摄技巧和较好的相机，直接用普通的数码相机是排不出来的。为了强化相片的表现力，可以在后期处理中实现模拟变焦镜头爆炸效果。

执行“文件/打开”命令（快捷键【Ctrl+O】），在弹出的“打开”对话框中双击指定图像以将其打开，如图 9-68 所示。

（2）在图像上欲选取人物区域的边缘，在任意位置处单击鼠标左键，设置第一个锁定点。沿着人物边缘继续移动鼠标，当在图像边缘移动鼠标时，绘制出的活动线段会自动地靠近图像的边缘（如果吸附位置不对时，可以按 Del 键删除吸附点，以重新选择吸附点）。当选取完成时应将终点覆盖在起点上，即当“磁性套索”工具光标旁边出现一个小圆圈时，表示两点已经“对接成功”，立即单击鼠标左键。这样就完成了图的边缘的选取，如图 9-69 所示。

图 9-68 原图

图 9-69 确定选区

（3）执行“选择/羽化”命令（快捷键【Ctrl+A】），在弹出的“羽化”对话框中设置羽化值为“10 像素”，单击“确定”按钮，以得到边缘羽化的图像效果。再执行“选择/反向”命令，以将轿车外图像选中。

（4）执行 “滤镜/模糊/径向模糊”命令，在弹出的“径向模糊”对话框中选择“模糊方法”为“缩放”，设置“数量”为“70 像素”，其他参数保持默认不变（见图 9-70），单击“确定”按钮。

（5）执行“选择/取消选择”命令，以得到汽车产生向前运动效果，如图 9-71 所示。

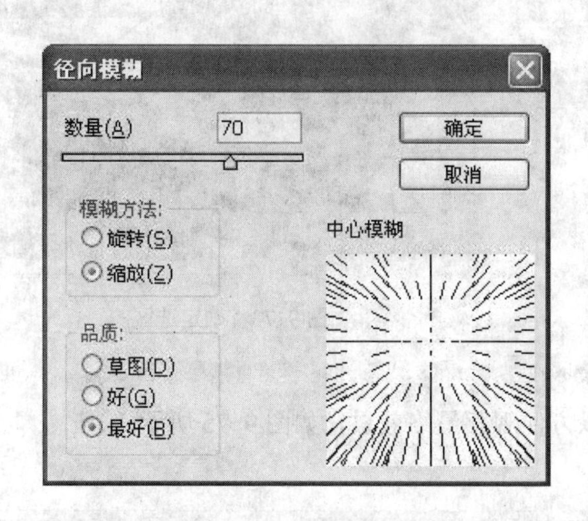

图 9-70 “径向模糊”对话框

图 9-71 效果图

小结：

繁杂的背景被处理成爆炸效果后，整体的动感非常强烈，很好地表现了人物的动态，这种有强烈视觉效果的图片还可以表达是非强烈的主题与情感。

9.3.3 疾驰轿车

任务说明：本任务是制作轿车动感效果。

任务要点：磁性套索工具、动感模糊滤镜使用。

任务步骤：

（1）执行“文件/打开”命令（快捷键【Ctrl+O】），在弹出的“打开”对话框中双击指定图像以将其打开，如图 9-72 所示。

（2）在图像上欲选取轿车区域的边缘任意位置处单击鼠标左键，设置第一个锁定点。沿着轿车边缘继续移动鼠标，当在图像边缘移动鼠标时，绘制出的活动线段会自动地靠近图像的边缘（如果吸附位置不对时，可以按 Del 键删除吸附点，以重新选择吸附点）。当选取完成时应将终点覆盖在起点上，即当“磁性磁性套索”工具光标旁边出现一个小圆圈时，表示两点已经“对接成功”，立即单击鼠标左键。这样就完成了图的边缘的选取，如图 9-73 所示。这里只要求大致将轿车区域选中即可。

（3）执行“选择/羽化”命令（快捷键【Ctrl+A】），在弹出的“羽化”对话框中设置羽化值为“5 像素”，单击“确定”按钮，以得到边缘羽化的图像效果。再执行“选择/反向”命令，以将轿车外图像选中。

（4）执行“滤镜/模糊/动感模糊”命令，在弹出的“动模模糊”对话框中选择“角度”为“0”（由于本图中汽车做水平运动，所以角度设置为 0），设置“距离”为“50 像素”（距离决定模糊的程度，数值越大，物体运动的速度显得越快），其他参数保持默认不变（见图 9-74），

图 9-72　原图

图 9-73　确定选区

单击“确定”按钮，以得到动态十足的图像效果。

（5）执行“选择/取消选择”命令，以方便观察最终效果，如图 9-75 所示。

图 9-74 “动模模糊”对话框

图 9-75　最终效果

小结：

以上任务基本上都是简单地选中运动物体或背景，然后直接进行模糊。但在实际应用中可能这样做有些问题，因为在模糊过程中，运动物体与背景边缘处的像素会混合在一起，这样的细节会极大地破坏整个作品的效果。所以有时需要先将运动物体复制到新图层，然后将背景层中运动物体的位置填充上与背景最接近的颜色，再对背景层进行模糊；如果背景的差异比较大，使用单色填充可能也会造成不真实，这时可以使用仿制图章工具将附近的背景覆盖运动物体然后再进行模糊。

9.3.4　模糊滤镜知识点

“模糊”滤镜柔化选区或整个图像，这对于修饰非常有用。它们通过平衡图像中已定义的线条和遮蔽区域的清晰边缘旁边的像素，使变化显得柔和，如图 9-76 所示。

图 9-76 “镜头模糊”滤镜之前（左图）和之后（右图）的情况

- 平均，找出图像或选区的平均颜色，然后用该颜色填充图像或选区以创建平滑的外观。例如，如果您选择了草坪区域，该滤镜会将该区域更改为一块均匀的绿色部分。
- 模糊和进一步模糊，在图像中有显著颜色变化的地方消除杂色。“模糊”滤镜通过平衡已定义的线条和遮蔽区域的清晰边缘旁边的像素，使变化显得柔和。“进一步模糊”滤镜的效果比“模糊”滤镜强 3 倍～4 倍。
- 方框模糊，基于相邻像素的平均颜色值来模糊图像。此滤镜用于创建特殊效果。可以调整用于计算给定像素的平均值的区域大小；半径越大，产生的模糊效果越好。
- 高斯模糊，使用可调整的量快速模糊选区。高斯是指当 Photoshop 将加权平均应用于像素时生成的钟形曲线。“高斯模糊”滤镜添加低频细节，并产生一种朦胧效果。
- 镜头模糊，向图像中添加模糊以产生更窄的景深效果，以便使图像中的一些对象在焦点内，而使另一些区域变模糊。
- 动感模糊，沿指定方向（-360° ～+360° ）以指定强度（1～999）进行模糊。此滤镜的效果类似于以固定的曝光时间给一个移动的对象拍照。
- 径向模糊，模拟缩放或旋转的相机所产生的模糊，产生一种柔化的模糊。选取“旋转”，沿同心圆环线模糊，然后指定旋转的度数。选取“缩放”，沿径向线模糊，好像是在放大或缩小图像，然后指定 1～100 之间的值。模糊的品质范围从“草图”到“好”和“最好”：“草图”产生最快但为粒状的结果，“好”和“最好”产生比较平滑的结果，除非在大选区上，否则看不出这两种品质的区别。通过拖动“中心模糊”框中的图案，指定模糊的原点。
- 形状模糊，使用指定的内核来创建模糊。从自定形状预设列表中选取一种内核，并使用“半径”滑块来调整其大小。通过单击三角形并从列表中进行选取，可以载入不同的形状库。半径决定了内核的大小；内核越大，模糊效果越好。
- 特殊模糊，精确地模糊图像。可以指定半径、阈值和模糊品质。半径值确定在其中搜索不同像素的区域大小。阈值确定像素具有多大差异后才会受到影响。也可以为整个选区设置模式（正常），或为颜色转变的边缘设置模式（“仅限边缘”和“叠加边缘”）。在对比度显著的地方，“仅限边缘”应用黑白混合的边缘，而“叠加边缘”应用白色的边缘。
- 表面模糊，在保留边缘的同时模糊图像。此滤镜用于创建特殊效果并消除杂色或粒度。“半径”选项指定模糊取样区域的大小。“阈值”选项控制相邻像素色调值与中心像素值相差多大时才能成为模糊的一部分。色调值差小于阈值的像素被排除在模糊之外。

当“高斯模糊”、“方框模糊”、“动感模糊”或“形状模糊”应用于选定的图像区域时，有时会在选区的边缘附近产生意外的视觉效果。其原因是，这些模糊滤镜将使用选定区域之外的图像数据在选定区域内部创建新的模糊像素。例如，如果选区表示在保持前景清晰的情况下想要进行模糊处理的背景区域，则模糊的背景区域边缘将会沾染上前景中的颜色，从而在前景周围产生模糊、浑浊的轮廓。在这种情况下，为了避免产生此效果，可以使用“特殊模糊”或“镜头模糊”。

9.4 渲染滤镜

9.4.1 蓝天白云

任务说明：本任务是制作蓝天白云效果。

任务要点：分层云彩滤镜使用。

任务步骤：

（1）执行 “文件/新建”命令（快捷键【Ctrl+N】），在弹出的“新建”对话框中设置“宽度”为“800 像素”，高度为“600 像素”，“分辨率”为“72 像素/英寸”，“颜色模式”为“RGB 颜色”，“背景内容”为“白色”，如图 9-77 所示。单击“确定”按钮即可得到一个背景为白色的图像文件。

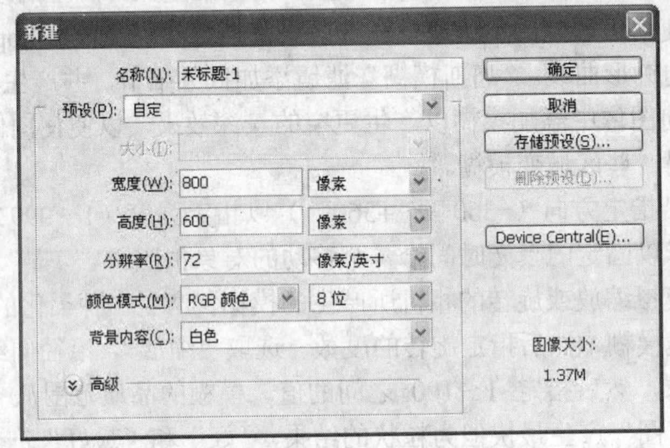

图 9-77 “新建”对话框

（2）单击工具箱上的“设置前景色”色块，在弹出的“拾色器”对话框中将前景色设为颜色值为 R：50，G：110，B：210 的蓝色。再用同样的方法将“设置背景色”色块设为 R：120，G：180，B：250 的浅蓝色。

（3）选择工具箱上的渐变工具（快捷键为【G】），在选项栏上的渐变拾色器中选择前景色到背景色的渐变，然后在图像中的上方单击并向下方拖动（见图 9-78），以得到蓝色渐变的天空，如图 9-79 所示。

（4）现在的天空实在是太纯净了，显得太假了，现在用几朵白云来点缀一下。在通道调板上，单击“创建新通道”按钮以创建新建通道 Alpha 1。按着 Alt 键的同时单击鼠标左键并在菜单上拖动，直到在菜单命令“滤镜/渲染/分层云彩”上放开。执行这个命令的结果是在通道内制作对比强烈的云雾状效果，如图 9-80 所示（如果不按 Alt 键，只执行分层云彩命令，则云雾状对比不强烈）。

图 9-78　渐变直线

图 9-79　渐变天空

（5）单击“将通道作为选区载入”按钮或按住 Ctrl 键单击通道 Alpha 1 图标，以将通道中的白色部分载入为选区。在通道调板中单击 RGB 通道后，单击图层调板，单击“创建新图层”按钮以建立新图层“图层 1”，图像窗口效果如图 9-81 所示。

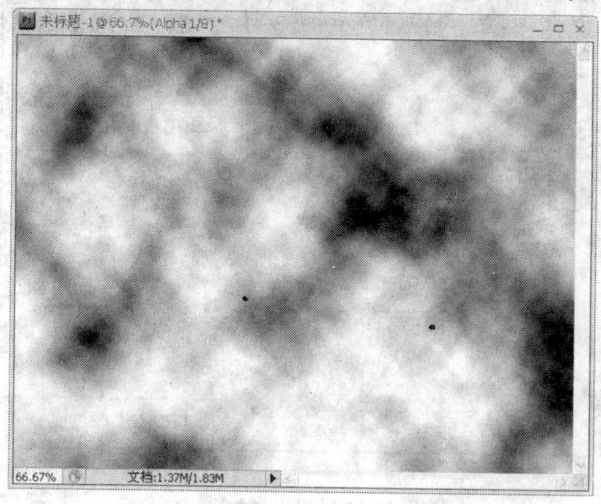

图 9-80　云雾状效果

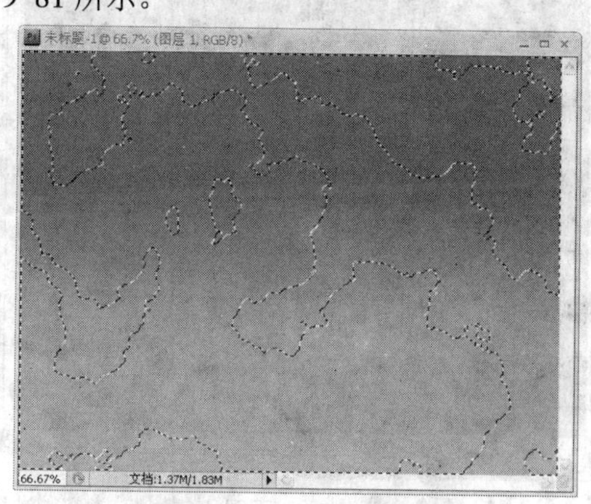

图 9-81　载入选区到图层效果

（6）执行“编辑/填充” 命令（快捷键【Shift＋F5】），在弹出的“填充”对话框中选择内容使用“白色”（见图 9-82），其他保持默认参数不变，单击“确定”按钮以得到填充效果。

（7）执行“选择/取消选择”命令（快捷键【Ctrl＋D】），得到最终效果，如图 9-83 所示。

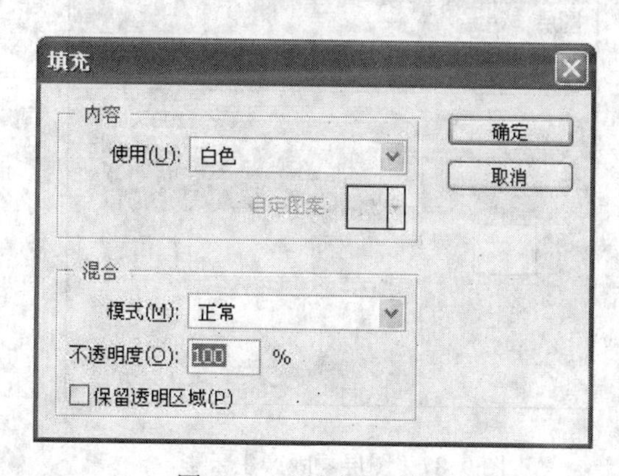

图 9-82 “填充”对话框

图 9-83　效果图

💡小结：

本任务制作过程比较复杂，但制作的云彩比较丰富。也可以用简单的方法制作云彩，即先将前景色设为蓝色，背景色设为白色，再执行云彩滤镜命令就可得到一个简单的云彩效果。

9.4.2 晨雾

任务说明：本任务是制作起雾效果。

任务要点：云彩滤镜和图层蒙版的使用。

任务步骤：

（1）执行“文件/打开”命令（快捷键【Ctrl+O】），在弹出的“打开”对话框中双击指定图像，以将其打开，如图9-84所示。

（2）执行“编辑/全选”命令（快捷键【Ctrl+A】），再执行“图层/新建/通过剪切的图层”命令，以将原内容变为普通层“图层1”，如图9-85所示。

图9-84　原图

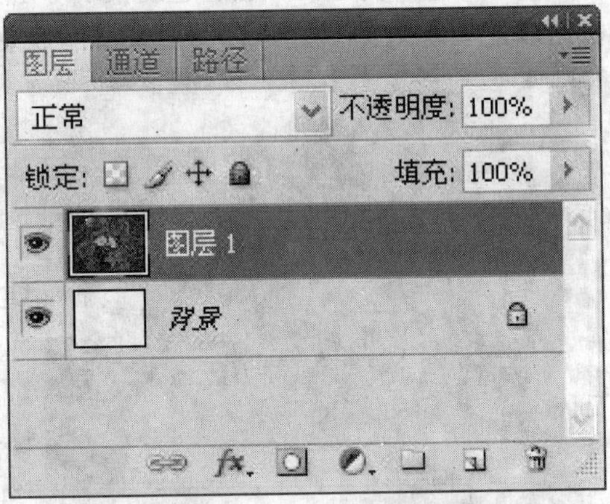

图9-85　图层转化

（3）执行“图层/图层蒙版/显示全部”命令，以对“图层1”添加图层蒙版，如图9-86所示。保持工具箱前景色背景色为默认的黑白色，执行“滤镜/渲染/云彩”命令，以对图层蒙版产生云彩效果（见图9-87），最终效果如图9-88所示。

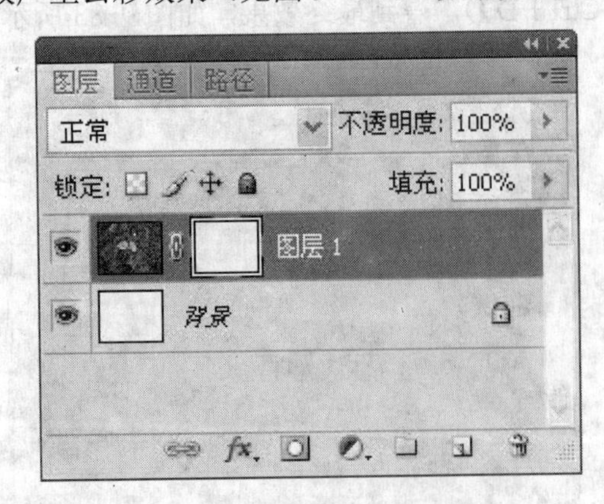

图9-86　添加图层蒙版

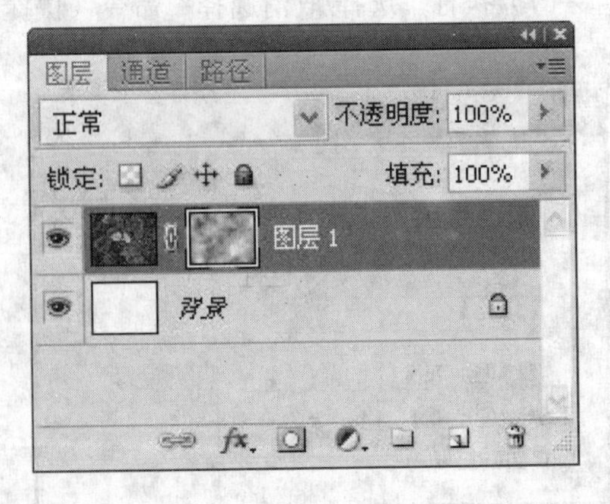

图9-87　图层蒙版产生云彩

图 9-88　最终效果

9.4.3　渲染滤镜知识点

“渲染”滤镜在图像中创建 3D 形状、云彩图案、折射图案和模拟的光反射。也可在 3D 空间中操纵对象，创建 3D 对象（立方体、球面和圆柱），并从灰度文件创建纹理填充以产生类似 3D 的光照效果。

- 云彩，使用介于前景色与背景色之间的随机值，生成柔和的云彩图案。要生成色彩较为分明的云彩图案，请按住 Alt 键，然后选择“滤镜/渲染/云彩”命令。当应用“云彩”滤镜时，现用图层上的图像数据会被替换。
- 分层云彩，使用随机生成的介于前景色与背景色之间的值生成云彩图案。此滤镜将云彩数据和现有的像素混合，其方式与“差值”模式混合颜色的方式相同。第一次选取此滤镜时，图像的某些部分被反相为云彩图案。应用此滤镜几次之后，会创建出与大理石的纹理相似的凸缘与叶脉图案。当应用“分层云彩”滤镜时，现用图层上的图像数据会被替换。
- 纤维，使用前景色和背景色创建编织纤维的外观。可以使用“差异”滑块来控制颜色的变化方式（较低的值会产生较长的颜色条纹；而较高的值会产生非常短且颜色分布变化更大的纤维）。“强度”滑块控制每根纤维的外观。低设置会产生松散的织物，而高设置会产生短的绳状纤维。单击“随机化”按钮可更改图案的外观；可多次单击该按钮，直到看到喜欢的图案。当您应用“纤维”滤镜时，现用图层上的图像数据会被替换。尝试通过添加渐变映射调整图层来对纤维进行着色。
- 镜头光晕，模拟亮光照射到像机镜头所产生的折射。通过单击图像缩览图的任一位置或拖动其十字线，指定光晕中心的位置。
- 光照效果，可以通过改变 17 种光照样式、3 种光照类型和 4 套光照属性，在 RGB 图像上产生无数种光照效果。还可以使用灰度文件的纹理（称为凹凸图）产生类似 3D 的效果，并存储自己的样式以在其他图像中使用。

9.5 纹理滤镜

9.5.1 砖墙

任务说明：本任务是制作砖墙效果。

任务要点：云彩滤镜和纹理化滤镜使用。

任务步骤：

（1）执行 “文件/新建”命令（快捷键【Ctrl+N】），在弹出的“新建”对话框中设置“宽度”为“800 像素”，“高度”为“600 像素”，“分辨率”为“72 像素/英寸”，“颜色模式”为“RGB 颜色”，“背景内容”为“白色”，如图 9-89 所示。单击“确定”按钮即可得到一个背景为白色的图像文件。

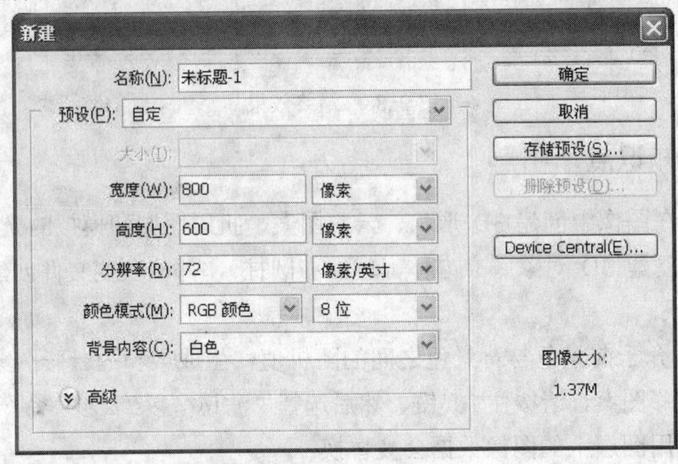

图 9-89 “新建”对话框

（2）单击工具箱上的“设置前景色”色块，在弹出的“拾色器”对话框中将前景色设为颜色值为 R：240，G：125，B：0 的砖红色。再用同样的方法将“设置背景色”色块设为 R：130，G：80，B：65 的褐色。执行“滤镜/渲染/云彩”命令，以得到砖红和褐色混合的效果（见图 9-90），从而保证避免后面砖块色彩单一的问题。

图 9-90 颜色混合效果

（3）执行“滤镜/纹理/纹理化”命令，在弹出的“纹理化”对话框中设置“纹理”为“砖形”，“缩放”为“200%”，“凸现”为“10”，光照为右下，反相被选择，如图 9-91 所示，单击“确定”按钮，以得到纹理化效果。最终效果如图 9-92 所示。

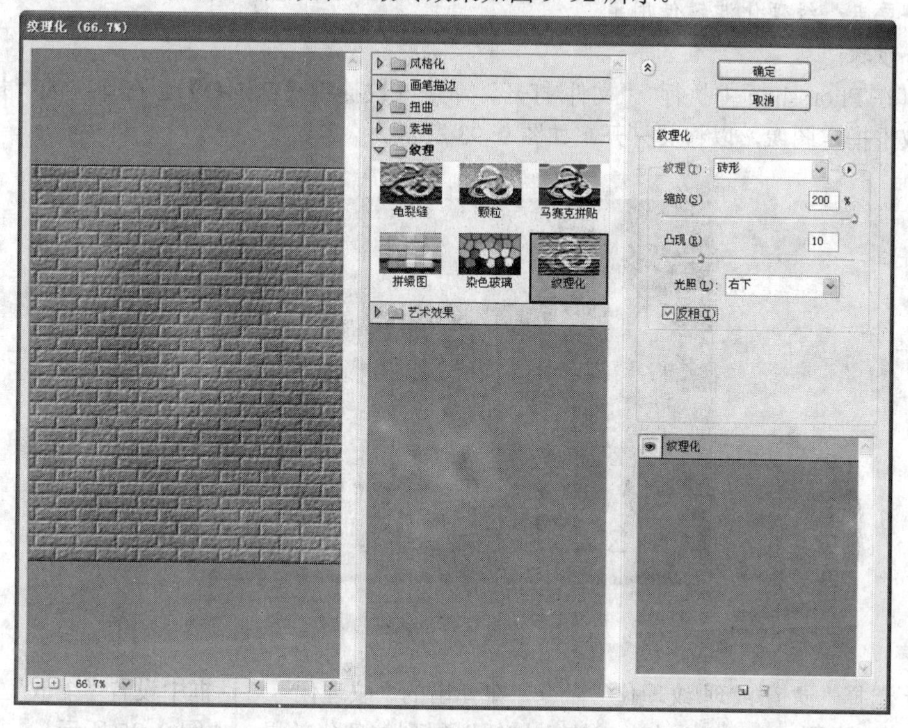

图 9-91 “纹理化”对话框

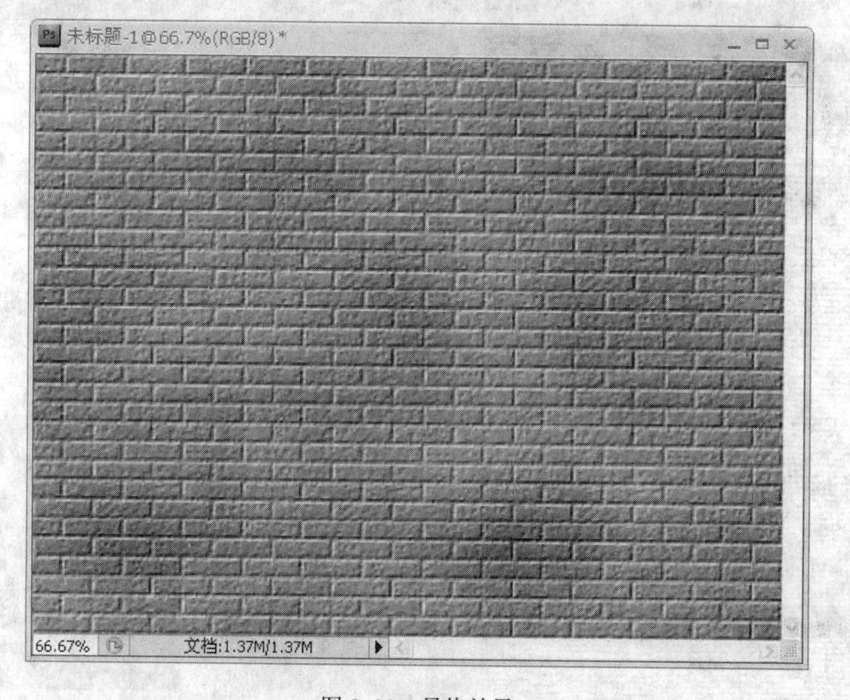

图 9-92 最终效果

9.5.2 画布效果

任务说明：本任务是制作画布效果。

任务要点：纹理化滤镜使用。

任务步骤：

（1）在 Photoshop 中执行 “文件/打开”命令（快捷键【Ctrl+O】），在弹出的“打开”对话框中双击指定图像，以将其打开，如图 9-93 所示。

图 9-93　原图

（2）选择“滤镜/纹理/纹理化”命令，在弹出的“纹理化”对话框中设置“缩放”“200%”，凸现“15”（见图 9-94），单击“确定”按钮以得到纹理化效果，如图 9-95 所示。

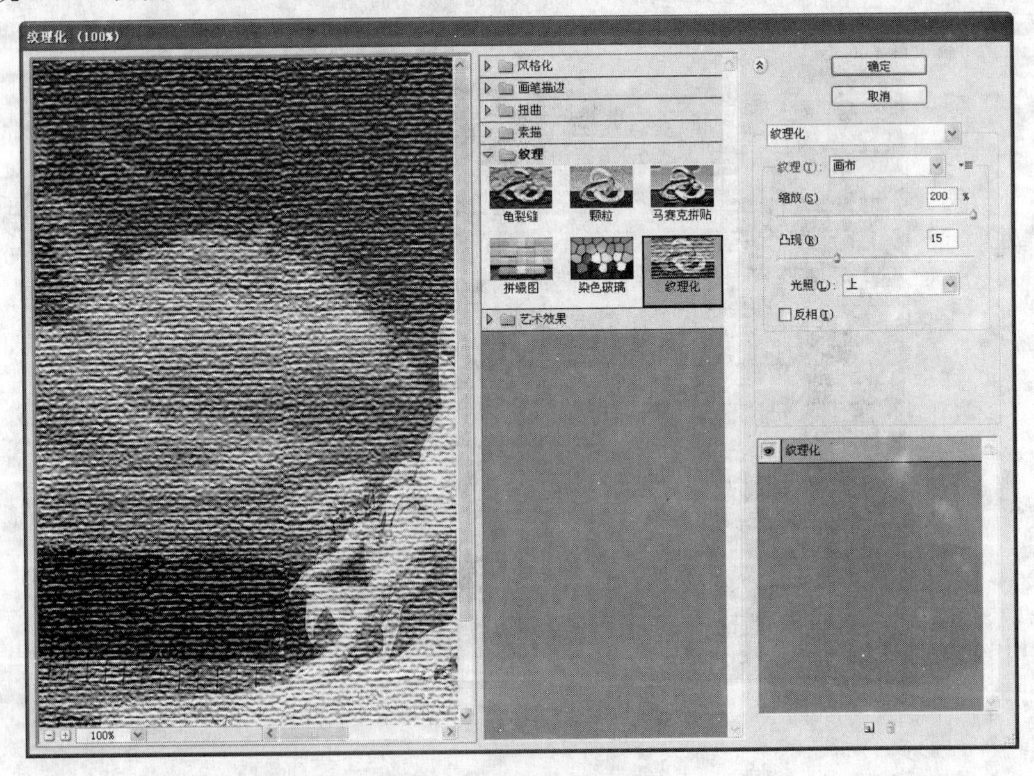

图 9-94 “纹理化”对话框

图 9-95　纹理化效果

（3）执行快捷键【Ctrl+J】或选择“图层/复制图层”命令，在弹出的对话框中直接单击“确定”按钮，以复制背景层得到“背景 副本” 图层。

（4）接着执行“滤镜/画笔描边/阴影线”命令，在弹出的“阴影线”对话框中设置“描边长度”为“50”，“锐化程度”为“20”，“强度”为“3”，如图 9-96 所示。

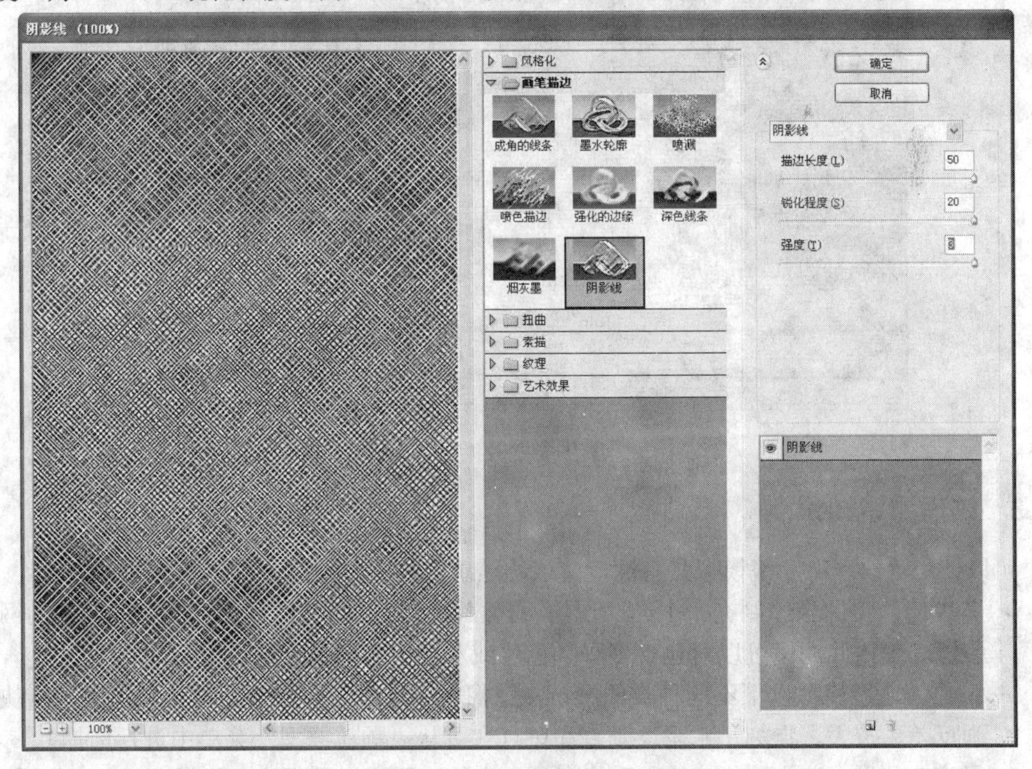

图 9-96　“阴影线”对话框

（5）将“背景 副本” 图层的图层模式改为“叠加”，“不透明度”为“80%”（见图 9-97），最终效果如图 9-98 所示。

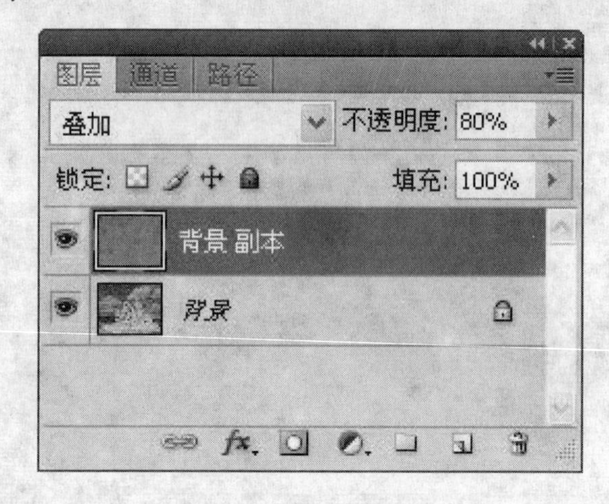

图 9-97　更改混合模式

图 9-98　效果图

9.5.3　纹理滤镜知识点

可以使用“纹理”滤镜模拟具有深度感或物质感的外观，或者添加一种器质外观。

- 龟裂缝，将图像绘制在一个高凸现的石膏表面上，以循着图像等高线生成精细的网状裂缝。使用此滤镜可以对包含多种颜色值或灰度值的图像创建浮雕效果。
- 颗粒，通过模拟以下不同种类的颗粒在图像中添加纹理：常规、软化、喷洒、结块、强反差、扩大、点刻、水平、垂直和斑点（可从“颗粒类型”菜单中进行选择）。
- 马赛克拼贴，渲染图像，使它看起来是由小的碎片或拼贴组成，然后在拼贴之间灌浆。

（相反，“像素化/马赛克”滤镜将图像分解成各种颜色的像素块。）

- 拼缀图，将图像分解为用图像中该区域的主色填充的正方形。此滤镜随机减小或增大拼贴的深度，以模拟高光和阴影。
- 染色玻璃，将图像重新绘制为用前景色勾勒的单色的相邻单元格。
- 纹理化，将选择或创建的纹理应用于图像。

9.6 艺术效果滤镜

9.6.1 油画风格

任务说明：本任务是制作油画效果。

任务要点：纹理化滤镜使用。

任务步骤：

（1）在 Photoshop 中执行 “文件/打开”命令（快捷键【Ctrl+O】），在弹出的“打开”对话框中双击指定图像，以将其打开，如图 9-99 所示。

图 9-99 原图

（2）选择“滤镜/艺术效果/彩色铅笔”命令，在弹出的对话框中设置参数“铅笔宽度”为“5”、“描边压力”为“11”、“纸张亮度”为“20”，如图 9-100 所示。单击“确定”按钮以得到彩色铅笔效果，如图 9-101 所示。

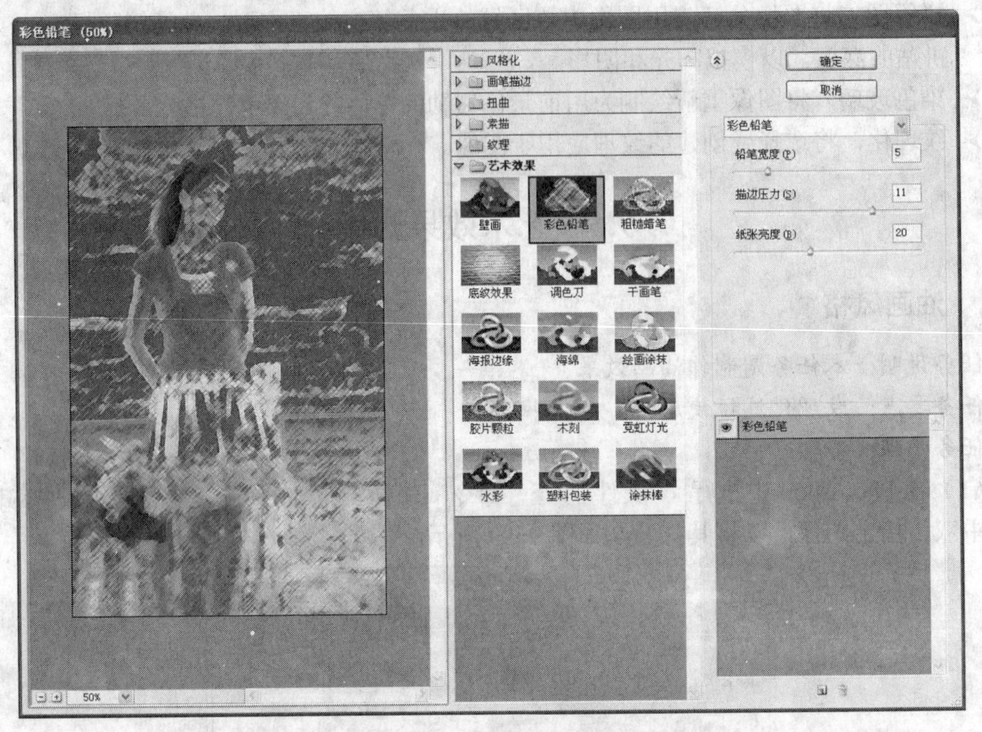

图 9-100　彩色铅笔对话框

（3）选择工具箱中“历史记录画笔工具”，保持其属性工具栏中默认参数不变，对图中的人物脸部进行涂鸦，直到人物变清晰，最终效果如图 9-102 所示。

图 9-101　彩色铅笔效果

图 9-102　最终效果

9.6.2 艺术效果滤镜知识点

可以使用“艺术效果”子菜单中的滤镜，帮助为美术或商业项目制作绘画效果或艺术效果。例如，将“木刻”滤镜用于拼帖或印刷。这些滤镜模仿自然或传统介质效果。可以通过“滤镜库”来应用所有“艺术效果”滤镜。

- 彩色铅笔，使用彩色铅笔在纯色背景上绘制图像。保留边缘，外观呈粗糙阴影线；纯色背景色透过比较平滑的区域显示出来。要制作羊皮纸效果，将“彩色铅笔”滤镜应用于选中区域之前更改背景色。
- 木刻，使图像看上去好像是由从彩纸上剪下的边缘粗糙的剪纸片组成的。高对比度的图像看起来呈剪影状，而彩色图像看上去是由几层彩纸组成的。
- 干画笔，使用干画笔技术（介于油彩和水彩之间）绘制图像边缘。此滤镜通过将图像的颜色范围降到普通颜色范围来简化图像。
- 胶片颗粒，将平滑图案应用于阴影和中间色调。将一种更平滑、饱合度更高的图案添加到亮区。在消除混合的条纹和将各种来源的图素在视觉上进行统一时，此滤镜非常有用。
- 壁画，使用短而圆的、粗略涂抹的小块颜料，以一种粗糙的风格绘制图像。
- 霓虹灯光，将各种类型的灯光添加到图像中的对象上。此滤镜用于在柔化图像外观时给图像着色。要选择一种发光颜色，请单击发光框，并从拾色器中选择一种颜色。
- 绘画涂抹，可以选取各种大小（1～50）和类型的画笔来创建绘画效果。画笔类型包括简单、未处理光照、暗光、宽锐化、宽模糊和火花。
- 调色刀，减少图像中的细节以生成描绘得很淡的画布效果，可以显示出下面的纹理。
- 塑料包装，给图像涂上一层光亮的塑料，以强调表面细节。
- 海报边缘，根据设置的海报化选项减少图像中的颜色数量（对其进行色调分离），并查找图像的边缘，在边缘上绘制黑色线条。大而宽的区域有简单的阴影，而细小的深色细节遍布图像。
- 粗糙蜡笔，在带纹理的背景上应用粉笔描边。在亮色区域，粉笔看上去很厚，几乎看不见纹理；在深色区域，粉笔似乎被擦去了，使纹理显露出来。
- 涂抹棒，使用短的对角描边涂抹暗区以柔化图像。亮区变得更亮，以致失去细节。
- 海绵，使用颜色对比强烈、纹理较重的区域创建图像，以模拟海绵绘画的效果。
- 底纹效果，在带纹理的背景上绘制图像，然后将最终图像绘制在该图像上。
- 水彩，以水彩的风格绘制图像，使用蘸了水和颜料的中号画笔绘制以简化细节。当边缘有显著的色调变化时，此滤镜会使颜色更饱满。

第10章　综合任务

就像学习其他任务一样，要掌握其基本工具的用法是一件简单、容易的事，而怎样把所掌握的基本技巧用在制作的过程中，就真正地体现了应用 Photoshop 的实际水平。本章将结合一些典型的应用任务，简要介绍 Photoshop 的综合应用技巧和构图方法。为此应以提高效率、营造良好的视觉效果为目标，通过有针对性的训练全面提高综合应用能力。

10.1　绘制西瓜

任务说明：本任务是绘制西瓜。

任务要点：掌握椭圆选框工具、填充命令、球面化滤镜、图层混合模式等的使用方法。

任务步骤：

（1）执行 “文件/新建”命令（快捷键【Ctrl+N】），在弹出的“新建”对话框中设置“宽度”为“800 像素”，“高度”为“600 像素”，“分辨率”为“72 像素/英寸”，“颜色模式”为“RGB 颜色”，“背景内容”为“白色”，如图 10-1 所示。单击“确定”按钮即可得到一个背景为白色的图像文件。

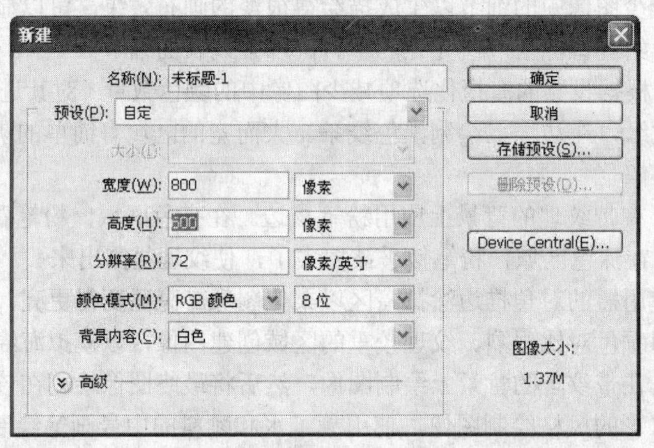

图 10-1 “新建”对话框

（2）选择“图层/新建/图层”命令，在弹出的对话框中选择“确定”按钮，以建立一个新的图层“图层 1”。选择工具箱的椭圆选框工具，设置其选项栏中“样式”为“固定大小”，“宽度”为“600px”，“高度”为“300px”，其他保持默认参数，如图 10-2 所示。

图 10-2　选项栏

（3）在空白图像窗口如图 10-3 所示上方位置单击一下，以建立一个西瓜状的椭圆选区。

（4）单击工具箱上的“设置前景色”色块，在弹出的拾色器对话框中将前景色设为颜色值为 R：23、G：86，B：4 的浅绿色。执行“编辑/填充”命令，在弹出的对话框中设置“内容/使用”“前景色”，其他保持默认参数，如图 10-4 所示。

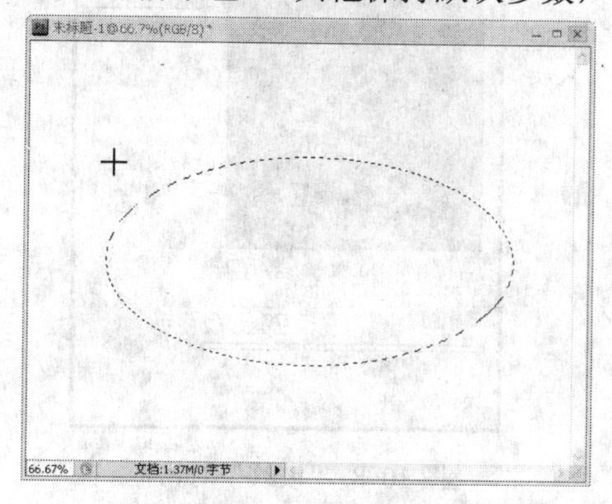

图 10-3　创建椭圆选区

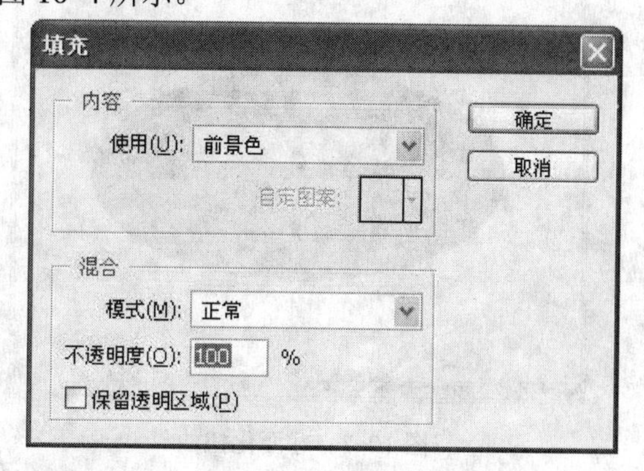

图 10-4　填充对话框

（5）再用同样的方法将“设置背景色”色块设为 R：4，G：61，B：3 的深绿色。选择工具箱中的画笔工具，在其选项栏中单击画笔预设选取器弹出画笔调板，选择“尖角 5 像素”的笔刷，按住 Shift 键，鼠标移到椭圆选区垂直中部，按住鼠标不放从左向右拖动以绘制一条直线，最后松开鼠标和 Shift 键。鼠标移到椭圆选区靠上部分，按住 Shift 键，再按住鼠标不放从左向右拖动以绘制一条直线。接着再画一条直线。鼠标移到椭圆选区靠下部分，按住 Shift 键，再按住鼠标不放从左向右拖动以绘制一条直线。接着再画一条直线。最终效果如图 10-5 所示。

（6）选择“滤镜/扭曲/球面化”命令，在弹出的“球面化”对话框中设置“模式”为“正常”，“数量”为“100%”（见图 10-6），单击“确定”按钮，以对选区内图像进行球面化扭曲。接着选择菜单“滤镜/球面化”命令（快捷键【Ctrl＋F】）两次，以重复对图像应用球面化效果，如图 10-7 所示。

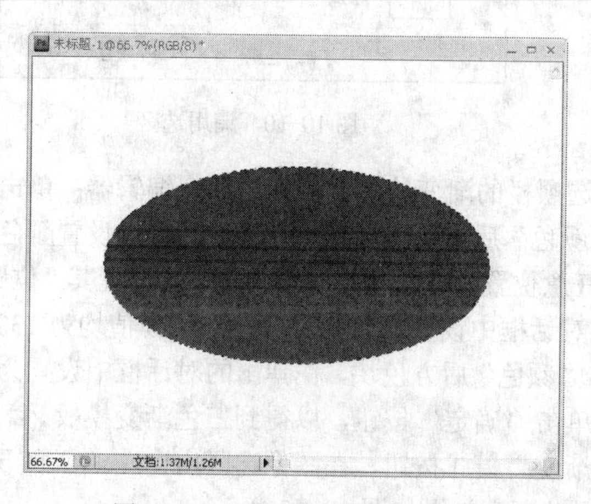

图 10-5　绘制多条直线的最终效果

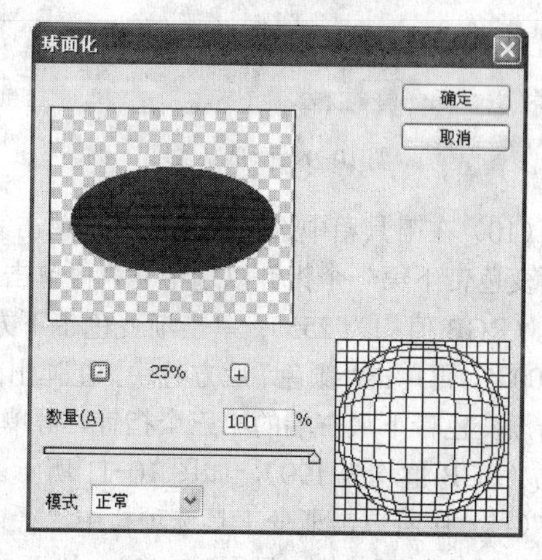

图 10-6　“球面化”对话框

（7）选择“选择/修改/收缩”命令，在弹出的“收缩”对话框中设置收缩量为“10 像素”，单击“确定”按钮，以得到缩小的椭圆选区。

（8）选择菜单“滤镜/扭曲/波纹”命令，在弹出的“波纹”对话框中设置大小为中，“数量”为 270%（见图 10-8），单击“确定”按钮，以得到波纹扭曲的西瓜条纹。执行“选择/取消选择”命令，西瓜条纹效果如图 10-9 所示。

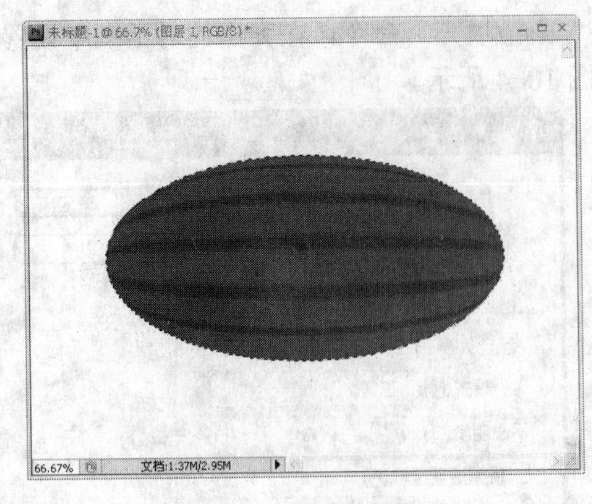

图 10-7　球面化扭曲

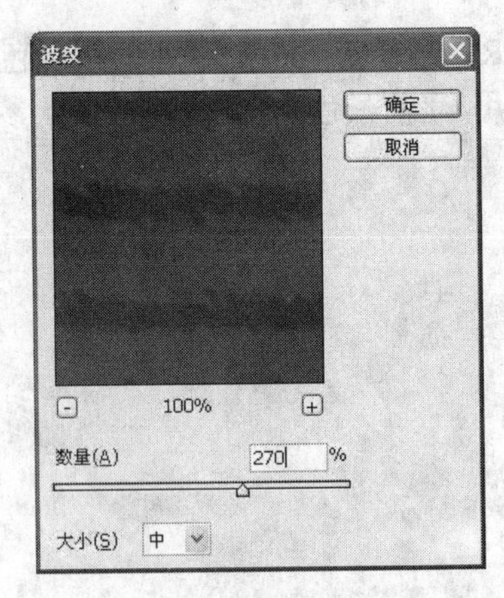

图 10-8　“波纹”对话框

（9）选择“窗口/图层”命令，以打开面板。在图层调板上单击“创建新图层”按钮以建立一个新的图层“图层 2”。按住 Ctrl 键单击“图层 1”层缩略图（见图 10-10），以将其轮廓选区到“图层 2”层。

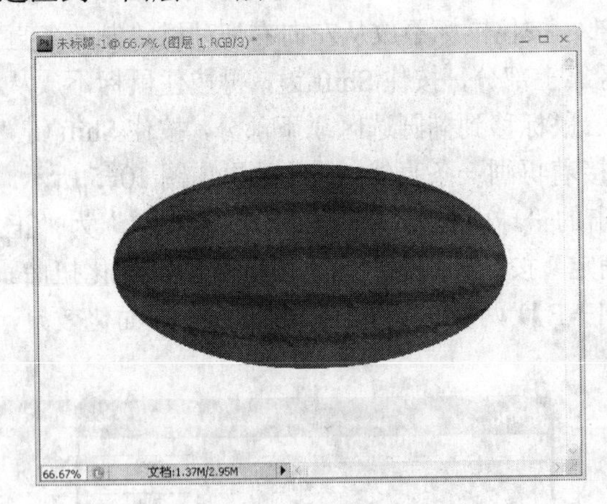

图 10-9　西瓜条纹

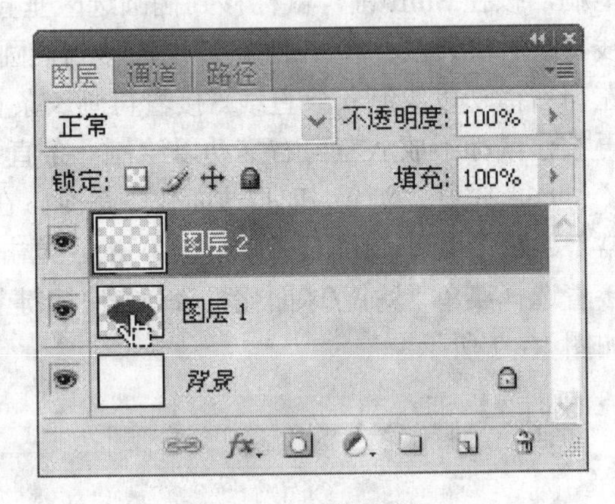

图 10-10　调用选区

（10）在工具箱中选择渐变工具，单击其选项栏的渐变拾色器以弹出渐变编辑器：单击下方渐变色带下第一个指针以选中它，再单击“颜色”后方色块，在弹出的对话框中设置颜色为白色（RGB 值均为 255）；单击渐变色带下方任意位置，以创建第二个指针，再设置其“位置”为 100%，再单击“颜色”后方色块，在弹出的对话框中设置颜色为深灰色（RGB 值均为 130）；单击渐变色带下最右端的第三个指针，再单击“颜色”后方色块，在弹出的对话框中设置为浅灰色（RGB 值均为 190），如图 10-11 所示。单击“确定”按钮，以得到三色渐变模板。

（11）接着单击渐变工具选项栏中“径向渐变”模式按钮，在图像选区内由左上至右下拖动鼠标以绘制渐变色（见图 10-12），松开鼠标，渐变效果如图 10-13 所示。

（12）在图层调板上将“图层 2”层的混合模式设置为“叠加”，执行“选择/取消选择”命令，图像最终效果如图 10-14 所示。

（13）在图层调板上选择“图层 1”层，选择“图层/图层样式/阴影”命令，在弹出的对话框中设置“不透明度”为 30%，“距离”为“55 像素”，“扩展”为“0%”，“大小”为“13 像素”（见图 10-15）。单击“确定”按钮，以得到最终效果，如图 10-16 所示。

图 10-11　渐变编辑器

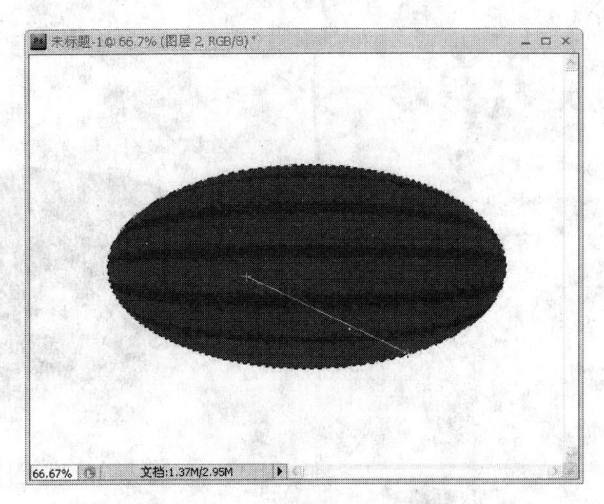

图 10-12　拉渐变方向和距离

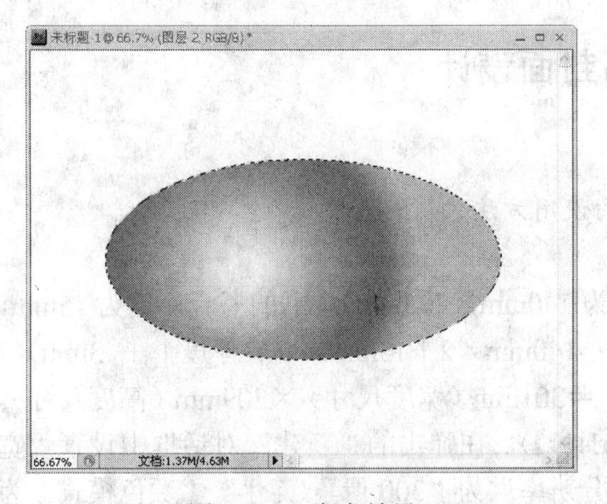

图 10-13　渐变效果

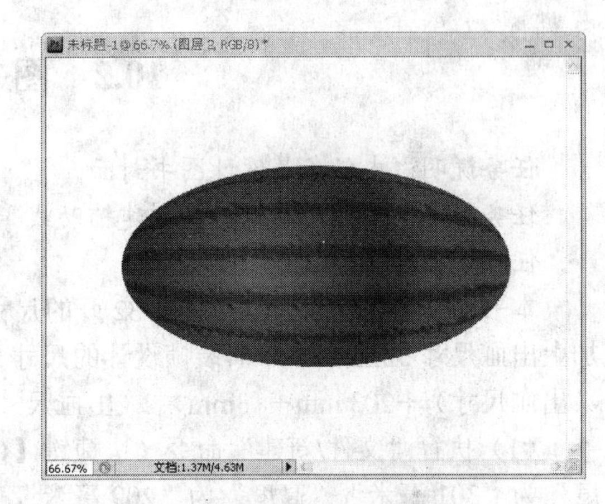

图 10-14　初步效果

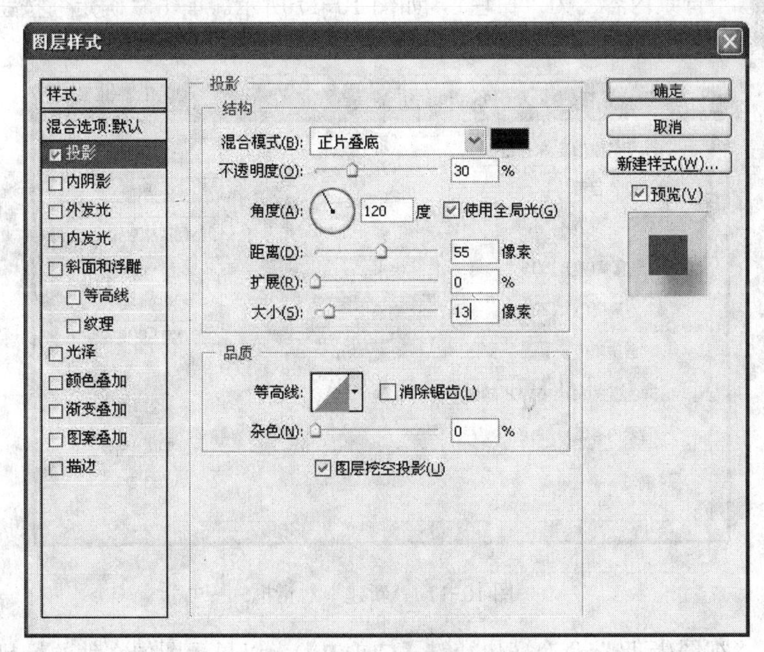

图 10-15　图层样式对话框

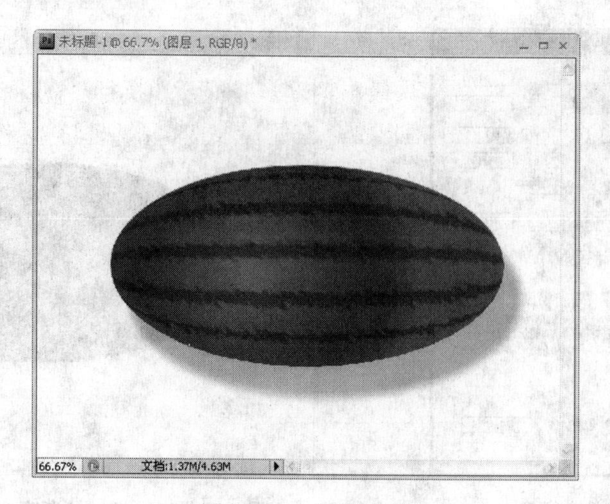

图 10-16　最终效果

10.2　图书封面设计

任务说明：本任务是设计图书封面。

任务要点：掌握新建文件、创建辅助线等的使用方法。

任务步骤：

本书的开本设计为大 32 开，大 32 开的尺寸为 140mm×203mm，本书的书脊厚度为 15mm，加上出血尺寸 3mm 后，本书装帧设计的尺寸为：140mm×2＋15mm（书脊厚度）＋ 3mm×2（出血尺寸）＋203 mm＋ 3mm×2（出血尺寸）＝301mm（宽度尺寸）×209mm（高度尺寸）。

（1）执行“文件/新建”命令（快捷键【Ctrl+N】），在弹出的“新建”对话框中设置“宽度”为“301 毫米”，“高度”为“209 毫米”，“分辨率”为“300 像素/英寸”，“颜色模式”为“CMYK 颜色”，“背景内容”为“白色”，如图 10-17 所示。单击“确定”按钮即可得到一个背景为白色的图像文件。

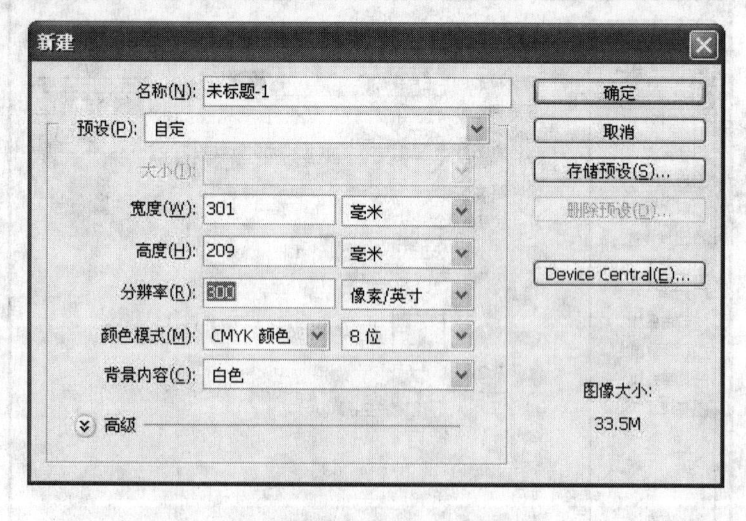

图 10-17　“新建”对话框

（2）执行“视图/标尺”命令（快捷键【Ctrl+R】），以显示图像文件的标尺。鼠标放置图像文件中出现的标尺上方单击右键，在弹出的菜单中选择标尺单位为“毫米”。按快捷键【Ctrl+O】，以满画布显示，使得标尺最小刻度多些显示。执行“视图/对齐”命令，以取消辅助线的吸附效果。从水平标尺分别拖出距离左侧标尺 3 毫米、143 毫米、158 毫米、298 毫米的四条辅助线，接着从垂直标尺上分别拖出距离上侧标尺 3 毫米、206 毫米的两条辅助线，以表示封面、封底、书脊的位置范围和距离边线 3mm 位置的出血线，如图 10-18 所示。

（3）执行“文件/打开”命令，在弹出的“打开”对话框中双击指定的图片，以将其打开，如图 10-19 所示。先执行“选择/全部”命令，再执行“编辑/复制”命令，这时复制的就是选区内的内容。然后单击图像窗口右上角的“关闭”按钮，以将该图像关闭。

图 10-18　创建辅助线

图 10-19　背景图像

（4）执行“编辑/粘贴”命令，以将复制的图像粘贴到新建空白的图像文件中。选择工具箱移动工具，将其移动到新建空白的图像文件右下角位置，如图 10-20 所示。执行“图层/图层蒙版/显示全部”命令，以添加图层蒙版。

图 10-20　贴入的背景图像

（5）选择工具箱渐变工具，设置工具箱中前景色按钮和背景色按钮是黑白色，在右下角图像从顶部到中部拉出一个黑白的线性渐变（见图 10-21），以得到逐渐虚化的蒙版效果，松开鼠标效果如图 10-22 所示。

图 10-21　拉渐变方向和角度

图 10-22　应用蒙版的图像效果

（6）在图层调板中单击“创建新图层”按钮，以创建一个新的图层“图层 2”（见图 10-23）。执行“图层/排列/后移一层”命令，以将“图层 2”移到“图层 1”的下方。

（7）单击工具箱的“设置前景色”按钮以将其设置为中性色（C：37，M：41，Y：36，K：0），背景色保持白色。在图像从顶部到底部拉出一个中性色到白色的线性渐变（见图 10-24），以得到渐变的背景效果，松开鼠标，其效果如图 10-25 所示。

（8）执行“文件/打开”命令，在弹出的“打开”对话框中双击指定的图片，以将其打开，如图 10-26 所示。先执行“选择/全部”命令，再执行“编辑/复制”命令，这时复制的就是选区内的内容。然后单击图像窗口右上角的“关闭”按钮，以将该图像关闭。

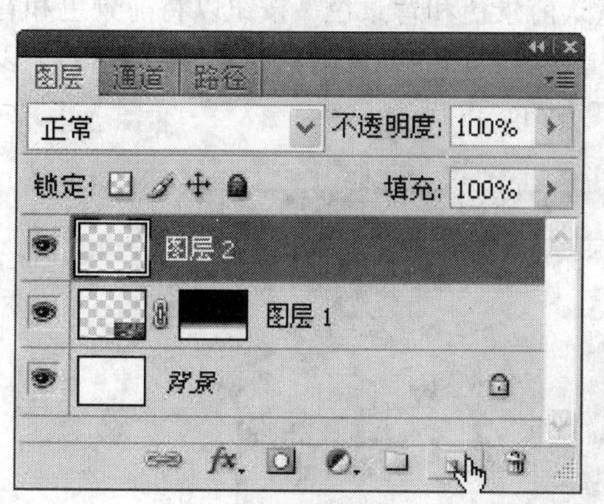

图 10-23　新建图层

图 10-24　拉渐变方向和角度

图 10-25　背景渐变效果

（9）执行“编辑/粘贴”命令，以将复制的图像粘贴到新建空白的图像文件中。选择工具箱移动工具，将其移动到新建空白的图像文件右上角位置，如图 10-27 所示。执行“图层/图层蒙版/显示全部”命令，以添加图层蒙版。

图 10-26　背景图像

图 10-27　贴入的背景图像

（10）选择工具箱渐变工具，单击工具箱中“默认前景色和背景色”按钮以将前景色和背景色设置成黑白色，在右上角图像从底部到中部拉出一个黑白的线性渐变（见图 10-28），以得到逐渐虚化的蒙版效果，松开鼠标效果如图 10-29 所示。

图 10-28　拉渐变方向和角度

图 10-29　应用蒙版的图像

（11）单击工具箱的“设置前景色”按钮以将其设置为中性色（C：59，M：85，Y：78，K：30）。选择工具箱的横排文字工具，在其选项栏中设置字体为“华文琥珀”，大小为 60 点，然后在图像如图 10-30 所示位置单击鼠标输入书名“人生日记”，按“Ctrl+Enter”组合键确认输入文字结束。

（12）选择工具箱的横排文字工具，在其选项栏中设置字体为“黑体”，颜色为“黑色”，大小为“24 点”，在封面书名下单击鼠标输入“阿亮　编著”设置，按“Ctrl+Enter”组合键确认输入文字结束，效果如图 10-31 所示。

图 10-30　输入标题文字

图 10-31　编者文字

（13）选择工具箱的横排文字工具，在其选项栏中设置字体为“黑体”，颜色为“黑色”，大小为“12 点”，在封面中部位置单击鼠标输入“多么华丽鲜艳的大梦，充满了醉人的惆怅，梦得无边无际，不着尽头。从初秋到隆冬，从南方到北方，大雁南飞，落叶满地，霜露紧锁，寒气袭人，村落的犬吠鸡鸣和集镇的闹猛喧嚣相映成趣……——记录一个事业成功者的人生日记”，其中注意每句文字输入结束时按 Enter 键换行，按“Ctrl＋Enter”组合键确认输入文字结束。执行“图层/排列/前移一层”命令，以将改文字层移到图层 1 的上方，效果如图 10-32 所示。

（14）选择工具箱的横排文字工具，在其选项栏中设置字体为“华文琥珀”，颜色为“黄色”（C：10，M：0，Y：83，K：0），大小为“12 点”，在封面下方中部单击鼠标输入“文学出版社 二〇〇八年十二月”，按“Ctrl＋Enter”组合键确认输入文字结束，效果如图 10-33 所示。

图 10-32　大量文字

图 10-33　出版社和日期

（15）执行“文件/打开”命令，在弹出的“打开”对话框中双击指定的图片，以将其打开，如图 10-34 所示。先执行“选择/全部”命令，再执行“编辑/复制”命令，这时复制的就是选区内的内容。然后单击图像窗口右上角的“关闭”按钮，以将该图像关闭。

（16）执行“编辑/粘贴”命令，以将复制的图像粘贴到新建空白的图像文件中。选择工具箱移动工具，将其移动到封底右下角位置，如图 10-35 所示。

（17）在图层调板中单击“创建新图层”按钮，以创建一个新的图层“图层 5”。单击工具箱的“设置前景色”按钮以将其设置为咖啡色（C：59，M：85，Y：78，K：30），背景色保持白色。选择工具箱中矩形选框工具，在图像窗口中绘制一个与书脊等大的矩形选框。

图 10-34　条形码

图 10-35　封底图像

（18）选择工具箱中渐变工具，在矩形选框从顶部到底部拉出一个咖啡色到白色的线性渐变（见图 10-36），松开鼠标效果如图 10-37 所示。执行“选择/取消选择”命令，以取消选区显示。

图 10-36　拉渐变方向和角度

（19）选择工具箱的竖排文字工具，在其选项栏中设置字体为“华文琥珀”，颜色为“白色”，大小为“30 点”，在书脊上方单击鼠标输入书名“人生日记”，按“Ctrl＋Enter”组合键确认输入文字结束；在其选项栏中设置字体为“黑体”，颜色为“黑色”，大小为“18 点”，在书脊书名下单击鼠标输入“阿亮　编著”，按“Ctrl＋Enter”组合键确认输入文字结束； 在其选项栏中设置字体为“华文行楷”，颜色为“黑色”，大小为“24 点”，在书脊下方单击鼠标输入“文学出版社”，按“Ctrl＋Enter”组合键确认输入文字结束。最终效果如图 10-38 所示。

图 10-37　书脊颜色

图 10-38　书脊文字

10.3　旅 游 风 景

任务说明：本任务是制作旅游宣传画。

任务要点：掌握新建文件、填充命令、定义图案、图层蒙版等使用方法。

任务步骤:

（1）执行 “文件/新建” 命令（快捷键【Ctrl+N】），在弹出的“新建”对话框中设置“宽度”为“50 像素”，“高度”为“50 像素”，“分辨率”为“72 像素/英寸”，“颜色模式”为“RGB 颜色”，“背景内容”为“透明”，如图 10-39 所示。单击“确定”按钮即可得到一个背景为白色的图像文件。

（2）执行“选择/全部”命令，选择“编辑/描边”命令（快捷键【Ctrl+N】），在弹出的“描边”对话框中设置“宽度”为“10 像素”，“颜色”选择为“黑色”（RGB 值均为 0），其他参数保持默认设置（见图 10-40），单击“确定”按钮以得到描边效果。

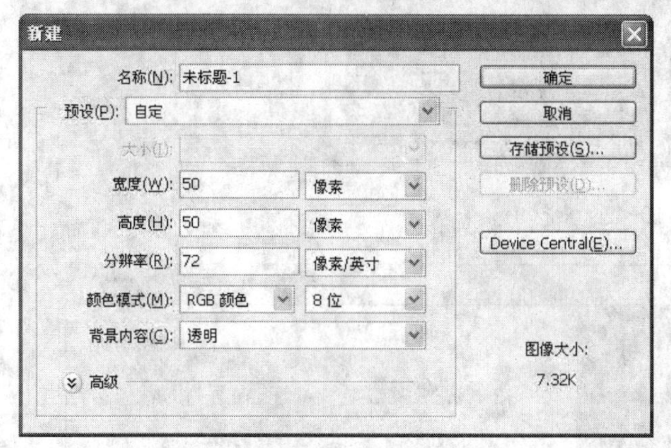

图 10-39 “新建”对话框

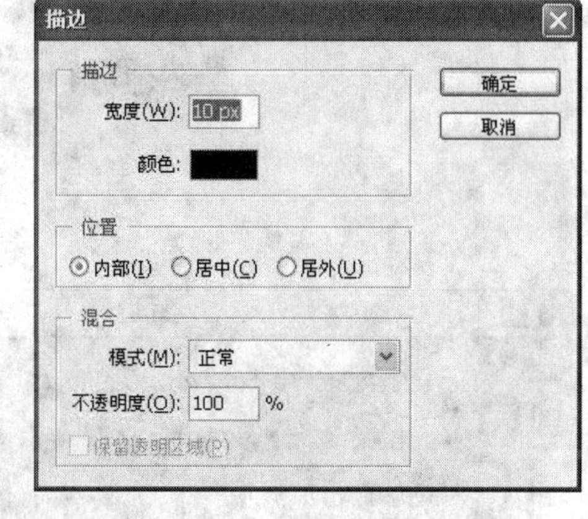

图 10-40 “描边”对话框

（3）执行“编辑/定义图案”命令，在弹出的“图案名称”对话框中设置“名称”为“方格图案”（见图 10-41），单击“确定”按钮以得到方格图案。

图 10-41 “图案名称”对话框

（4）执行 “文件/新建” 命令（快捷键【Ctrl+N】），在弹出的“新建”对话框中设置“宽度”为“1900 像素”，“高度”为“760 像素”，“分辨率”为“72 像素/英寸”，“颜色模式”为“RGB 颜色”，“背景内容”为“白色”。单击“确定”按钮即可得到一个背景为白色的图像文件。

（5）执行“文件/打开”命令，在弹出的“打开”对话框中双击指定的图片，以将其打开，如图 10-42 所示。先执行“选择/全部”命令，再执行“编辑/复制”命令，这时复制的就是选区内的内容。然后单击图像窗口右上角的“关闭”按钮，以将该图像关闭。

（6）执行“编辑/粘贴”命令，以将复制的图像粘贴到新建空白的图像文件中。选择工具箱移动工具，按住 Shift 键不放，单击方向键“←”44 次，以将其移动到左侧位置，如图 10-43 所示。

（7）执行“文件/打开”命令，在弹出的“打开”对话框中双击指定的图片，以将其打开，如图 10-44 所示。先执行“选择/全部”命令，再执行“编辑/复制”命令，这时复制的就是选区内的内容。然后单击图像窗口右上角的“关闭”按钮，以将该图像关闭。

图 10-42　素材 1

图 10-43　移动到左侧

图 10-44　素材 2

（8）执行“编辑/粘贴”命令，以将复制的图像粘贴到新建空白的图像文件中。选择工具箱移动工具，按住 Shift 键不放，单击方向键“→”44 次，将其移动到右侧位置，如图 10-45 所示。

图 10-45　移动到右侧

（9）执行“图层/图层蒙版/显示全部”命令，以添加图层蒙版。选择工具箱渐变工具，设置工具箱中前景色按钮是黑色、背景色按钮是白色，在两图像重合的地方从左至右拉出一个黑白的线性渐变距离（见图 10-46），以得到两图像逐渐融合的效果，松开鼠标后效果如图 10-47 所示。

图 10-46　线性渐变

（10）在图层调板中单击“创建新图层”按钮，以创建一个新的图层“图层 3”（见图 10-48）。执行“编辑/填充”命令，在弹出的“填充”对话框中的“内容”下“使用”下拉列表中选择“图案”，再在“自定图案”下拉列表中单击“方格图案”模板（见图 10-49），其他参数保持默认设置，单击“确定”按钮以得到填充图案效果。

（11）选择工具箱矩形选框工具，在图像中画出如图 10-50 所示的矩形选框，然后按 Delete 键，以删除矩形选框内的图案。执行“选择/取消选择”命令以取消选框显示，效果如图 10-51 所示。

图 10-47　渐变蒙版效果

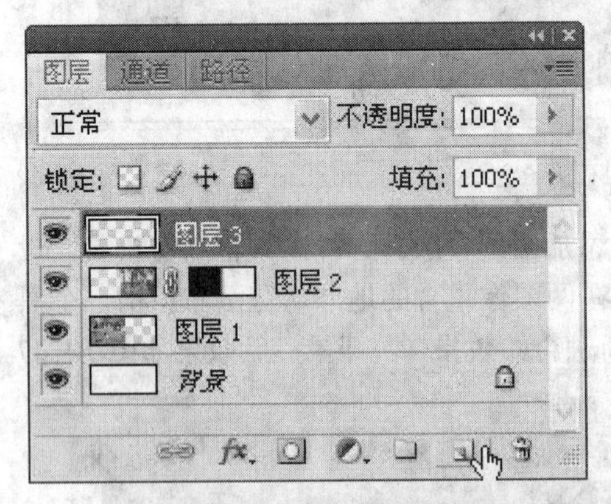

图 10-48　建立新图层

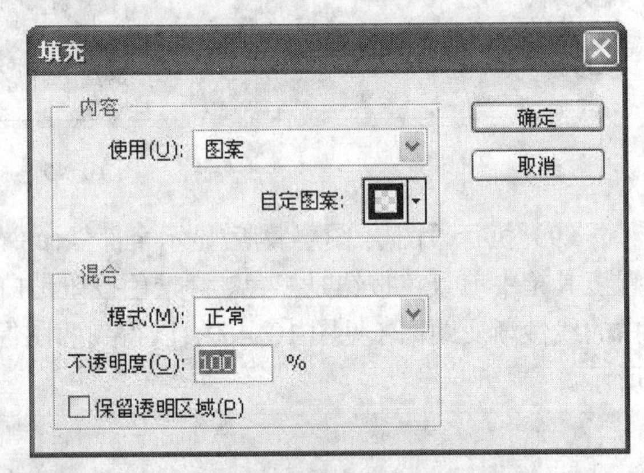

图 10-49　“填充”对话框

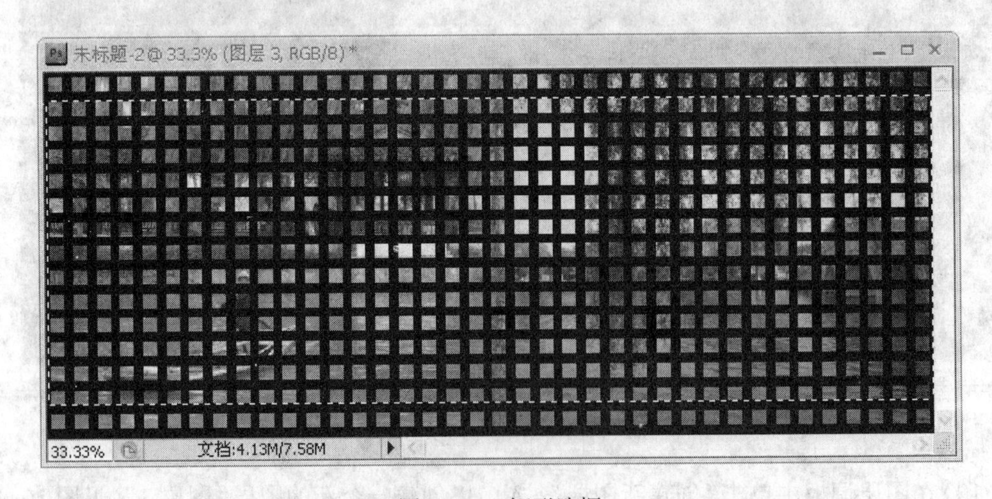

图 10-50　矩形选框

（12）选择工具箱的横排文字工具，设置其选项栏中字体为“华文琥珀”，颜色为“白色”，大小为“36 点”，在图像右下角单击鼠标输入文字“江南好，风景旧曾谙；”，按 Enter 以换行，再输入“日出江花红胜火，”，按 Enter 以换行，再输入“春来江水绿如蓝。”，按 Enter 以换行，再输入“能不忆江南？”。按“Ctrl＋Ener”组合键以结束文字输入。

图 10-51　删除效果

（13）执行“图层/图层样式/投影”命令，在弹出的对话框中保持参数默认不变，单击“确定”按钮以得到有阴影的文字。

（14）选择工具箱的直排文字工具，设置其选项栏中字体为“华文琥珀”，颜色为“白色”，大小为“60 点”，在图像左上角单击鼠标输入文字“江南水乡”。按“Ctrl＋Ener”组合键以结束文字输入。执行“图层/图层样式/投影”命令，在弹出的对话框中保持参数默认不变，单击“确定”按钮以得到有阴影的文字，效果如图 10-52 所示。

图 10-52　效果图

10.4　制作证件照

任务说明：本任务是制作证件照。

任务要点：掌握新建文件、裁剪工具、填充命令、定义图案等使用方法。

提示与思考：

拍摄证件照，有关部门对此有具体严格的规定，这里只讲解得到图像文件后如何制作证件照的任务流程。不同的证件照片有不同的尺寸要求，这里以 2 寸证件照为例。

任务步骤：

（1）执行“文件/打开”命令，在弹出的“打开”对话框中双击指定的图片，以将其打开，如图 10-53 所示。

图 10-53 原始素材

（2）选择工具箱中裁剪工具，在上面的其选项栏中设置“宽度”为“3.7 厘米”，“高度”为“5 厘米”，“分辨率”为“300 像素/英寸”，如图 10-54 所示。

（3）在图像窗口中按住鼠标拉出裁剪框（由于已经设置了裁剪框的宽度、高度和分辨率，因此不论拉出的裁剪框有多大，将来裁剪出来的都是所设置的 2 英寸照片的尺寸大小和分辨率），裁剪框要与人物居中对齐（见图 10-55），按 Enter 键以确认裁剪任务结束。

（4）由于证件照要在照片的边缘增加 2 毫米的白边，因此选择菜单“图像/画布大小”命令，在弹出的“画布大小”对话框中先将“相对”选择，再设置“宽度”和“高度”为“0.2 厘米”，“定位”为“居中”，“画布扩展颜色”设置为“白色”（见图 10-56），单击“确定”以得到加白边的图像。

图 10-54 裁剪工具选项栏

图 10-55 确认裁剪范围

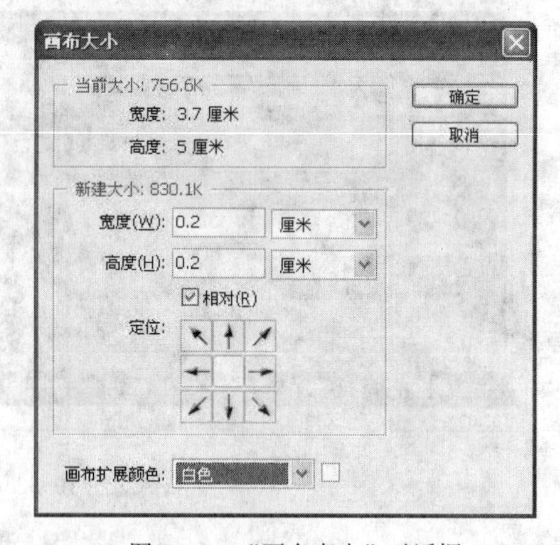

图 10-56 “画布大小”对话框

（5）选择“编辑/定义图案”命令，在弹出的“图案名称”对话框中输入“2 英寸证件照”（见图 10-57），单击“确定”按钮以将该图像定义到图案库中。

图 10-57 定义图案

（6）一般在7英寸照片中制作8幅2英寸证件照。执行“文件/新建”命令（快捷键【Ctrl+N】），在弹出的“新建”对话框中设置“宽度”为“17.8厘米”，“高度”为“12.7厘米”，“分辨率”为“300像素/英寸”，其他参数保持默认设置，如图10-58所示。单击“确定”按钮即可得到一个背景为白色的图像文件。

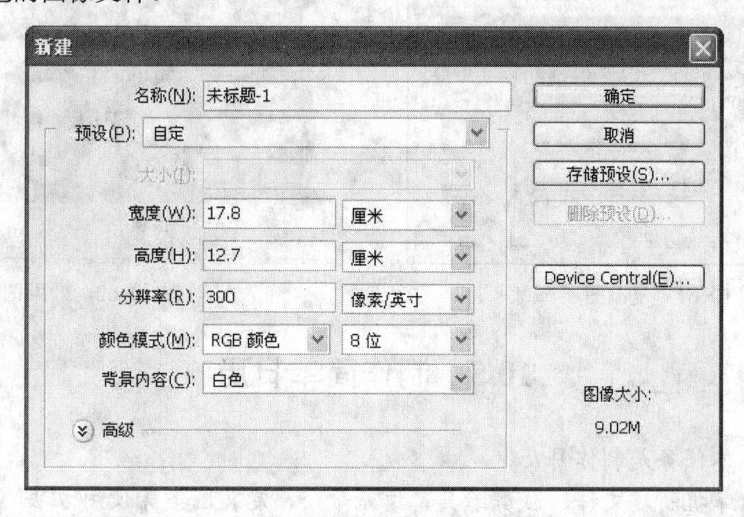

图10-58　7英寸照片大小

（7）选择“编辑/填充”命令，在弹出的“填充”对话框中单击“使用”下拉框选择“图案”选项，单击“自定图案”后的小三角下拉框，在弹出的图案库中单击最后一个图案，即前面刚定义的图案“2英寸证件照”（见图10-59），单击“确定”按钮即可得到2英寸证件照以连续平铺的方式填充的图像文件。

（8）在工具箱中选择矩形选框工具，创建一个刚好把8个完整的2英寸证件照选择的选区，如图10-60所示。按“Ctrl＋J”组合以将选区内的8个证件照复制成为一个新的图层“图层1”，图层面板效果如图10-61所示。

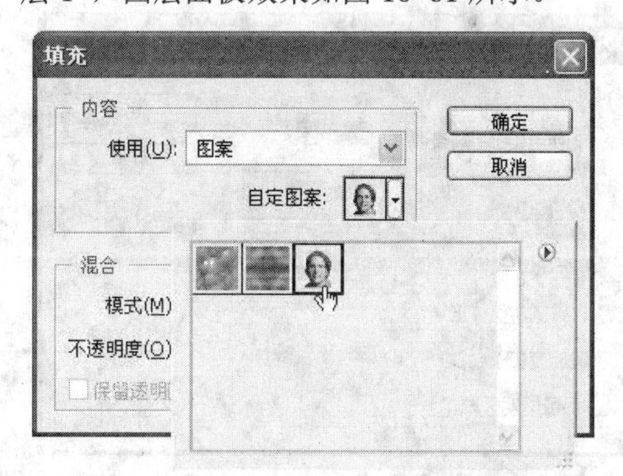

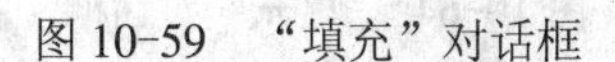
图10-59　“填充”对话框

图10-60　创建选区

（9）在图层调板中选择“背景”图层，执行“编辑/填充”命令，在弹出的“填充”对话框中单击“使用”下拉框选择“白色”，其他保持默认参数设置，单击“确定”按钮以将背景变为白色。在图层调板中选择“图层1”图层，选择工具箱中移动工具，在图像窗口中将“图层1”图像移到图像窗口居中位置，如图10-62所示。

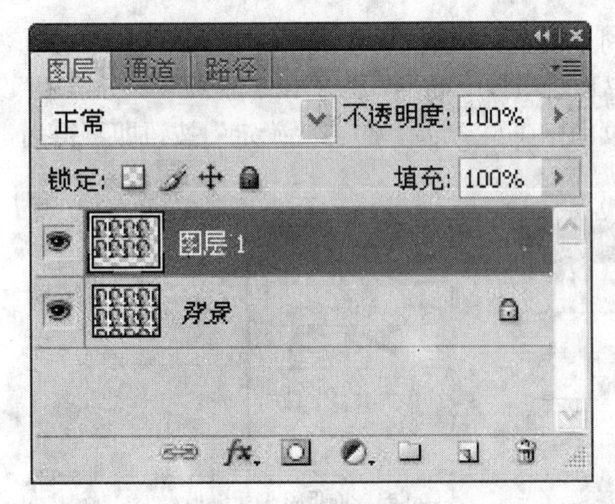

图 10-61　复制图层

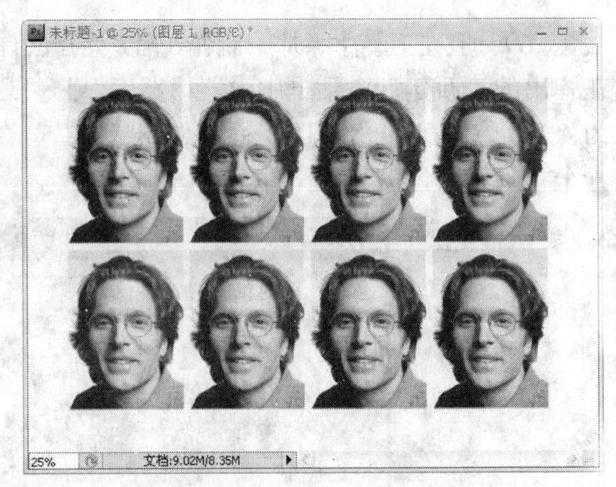

图 10-62　效果图

10.5　制作简单日历

任务说明：本任务是制作月历。

任务要点：掌握新建文件、裁剪工具、填充命令、定义图案等使用方法

任务步骤：

（1）执行“文件/打开”命令，在弹出的“打开”对话框中双击指定的图片，以将其打开，如图 10-63 所示。

（2）执行“图层/新建/图层”命令，在弹出的“新建图层”对话框中保持默认参数不变，单击“确定”按钮，以新建立一个新的图层“图层 1”。选择工具箱中吸管工具，在图像窗口中任何一个向日葵花瓣黄色处单击一下，以使工具箱中前景色为所选的黄色。

（3）执行“编辑/填充”命令，在弹出的“填充”对话框中单击“使用”下拉框选择“前景色”，其他保持默认参数设置（见图 10-64），单击“确定”按钮以将背景变为黄色。

图 10-63　原始素材

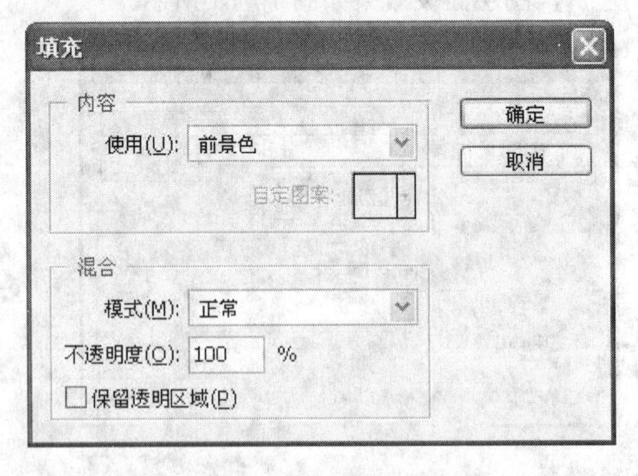

图 10-64 “填充”对话框

（4）执行“编辑/自由变换”命令，在其选项栏中的参考点位置内单击最底端任何一个小正方形以变黑（见图 10-65），H 设置为“31%”，单击“√”以确认变形结束。

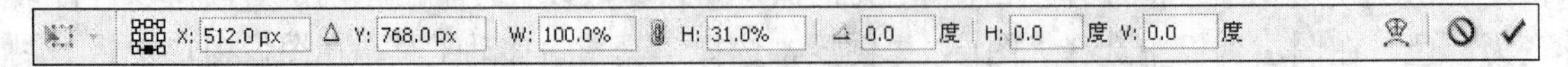

图 10-65　变形选项栏

（5）执行“文件/打开”命令，在弹出的“打开”对话框中双击指定的月历图片（在网上搜索，最好选用背景透明的 PSD 格式），以将其打开，如图 10-66 所示。

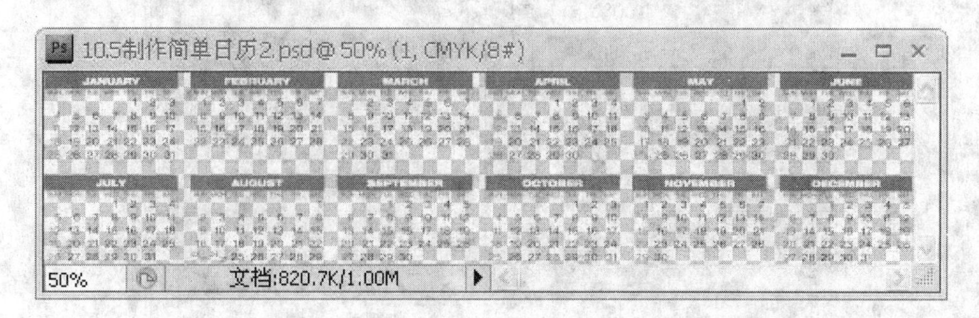

图 10-66　月历图片

（6）执行“选择/全部”命令（快捷键【Ctrl+A】）以选择整个图像范围，接着执行菜单“编辑/拷贝”命令，以将该图像复制。单击其窗口右上角关闭按钮，以将该图像关闭。执行“编辑/粘贴”命令（快捷键【Ctrl+V】），以将复制内容转移过来。选择工具箱中移动工具，按住 Shift 键，单击方向键“↓”27 次，以在图像窗口中将月历文字移到如图 10-67 所示位置。

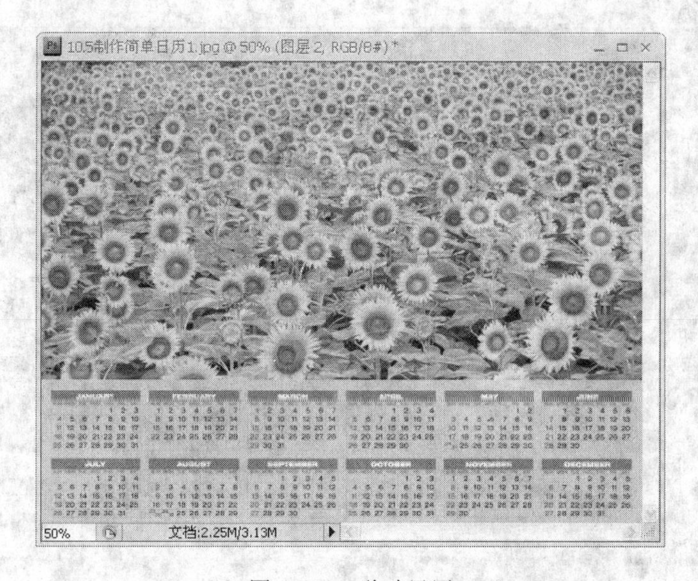

图 10-67　移动日历

（7）选择工具箱的横排文字工具，设置其选项栏中字体为“Arial Black”，颜色为“白色”，大小为“180 点”，在图像右下角单击鼠标输入“2009”（见图 10-68），单击“√”以确认变形结束。选择工具箱中移动工具，在图像窗口中将月历文字移到如图 10-69 所示位置。

（8）执行菜单“图层/排列/后移一层”命令，以将文字层移到月历层下方，如图 10-70 所示。

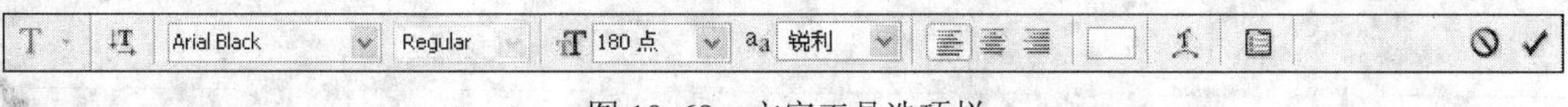

图 10-68　文字工具选项栏

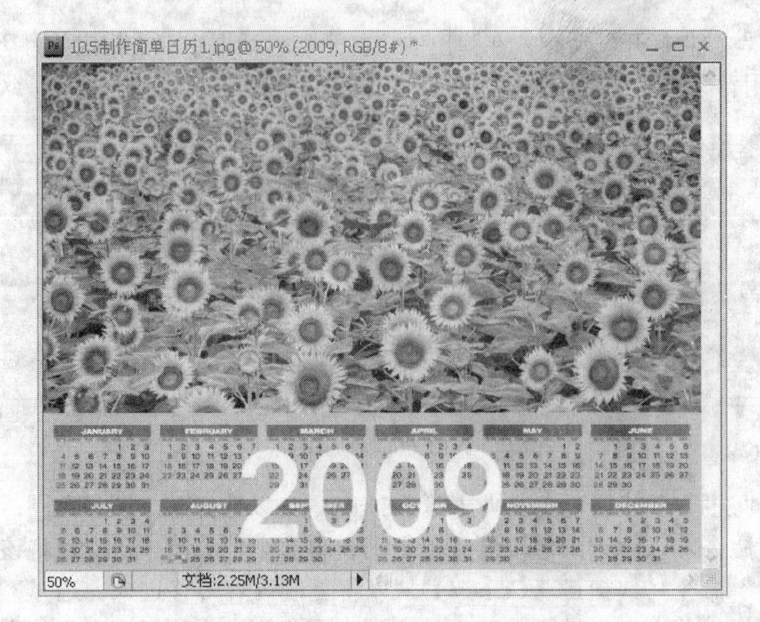

图 10-69　文字效果

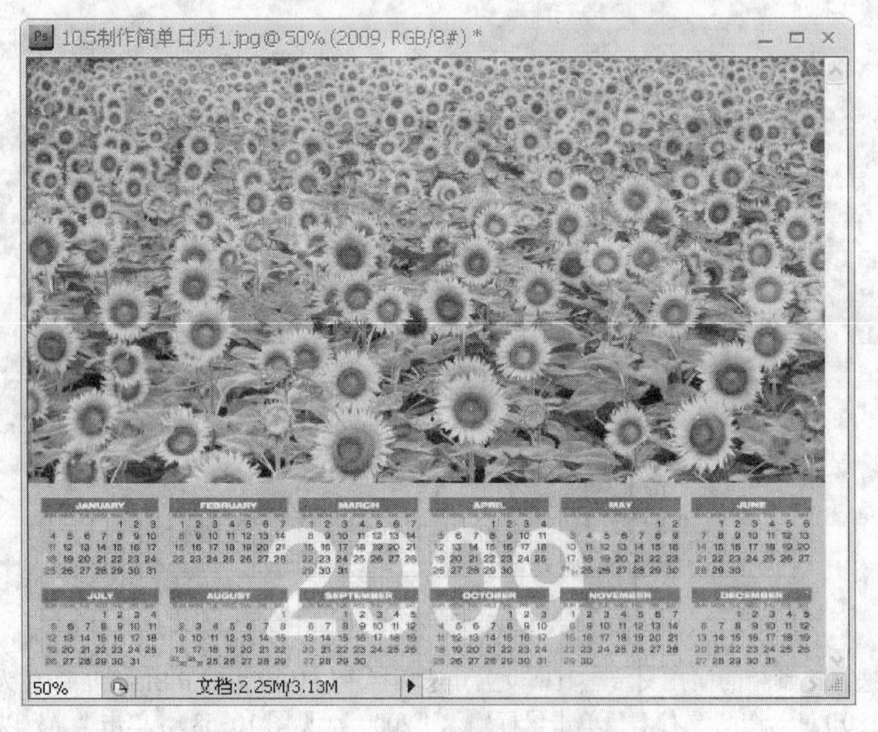

图 10-70　效果图